토질역학

SOIL MECHANICS

토질역학

SOIL MECHANICS

배종순 저

씨아이알

머리말

모든 건설공사는 지반에서 이루어진다. 또한 흙은 건설재료로도 사용된다. 그러므로 건설공사에서 가장 먼저 접하는 부분이 흙에 관한 것이다. 흙은 현장마다, 위치마다 그 특성이 달라지는 것이 대부분이다. 이 때문에 흙을 다루는 것은 쉬운 일이 아니다.

대학에서 토질역학을 거의 40년 가까이 학생들에게 가르치면서 잘 이해시키고자 노력하였지만 대부분의 학생들은 토질역학을 어렵게만 생각하고, 또한 선입견을 가지고서 이 분야를 접하는 것 같다. 나름 이해를 돕기 위해 여러 문헌들을 참고하여 강의 노트를 만들어 사용하였다. 이 강의 노트를 잘 정리하여 교재로 출간하기로 마음먹고 다듬는 일이 쉽지 않았다. 이해하기 쉽게 정리하려고 하였지만 더 어렵게 하지는 않았나 하는 아쉬움이 남는다.

본 서의 내용은 새로운 분야를 수록하기보다 토질역학을 공부하는데 가장 기본이 되는 기초적인 부분들을 보다 상세하게 설명하고 이해를 돕는 데 역점을 두었다.

본 서가 이 분야를 공부하고자 하는 대학생이나 현장 기술자들에게 많은 도움이 되기를 바란다. 이 책의 출판에 도움을 주신 씨아이알 출판사 김성배 사장님과 여러분들에게 감사의 마음을 표한다.

2014.3.

저자 배 종 순

*****

본 도서는 2014년 대한토목학회가 선정한 우수기술도서이며,

저자는 대한토목학회의 저술상을 수상하였다.

Contents

06 흙 속의 응력

08 흙의 강도

09 토 압

11 기초의 지지력

12 지반조사

01 흙의 생성

01 흙의 생성

1.1 지 구

지구는 태양계 행성 중 하나이다. 지구는 평균 반경이 약 6,400km이고, 적도 둘레가 약 40,000km인 타원체이다. 지구는 대기의 두꺼운 층으로 둘러싸여 있으며, 이 층을 기권(atmosphere)이라 한다. 기권의 하부는 산소와 질소의 혼합물로 이루어져 있다. 기상현상은 지표에서 약 10km 높이의 대기 속에서 일어난다. 여기까지를 대류권이라 하고, 그 상층을 성층권이라 한다. 지구 내부 구조는 1909년 지질학자 모호로비치치(A. Mohorovicic)의 전자파 조사에 의한 속도 분포로 알 수 있다. 지구 내부의 층상구조는 그림 1.1과 같다.

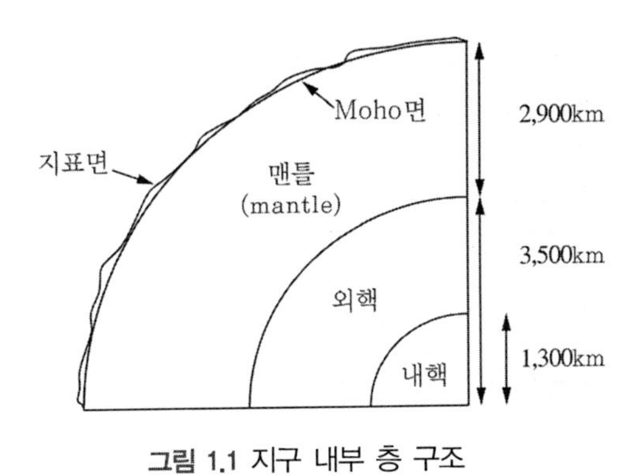

그림 1.1 지구 내부 층 구조

지표면에서 가장 가까운 불연속면을 Moho면이라 한다. Moho면은 두께가 수 km에서 수십 km이다. 지표에서 이 Moho면까지를 지각, Moho면에서 약 2,900km의 또 하나의 불연속면까지를 맨틀(mantle)이라 한다.

지구의 표면은 굴곡이 심하며, 육지에서 가장 높은 곳은 에베레스트 산으로 8,884m(약 9km)이다. 바다에서 가장 깊은 곳은 태평양 비티아즈 해연(Vitiaz deep)으로 11,034m(약 11km)으로 최고 수직 고저 차는 약 20km 정도이다. 지구의 직경은 약 13,000km이다.

맨틀의 상층 부분은 약 1,200km로 SiO_2(규소), Al_2O_3(알루미늄)이 주이고 비중은 대개 2.6~2.7 정도이고, 하층 부분은 약 1,700km로 SiO_2(규소), MgO(마그네슘)이 주이고, 비중은 대개 2.8~3.4 정도이다.

1.2 지각의 구조

지구의 외피를 이루고 있는 부분으로 지표에서 Moho면까지를 지각(earth crust)이라 한다. 지각은 많은 종류의 암석으로 구성되어 있으며, 지구의 표면으로 그 조성이 매우 다양하게 이루어져 있다. 지각은 대륙을 이루는 화강암질의 대륙지각과 현무암질의 해양바닥인 해양지각으로 구분된다.

지각은 많은 종류의 암석으로 구성되어 있으며, 이런 암석은 여러 종류의 광물로 이루어져 있다. 또한 이런 광물은 여러 종류의 원소 화합물이다. F.W. Clark(1847~1941)와 H.S. Washington(1867~1934)에 의해 정립된 지각의 대표적인 8대 구성 원소는 표 1.1과 같다.

표 1.1 지각의 구성 대표 화학원소(안, 1988)

원소	산소 O	규소 Si	알루미늄 Al	철 Fe	칼슘 Ca	나트륨 Na	칼륨 K	마그네슘 Mg
무게 (%)	46.71	27.69	8.07	5.05	3.65	2.75	2.58	2.08

1.3 조암광물 및 점토광물

1.3.1 조암광물

조암광물은 지각을 구성하는 암석의 구성단위이다. 조암광물의 주성분인 광물은 고온의 마그마의 결정작용에 의해 생성된다. 조암광물은 보통 규산염광물, 산화광물, 탄산염광물, 황화

광물 및 원소 광물의 5종류로 대별된다. 주요 조암광물은 알루미늄(Al), 칼슘(Ca), 마그네슘(Mg), 나트륨(Na), 칼륨(K) 등의 규산염(硅酸鹽)을 주체로 하여 생성된다. 7대 주성분 광물은 감람석, 휘석, 감섬석, 운모, 장석, 석영, 준장석 등이다.

1.3.2 점토광물

점토광물은 고온 상태의 마그마 결정과정에서 생성된 것이 아니고, 온도(0~40°C), 압력(1~수백 bar), 충분한 수분이 존재하는 조건에서 생성된다. 점토광물의 종류는 원암과 매질, 화학성분, 온도, 압력, pH 등으로 결정된다.

점토의 주성분은 층상 결정구조(層狀結晶構造)로 된 규산염광물이다. 층상 결정구조의 기본단위는 Silica(SiO_2), Gibbsite[$Al(OH)_3$]이며, 이들이 2층, 3층 구조로 결합되어 있다. 결정구조에 따라 점토광물에는 카오리나이트(Kaolinite), 일라이트(Illite), 몬모릴로나이트(Montmorillonite) 등이 있다. 카오리나이트는 2층 구조의 결합형태인 수소결합으로 이루어져 있어 결합이 매우 강하다. 따라서 결합상태에 물 등의 침입이 어려워 팽윤성(Swelling)이 약하다. 이에 비해 몬모릴로나이트는 3층 구조의 결합으로 결합력이 비교적 약하며, 결합 층 사이에 물 등의 침입이 비교적 쉽다. 따라서 결합이 분리되기 쉽고, 팽윤성이 크다.

점토광물의 입자는 수 $\mu(1\mu = 1/1000mm)$ 이하 크기의 미립자이며, 이 미립자는 수중에서는 분산(噴散, dispersion)하여 불규칙한 브라운(brown) 운동을 하여 침강하지 않고 물속에 떠다녀 현탁액이 된다. 점토광물로 형성된 흙덩이는 거의 불투성(투수계수 : 10^{-6}cm/s 이하)이다.

1.4 암석의 생성

암석은 그 형성과정에 따라 화성암(igneous rock), 퇴적암(sedimentary rock), 변성암(metamorphic rock)의 세 가지 형태로 구분한다. 암석형태의 순환과 그 형성과정을 도식적으로 나타낸 것이 그림 1.2이다.

화성암은 지하 깊은 곳에서의 마그마가 지표 가까이 상승 관입 또는 분출하여 냉각 고결되어 생성된 암석이다. 산출상태에 따라 심성암, 반심성암, 분출암으로 분류된다. 심성암은 지하 깊은 곳에서 서서히 냉각되어 형성된 암석으로 거대한 암체를 형성한다. 반심성암은 지하 깊은 곳에서 급냉된 암석으로 산출되거나 비교적 지표 부근에서 천천히 냉각하여 산출된 암석이다. 분출암은 마그마가 지표에 분출되어 급속 냉각하여 생성된 암석이다.

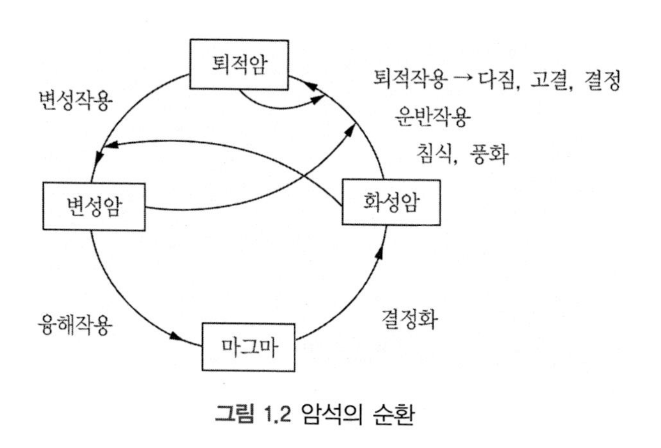

그림 1.2 암석의 순환

퇴적암은 암석의 쇄설물이나 생물의 유해가 물 밑에 퇴적하거나 특정 물질의 침전에 의하여 형성된 암석이다. 생성과정과 구성물질에 의해 쇄설성 퇴적암, 화산쇄설암, 화학적 퇴적암, 유기적 퇴적암으로 구별된다. 쇄설성 퇴적암은 암석의 물리화학적 풍화에 의해 생성된 쇄설물이 물, 바람, 빙하 등에 의해 운반되어 해저(海底), 호저(湖底), 하저(河底) 등과 육상에 퇴적 고결된 것이다. 이암, 셰일, 사암, 점판암, 역암 등이 있다. 화산쇄설암은 화산쇄설물로 되는데, 응회암이 이에 속한다. 화학적 퇴적암은 바닷물, 호수 및 온천 등의 지하수에 용해되어 있는 물질이 화학적으로 침전되어 형성된 암석이다. 암염, 석고 등이 이에 속한다. 유기적 퇴적암은 생물의 유해가 퇴적되어 형성된 암석이다. 석회암, 석탄, 규조토 등이 있다.

변성암은 기존의 암석이 마그마와 접촉하여 열이나 다른 성분을 공급받아 성질이 변하는 경우나 지하 깊은 곳의 암석이 고온, 고압에 의해 변하는 경우가 있다. 이를 변성작용(metamophism)이라 하고, 이에 의해 형성된 암석을 변성암이라 한다. 천매암, 결정편암, 편마암 등이 있다.

1.5 지질현상

지구의 내외로부터 작용하는 힘에 의해 지각의 표층부 형태가 변하는 것을 지질현상 또는 지질작용이라 한다. 지각변화의 원인에는 화산활동, 지진, 지각변동과 같은 내부 작용과 비, 바람, 물, 얼음 등과 같은 외부 작용이 있다. 화산활동은 고열과 고압력의 마그마가 지각의 갈라진 틈으로 지표면에 분출되는 현상을 말한다. 지각변동은 지구의 수축작용, 외력의 가압작용 등에 의해 지각이 횡방향의 인장, 압축 또는 종방향 압축 등의 힘을 받아 변형하는 현상으로, 비교적 완만하고 지각 전체에 걸쳐 대규모로 변형이 일어난다.

지표 부근의 암석은 물리화학적 풍화에 의해 세립화되어 물, 바람, 얼음 등에 의해 높은 곳에서 낮은 곳으로 운반, 이동되어 층을 이루며 퇴적된다. 다시 퇴적된 풍화물은 오랜 기간 흙의 자중 등의 높은 압력을 받아 암석화되어 퇴적암이 된다. 이 층을 단층(單層)이라 하고, 층들의 경계면을 층리(層理)라 하며, 여러 단층으로 이루어진 것을 지층(地層)이라 한다. 이 지층이 횡방향으로 큰 압력을 받아 그림 1.3과 같이 굴곡이 진 것을 습곡(褶曲, Fold)이라 한다.

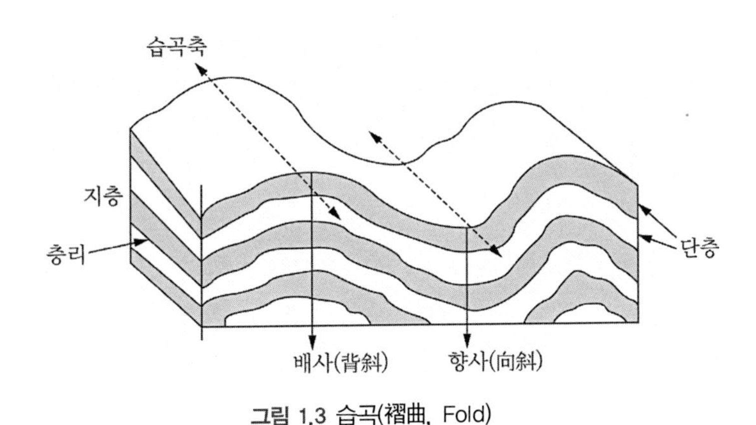

그림 1.3 습곡(褶曲, Fold)

습곡현상에서 굴곡이 극한에 달하면 지층은 절단되어 틈이 생기고, 이 틈이 상하 또는 수평으로 어긋나게 되어 지층의 불연속면이 생긴다. 이렇게 생성된 층을 단층(斷層)이라 한다. 단층에는 양쪽의 이동형식에 따라 정단층(normal fault), 역단층(reverse fault), 변환단층(transform fault)으로 분류한다. 단층면 사이의 암석이 파쇄, 세편화되어 띠 모양으로 연속으로 분포되어 있는 부분을 파쇄대라 한다.

암석은 그 위의 암석 자중이나 지각운동, 암석의 열 변화에 의한 신축, 팽창에 따라 균열이 발생한다. 이렇게 형성된 틈이 절리(節理)이다.

1.6 흙의 생성

흙은 암석이 물리적, 화학적 풍화작용에 의하여 작은 조각으로 부서져 생성된다. 물리적 풍화작용은 암석 균열 속에 있는 동결에 의한 물의 팽창이나, 온도 변화에 의한 균열 파쇄, 비, 바람, 물 등의 마모에 의해 암석의 원래 성질을 가지면서 작은 조각으로 파쇄 또는 마모되는 과정을 말한다. 화학적 풍화작용은 용해, 산화, 환원, 탄산염화 등과 같이 화학적 작용에 의하여 암석의 성질이 본래의 성질과 다르게 변한 것을 말한다.

풍화에 의해 생성된 흙은 원래의 자리에 그대로 있거나 외부의 힘에 의해 다른 곳으로 이동되어 퇴적된다. 전자를 잔적토(殘積土, residual soil)라 하고, 후자를 퇴적토(堆積土, transported soil)라 한다. 퇴적토는 운반된 과정과 퇴적된 과정에 따라 여러 형태로 분류된다. 충적토는 물에 의해 퇴적된 흙, 풍적토는 바람에 의해 퇴적된 흙, 붕적토는 산사태 등과 같이 흙 자체의 중력에 의해 밑으로 떨어져 쌓여 형성된 흙, 해성토는 바다 속에 퇴적되어 형성된 흙 등이 있다.

연습문제

1. 지각이란 무엇이며, 무엇으로 구성되어 있는가?

2. 조암광물이란 무엇이며, 주요 조암광물에는 어떤 것이 있는가?

3. 점토광물의 결정구조에 대하여 설명하시오.

4. 암석의 기본 형태에 대하여 설명하시오.

5. 흙은 어떻게 생성되는가?

〈참고문헌〉

강예묵, 박춘수, 유능환, 이달원(2002), 『신제 토질역학』, 형설출판사. pp.1~10.

안종필(1988), 『최신 토목지질학』, 구미서관, pp.17~46.

윤지선 역(1992), 『토목지질학』, 구미서관, pp.1~54.

정두영, 장인규, 이병석, 이관준(2003), 『토목지지학개론』, 구미서관, pp.1~16.

Braja M. Das.(2012), *Principles of Geotechnical Engineering 7th*, Cengage Learning, ch.2.

岡本隆一, 緖方正虔, 小島圭二(1984), 新体系土木工學 14 土木地質, 技報堂, pp.31~91.

02 흙의 기본적인 성질

02 흙의 기본적인 성질

2.1 흙의 구조

2.1.1 점토광물의 기본 구조

점토광물은 결정물질로서 흙의 세 가지 성분 중에 고체 부분을 구성한다. 점토광물은 대부분 규소사면체(silica tetrahedron)와 알루미늄팔면체(alumina octahedron)의 두 기본 단위로 구성된 알루미늄 규소염 복합물이다. 규소사면체의 결합을 규소판(silica sheet)이라 하고, 알루미늄팔면체의 결합을 팔면체판 또는 깁사이트판(gibbsite sheet)이라 한다. 간혹 팔면체 단위에 있는 알루미늄 대신 마그네슘 원자로 대치된 것을 부루사이트판(brucite sheet)이라 한다. 점토광물의 기본 구조는 그림 2.1과 같다.

점토광물의 결정구조는 규소판과 깁사이트판의 2층, 3층 구조의 결합으로 이루어져 있다. 그림 2.2와 같이 규소판과 깁사이트판이 1 : 1 격자식으로 결합된 2층 구조가 결합되어 이루어져 있는 점토광물을 카오리나이트(kaolinite)라 하고, 이 결합은 각 층이 수소결합을 이루고 있어 결합력이 강하다. 하나의 규소판에 2개의 깁사이트판이 결합된 3층 구조가 무수히 연결되어 형성된 점토광물을 몬모릴로나이트(montmorillonite)라 하며, 결합력은 약하다. 3층 구조 사이에는 다른 물이나 양이온이 있어서 서로 결속된다. 이 3층 구조 사이에 칼륨이온(K^+)이 들어가 결속된 점토광물을 일라이트(Illite)라 한다. 이 결합은 몬모릴로나이트보다 강하다.

점토입자들은 표면에 음전하를 띤다. 이는 동형이질치환과 점토입자 모서리에서 불연속적인 구조 때문이다. 물속에서 점토입자는 서로 반발한다.

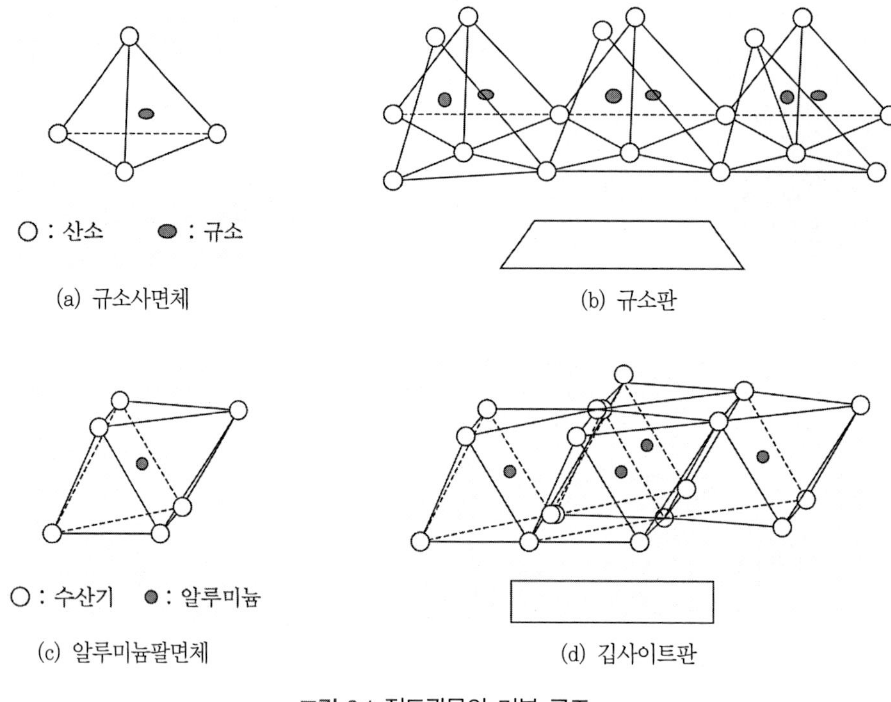

(a) 규소사면체 (b) 규소판

(c) 알루미늄팔면체 (d) 깁사이트판

그림 2.1 점토광물의 기본 구조

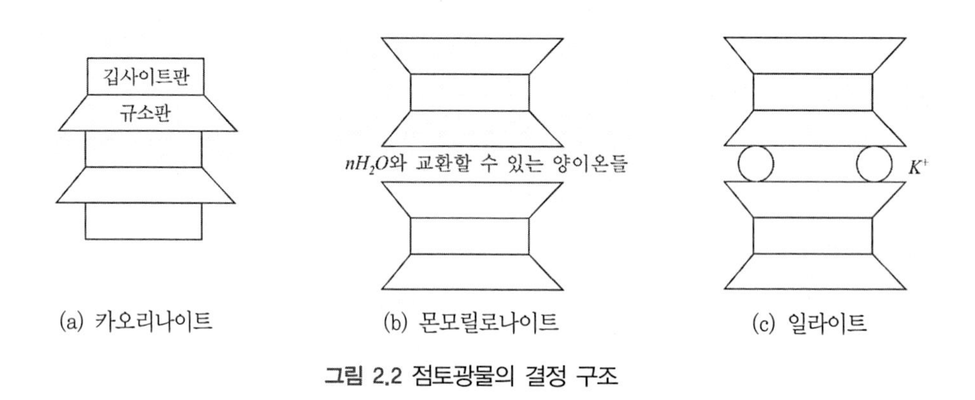

(a) 카오리나이트 (b) 몬모릴로나이트 (c) 일라이트

그림 2.2 점토광물의 결정 구조

반발력이 중력에 비해 큰 경우에는 잘 침강하지 못한다. 미세입자가 서로 반발하여 물속에서 침강하지 못하고 유동하는 것을 브라운(Brown) 운동이라 한다. 미세점토에서 음전기는 입자들 주위에 Ca^{++}, Mg^{++}, Na^{+}, K^{+}과 같은 치환 가능한 양이온에 의해 전기적으로 중화를 이루고 덩어리가 커져 침강한다. 점토입자 주위에는 양이온, 음이온이 떠돌아다닌다. 그림 2.3과 같이 점토입자 주위에 배열된 두 이온을 확산이중층(擴散二重層, diffuse double layer)이라

한다. 점토의 공학적 성질은 확산이중층의 두께에 영향을 받는다. 두 이온의 농도는 점토입자에서 멀수록 엷다.

쌍극성의 물은 점토표면과 양이온에 서로 이끌려 결합한다. 점토표면에 물이 이끌려 결합하는 것은 수소결합이다. 이는 물분자의 수소원자와 점토표면의 산소원자와 공유 결합을 한다. 물과 점토 사이의 결합은 거리가 멀수록 감소한다. 점토 가까이에서 점토에 붙어 있는 물을 흡착수(吸着水, absorbed water)라 한다.

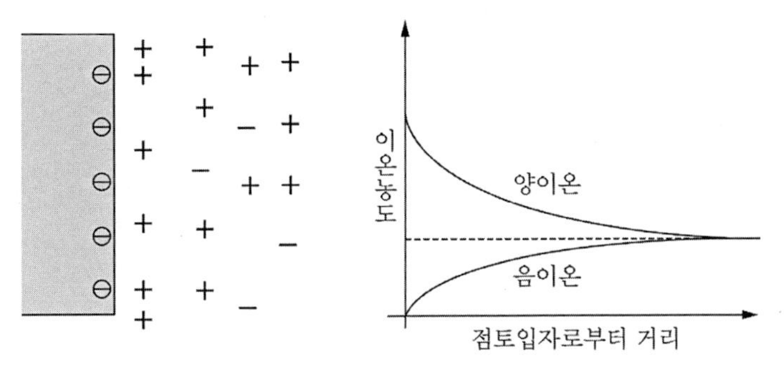

그림 2.3 확산이중층

2.1.2 점성토의 구조

현탁액 속에 있는 점토입자들은 서로 가까이 있으면 확산이중층이 서로 침투하려는 경향으로 서로 반발하는 반발력이 발생한다. 또한 점토입자 사이에 반데르발스힘(van der Waals forces)에 의해 서로 당기는 인력도 발생한다. 입자 사이의 간격이 작을수록 인력은 크다. 인력이 우세하면 점토입자들이 면과 모서리, 모서리와 모서리가 접촉하여 면모화(flocculation)라는 집합현상으로 덩치가 커져 중력에 의해 침강하거나, 반발력이 우세하여 모든 입자들이 서로 거의 평행하게 놓여 침강한다.

반발력이 우세하여 서로 평행하게 놓여 침강한 구조를 분산구조(dispersed structures)라 한다. 반면에 인력이 우세하여 면모화되는 과정은 다음과 같다.

점토입자 모서리 부분에서는 양전기가 국부적으로 집중되어 있어 점토의 면과 모서리가 결합하여 면모화를 이루는 경우의 구조를 비염기성 면모구조라 한다. 비염기성 면모구조는 담수에서 형성된 침전물의 구조이다. 분산된 점토입자가 바닷물에서는 양이온들이 점토입자 주위에 있는 이중층을 억압하는 경향이 있으므로 입자들 상호 간에 반발력이 감소한다. 따라서 점토입자가 서로 이끌려 결합한다. 이렇게 형성된 침전물을 염기성 면모구조라 한다. 이들 점성토 구조는 그림 2.4와 같다.

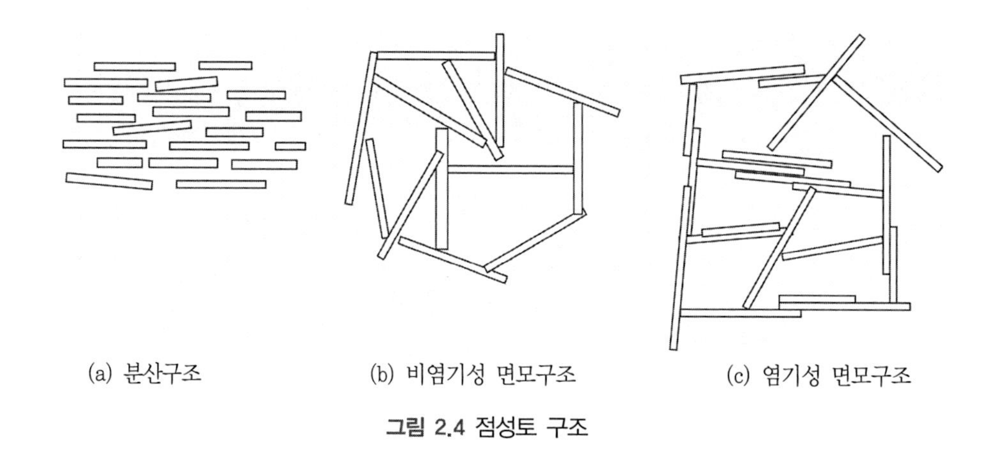

(a) 분산구조　　(b) 비염기성 면모구조　　(c) 염기성 면모구조

그림 2.4 점성토 구조

2.1.3 비점성토의 구조

비점성토는 비교적 큰 입자들로서 전기력의 작용보다 입자들의 중력에 의해 퇴적된다. 그러므로 점성토와는 구조가 판이하게 다르다. 비점성토의 구조는 단립구조(單粒構造, single grained structure)와 봉소구조(蜂巢構造, honey combed structure)로 분류된다. 단립구조는 가장 간단하게 입자가 무게에 의해 차곡차곡 쌓여 있는 배열구조이다. 이 구조에서는 입자의 배열상태에 따라 느슨한 상태와 조밀한 상태가 된다. 봉소구조는 비교적 작은 입자인 가는 모래나 실트의 입자들이 서로 고리모양으로 연결되어 배열된 구조이다. 비점성토의 구조는 그림 2.5와 같다.

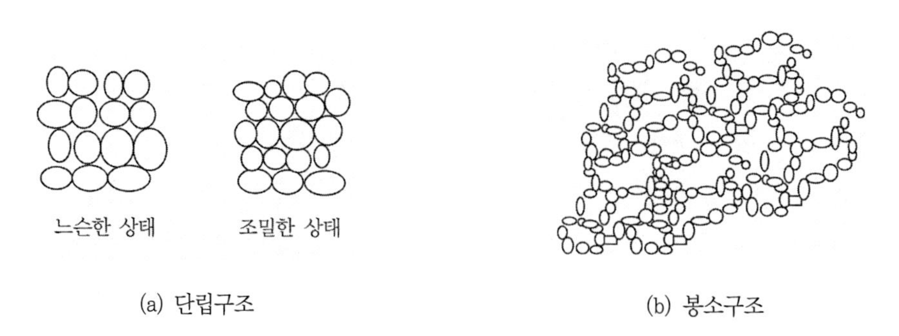

(a) 단립구조　　(b) 봉소구조

그림 2.5 비점성토 구조

2.2 흙의 성질을 나타내는 요소

흙의 구조는 2.1절에서 설명한 바와 같이 매우 복잡하다. 흙입자의 광물성분, 입자의 모양과 크기, 입자의 배열형태, 입자 사이의 공간, 즉 간극 사이에 들어 있는 유체의 함유량 등에 따라 물리화학적 성질이 다르다.

2.2.1 흙의 구성

흙은 고체인 광물입자, 입자 사이의 공간에 들어 있는 액체인 대표적인 물, 또 기체로 찬 빈 공간으로, 즉 세 성분으로 이루어져 있다. 흙의 구성 상태를 나타내면 그림 2.6과 같다.

흙 속의 물은 지표에서 스며든 중력수와 지하수의 모세관 작용에 의해서 빨려 올라온 모세관수, 점토입자 주위에 부착되어 있는 흡착수 등이 있다. 흡착수의 성질은 일반 물과는 달리 100°C에서 증발하지 않고, 110±5°C에서 증발한다. 따라서 흙 속의 모든 물을 증발시키기 위해서는 110±5°C로 가열하여야 한다. 흡착수는 또한 빙점이 낮고, 표면장력과 점성이 크다.

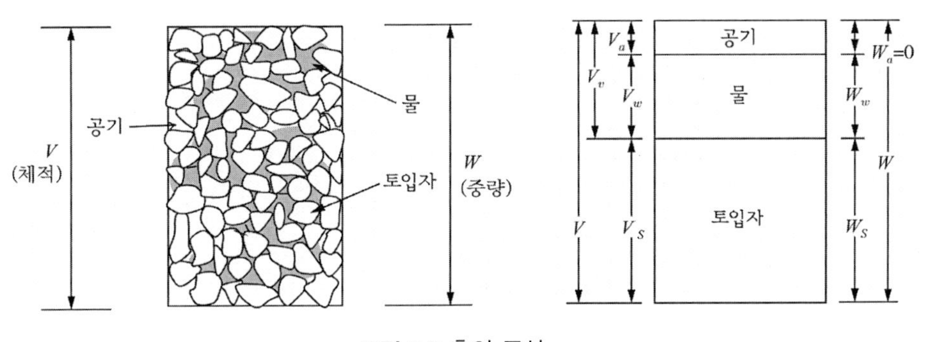

그림 2.6 흙의 구성

2.2.2 흙의 물 함유량

흙이 물을 접하면 입자의 결합력이 약해지고 또한 부피의 변화도 일어난다. 따라서 흙 속에 물이 얼마나 있느냐에 따라 흙의 물리적·역학적 성질이 달라진다.

1) 함수비(Moisture Content)

흙입자의 무게와 함유된 물 무게의 비를 함수비라 한다. 그림 2.6에서 함수비의 크기는 다음과 같다.

$$함수비(w) = \frac{W_w}{W_s} \times 100\% \tag{2.1}$$

함수비의 측정법은 KS F 2306에 규정되어 있다. 전체 흙의 무게에 대한 함유된 물 무게의 비를 함수율이라 한다.

$$함수율(w') = \frac{W_w}{W} \times 100\% \tag{2.2}$$

[예 2.1] 용기에 습윤상태의 흙을 담아 무게를 측정하니 80.5g이었다. 이를 건조로에 넣고 충분히 건조시킨 후에 무게를 측정하니 72.03g이다. 용기의 무게는 26.78g이었다. 흙의 함수비를 구하시오.

[풀이] 흙 속의 물의 무게는 $W_w = 80.5 - 72.03 = 8.47\,\text{g}$

흙입자의 무게는 $W_s = 72.03 - 26.78 = 45.25\,\text{g}$

함수비는 $w = \frac{W_w}{W_s} \times 100 = 18.72\%$

2) 간극비(Void Ratio)

흙덩이에서 흙입자를 제외한 나머지 부분의 공간을 간극(Void)이라 한다. 흙입자의 체적에 대한 간극 체적의 비를 간극비라 한다.

$$간극비(e) = \frac{V_v}{V_s} \tag{2.3}$$

또한 전체적에 대한 비를 간극률(porosity)이라 한다.

$$간극률(n) = \frac{V_v}{V} \times 100\% \tag{2.4}$$

두 식의 관계는 다음과 같다.

$$n = \frac{e}{1+e} \times 100\% \tag{2.5}$$

흙입자의 체적을 '1'로 하면 간극의 체적은 'e'가 된다. 따라서 비값으로 표현하면 전체적은 '$1+e$'가 된다. 이를 비체적(specific volume)이라 한다.

$$비체적(v) = 1 + e \tag{2.6}$$

[예 2.2] 습윤토를 담은 시료 캔의 무게가 37.8g이었다. 이를 건조로에 넣어 건조시킨 후의 무게는 35.6g이었다. 캔의 무게가 25.2g이면, 이 흙의 함수비는 얼마인가? 예 2.1의 흙 100g과 이 흙 100g을 섞으면 함수비가 얼마나 되겠는가?

[풀이] 시료 속의 물 무게 $W_w = 37.8\text{g} - 35.6\text{g} = 2.2\text{g}$

흙입자 무게 $W_s = 35.6\text{g} - 25.2\text{g} = 10.4\text{g}$

$함수비(w) = \frac{2.2}{10.4} \times 100\% = 21.15\%$

예 2.1의 흙의 무게 $W = 45.2 + 8.47 = 53.67\text{g}$

예 2.2의 흙의 무게 $W = 2.2 + 10.4 = 12.6\text{g}$

예 2.1의 흙 100g과 예 2.2의 흙 100g을 합쳤을 때

물의 무게 $W_w = 8.47 \times \frac{100}{53.67} + 2.2 \times \frac{100}{12.6} = 33.24\text{g}$

흙입자 무게 $W_s = 45.2 \times \dfrac{100}{53.67} + 10.4 \times \dfrac{100}{12.6} = 166.76\text{g}$

함수비 $w = \dfrac{33.24}{166.76} \times 100 = 19.93\%$

3) 비중(specific gravity)

비중은 물의 밀도에 대한 어떤 물체의 밀도 비를 말한다. 흙의 비중은 일반적으로 흙입자의 비중을 말한다.

$$\text{비중}(G_s) = \frac{\gamma_s(\text{흙의 밀도})}{\gamma_w(\text{물의 밀도})} \tag{2.7}$$

흙입자의 밀도는 다음과 같다.

$$\gamma_s = \frac{W_s}{V_s} \tag{2.8}$$

식 (2.8)의 밀도를 진밀도라 한다. 따라서 흙의 비중은 다음과 같다.

$$G_s = \frac{\gamma_s}{\gamma_w} = \frac{W_s}{V_s}\frac{1}{\gamma_w} \tag{2.9}$$

흙의 밀도 시험 방법은 KS F 2308에 규정되어 있다. KS F 2308의 규정에 의해 시험된 결과에 의해 다음과 같이 계산된다.

온도 T °C에서 증류수를 채운 피크노미터의 질량은 다음과 같이 산출한다.

$$m_a = \frac{\gamma_w(T)}{\gamma_w(T')}(m_a' - m_f) + m_f \tag{2.10}$$

여기서 m_a' : 온도 T' °C에서 증류수를 채운 피크노미터의 질량(g)

T' : m_a'를 측정하였을 때 피크노미터의 내용물의 온도(°C)

m_f : 피크노미터의 질량(g)

$\gamma_w(T)$: T°C에서 증류수의 밀도

$\gamma_w(T')$: T'°C에서 증류수의 밀도

표 2.1 증류수의 밀도

온도(°C)	증류수의 밀도	온도(°C)	증류수의 밀도
10	0.99970	21	0.99799
11	0.99961	22	0.99777
12	0.99949	23	0.99754
13	0.99938	24	0.99730
14	0.99924	25	0.99704
15	0.99910	26	0.99678
16	0.99894	27	0.99651
17	0.99877	28	0.99623
18	0.99860	29	0.99594
19	0.99841	30	0.99565
20	0.99820		

흙입자의 밀도는 다음과 같이 산출한다.

$$\gamma_s = \frac{m_s}{m_s + (m_a - m_b)} \gamma_w(T) \tag{2.11}$$

여기서 γ_s : 흙입자 밀도(g/cm^3)

m_s : 노건조 시료 중량(g)

m_a : 온도 T°C에서 증류수를 채운 피크노미터의 질량(g)

m_b : 온도 T°C의 증류수와 시료를 채운 피크노미터의 중량(g)

T : m_b를 측정하였을 때 피크노미터의 내용물의 온도(°C)

[예 2.3] 다음은 흙의 밀도 시험에서 얻은 값이다. 밀도를 구하시오.

피크노미터에 증류수를 가득 채웠을 때의 무게(m_a') =172.09g

피크노미터의 무게(m_f)=42.50g

피크노미터에 노건조 시료를 넣고 증류수를 채웠을 때 무게(m_b) = 188.92g

노건조 시료 무게(m_s)=27.36g

m_a' 측정 시 증류수의 온도=20°C

m_b 측정 시 증류수의 온도=24°C

[풀이] 24°C 때의 증류수로 가득 채웠을 때의 피크노미터의 무게(m_a)

$$= \frac{24°\text{C 때의 증류수의 밀도}}{20°\text{C 때의 증류수의 밀도}} \times (m_a' - m_f) + m_f$$

$$= \frac{0.99730}{0.99820} \times (172.09 - 27.36) + 27.36 = 171.96g$$

밀도(γ_s)(T/24°)

$$= \frac{m_s}{m_s + (m_a - m_b)} \gamma_w(T) = \frac{27.36}{27.36 + (171.96 - 188.92)} \times 0.99730 = 2.62(\text{g/m}^3)$$

4) 포화도(degree of saturation)

간극 속에 물이 차지하는 율을 포화도라 한다.

$$\text{포화도}(S) = \frac{V_w}{V_v} \times 100\% \tag{2.12}$$

S=100%이면 간극 속을 물로 가득 채워져 있다는 것이고, S=0%이며 흙 속에는 물이 전혀 없다는 것으로 100% 건조상태를 말한다.

5) 단위 중량(unit weight), 밀도(density)

밀도에 중력가속도(g)가 곱해진 것이 단위 중량이다. 물의 단위 중량과 밀도는 다음과 같다.

$$물의\ 단위\ 중량(\gamma_w) = 9.81\,\mathrm{KN/m^3} \tag{2.13}$$
$$= 62.4\,\mathrm{lb/ft^3}$$
$$= 1000\,\mathrm{kgf/m^3}$$

$$중력가속도(g) = 9.81\,\mathrm{m/s^2} \tag{2.14}$$

그림 2.6의 흙의 구성도를 보면 부피와 무게를 어느 것을 사용하여 구하느냐에 따라 명칭과 크기가 다르다. 완전히 건조된 흙덩어리의 밀도는 건조밀도(dry unit weight)라 하여 다음과 같다.

$$건조밀도(\gamma_d) = \frac{W_s}{V} \tag{2.15}$$

자연상태의 흙덩어리의 밀도를 습윤밀도(wet unit weight)라 한다.

$$습윤밀도(\gamma_t) = \frac{W}{V} = \frac{W_s + W_w}{V} \tag{2.16}$$

흙 속의 간극을 물이 100% 차지하고 있는 상태의 밀도를 포화밀도(saturated unit weight)라 한다.

$$포화밀도(\gamma_{sat}) = \frac{G_s + e}{1+e}\gamma_w \tag{2.17}$$

흙이 물속에 잠겨 있을 때의 밀도를 수중밀도(submerged unit weight)라 한다.

$$수중밀도(\gamma_{sub}) = \frac{G_s - 1}{1+e}\gamma_w \tag{2.18}$$

동일한 흙이라도 간극에 들어 있는 물질의 종류, 양에 따라 밀도가 달라진다. 건조, 습윤, 포화, 수중밀도를 비교해보면 다음과 같다.

$$\gamma_d = \frac{W_s}{V} = \frac{W_s}{V_s + V_v} = \frac{\gamma_s}{1+e} = \frac{G_s}{1+e}\gamma_w \tag{2.19}$$

$$\gamma_t = \frac{W_s + W_w}{V} = \gamma_d\left(1+\frac{w}{100}\right) = \frac{G_s}{1+e}\left(1+\frac{w}{100}\right)\gamma_w \tag{2.20}$$

$$\gamma_{sat} = \frac{W_s + V_v\gamma_w}{V} = \frac{W_s + V_v\gamma_w}{V_s + V_v} = \frac{G_s + e}{1+e}\gamma_w \tag{2.21}$$

$$\gamma_{sub} = \gamma_{sat} - \gamma_w = \frac{G_s - 1}{1+e}\gamma_w \tag{2.22}$$

따라서 크기는 다음과 같다.

$$\gamma_{sat} > \gamma_t > \gamma_d > \gamma_{sub} \tag{2.23}$$

6) 여러 정수들 간의 관계

포화도와 여러 정수들과의 관계를 보면 다음과 같다.

$$S(\%) = \frac{V_w}{V_v}\times 100\% = \frac{V_w/V_s}{V_v/V_s}\times 100\% \tag{2.24}$$

$$= \frac{(V_w\gamma_w)/(V_s\gamma_s)}{e}\frac{\gamma_s}{\gamma_w}\times 100\% = \frac{w\,G_s}{e}$$

흙의 습윤밀도와 여러 정수들 간의 관계는 식 (2.20)으로부터 다음과 같다.

$$\gamma_t = \frac{G_s\left(1+\frac{w}{100}\right)}{1+e}\gamma_w = \frac{G_s + \frac{Se}{100}}{1+e}\gamma_w \tag{2.25}$$

식 (2.19)에서 간극비(e)를 구하는 양으로 표현하면 다음과 같다.

$$e = \frac{\gamma_w}{\gamma_d} G_s - 1 \tag{2.26}$$

실험을 통하여 간극비를 측정하기는 어렵다. 따라서 흙의 건조밀도와 비중으로 간극비를 구할 수 있다.

[예 2.4] 몰드에 다져 넣은 시료의 중량은 4,722g이었다. 이 몰드의 용적은 2,209cm^{3}이다. 이 흙의 함수비는 2.22%, 비중은 2.62이다. 이 흙의 습윤밀도, 건조밀도, 간극비, 포화도 및 물속에 잠겼을 때의 포화밀도, 수중밀도를 구하시오.

[풀이] 포화도$(S) = \dfrac{G_s w}{e} = \dfrac{2.62 \times 2.22}{0.25} = 23.27\%$

습윤밀도$(\gamma_t) = W/V = 4772/2209 = 2.14(\text{gf/cm}^3)$

건조밀조$(\gamma_d) = \dfrac{\gamma_t}{1 + w/100} = \dfrac{2.14}{1 + 0.0222} = 2.09(\text{gf/cm}^3)$

간극비$(e) = \dfrac{G_s}{\gamma_d}\gamma_w - 1 = \dfrac{2.62}{2.09} \times 1 - 1 = 0.25$

포화밀도$(\gamma_{sat}) = \dfrac{G_s + e}{1 + e}\gamma_w = \dfrac{2.62 + 0.25}{1 + 0.25} = 2.30(\text{gf/cm}^3)$

수중밀도$(\gamma_{sub}) = \dfrac{G_s - 1}{1 + e}\gamma_w = \dfrac{2.62 - 1}{1 + 0.25} = 1.30(\text{gf/cm}^3)$

[예 2.5] 함수비가 10.26%이고, 비중이 2.64이며, 습윤밀도가 1.88tf/m^{3}인 흙이 있다. 이 흙의 건조밀도, 간극비, 간극률, 포화도를 구하시오.

[풀이] $\gamma_d = \dfrac{\gamma_t}{1 + w/100} = \dfrac{1.88}{1 + 0.1026} = 1.71(\text{tf/m}^3)$

$$e = \frac{G_s w}{\gamma_d} - 1 = \frac{2.64 \times 1}{1.71} - 1 = 0.54$$

$$n = \frac{e}{1+e} \times 100 = \frac{0.54}{1+0.54} \times 100 = 35.06\%$$

$$S = \frac{G_s w}{e} = \frac{2.64 \times 10.26}{0.54} = 50.16\%$$

[예 2.6] 깊이가 30mm인 시험기에 습윤토를 가득 담고 수평으로 고른 다음 압력을 가하여 두께를 26.4mm로 만들었다. 이때의 간극비를 구하시오. 초기의 흙의 상태는 함수비 12.2%, 밀도 1.78gf/cm^3, 비중 2.64이다.

[풀이] 흙의 건조밀도는 $\gamma_d = \dfrac{\gamma_t}{1+w/100} = \dfrac{1.78}{1+0.122} = 1.59\text{gf/cm}^3$

초기 간극비 $e_1 = \dfrac{G_s \gamma_w}{\gamma_d} - 1 = \dfrac{2.64}{1.59} \times 1 - 1 = 0.66$

체적 변화율 $v = \dfrac{V_1 - V_2}{V_1} = \dfrac{e_1 - e_2}{1+e_1}$

$$v = \frac{30 - 26.4}{30} = \frac{0.66 - e_2}{1+0.66}$$

$$e_2 = 0.46$$

7) 상대밀도(relative density)

사질토는 동일한 흙이라도 흙입자의 배열이 어떻게 되느냐에 따라 조밀의 정도가 달라진다. 조밀의 정도가 달라지면 여러 성질이 달라진다. 조밀의 정도를 나타내는 값으로 상대밀도(相對密度)를 사용한다.

$$\text{상대밀도}(D_r) = \frac{e_{max} - e}{e_{max} - e_{min}} = \frac{\gamma_d - \gamma_{d\,min}}{\gamma_{d\,max} - \gamma_{d\,min}} \frac{\gamma_{d\,max}}{\gamma_d} \quad (2.27)$$

여기서 e, γ_d : 자연상태의 간극비, 건조밀도

$e_{\min}$, $\gamma_{d\max}$: 가장 조밀한 상태의 최소 간극비와 최대 건조밀도

$e_{\max}$, $\gamma_{d\min}$: 가장 느슨한 상태의 최대 간극비와 최소 건조밀도

보통 상대밀도가 0~1/3일 때는 느슨한 상태, 1/3~2/3일 때는 중간 정도의 상태, 2/3~1일 때는 조밀한 상태이다.

[예 2.7] 어떤 사질토 지반의 현장 습윤밀도가 1.82tf/m^{3}이고 함수비가 5.32%이다. 건조상태의 이 모래를 직경 10cm, 높이 10cm인 용기에 가장 조밀하게 담았을 때의 무게는 1,445gf이고, 가장 느슨하게 담았을 때의 무게는 1,320gf이었다. 이 모래 지반의 상대밀도는 얼마인가?

[풀이] 현장 모래의 건조밀도 $\gamma_d = \dfrac{1.82}{1+0.0532} = 1.73\text{gf/cm}^3$

이 모래의 최대 건조밀도 $\gamma_{d\max} = \dfrac{1445}{\pi R^2/4} = \dfrac{1445}{3.14\times10^2\times10/4} = 1.84\text{gf/cm}^3$

최저 건조밀도 $\gamma_{d\min} = \dfrac{1320}{3.14\times10^2\times10/4} = 1.68\text{gf/cm}^3$

$$상대밀도\ D_r = \frac{\dfrac{1}{\gamma_{d\min}} - \dfrac{1}{\gamma_d}}{\dfrac{1}{\gamma_{d\min}} - \dfrac{1}{\gamma_{d\max}}} = \frac{\dfrac{1}{1.68} - \dfrac{1}{1.73}}{\dfrac{1}{1.68} - \dfrac{1}{1.84}} = 0.33$$

2.3 흙의 연경도(軟硬度, consistency)

점토광물이 존재하는 세립토는 점토입자, 크로이드(colloid)에 부착되어 있는 흡착수의 물리·화학적 성질과 비흡착수인 자유수 등의 함수량 변화에 따라 외력에 대한 변형저항의 정도가 다르다. 이를 흙의 연경도라 한다. 점성토에 많은 양의 물을 혼합하면 점토 표면의 흡착수로 인한 점성에 의해 점토입자가 결합되어 있는 상태에 자유수가 들어가 입자가 자유롭게 분리되어 혼탁액이 되어 유동상태가 된다. 이런 상태에서 수분을 증발시킬 때의 변화상태를 살펴보자. 수분이 어느 정도 증발하면 유동이 되지 않는 상태로 변한다. 또한 이때까지는 외력에 대하여 저항력이 전혀 없다. 이때의 상태까지를 액체상태(liquid state)라 한다. 액체상태에서 수분

이 더 증발되면 점토입자 표면의 흡착수층이 접촉하여 전기적으로 결합하는 입자가 많아진다. 결국 점성이 나타나 임의 형상을 이룰 수 있으며, 작용하는 외력에 대하여 어느 정도의 저항력이 나타난다. 이를 소성상태(plastic state)라 한다. 수분을 더욱 증발시키면 소성의 성질이 없어지고, 어떤 형태를 만들기가 어려워, 잘 부스러진다. 이때를 반고체 상태(semisolid state)라 하고, 여기서 더욱 수분을 증발시키면 딱딱하게 굳어진 고체상태(solid state)가 된다. 이와 같이 점성토에서 수분의 함량 변화, 즉 함수비의 변화에 따른 외력에 대한 저항력의 변화를 흙의 연경도라 한다. 또한 이런 변화과정에는 체적 변화도 따른다.

1900년대 초에 스웨덴 과학자 애터버그(Atterberg)가 함수비 변화에 따른 세립토의 연경도를 나타내는 방법을 개발하였다.

함수비가 매우 낮을 때는 고체상태를 나타내고, 함수비가 매우 높으면 액체상태를 나타내는 4가지 기본 상태는 그림 2.7과 같다.

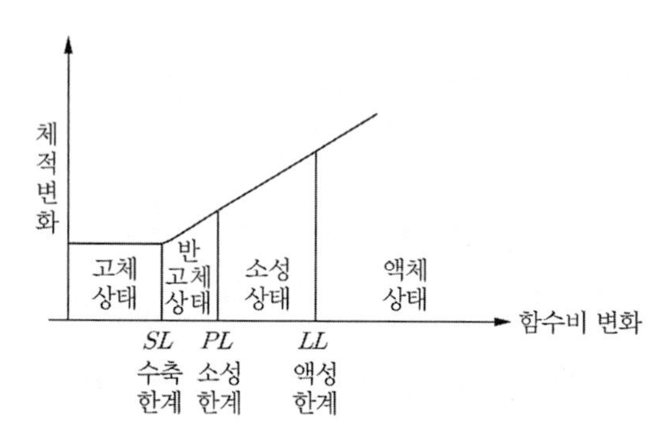

그림 2.7 함수비에 따른 체적 변화

액체상태를 나타내는 최소 함수비, 또는 액체상태와 소성상태의 경계가 되는 함수비를 액성한계(liquid limit), 소성상태를 나타내는 최소 함수비, 또는 소성상태와 반고체 상태의 경계를 나타내는 함수비를 소성한계(plastic limit), 반고체 상태를 나타내는 최소 함수비, 반고체 상태와 고체상태의 경계가 되는 함수비, 또는 함수비 변화에 따른 체적 변화를 일으키지 않는 최대 함수비를 수축한계(shrinkage limit)라 한다. 이들 한계값을 애터버그 한계(Atterberg limit)라 한다. 이러한 애터버그 한계값들은 그 경계치가 명확하게 규정되는 것이 아니라, 즉 그 한계값을 경계로 상태가 바뀌는 것이 아니고, 다음의 그 한계값들을 측정하는 규정에 의하여 측정된 값으로 규정한다. 애터버그 한계를 측정하기 위한 시료는 No.40체를 통과한 시료를 사용한다.

2.3.1 액성한계(LL, Liquid Limit)

액성한계 측정 시험법은 KS F 2303에 규정되어 있다. 액성한계란 시료를 담은 접시를 1cm의 높이에서 1초간 2회의 속도로 25회 낙하 타격하였을 때, 2분된 부분의 흙 홈이 양측으로부터 흘러내려 15mm의 길이가 합쳐졌을 때의 함수비를 말한다.

액성한계 측정은 그림 2.8과 같은 액성한계 측정기를 사용한다. 먼저 측정기의 낙하 높이를 조절한다. 낙하 높이는 조절판의 나사를 조절하여 황동접시와 고무판의 접촉점이 정확히 1cm의 낙하 높이가 되도록 하여 조절 나사를 고정한다. 다음은 시료 준비이다. No.40체를 통과한 시료 약 100g을 취하여 유리판 위에 놓고 증류수를 가하여 잘 반죽하여 잠시 방치해둔다. 반죽된 시료를 황동접시에 최대 두께 1cm가 되도록 넣는다. 이때 황동접시가 고무판에 낙하했을 때의 상태에서 시료가 수평이 되도록 넣는다.

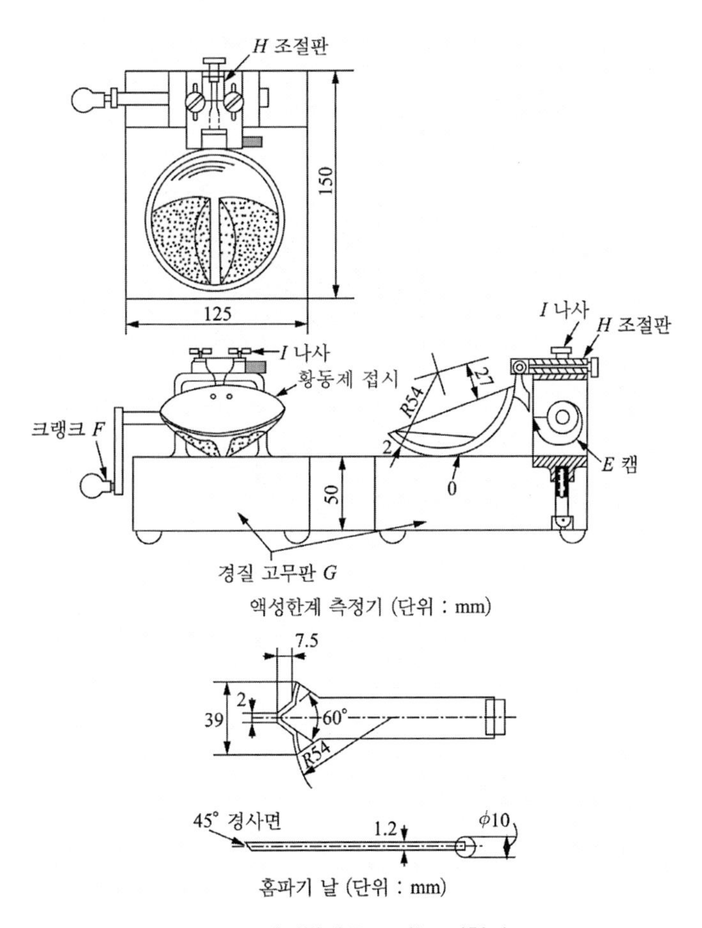

그림 2.8 액성한계를 구하는 시험기

다음은 홈파기 날로 황동접시 속의 시료를 2등분한다. 이때는 홈파기 날을 황동접시의 밑에 직각으로 놓고 캠 끝의 중심선을 통하는 황동접시의 지름에 따라 시료를 둘로 나눈다. 다음은 황동접시를 고무판에 설치하여 크랭크를 회전시켜 1초에 2회의 비율로 고무판에 낙하시킨다. 홈 밑 부분의 흙이 1.5cm가 합류할 때까지 낙하시킨다. 1.5cm가 합류하면 그때의 낙하 횟수와 합류된 부분의 시료를 채취하여 함수비를 측정한다. 시료의 함수비를 변화시켜 위 방법으로 반복 시험하여 얻은 낙하 횟수와 함수비의 관계곡선을 반대수 그래프 용지($w-\log N$)에 그려 낙하 횟수 25회에 해당하는 함수비를 액성한계로 한다. 반복 시험을 할 때, 낙하 횟수 25회보다 적은 쪽에서 2~3회, 많은 쪽에서 2~3회를 행하는 것이 좋다.

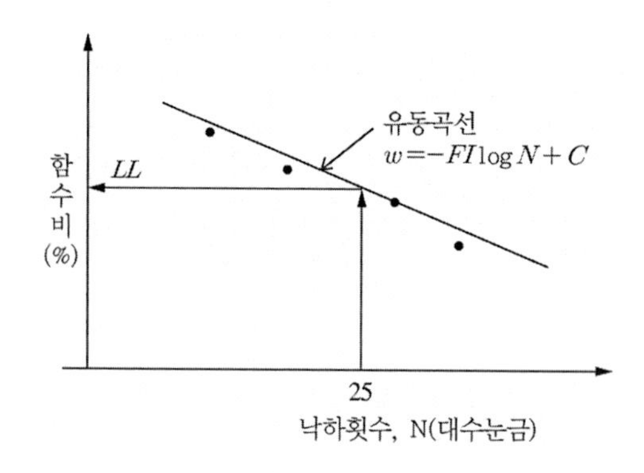

그림 2.9 유동곡선

그림 2.9와 같이 용지가 반대수 그래프 용지이므로 직선으로 나타나며, 이 직선을 유동곡선(flow curve)이라 하며, 이 직선의 기울기를 유동지수(FI, Flow Index)라 한다.

유동지수는 다음과 같다.

$$FI = \frac{w_1 - w_2}{\log N_1 - \log N_2} = -\frac{w_1 - w_2}{\log\left(\frac{N_2}{N_1}\right)} \tag{2.28}$$

여기서 FI : 유동지수

w_1, w_2 : 낙하 횟수 N_1, N_2일 때의 함수비

식 (2.28)에서 N_2를 N_1의 10배가 되도록 하면 다음과 같이 간단하게 계산할 수 있다.

$$FI = \frac{w_1 - w_2}{\log N_1 - \log N_2} = -\frac{w_1 - w_2}{\log\left(\frac{N_2}{N_1}\right)} = -(w_1 - w_2) \tag{2.29}$$

유동지수는 흙의 함수비 변화에 대한 전단강도의 변화상태 및 안정성 파악에 사용되며, 작을수록 안정하다는 것을 의미한다.

액성한계를 측정하는 기타 다른 방법에는 일점법이 있다. 이는 미국공병단(1949)에서 수백 번의 액성한계 시험의 결과를 분석하여 다음과 같은 경험식을 제시하였다.

$$LL = w_N\left(\frac{N}{25}\right)^{\tan\beta} \tag{2.30}$$

여기서 N : 홈의 바닥이 합류하는 데 필요한 낙하 횟수

w_N : 낙하 횟수 N에 해당하는 함수비

$\tan\beta = 1.21$

$\tan\beta = 1.21$은 흙의 종류에 따라 다르며, 정도에 문제가 있어 잘 사용되지 않는다. 액성한계가 위의 방법으로 구해지지 않을 경우 NP(Non Plastic)의 기호로 보고한다.

2.3.2 소성한계(PL, Plastic Limit)

흙의 소성한계 측정법은 KS F 2303에 규정되어 있다. No.40체를 통과한 시료를 15g 정도 준비하여 증발접시에 넣고 증류수를 가하여 쉽게 구슬형으로 만들 수 있게 반죽을 한다. 잘 반죽된 시료를 절반 정도 취하여 서리 유리판 위에 놓고 손바닥으로 밀어 균일한 굵기의 국수 모양으로 만든다. 밀어내는 속도는 앞뒤로 미는 것을 1회로 하여 1분에 80~90회로 한다. 이런 작업을 하면 함수비가 많은 것은 가늘게 만들 수 있으나, 적은 것은 굵은 상태에서 부스러진다. 이처럼 직경이 3mm 정도에서 국수 모양의 시료가 조각나 부스러질 때의 함수비를 소성한계라 한다.

소성한계는 점토의 함유량에 따라 비례적이지는 않으나 증가한다. 또한 유기질 함유량의 증

가에 따라 커진다.

소성한계가 액성한계보다 크게 구해지거나, 구해지지 않을 경우가 있다. 이와 같은 흙을 비소성(NP, Non Plastic)이라 한다.

2.3.3 수축한계(SL, Shrinkage Limit)

흙의 수축한계 측정법은 흙의 수축정수 시험법 KS F 2305에 규정되어 있다. No.40체를 통과한 시료를 약 30g 정도 준비한다. 준비된 시료를 증발접시에 넣어 증류수를 가하여 포화상태로 반죽을 한다. 수축접시 내부에 흙이 붙지 않도록 와세린이나 그리스를 엷게 바르고 포화상태로 반죽된 시료를 담는다. 이때 시료 내부에 기포가 생기지 않도록 한다.

이때 젖은 흙의 무게 W와 체적 V을 측정한다. 이후 접시에 담긴 흙을 공기 중에서 건조시킨 후에 건조로에서 110±5°C의 온도로 항량이 될 때까지 건조시킨다. 이때의 노건조된 시료의 무게 W_0와 수축접시에 수은을 채워서 건조된 흙의 부피 V_0를 측정한다. 수축한계 시험용 기구는 그림 2.10과 같다.

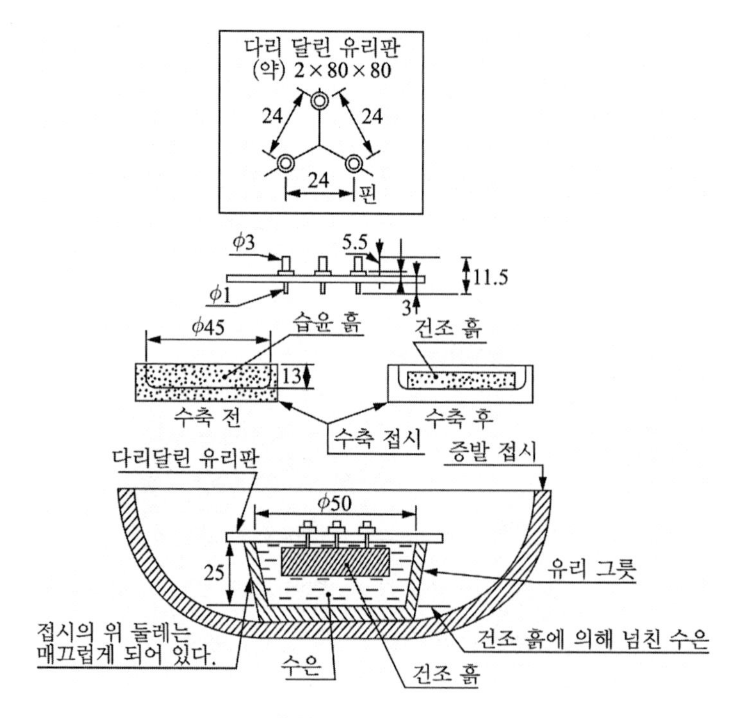

그림 2.10 수축한계 시험용 기구(단위 : mm)

수축한계(SL)는 다음과 같이 구한다.

$$w = \frac{W - W_0}{W_0} \times 100\% \tag{2.31}$$

$$SL = w - \frac{(V - V_0)\gamma_w}{W_0} \times 100\% \tag{2.32}$$

여기서 w : 젖은 흙의 함수비(%)

V, W : 젖은 흙의 부피와 무게

V_0, W_0 : 노건조된 흙의 부피와 무게

수축한계란 함수량을 어떤 양 이하로 감소하여도 그 흙의 체적이 감소되지 않으며, 함수량을 그 양 이상으로 증가시키면 흙의 체적이 증대하려는 함수량을 함수비로 표시한 것이다.

[예 2.8] 다음은 액소성한계 측정 시험을 한 결과이다. 액성한계, 소성한계, 소성지수를 구하시오.

액성한계 시험			소성한계 시험	
회	낙하 횟수	함수비(%)	회	함수비(%)
1	4	39.12	1	31.5
2	14	35.98	2	32.5
3	23	34.25	3	32.4
4	30	33.75	4	30.6
5	45	32.64	5	31.7

[풀이] 그림에서 액성한계$(LL) = 34.30\%$

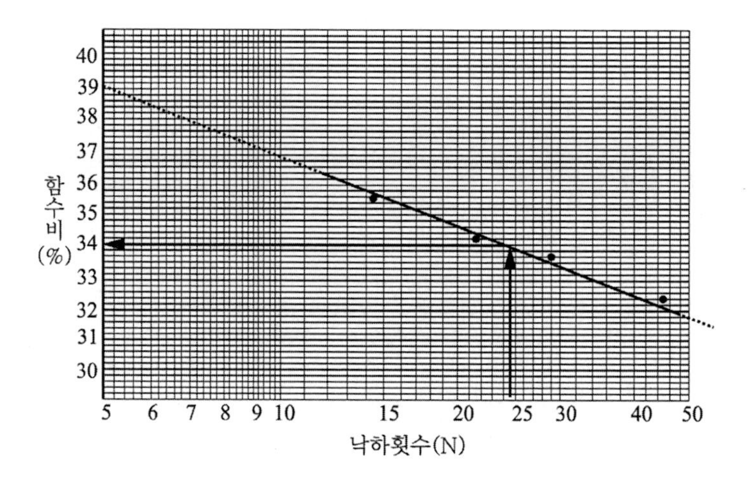

$$소성한계(PL) = \frac{31.5 + 32.5 + 32.4 + 30.6 + 31.7}{5} = 31.74\%$$

$$소성지수(PI) = LL - PL = 34.30 - 31.74 = 2.56\%$$

[예 2.9] 다음은 어떤 흙에 대한 수축정수 시험을 행한 결과이다. 수축한계, 수축비, 용적변화, 선수축, 비중을 구하시오.

① 수축접시의 내용적	20.68cm³
② 수축접시(+구리스) 무게	30.15g
③ (②+습윤토)의 무게	75.20g
④ (②+건조토)의 무게	60.75g
⑤ 건조토 부피	15.38cm³
⑥ 습윤토 함수비	29.69%

[풀이]

$$수축한계(SL) = w - \frac{V - V_0}{W_s} \times 100\% = 29.69 - \frac{20.68 - 15.38}{60.75 - 30.15} \times 100 = 12.37(\%)$$

$$수축비(R) = \frac{W_s}{V_0} = \frac{60.75 - 30.15}{15.38} = 1.99$$

$$용적변화(V_s) = (w - SL)R = (29.69 - 12.37) \times 1.99 = 34.47$$

$$선수축(L_s) = 100\left(1 - \sqrt[3]{\frac{100}{V_s + 100}}\right) = 100\left(1 - \sqrt[3]{\frac{100}{34.47 + 100}}\right) = 9(\%)$$

$$비중(G_s) = \frac{1}{\frac{1}{R} - \frac{SL}{100}} = \frac{1}{\frac{1}{1.99} - \frac{12.36}{100}} = 2.64$$

2.3.4 여러 지수

소성지수(PI, Plasticity Index)는 흙이 소성을 갖는 함수비의 범위를 말한다.

$$PI(\%) = LL - PL \tag{2.33}$$

소성지수의 값이 클수록 소성이 풍부함을 나타낸다.

타후니스 지수(TI, Toughness Index)는 소성지수와 유동지수의 비를 말한다.

$$TI = \frac{PI}{FI} \tag{2.34}$$

타후니스 지수가 클수록 Colloid 함유량이 높다.

컨시스턴시 지수(CI, Consistancy Index)는 자연상태에 있는 흙의 함수비가 소성범위 내에서 어느 쪽에 있는가를 나타낸다. CI가 0에 가까울수록 함수비는 액성한계에 가까움을 나타내므로 지반이 불안정하고, 1에 가까울수록 소성한계에 가까우므로 안정을 나타낸다.

$$CI = \frac{LL - w}{PI} = \frac{LL - w}{LL - PL} \tag{2.35}$$

액성지수(LI, Liquidity Index)는 컨시스턴시 지수와 같은 개념이다.

$$LI = \frac{w - PL}{PI} = \frac{w - PL}{LL - PL} \tag{2.36}$$

따라서 $CI+LI=1$이다.

흙의 용적변화는 어느 함수량으로부터 수축한계까지 함수량을 감소하였을 때의 용적변화를 흙의 건조용적에 대한 백분율을 말한다.

$$V_s = (w_1 - SL)R \tag{2.37}$$

여기서 V_s : 용적변화

w_1 : 주어진 함수량

$$R = \frac{W_0}{V_0} \text{ : 수축비} \tag{2.38}$$

흙의 비중과 수축비를 알고 있으면 수축한계는 다음과 같이 구할 수 있다.

$$SL(\%) = \left(\frac{1}{R} - \frac{1}{G_s}\right) \times 100\% \tag{2.39}$$

선수축(L_s)은 어떤 함수량에서 수축한계까지 함수량을 감하였을 때의 선 수축량을 처음 길이의 백분율로 나타내며, 다음과 같다.

$$L_s = 100\left(1 - \sqrt[3]{\frac{100}{V_s + 100}}\right) \tag{2.40}$$

2.4 활성도

동일한 흙덩어리에서 굵은 입자로 되어 있는 흙과 작은 입자로 되어 있는 흙입자들의 전체 표면적은 작은 입자들로 된 흙덩어리가 훨씬 크다. 따라서 미세 입자를 많이 함유한 흙에 흡착되어 있는 물의 양이 많다. 그러므로 점토분의 함량이 많을수록 소성지수(PI)가 높다고 추측할 수 있다.

Skempton(1953)은 이 관계를 점토의 활성도(Activity)라고 정의하였다.

$$점토의\ 활성도(A) = \frac{소성지수}{2\mu보다\ 가는\ 입자의\ 중량\ 백분율} \tag{2.41}$$

점토광물이 카오리나이트 입자일 때는 $A \approx 0.5$, 일라이트 입자일 때에는 $0.5 < A < 1$이다(Mitchell, 1993).

Poridori(2007)는 활성도에 대하여 다음과 같이 경험식을 제안하였다.

$$A = \frac{0.96(LL) - 0.26(CF) - 10}{CF} \tag{2.42}$$

여기서 CF : 2μm보다 작은 점토분의 함량($CF > 30\%$일 때)

LL : 액성한계

그림 2.11은 Kim(1975)의 한국해안의 해성점토에 대한 2μ 이하의 점토 함유율과 소성지수 사이의 관계를 나타낸 것이다.

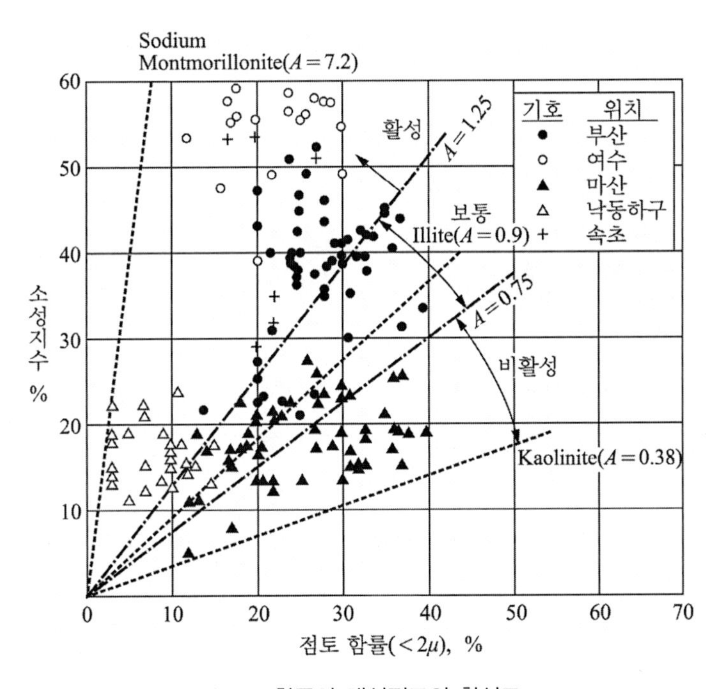

그림 2.11 한국의 해성점토의 활성도

2.5 흙의 함수당량

흙 속에는 흡착수와 모관수, 자연수 등의 물을 함유하고 있다. 자연수는 자체의 중력에 의해 외부로 빠져 나오나, 나머지 물은 외력에 의해서만 배제가 가능하다. 또한 흙의 간극 크기에 따라서 배제시킬 수 있는 물의 양이 다르다. 그러나 외력을 가하여도 배출이 되지 않고 흙 속에 포함하고 있는 간극수가 있다. 물론 외력의 크기에 따라 그 양은 다를 수 있다. 외력을 가해도 흙 속에 다량의 간극수를 포함하고 있을 때, 이 흙은 보수력(保守力)이 크다고 한다. 흙의 보수력을 측정하는 시험에는 원심 함수당량 시험과 현장 함수당량 시험이 있다. 원심 함수당량(CME, Centrifuge Moisture Equivlant) 시험은 KS F 2315에 규정되어 있다. 물로 포화되어 있는 흙을 그 중력의 1,000배와 동등한 힘을 1시간 동안 받았을 때의 흙의 함수량을 말한다.

흙의 원심 함수당량(w_c)은 다음과 같이 계산한다.

$$w_c = \frac{(ma - md) - (mb - me)}{mb - (mc + me)} \times 100\% \qquad (2.43)$$

여기서 w_c : 원심 함수당량(%)

ma : 원심 분리한 후 도가니 및 내용물의 질량(g)

mb : 건조 후 도가니 및 내용물의 질량(g)

mc : 도가니의 질량(g)

md : 젖은 여과지 질량(g)

me : 건조한 여과지 질량(g)

현장 함수당량(現場含水當量)은 다음과 같이 측정한다. 현장의 평활한 지표에 물방울을 떨어뜨렸을 때, 물방울이 30초 동안 흡수되지 않고 표면에 퍼져, 광택을 나타낼 때의 최소 함수비를 함수당량으로 한다.

흙의 투수성과 모관력, 흡착수 등에 의하여 원심 함수당량 크기에 차이가 있다. 따라서 원심 함수당량의 시험 결과에 의하여 흙의 투수성의 정도, 모관력의 정도, 또한 물에 의한 흙의 팽창성의 유무를 알 수 있다.

2.6 흙의 비화작용(沸化作用, slaking)

고체상태의 건조한 점착성 흙을 물속에 침수시키면 물을 흡수하여 소성을 띠다 다시 더 흡수되면 액상화가 된다. 이와 같이 흙이 물을 흡수하여 토입자 간의 결합력이 없어지면 붕괴가 일어난다. 이런 현상을 흙의 비화작용(沸化作用)이라 한다. 고체상태의 흙을 물속에 넣었을 때와 소성상태의 흙을 물속에 넣었을 때를 비교해보면, 고체상태일 때가 훨씬 빨리 액상상태가 된다. 이는 소성상태일 때에는 토입자 사이에 흡착수, 모관수의 작용 등에 의하여 입자가 강하게 결합되어 물의 침투가 어렵기 때문이다.

사질토에 건조한 점토를 고루 섞어 물을 뿌리면서 다지면 점토의 비화작용에 의해 모래의 입자를 서로 결합시켜 덩어리를 만든다.

2.7 흙의 팽창작용(膨脹作用)

팽창작용이란 흙에 수분을 가하면 부피가 증대되는 현상을 말한다. 점토와 같은 흙에 수분을 가하면 점토입자 표면에 흡착수막을 형성하여 입자의 크기가 증대되면서 부피가 증대한다. 이를 팽창현상 중에 팽윤(swelling)이라 한다. 건조 모래 시료에 5～6%의 수분을 가하면 원 부피의 125%까지 증대하는데, 이를 팽창(bulking)이라 한다.

연습문제

1. 점토광물의 결정구조를 설명하시오.

2. 점성토의 구조 특성에 대하여 설명하시오.

3. 비점성토의 구조에 대하여 설명하시오.

4. 일반 흙의 구성에 대하여 설명하시오.

5. 지반에 함유되어 있는 물의 상태에 대하여 설명하시오.

6. 함수비가 18.23%인 흙 3kg이 있다. 이 흙의 함수비를 23%로 만들려면 물 얼마를 첨가하여야 하나?

7. 함수비가 16%인 흙 1kg과 함수비가 26%인 흙 1kg을 섞으면 함수비가 얼마나 되는가?

8. 함수비가 16%인 흙 1kg에 같은 흙으로 함수비가 28%인 흙을 얼마를 섞으면 함수비가 22%인 흙이 되겠는가?

9. 간극비 0.72, 함수비 20%, 비중 2.64인 흙의 간극률, 건조 단위 중량, 습윤 단위 중량, 포화 단위 중량, 수중 단위 중량, 포화도를 구하시오.

10. 흙의 밀도에는 어떤 것들이 있는지 설명하고, 그 크기를 비교하시오.

11. 함수비, 비중, 포화도, 간극비의 관계를 맺어보시오.

12. 비중, 포화도, 간극비로 흙의 습윤밀도를 구하는 관계식을 유도하시오.

13. 어느 현장 흙의 습윤밀도가 1.68gf/cm^3, 함수비가 2.02%, 비중이 2.64이었다. 이 흙의 건조밀도, 간극비, 포화도를 구하시오.

14. 완전히 포화된 흙의 건조밀도가 1.64tf/m^3, 함수비가 24%이다. 이 흙의 포화밀도, 비중, 간극비, 포화도 80%일 때의 단위 중량을 구하시오.

15. 포화도가 100%인 점토의 함수비는 36.8%, 습윤밀도는 1.88gf/cm^{3}이었다. 이 흙의 수축비가 1.64gf/cm^{3}이라면 흙의 비중과 수축한계는 얼마인가?

16. 상대밀도란 무엇이며, 상대밀도와 흙 조밀의 정도에 대하여 설명하시오.

17. 현장 모래 지반의 상대밀도가 0.62이고, 함수비가 12%이고, 비중이 2.64인 지반의 습윤밀도, 최대 건조중량, 최소 건조중량을 구하시오.

18. 흙의 연경도란 무엇인가?

19. 어느 시료에 대하여 Atterberg 한계 시험의 결과는 [예 2.5]와 같았다. 자연함수비는 32.98%이었다. 이 결과에 의해 consistency 지수, 액성지수, 유동지수, Toughness 지수들을 구하시오.

20. 다음은 액성한계 시험의 결과이다. 액성한계, 유동지수, 소성지수를 구하시오. 소성한계는 24.71%이다.

낙하 횟수	함수비(%)
10	38.3
21	35.6
28	34.6
39	33.4

〈참고문헌〉

강예묵, 박춘수, 유능환, 이달원(2002), 『신제 토질역학』, pp.28~51.

김상규(2010), 『개정판 토질역학-이론과 응용』, 청문각, pp.21~22.

한국공업규격 토질 시험법(KS F)

Braja, M. Das(2000), *Fundamentals of Geotechnical Engineering*, Brooks/Cole, pp.1~6.

Braja, M. Das(2012), *Principles of Geotechnical Engineering 7th Ed*, CENGAGE ENGINEERING, pp.83~86.

Graham Barnes(2000), *Soil Mechanics: Principles and Practice 2nd*, Palgrave, pp.1~12.

Kim, S. K.(1975), *Engineering Properties of Marine Clays in Korea, Proceedings, Fifth Asian Regional Conference on Soil Mechanics and Foundation Engineering*, Bangalore, India, pp.35~43.

Michell, J. K.(1993), *Fundamentals of Soil Behavior 2nd ed*, John Wiley & Sons, New York, pp.24~46.

Polidori, E.(2007), *Relationship between Atterberg Limits and Clay Contents*, Soils and Foundations, Vol.47, No.5, pp.887~896.

Skempton, A. W.(1953), *The Colloidal Activity of Clays*, Proc, 3rd Inter, Conf, Soil Mech, Found, Eng.(Switzerland), Vol.1, p.57.

Willian Powrie(1997), *Soil Mechanics-concepts and applications*. E&FN SPON, p.29.

03 흙의 입도분석과 분류

03 흙의 입도분석과 분류

3.1 흙의 입도분석

흙 속에 혼합되어 있는 크고 작은 흙입자의 비율을 입도(粒度)라 하고, 입도를 구하는 것을 입도분석이라 한다. 입도 시험은 KS F 2302에 규정되어 있다. 흙의 입도분석은 3단계로 구분되어 시험이 이루어진다.

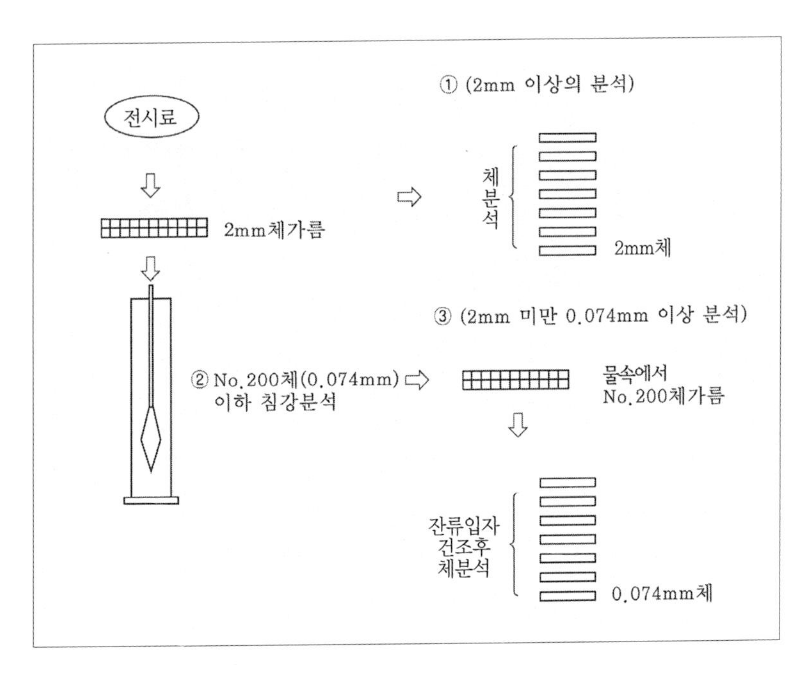

그림 3.1 흙의 입도분석 개요

먼저 No.10체에 잔류하는 입자들은 체분석을 통하여 분석하고, No.10체를 통과하는 시료는 침강분석을 통하여 분석한 후, 침강분석한 시료를 No.200체로 물속에서 쳐 No.200체에 잔류하는 시료를 건조시켜 체분석을 진행한다. 이 3단계의 분석을 합쳐 한 흙의 입도분석이 완료된다. 입도 시험의 개요를 나타내면 그림 3.1과 같다.

3.1.1 체분석

No.10체(2mm)에 잔류한 시료는 50.8mm, 38.1mm, 25.4mm, 19.1mm, 9.52mm, 4.76mm, 2mm의 체로 체가름을 한다. 체분석은 보통 조립토에서 이루어지며, 보통 흙에서는 4.76mm 정도의 체까지 사용되나 큰 돌이 많이 함유되어 있으면 더 큰 체를 사용한다.

침강분석한 후에 0.074mm체로 물속에서 체질한 후 체에 잔류한 시료를 건조시켜 하는 체분석에는 0.85mm, 0.425mm, 0.25mm, 0.106mm, 0.074mm의 체로 체가름을 한다.

어느 체에 잔류한 흙입자의 백분율을 잔류 백분율이라 하고, 그 체에 잔류한 시료의 중량을 전체 시료의 중량으로 나눈 것이 된다. 그 체의 통과백분율은 그 체 이상의 체들의 잔류율의 합을 가적잔류율이라 하며, 100에서 가적잔류율을 뺀 값이 된다. 체분석 결과의 정리는 표 3.1과 같다.

표 3.1 체분석 결과

입경 (체의 눈금)	잔류 중량	잔류율(%)	가적잔류율(%)	통과백분율(%)
A	a	$A_1 = a/W \times 100\%$	$R_1 = A_1$	$P_1 = 100 - R_1$
B	b	$B_1 = b/W \times 100\%$	$R_2 = A_1 + B_1$	$P_2 = 100 - R_2$
C	c	$C_1 = c/W \times 100\%$	$R_3 = A_1 + B_1 + C_1$	$P_3 = 100 - R_3$
D	d	$D_1 = d/W \times 100\%$	$R_4 = A_1 + B_1 + C_1 + D_1$	$P_4 = 100 - R_4$
E	e	$E_1 = e/W \times 100\%$	$R_5 = A_1 + B_1 + C_1 + D_1 + E_1$	$P_5 = 100 - R_5$
⋮	⋮	⋮	⋮	⋮
N	n	$N_1 = n/W \times 100\%$	$R_n = A_1 + B_1 + \cdots + N_1$	$P_n = 100 - R_n$
입도 시험에 사용한 전시료 중량(W)				

미국에서 사용하는 체의 크기는 다음과 같다.

표 3.2 체의 종류와 눈금크기(mm)

체 번호	체의 눈금크기	체 번호	체의 눈금크기
#4	4.75*	50	0.300
6	3.350	60	0.250
8	2.360	80	0.180
10	2.000	100	0.150
16	1.180	140	0.106
20	0.850	170	0.088
30	0.600	200	0.075*
40	0.425	270	0.053

*KS F에서는 4.76mm, 0.074mm임

3.1.2 침강분석

세립토의 흙은 체분석으로 입경을 분석하기는 어렵다. 미립의 흙입자는 서로 전기적인 작용에 의해 결합하여 큰 입자를 만든다. 그러므로 세립토의 입경은 물속에서 흙입자가 침강하는 현상을 이용하여 분석한다. 입자의 크기가 0.2mm 이상일 때에는 침강할 때 주위의 물을 교란시켜 입자의 침강을 방해하고, 0.0002mm 이하의 입자는 침강하지 못하고 브라운(Brown) 운동을 한다. 따라서 입자의 침강에 의해 분석 가능한 입자의 범위는 0.2~0.0002mm이다. 침강분석법의 대표적인 방법이 비중계 분석법이다.

침강분석법은 Stockes 법칙을 이용한다. Stockes 법칙은 정지된 물속에 하나의 구형(球形) 입자가 침강하는 속도는 직경의 제곱에 비례한다는 것이다. 그러므로 입경이 큰 입자는 침강하는 속도가 빠르다. 따라서 여러 입경의 크기가 혼합된 흙물은 일정시간이 지난 뒤에는 하부에 입자가 큰 흙입자, 상부는 아직 작은 입경의 흙입자가 부유하고 있다. Stockes 법칙은 다음과 같다.

$$v = \frac{(\gamma_s - \gamma_w)g}{18\eta} \times d^2 \tag{3.1}$$

여기서 v : 직경 d 입자의 침강속도, γ_w : 물의 단위 체적 중량(g/cm^3)

γ_s : 흙입자의 단위 체적 중량(g/cm^3), d : 흙입자의 직경(cm)

η : 물의 점성계수(dyne.s/cm^2), g : 중력 가속도(cm/s^2)

식 (3.1)에서 입경 d는 다음과 같다.

$$d=\sqrt{\frac{30\eta}{g(\gamma_s-\gamma_w)}\times v}=\sqrt{\frac{30\eta}{980(G_s-G_w)\gamma_w}}\sqrt{\frac{L}{t}} \tag{3.2}$$

여기서 d : 입경(mm), G_s, G_w : 흙입자 및 물의 비중

L : 유효깊이[$=z$: 입경 d의 침강거리(cm)], t : 침강시간(분)

γ_s: 흙입자의 밀도(g/cm^3), γ_w: 물의 밀도(g/m^3)

현탁액(懸濁液) 속에서 t시간 경과 후에 깊이 z에서의 현탁액의 상태를 보면 깊이 z까지는 입경 d 이상이 되는 입자는 없고, 입경 d 이하가 되는 입자들만 존재한다. 따라서 깊이 z의 현탁액의 단위 체적 중량(γ_i)은 다음과 같다. P'는 입경 d의 통과백분율(%), W_s는 침강분석에 사용한 시료의 노건조중량, V는 현탁액의 체적이다.

$$\gamma_i=\gamma_w+\frac{G_s-1}{G_s}\frac{P'W_s}{V}\times\frac{1}{100} \tag{3.3}$$

$$P'(\%)=\frac{G_s}{G_s-1}\frac{V}{W_s}(\gamma_i-\gamma_w)\times 100 \tag{3.4}$$

식 (3.1), (3.2), (3.3)에서 L, γ_i는 메스실린더 속의 현탁액에 넣어둔 비중계로 측정한다.

식 (3.2)에서 우변의 앞부분 계수는 온도에 따라 물의 밀도가 달라지므로 온도에 따라 그 값이 달라진다. 표 3.3은 온도와 흙의 비중에 따라 변화는 그 계수값을 나타낸다.

표 3.3 각 온도 및 흙입자의 비중에 대한 $\sqrt{\dfrac{30\eta}{980(G_s - G_w)\gamma_w}}$ 의 값

온도 (°C)	흙입자의 비중								
	2.45	2.50	2.55	2.60	2.65	2.70	2.75	2.80	2.85
4	0.01819	0.01788	0.01759	0.01732	0.01706	0.01680	0.01656	0.01633	0.01611
5	0.01791	0.01761	0.01732	0.01705	0.01670	0.01654	0.01630	0.01607	0.01595
6	0.01763	0.01734	0.01706	0.1679	0.01653	0.01629	0.01605	0.01586	0.01561
7	0.01737	0.01708	0.01671	0.01653	0.01628	0.01605	0.01581	0.01559	0.01538
8	0.01711	0.01682	0.01655	0.01629	0.01605	0.01581	0.01558	0.01536	0.01515
9	0.01696	0.01659	0.01631	0.01606	0.01581	0.01558	0.01536	0.01514	0.01493
10	0.01663	0.01635	0.01608	0.01583	0.01559	0.01536	0.01514	0.01493	0.01472
11	0.01640	0.01612	0.01586	0.01561	0.01537	0.01514	0.01493	0.01472	0.01452
12	0.01611	0.01584	0.01558	0.01534	0.01510	0.01488	0.01467	0.01448	0.01426
13	0.01595	0.01568	0.01543	0.01519	0.01495	0.01473	0.01452	0.01432	0.01412
14	0.01575	0.01548	0.01523	0.01497	0.01476	0.01454	0.01433	0.01413	0.01398
15	0.01554	0.01528	0.01503	0.01480	0.01455	0.01436	0.01415	0.01395	0.01376
16	0.01531	0.01505	0.01481	0.01457	0.01435	0.01414	0.01394	0.01374	0.01356
17	0.01511	0.01486	0.01462	0.01439	0.01417	0.01396	0.01376	0.01356	0.01338
18	0.01492	0.01467	0.01443	0.01421	0.01399	0.01378	0.01359	0.01339	0.01321
19	0.01474	0.01449	0.01425	0.01403	0.01382	0.01361	0.01342	0.01323	0.01305
20	0.01456	0.01431	0.01408	0.01386	0.01365	0.01344	0.01325	0.01307	0.01289
21	0.01438	0.01414	0.01391	0.01369	0.01348	0.01328	0.01309	0.01291	0.01273
22	0.01421	0.01397	0.01374	0.01353	0.01332	0.01312	0.01294	0.01276	0.01258
23	0.01404	0.01381	0.01358	0.01337	0.01317	0.01297	0.01279	0.01261	0.01243
24	0.01388	0.01365	0.01342	0.01321	0.01301	0.01282	0.01264	0.01246	0.01229
25	0.01372	0.01349	0.01327	0.01306	0.1286	0.01267	0.01249	0.01232	0.01215
26	0.01357	0.01334	0.01312	0.01291	0.01272	0.01253	0.01235	0.01218	0.01201
27	0.01342	0.01319	0.01297	0.01277	0.01258	0.01239	0.01221	0.01204	0.01188
28	0.01327	0.01304	0.01283	0.01264	0.01244	0.01225	0.01208	0.01191	0.01175
29	0.01312	0.01290	0.01269	0.01249	0.01230	0.01212	0.01195	0.01178	0.01162
30	0.01298	0.01256	0.01256	0.01236	0.01217	0.01199	0.01182	0.01165	0.01149

1) 현탁액

입도 시험용 시료인 모래질 흙은 약 100g, 실트나 점토인 경우는 약 60g을 취한다. 시료를 비커에 넣고 증류수를 가하여 충분히 저어준다. 이후 18시간 정도 방치하여 둔다. 비커의 내용물을 분산장치에 넣고 용기의 상단 5cm의 깊이까지 증류수를 넣는다. 이때 시료의 소성지수가

20 이하일 때에는 규산나트륨 용액 20ml를 가하고, 소성지수가 20 이상일 경우에는 과산화수소 용액 100ml를 가하여 분산시킨다. 이때 화학용액을 넣는 것은 분산된 시료의 면모화를 방지하기 위하여 사용한다.

2) 비중계 시험

분산시킨 내용물(현탁액)을 메스실린더에 넣고 증류수를 가하여 1,000ml가 되도록 한다. 이 메스실린더를 항온수조에 넣고 현탁액을 유리막대로 휘저어서 부유한 입자가 침강하지 않도록 한다. 현탁액이 수조와 같은 온도가 되면 메스실린더를 꺼내어 그 상부를 손바닥으로 막고 1분간 약 30회 정도로 상하 반전시킨다. 다시 실린더를 수조에 넣고 시간 변화에 따라 비중계의 눈금을 읽는다. 이 비중계의 읽음 값으로 현탁액의 단위 체적 중량(γ_i)과 유효깊이(L, 침강깊이)를 측정한다.

3) 유효깊이(L)

메스실린더 속의 비중계에 의해 읽히는 단위 체적 중량 값은 $L_1 + L_2/2$의 깊이의 값으로 읽히나 실제 비중계를 뽑고 나면 L 깊이의 값이다. 시간이 경과함에 따라 메스실린더 속의 현탁액은 점점 묽어지고 비중계는 더 깊이 내려간다. 그림 3.2에서 유효깊이(L)는 다음과 같이 구한다.

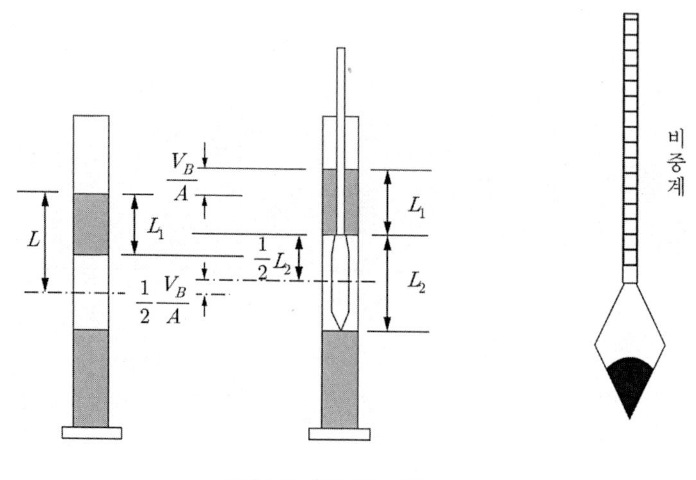

그림 3.2 유효깊이 산출

$$L(cm) = L_1 + \frac{1}{2}\left(L_2 - \frac{V_B}{A}\right) \tag{3.5}$$

$$L_1 = l_1 - 20(r + C_m)(l_1 - l_2)$$

여기서 L : 유효깊이(cm), A : 메스실린더의 단면적(cm^2)

L_1 : 비중계 구부의 위끝에서 눈금 r까지의 길이(cm)

L_2 : 비중계 구부의 길이(cm), V_B : 비중계 구부의 체적(cm^3)

l_1 : 비중계 구부의 위끝에서 눈금선 1.000까지의 길이(cm)

l_2 : 비중계 구부의 위끝에서 눈금선 1.050까지의 길이(cm)

r : 비중계의 소수 부분의 눈금

4) 밀도 읽음의 보정

비중계의 읽음에 있어, 비중계 막대 부분의 수면의 위치는 매니스커스가 생겨 읽는 위치가 옳지 못하다. 따라서 매니스커스(meniscus)에 대한 보정 C_m과 온도가 변하며 따라 물의 체적 변화에 따른 수면의 변화에 따른 보정 F가 필요하다. 그러므로 식 (3.4)는 다음과 같이 보정되어야 한다.

$$P'(\%) = \frac{V}{W_s}\frac{G_s}{G_s - 1}(r' + C_m + F) \times 100 \tag{3.6}$$

$$P(\%) = P_2 \times P' = \frac{W - W_2}{W} \times \frac{V}{W_s}\frac{G_s}{G_s - 1}(r' + C_m + F) \times 100 \tag{3.7}$$

여기서 P_2 : 2mm체의 통과백분율(%)

W : 입도 시험에 사용한 전시료의 노건조중량

W_2 : 2mm체 잔류시료의 노건조중량

식 (3.7)에서 $r' = \gamma_i - \gamma_w$는 현탁액의 밀도에서 물의 밀도를 뺀 것이므로 비중계에서 읽은 값의 소수 부분이다.

표 3.4 각 온도에 대한 보정계수(F)의 값

온도(°C)	보정계수 F	온도(°C)	보정계수 F	온도(°C)	보정계수 F
4	−0.0005	13	0.0000	22	+0.0010
5	−0.0005	14	0.0000	23	+0.0015
6	−0.0005	15	0.0000	24	+0.0015
7	−0.0005	16	0.0000	25	+0.0020
8	−0.0005	17	+0.0005	26	+0.0020
9	−0.0005	18	+0.0005	27	+0.0025
10	−0.0005	19	+0.0005	28	+0.0025
11	−0.0005	20	+0.0010	29	+0.0030
12	−0.0005	21	+0.0010	30	+0.0030

3.2 흙의 입도분포 곡선

3.1절에서 입도분석이 이루어지면, 흙의 입도분포는 반대수 그래프에서 나타낸다. 가로축에 흙입자 크기를 나타내며 대수축척이고, 세로축에 각 체의 통과백분율 또는 가적잔류율을 나타내며 산술축척이다.

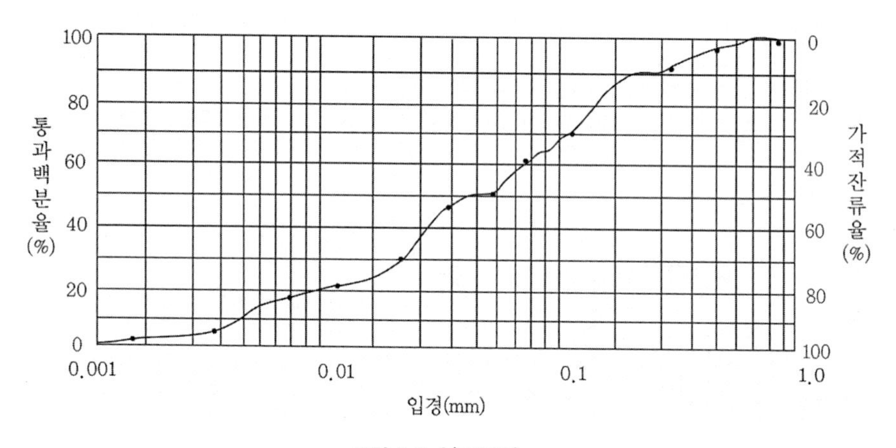

그림 3.3 입도곡선

이 그래프에 나타낸 곡선을 입도곡선(particle size distribution curve), 입경가적곡선 또는 입도분포 곡선이라 한다. 입도곡선은 그림 3.3과 같다.

입도곡선에서 통과백분율 10%에 해당하는 입경을 유효경(有效經, effective size)이라 하

며, D_{10}으로 표시한다. 통과백분율 30%에 해당하는 입경은 D_{30}으로, 통과백분율 60%에 해당하는 입경을 D_{60}으로 나타낸다. 입도곡선의 형태를 보면 곡선의 경사가 완만하면 포함된 입자가 작은 것부터 큰 입자까지 고루 함유되어 있음을 알 수 있다. 반대로 경사가 급하면 포함되어 있는 입자 크기의 범위가 좁다는 것을 알 수 있다. 이와 같이 입도곡선의 형태를 나타내는 상수로 균등계수(coefficient of uniformity)와 곡률계수(coefficient of curvature)가 있다. 균등계수(C_u)는 다음과 같다.

$$C_u = \frac{D_{60}}{D_{10}} \tag{3.8}$$

균등계수가 4~5 이하이면 입경이 균등하고, 10 이상 되면 입도배합이 좋다. 그러나 만약 입도곡선이 계단 형식으로 나타나면 균등계수는 크게 나타날 것이다. 이 경우에는 가운데 범위의 입경을 가진 흙입자는 없으므로 입도분포가 좋다고 할 수가 없고, 입도분포가 고르지 못하다. 이런 경우의 입도분포 상태를 정량적으로 나타내는 것이 곡률계수이다. 곡률계수(C_z)는 다음과 같다.

$$C_z = \frac{(D_{30})^2}{D_{10} \times D_{60}} \tag{3.9}$$

일반적으로 곡률계수가 1~3 정도이면 입도분포가 좋다고 한다.

[예 3.1] 흙의 입도 시험을 하기 위하여 비중계와 메스실린더를 준비하여 비중계의 비중 읽음과 유효깊이와의 관계를 맺고자 한다. 다음은 비중계와 메스실린더를 사용하여 측정한 값들이다. 비중계 읽음의 소수(r')와 유효깊이(L)와의 관계 그래프를 그리시오.

① 비중계 구부의 체적(V_B) = 56.00 cm³

② 비중계 구부의 길이(L_2) = 14.15 cm

③ 메스실린더의 단면적(A) = 24.63 cm²

④ 비중계 읽음 값과 구부상단에서의 거리(L_1)

비중계 읽음 값(γ)	구부상단에서의 거리(L_1, cm)
1.000	10.8
1.050	1.12

[풀이] 비중계 읽음의 소수 부분

$r' = \gamma - 1.00 = 1.00 - 1.00 = 0$ 일 때

$$L = 1/2(L_2 - V_B) + L_1 = 1/2(14.15 - 56.0/24.63) + 10.8 = 16.90\text{cm}$$

$r' = \gamma - 1.00 = 1.05 - 1.00 = 0.05$ 일 때

$$L = 1/2(L_2 - V_B) + L_1 = 1/2(14.15 - 56.0/24.63) + 1.12 = 7.14\text{cm}$$

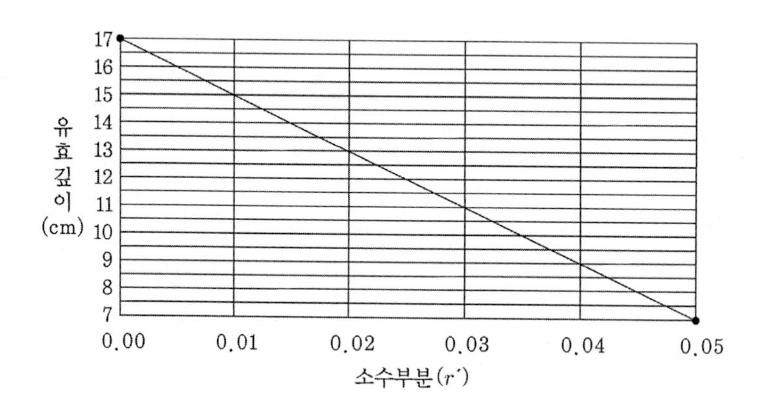

[예 3.2] 어떤 흙 건조시료 2.00kgf을 채취하여 9.52, 4.75, 2.00mm체로 체분석한 결과가 다음과 같았다. 가적통과백분율을 구하시오.

체(mm)	9.52	4.75	2.00
잔유량(g)	0.00	6.73	96.83

[풀이] 다음 표와 같다.

전건조시료 중량 : 2,000g

체(mm)	잔류토량(g)	잔류율(%)	가적잔류율(%)	가적통과율(%)
9.52	0.00	0.00	0.00	100.00
4.75	6.73	0.34	0.34	99.66
2.00	96.83	4.84	5.18	94.82

$P_{2.0} = 94.82\%$

[예 3.3] 예 3.2의 시험 후, 2.00mm체를 통과한 시료 중 100gf을 채취하여 침강분석을 하였다. 입경(d, mm)과 가적통과 백분율(P', %)을 구하시오(비중 $G_s = 2.71$, 소성지수 $PI = 3.39$, 측정 시 온도 : 16°C).

경과시간(min)	1	2	5	15	30	60	240	1440
비중계 읽음	1.0063	1.0051	1.0031	1.0013	1.0011	1.0011	1.0004	1.0000

[풀이] 다음 식과 같이 계산된다.

$$d = \sqrt{\frac{30\eta}{g(\gamma_s - \gamma_w)} \times v} = \sqrt{\frac{30\eta}{980(G_s - G_w)\gamma_w}} \sqrt{\frac{L}{t}}$$

$$P'(\%) = \frac{V}{W_s} \frac{G_s}{G_s - 1}(\gamma_i - \gamma_w + C_m + F)$$

흙입자의 비중 G_s : 2.71 소성지수 : 3.39 분산제 : NaOH 시료로 건조 중량 : 100g												
①	②	③	④	⑤	⑥	⑦	⑧	⑨	⑩	⑪	⑫	⑬
경과시간 t(분)	비중계 읽음		측정 시 온도(°C)	입경 D(mm)					보정가적 통과율(%)			
	소수 부분	r' ②+Cm		L	L/t	$\sqrt{L/t}$	$\sqrt{\frac{30}{980} \times \frac{\eta}{G_s - G_r}}$	D⑦×⑧	F	$r'+F$ 소수 부분	P' ⑪×M	$P' \times \frac{1}{100} \times P_{2.0}$
1	0063	0.0068	16	15.25	15.25	3.91	0.01272	0.0497	0.0000	0.0068	10.76	10.20
2	0051	0.0056	16	15.70	7.85	2.80	0.01272	0.0356	0.0000	0.0056	8.86	8.40
5	0031	0.0036	16	16.20	3.24	1.80	0.01272	0.0229	0.0000	0.0036	5.69	5.40
15	0013	0.0018	16	16.47	1.10	1.05	0.01272	0.0133	0.0000	0.0018	2.85	2.70
30	0011	0.0016	16	16.50	0.55	0.74	0.01272	0.0094	0.0000	0.0016	2.53	2.40
60	0011	0.0016	16	16.50	0.28	0.52	0.01272	0.0067	0.0000	0.0016	2.53	2.40
240	0004	0.0009	16	16.68	0.07	0.26	0.01272	0.0034	0.0000	0.0009	1.42	1.35
1440	0000	0.0005	16	16.75	0.01	0.11	0.01272	0.0014	0.0000	0.0005	0.79	0.75

$$\frac{100}{W_s/V} = 1{,}000$$

W_s/V : 혼탁액 1mL당 건조 시료 중량 0.1

$$\frac{G_s}{G_s - G_r} = 1.58$$

$$M = \frac{G_s}{G_s - G_r} \cdot \frac{100}{W_s/V} = 1{,}582$$

메니스카스 보정 Cm : 0.0005

[예 3.4] 예 3.3의 시험 후, 물속에서 #200체로 친 후에 체에 잔류시료를 노건조한 후에 체분석한 결과이다. 전시료에 대한 가적 통과백분율을 구하시오.

[풀이] 예 3.2에서 2.00mm체의 통과백분율은 $P_{2.0}=94.82\%$이다.

체(μ)	잔류토 중량(g)	잔류율(%)	가적잔류율(%)	가적통과율 (P', %)	보전 통과백분율 (P, %)
840	7.57	7.57	7.57	92.43	87.64
420	23.94	23.94	31.51	68.49	64.94
250	30.49	30.49	62.00	38.00	36.03
105	20.09	20.09	82.09	17.91	16.98
74	5.21	5.21	87.30	12.70	12.04

보정 가적통과율$(P) = P' \times P_{2.0}/100$

[예 3.5] 예 3.1~3.4는 같은 시료에 대한 시험이다. 이를 종합하여 입도곡선을 그리고, $D_{10},\ D_{30},\ D_{60}$을 구하고, 균등계수 및 곡률계수를 구하시오.

[풀이] 입도곡선은 다음과 같다.

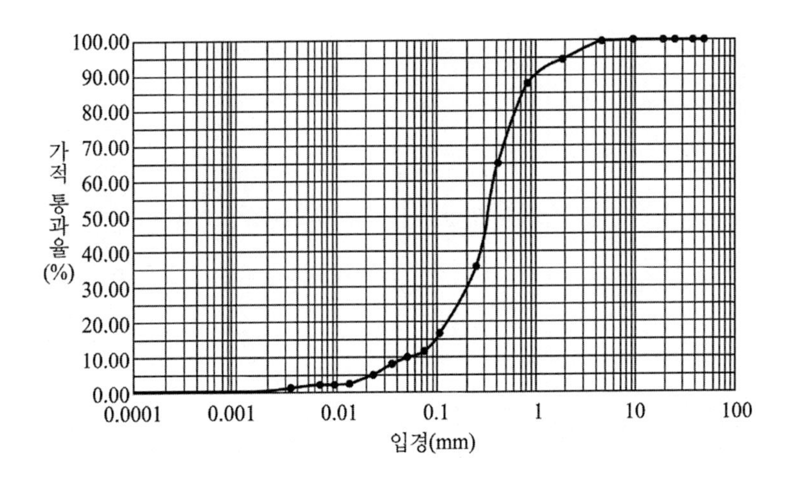

4.76mm 이상의 입자	0.34%	최대 입경	9.52mm
4.76~2mm의 입자	4.84%	60% 입경(D_{60})	0.39mm
2~0.42mm의 입자	29.88%		
0.42~0.074mm의 입자	52.90%	30% 입경(D_{30})	0.22mm
0.074~0.005mm의 입자	50.70%		
0.005mm 이하의 점토분	2.20%	10% 입경(D_{10})	0.05mm
0.001mm 이하의 콘로이드분	0.50%		
#10체 통과중량 백분율	94.82%	균등계수(C_u)	7.80
#40체 통과중량 백분율	64.94%		
#200체 통과중량 백분율	12.04%	곡률계수(C_z)	0.56

3.3 흙의 입도조성에 의한 분류

흙입자의 크기는 점토광물의 크기인 10^{-6}mm에서 직경이 몇 십 cm인 돌에 이르기까지 넓게 분포하고 있다. 입자의 크기(粒經, 입경)에 따라 대개 조립토(coarse grained soil)와 세립토(fine grained soil)로, 또는 점성의 유무에 따라 사질토(granual soil)와 점성토(cohesive soil)로 나눈다. KS F 2302에서는 입경에 따라 다음과 같이 분류하고 있다.

- 모래 : 2~0.05mm
- 실트 : 0.05~0.005mm
- 점토 : 0.005~0.001mm
- colloid : 0.001mm 이하

자연 상태의 흙은 동일한 크기의 입자들로만 이루어져 있는 경우는 매우 드물다. 보통 크고 작은 입자들이 혼합되어 흙을 이루고 있다. 이들 입자들의 혼합 정도를 입도라 하며, 이 입도에 따라 흙은 여러 성질이 다르게 나타난다. 입도조성에 의한 분류법으로 미국 농무성이 만든 삼각좌표 분류법이 있다. 삼각좌표 분류법은 점토, 실트, 모래의 세 입경의 혼합만으로 분류된다. 삼각좌표 분류법은 그림 3.4와 같다.

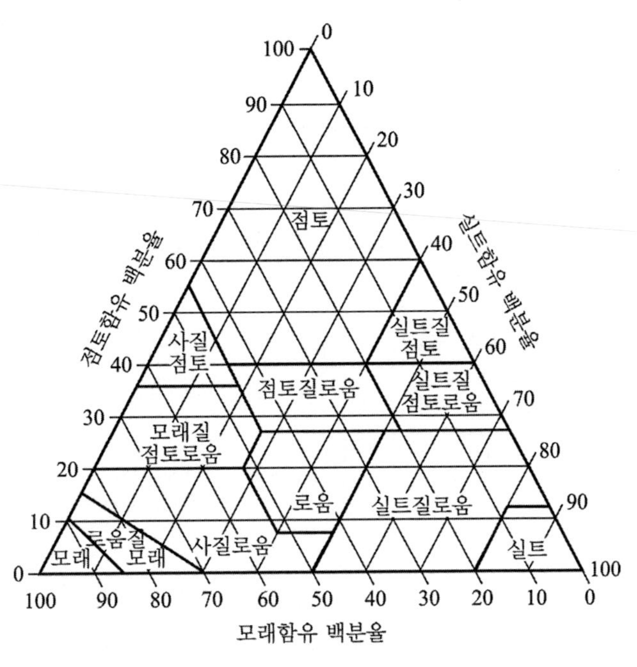

그림 3.4 미국 농무성의 입도조성에 의한 분류법

삼각좌표 분류법으로 흙을 분류할 때에 자갈이 혼합되어 있으면 다음과 같이 분류한다. 예로 자갈 10%, 모래 13%, 실트 37%, 점토 40%의 분포를 가진 흙은 다음과 같이 수정한다. 자갈을 제외하고 모래, 실트, 점토만으로 혼합 비율을 다시 계산한다.

- 모래 : $\dfrac{13}{13+37+40} \times 100\% = 14.44\% \fallingdotseq 15\%$
- 실트 : $\dfrac{37}{13+37+40} \times 100\% = 41.11\% = 41\%$
- 점토 : $\dfrac{40}{13+37+40} \times 100\% = 44.44\% = 44\%$

따라서 삼각좌표 분류표에서 실트질 점토로 분류되나, 자갈의 양이 있기 때문에 자갈이 섞인 실트질 점토라 한다.

[예 3.6] 다음 종류의 흙을 삼각좌표 분류표에 따라 분류하시오.

종류	점토(%)	실트(%)	모래(%)	자갈(%)
A	42	53	5	0
B	36	48	10	6

[풀이] A 흙은 점토+실트+모래=100%이므로 삼각좌표 분류표에서 바로 분류할 수 있다. A 흙은 실트질 점토이다. B 흙은 자갈이 함유되어 있으므로 자갈을 제외한 점토, 실트, 모래의 함유량을 100으로 하는 함유율로 환산한다.

- 점토$= \dfrac{36}{36+48+10} = 38(\%)$
- 실트$= \dfrac{48}{36+48+10} = 51(\%)$
- 모래$= \dfrac{10}{36+48+10} = 11(\%)$

자갈이 섞인 실트질 점토롬

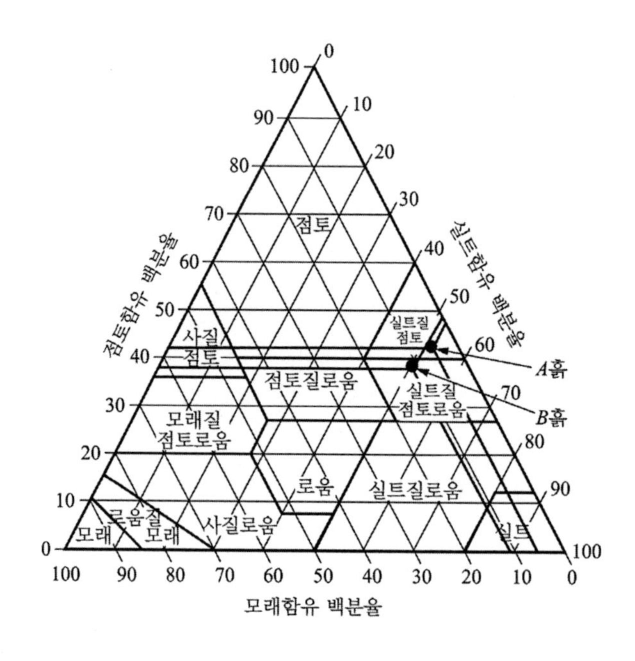

3.4 흙의 공학적 분류

입도조성에 의한 분류는 입도분포만 고려하고 있다. 미립자가 많은 세립토에서는 점토광물의 성질이 흙의 물리적 성질에 많은 영향을 미친다. 그러므로 흙의 특성을 알기 위해서는 점토광물에 의해 발휘되는 소성을 고려하여야 한다. 따라서 입도조성에 의한 분류로는 흙의 공학적 특성을 파악하기가 어렵다. 공학적으로 사용하는 흙을 흙의 입자 크기와 애터버그 한계를 고려한 분류로 통일분류법과 AASHTO 분류법이 있다.

3.4.1 통일분류법

통일분류법(Unified Soil Classification System)은 1942년 Casagrande가 비행기 활주로 공사에 사용하기 위하여 개발한 것이다. 현재 널리 사용되고 있는 ASTM 규정은 미국 개척국의 협력에 의해 미 공병단이 1952년 개정한 것이다.

이 분류법을 이용하기 위해서는 다음 사항을 먼저 파악하여야 한다.

1. 직경 75mm체를 통과하는 시료를 사용한다.
2. No.4체 가적 잔류백분율 : R_4
3. No.200체 통과백분율 : F_{200}
   No.200체 가적 잔류백분율 : $R_{200} = 100 - F_{200}$
4. No.40체 통과시료의 액성한계와 소성지수
5. 입도곡선에서 균등계수(C_u)와 곡률계수(C_z)

표 3.5 통일분류법

구분		분류 기호	기준
$F_{200} < 50$	자갈 $\frac{R_4}{R_{200}} > 0.5$	GW	$F_{200} < 5; C_u \geq 4; 1 \leq C_z \leq 3$
		GP	$F_{200} < 5; GW$에 해당하는 C_u, C_z 조건을 만족하지 못함
		GM	$F_{200} > 12; PI < 4$ 또는 A선 이하에 위치함(소성도)
		GC	$F_{200} > 12; PI > 7$이고 A선 이상에 위치함(소성도)
		GM-GC	$F_{200} > 12; PI$가 빗금친 부분에 위치함(소성도)
		GW-GM	$5 \leq F_{200} \leq 12; GW$ 조건과 GM의 PI 조건도 만족함
		GW-GC	$5 \leq F_{200} \leq 12; GW$ 조건과 GC의 PI 조건도 만족함
		GP-GM	$5 \leq F_{200} \leq 12; GM$의 PI를 만족하고 GW 조건을 만족하지 못함
		GP-GC	$5 \leq F_{200} \leq 12; GC$의 PI를 만족하고 GW 조건을 만족하지 못함
	모래 $\frac{R_4}{R_{200}} \leq 0.5$	SW	$F_{200} < 5; C_u \geq 4; 1 \leq C_z \leq 3$
		SP	$F_{200} < 5; SW$에 해당하는 C_u, C_z 조건을 만족하지 못함
		SM	$F_{200} > 12; PI < 4$ 또는 A선 이하에 위치함(소성도)
		SC	$F_{200} > 12; PI > 7$이고 A선 이상에 위치함(소성도)
		SM-SC	$F_{200} > 12; PI$가 빗금친 부분에 위치함(소성도)
		SW-SM	$5 \leq F_{200} \leq 12; SW$ 조건과 SM의 PI 조건도 만족함
		SW-SC	$5 \leq F_{200} \leq 12; SW$ 조건과 SC의 PI 조건도 만족함
		SP-SM	$5 \leq F_{200} \leq 12; SM$의 PI를 만족하고 SW 조건을 만족하지 못함
		SP-SC	$5 \leq F_{200} \leq 12; SC$의 PI를 만족하고 SW 조건을 만족하지 못함
$F_{200} \geq 50$	실트 및 점토 $LL < 50$	ML	$PI < 4$ 또는 A선 이하에 위치함(소성도)
		CL	$PI > 7$이고 A선 이상에 위치함(소성도)
		CL-ML	PI가 빗금친 부분에 위치함(소성도)
		OL	$\frac{LL_{(oven\ dried)}}{LL_{(not\ dried)}} < 0.75; PI$는 OL에 위치함(소성도)
	실트 및 점토 $LL \geq 50$	MH	PI가 A선 이하에 위치함(소성도)
		CH	PI가 A선 상에 또는 A선 이상에 위치함(소성도)
		OH	$\frac{LL_{(oven\ dried)}}{LL_{(not\ dried)}} < 0.75; PI$는 OH에 위치함(소성도)
	고도의 유기물질	Pt	이탄 및 그 외의 다른 유기질이 많은 흙

통일분류법은 2개의 로마(Roma) 문자를 조합하여 명칭을 부여하고 있다. 즉, A B로 A를 제1문자, B를 제2문자라 하면, 제1문자는 흙의 형태인 자갈, 모래, 실트 등, 제2문자는 흙의 입도와 압축성을 나타내고 있다.

표 3.6 통일분류법에 의한 흙의 분류(KS F 2324, 2006)

<table>
<tr><th colspan="3">주요 구분</th><th>분류 기호</th><th>대표 명</th><th colspan="3">분류 방법</th></tr>
<tr><td rowspan="8">조립토
No.200체
통과량
50% 이하</td><td rowspan="4">자갈
No.4체
통과량
50% 이하</td><td rowspan="2">깨끗한 자갈</td><td>GW</td><td>입도분포 양호한 자갈, 자갈 모래 혼합토</td><td rowspan="8">입도곡선으로 모래와 자갈의 율을 정한다. 세립분(NO.200체)의 백분율에 따라 다음과 같이 나눈다.
• 5% 이하 :
GW, GP, SW, SP
• 12% 이하 :
GM, GC, SM, SC
• 5%~12% :
경계선에서는 복기호</td><td colspan="2">$C_u = \frac{D_{60}}{D_{10}} > 4$, $C_s = \frac{(D_{30})^2}{D_{10} \times D_{60}} = 1 \sim 3$</td></tr>
<tr><td>GP</td><td>입도분포 불량한 자갈, 또는 자갈 모래 혼합토</td><td colspan="2">GW 분류 기준에 맞지 않음</td></tr>
<tr><td rowspan="2">세립분을 함유한 자갈</td><td>GM</td><td>실트질 자갈, 자갈 모래, 실트 혼합토</td><td>소성도에서 A선 아래 또는 $PI < 4$</td><td rowspan="2">소성도에서 사선을 한 부분에서는 복기호로 분류한다.</td></tr>
<tr><td>GC</td><td>점토질 자갈, 자갈 모래, 점토 혼합토</td><td>소성도에서 A선 위 또는 $PI > 7$</td></tr>
<tr><td rowspan="4">모래
No.4체
통과량
50% 이상</td><td rowspan="2">깨끗한 모래</td><td>SW</td><td>입도분포 양호한 모래, 또는 자갈 섞인 모래</td><td colspan="2">$C_u = \frac{D_{60}}{D_{10}} > 6$, $C_s = \frac{(D_{30})^2}{D_{10} \times D_{60}} = 1 \sim 3$</td></tr>
<tr><td>SP</td><td>입도분포 불량한 모래, 또는 자갈 섞인 모래</td><td colspan="2">SW 분류 기준에 맞지 않음</td></tr>
<tr><td rowspan="2">세립분을 함유한 모래</td><td>SM</td><td>실트질 모래, 실트 섞인 모래</td><td>소성도에서 A선 아래 또는 $PI < 4$</td><td rowspan="2">소성도에서 사선을 한 부분에서는 복기호로 분류한다.</td></tr>
<tr><td>SC</td><td>점토질 모래, 점토 섞인 모래</td><td>소성도에서 A선 위 또는 $PI > 7$</td></tr>
<tr><td rowspan="6">세립토
No.200체
통과량
50% 이상</td><td colspan="2" rowspan="3">실트 및 점토
$LL < 50$</td><td>ML</td><td>무기질 점토, 극세사, 암분, 실트 및 점토질 세사</td><td colspan="3" rowspan="7">소성도
$PI = 0.73(LL-20)$
CH
CL
CL−ML
MH 또는 OH
ML 또는 OL
소성지수
0
20
40
60
50
100
액성한계</td></tr>
<tr><td>CL</td><td>저, 중소성의 무기질 점토, 자갈 섞인 점토, 모래 섞인 점토, 실트 섞인 점토, 점성이 낮은 점토</td></tr>
<tr><td>OL</td><td>저소성 유기질 실트, 유기질 실트 점토</td></tr>
<tr><td colspan="2" rowspan="3">실트 및 점토
$LL > 50$</td><td>MH</td><td>무기질 실트, 운모질 또는 규조질 세사 또는 실트, 탄성이 있는 실트</td></tr>
<tr><td>CH</td><td>고소성 무기질 점토, 점질 많은 점토</td></tr>
<tr><td>OH</td><td>중고 또는 고소성 유기질 점토</td></tr>
<tr><td colspan="3">유기질토</td><td>Pt</td><td>이탄토 등 기타 고유기질토</td></tr>
</table>

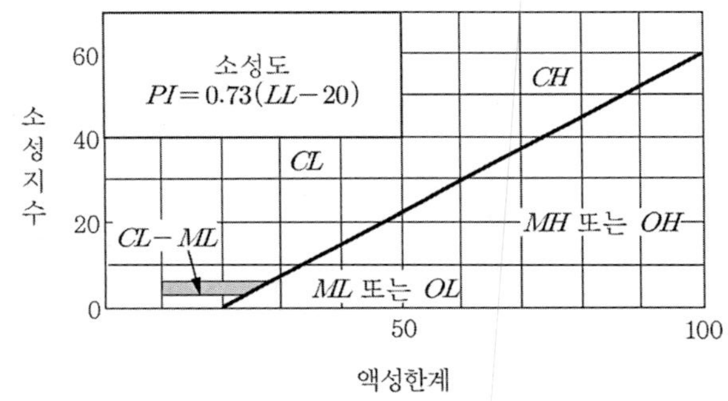

제1문자는 흙의 형태를 나타내는 것으로, G는 자갈, S는 모래, M은 실트, C는 무기질의 점토, O는 유기질의 점토, Pt는 이탄을 나타낸다.

제2문자는 조립토에서는 흙의 입도를 나타내며, W는 입도분포가 좋음을 나타내고, P는 입도분포가 좋지 못함을 나타낸다. M은 비소성 또는 소성이 적은 세립분을 함유한 조립토, C는 소성이 있는 세립분을 함유한 조립토를 나타낸다. 세립토의 경우에는 압축성을 나타내고, L은 액성한계가 50 이하로 압축성이 낮음을 나타내며, H는 액성한계가 50 이상으로 압축성이 높음을 나타낸다. 표 3.5는 통일분류법에 의해 분류된 것이다. 표 3.6은 KS F 2324에 의한 분류이다.

그림 3.5는 Casagrande(1932)의 소성지수와 액성한계의 관계인 소성도이다.

Holtz and Kovacs(1981)는 소성도에서 흙의 액성한계와 소성한계를 알면 수축한계를 대략적으로 구할 수 있음을 제안하였다.

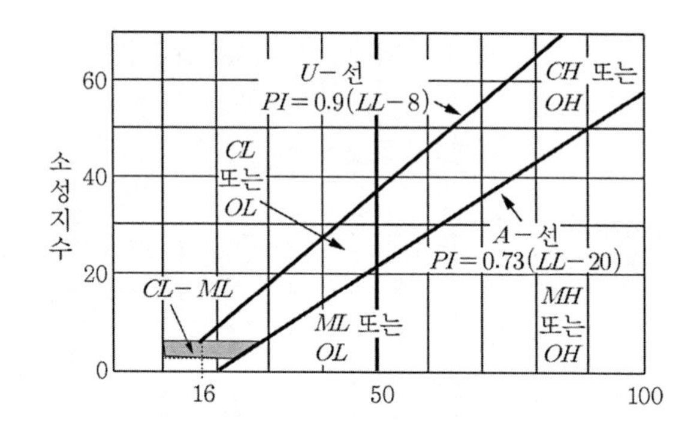

그림 3.5 소성도(塑性圖)

[예 3.7] 예 3.5의 결과에 의해 이 흙을 삼각좌표에 의한 분류와 통일분류법에 의해 분류하시오 ($LL=34.3\%$, $PL=31.74\%$, $PI=2.56\%$).

[풀이] 예 3.5의 입도곡선에서 입경별 함유량은 다음과 같다.

- 자갈(2.00mm 이상) : 5%
- 모래(2~0.05mm) : 85%
- 실트(0.05~0.005mm) : 8%
- 점토(0.005mm 이하) : 2%

모래+실트+점토=100%로 환산하면 다음과 같다.

- 모래 $85/(85+8+2)100=89\%$
- 실트 $8/(85+8+2)100=8\%$
- 점토 $2/(85+8+2)100=3\%$

※ 자갈 섞인 모래이다.

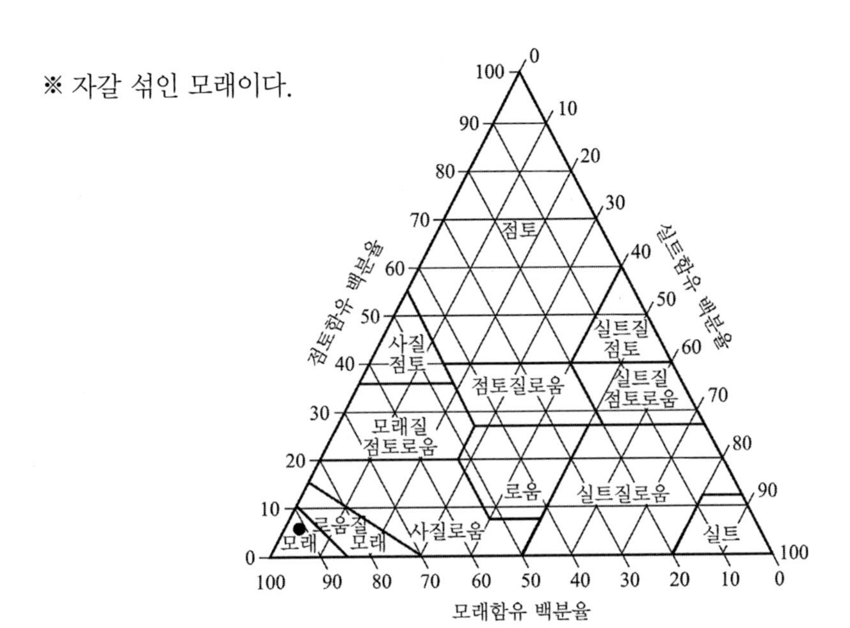

통일분류법에 의한 분류는 다음과 같다.

- #200체의 통과백분율 : $F_{200}\ =12.04\%<50\%$
- #4체의 가적잔류율 : $R_4\ =4.85+0.34=5.19\%$
- #200체의 가적 잔류백분율 : $R_{200}=100-12.04=81.96\%$

$$R_4/R_{200}=0.06\le 0.5$$

$PI<4$이므로 이 흙은 SM에 속한다.

3.4.2 AASHTO 분류법

AASHTO(American Association of State Highway and Transportation Officials)은

1929년에 미국의 현재 연방도로국에서 개발되어, 여러 차례 수정을 거쳐 현재의 분류법이 제시되었다(ASTM 규정 D-3282, AASHTO 방법 M145). 이 분류법은 표 3.7과 같다.

이 분류법에 의하면 흙은 A-1에서 A-7까지 7개의 그룹으로 나누어져 있다. A-1에서 A-3까지는 No.200체 통과량이 35% 이하인 조립토, A-4에서 A-7까지는 No.200체 통과량이 35% 이상인 세립토이다. 그림 3.6은 A-2, A-4, A-5, A-6, A-7에 해당하는 흙의 액성한계와 소성지수의 범위를 나타낸 것이다.

AASHTO 분류법은 도로 재료로서 사용되는 흙의 품질평가를 위해 입도분석, 애터버그 한계와 함께 다음과 같은 군지수(群指數, GI, Group Index)를 사용한다. 일반적으로 도로 노상토 재료는 군지수가 클수록 좋지 않다.

$$GI = 0.2a + 0.005ac + 0.01bd \tag{3.10}$$

여기서 a : No.200체 통과백분율에서 35%를 뺀 값으로 0~40의 정수

b : No.200체 통과백분율에서 15%를 뺀 값으로 0~40의 정수

c : 액성한계에서 40%를 뺀 값으로 0~20의 정수

d : 소성지수에서 10%를 뺀 값으로 0~20의 정수

군지수를 구하는 데 그림 3.7을 사용하면 편리하다.

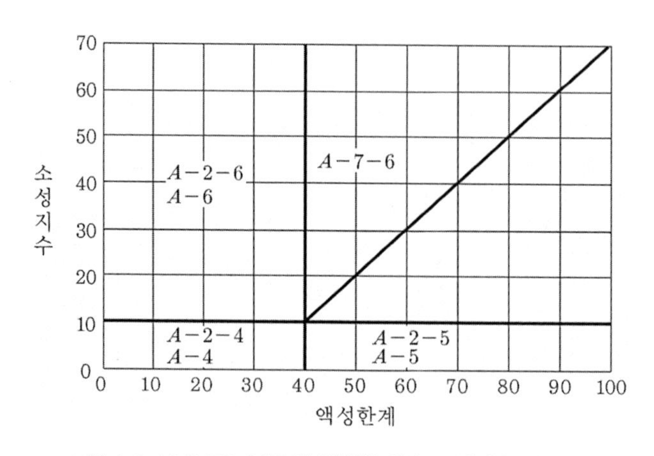

그림 3.6 AASHTO 분류의 액성한계와 소성지수 범위

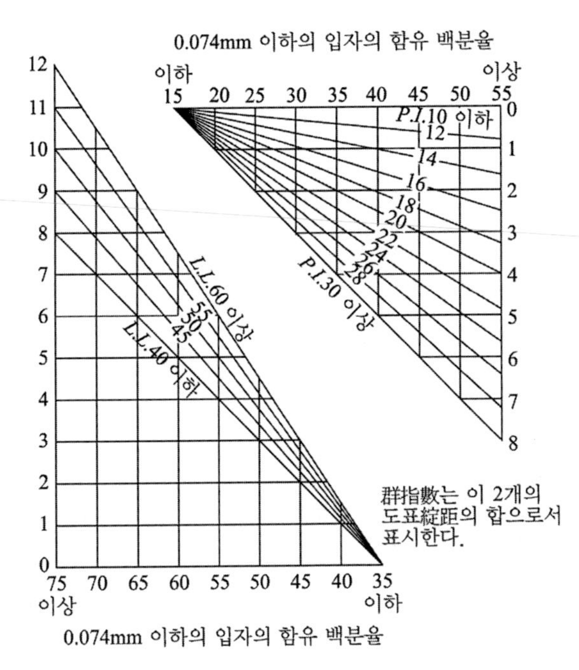

그림 3.7 군지수 도표

표 3.7 도로의 노상토 재료의 분류

일반적 분류	조립토 (No.200체 통과량이 35% 이하인 시료)							실트질 점토 (No.200체 통과량이 35% 이상인 시료)			
그룹 분류	A-1		A-3	A-2				A-4	A-5	A-6	A-7
	A-1-a	A-1-b		A-2-4	A-2-5	A-2-6	A-2-7				A-7-5 A-7-6
체분석 (가적통과율) No.10 No.40 N0.200	50 이하 30 이하 15 이하	50 이하 25 이하	51 이상 10 이하	35 이하	35 이하	35 이하	35 이하	36 이상	36 이상	36 이상	36 이상
(No.40체 통과분) 액성한계 소성지수	6 이하		NP	40 이하 10 이하	41 이상 10 이하	40 이하 11 이상	41 이상 11 이상	40 이하 10 이하	41 이상 10 이하	40 이하 11 이상	41 이상 11 이상
군지수	0		0	0		4 이하		8 이하	12 이하	16 이하	20 이하
주요 구성 재료 형태	석편, 자갈, 모래		세사	실트질 또는 점토질 자갈과 모래				실트질 흙		점토질 흙	
노상토 등급	매우 우수~우수							양호~불량			

※ A-7-5, PI ≤ LL-30 　　A-7-6, PI > LL-30

Liu(1967)에 의한 AASHTO 분류법과 통일분류법을 비교해보면 표 3.8과 표 3.9와 같다.

표 3.8 AASHTO 분류법과 통일분류법의 비교(Liu, 1967)

AASHTO 분류법	통일분류법		
	가장 적합함	적합함	가능하나 적합하지 않음
A-1-a	GW, GP	SW, SP	GM, SM
A-1-b	SW, SP, GM, SM	GP	-
A-3	SP	-	SW, GP
A-2-4	GM, SM	GC, SC	GW, GP, SW, SP
A-2-5	GM, SM	-	GW, GP, SW, SP
A-2-6	GC, SC	GM, SM	GW, GP, SW, SP
A-2-7	GM, GC, SM, SC	-	GW, GP, SW, SP
A-4	ML, OL	CL, SM, SC	GM, GC
A-5	OH, MH, ML, OL	-	SM, GM
A-6	CL	ML, OL, SC	GC, GM, SM
A-7-5	OH, MH	ML, OL, CH	GM, SM, GC, SC
A-7-6	CH, CL	ML, OL, SC	OH, MH, GC, GM, SM

표 3.9 통일분류법과 AASHTO 분류법의 비교(Liu, 1967)

통일 분류법	AASHTO 분류법		
	가장 적합함	적합함	가능하나 적합하지 않음
GW	A-1-a	–	A-2-4, A-2-5, A-2-6, A-2-7
GP	A-1-a	A-1-b	A-3, A-2-4, A-2-5, A-2-6, A-2-7
GM	A-1-b, A-2-4, A-2-5, A-2-7	A-2-6	A-4, A-5, A-6, A-7-5, A-7-6, A-1-a
GC	A-2-6, A-2-7	A-2-4	A-4, A-6, A-7-6, A-7-5
SW	A-1-b	A-1-a	A-3, A-2-4, A-2-5, A-2-6, A-2-7
SP	A-3, A-1-b	A-1-a	A-2-4, A-2-5, A-2-6, A-2-7
SM	A-1-b, A-2-4, A-2-5, A-2-7	A-2-6, A-4	A-5, A-6, A-7-5, A-7-6, A-1-a
SC	A-2-6, A-2-7	A-2-4, A-6, A-4, A-7-6	A-7-5
ML	A-4, A-5	A-6, A-7-5, A-7-6	–
CL	A-6, A-7-6	A-4	–
OL	A-4, A-5	A-6, A-7-5, A-7-6	–
MH	A-7-5, A-5	–	A-7-6
CH	A-7-6	A-7-5	–
OH	A-7-5, A-5	–	A-7-6
Pt	–	–	–

[예 3.8] 예 3.5의 결과에 의해 AASHTO 분류법에 의해 흙을 분류하시오($LL=34.3\%$, $PL=31.74\%$, $PI=2.56\%$).

[풀이] #10체 통과백분율 : 94.82%

#40체 통과백분율 : 64.94%

#200체 통과율 : 12.04%이므로 입도에 의하면 A-2에 속한다.

Atterberg 한계에 의하면 $LL<40\%$이므로 A-2-4에 속한다.

군지수 $GI=0(a=0,\ b=0,\ c=0,\ d=0)$이다.

따라서 이 흙은 A-2-4에 속한다.

연습문제

1. 흙의 입도란 무엇이며, 입도분석에 대하여 설명하시오.

2. 입경가적 곡선(입도곡선)은 어떻게 그려지는가?

3. 어느 습윤토로 체분석한 결과이다. 각 체의 가적 통과백분율을 구하시오.

- 6.00mm체 잔류량 : 0.00gf, 4.76mm체 잔류량 : 38.58gf
- 2.00mm체 잔류량 : 302.34gf, 2.00mm체 통과량 : 1789.42gf
- 함수비 : 7.68%

4. 흙의 침강분석을 할 때 사용하는 비중계의 읽음에는 어떤 오차가 있으며, 이를 보정하는 방법에 대하여 설명하시오.

5. 침강분석 시 비중계의 읽음으로 유효깊이를 산정하는 식을 유도하고, 설명하시오.

6. 흙 입경의 유효경이란 무엇이며, 균등계수, 곡률계수에 대하여 설명하시오.

7. 어느 흙 시료에서 2.00mm체를 통과한 시료에서 100gf을 채취하여 침강분석을 한 결과이다. 입경과 가적 통과백분율을 구하시오.

시간(t)	1	2	5	15	30	60	240	1440
비중계 읽음	1.0202	1.0168	1.0154	1.0134	1.0106	1.0082	1.0069	1.0018

- 혼탁액 용량 : 1,000cc, 흙의 비중 : 2.78, 메니스커스 보정 : 0.00
- 시험 시의 온도 : 18.0°C, 2.00mm체의 통과백분율 : 85.26%

8. 흙의 입도분석 결과 자갈을 포함하고 있으면, 삼각좌표에 의해 흙을 어떻게 분류하는가?

9. 흙의 통일분류법과 AASHOTO 분류법에 대하여 설명하시오.

10-1. 흙의 입도 시험을 하기 위하여 비중계와 메스실린더를 준비하여 비중계의 비중 읽음과 유효깊이와의 관계를 맺고자 한다. 다음은 비중계와 메스실린더를 사용하여 측정한 값들이다. 비중계 읽음의 소수(r')와 유효깊이(L)와의 관계 그래프를 그리시오.

① 비중계 구부의 체적(V_B) = 50.00 cm^3

② 비중계 구부의 길이(L_2) = 13.1 cm

③ 메스실린더의 단면적(A) = 28.27

④ 비중계 읽음 값과 구부상단에서의 거리(L_1)

비중계 읽음 값(γ)	구부상단에서의 거리(L_1, cm)
1.000	10.35
1.050	0.9

10-2. 어떤 흙 건조시료 2.00kgf을 채취하여 9.52, 4.75, 2.00mm체로 체분석한 결과가 다음과 같았다. 가적 통과백분율을 구하시오.

체(mm)	9.52	4.75	2.00
잔류량(gf)	22.0	29.0	52.0

10-3. 10-2의 시험 후, 2.00mm체를 통과한 시료 중 100gf을 채취하여 침강분석을 하였다. 입경(d, mm)과 가적통과백분율(P, %)을 구하시오(비중 $G_s = 2.71$, 소성지수 $PI = 3.39$, 측정 시 온도 : 16°C).

경과 시간(min)	1	2	5	15	30	60	240	1440
비중계 읽음	1.0120	1.0080	1.0050	1.0030	1.0020	1.0010	1.0010	1.0010

10-4. 10-3을 시험 후, 물속에서 #200체로 친 후에 체에 잔류시료를 노건조한 후에 체분석 한 결과이다. 전시료에 대한 가적 통과백분율을 구하시오.

체(μ)	840	420	250	105	74
잔류토 중량(g)	9.48	5.31	13.58	25.08	7.03

10-5. 입도곡선을 그리고, 흙을 삼각좌표 분류표에 의해 분류하시오.

11. 문제 10에 사용된 흙의 액성한계가 28%이고, 소성지수가 8%이었다. 이 흙을 통일분류법에 의해 분류하시오.

12. 문제 10에 사용된 흙이 문제 11과 같은 조건일 때 군지수는 얼마인가?

13. 문제 10에 사용된 흙이 문제 11과 같은 조건일 때 AASHTO 분류법에 의해 분류해보시오.

〈참고문헌〉

권호진, 박준범, 송영우, 이영생(2003), 『토질역학』, 구미서관, pp.47~59.

김상규(2010), 『토질역학-이론과 응용』, 청문각, pp.28~34.

Braja, M. Das(2002), *Principles of Geothechnical Engineering 4thed*, Brooks/Cole.

Casagrande, A.(1932), *Research of Atterberge Limits of Soils*, Public Roads, Vol.13, No.8, pp.121~434.

Holtz, R. D. and Kovacs, W.D.(1981), *An Introduction to Geotechnical Engineering*, Prentice-Hall, Englewood Cliffs, NJ.

Liu, T. K.(1967), *A Review of Engineering Soil Classification Systems*, Highway Research Record NO.156, National Academy of Sciences, Washington, D.C., pp.1~22.

Merlin, G. Spangler & Richard, L. Handy(1982), *Soil Engineering 4th ed*, HARPER & ROW, pp.311~318.

04 흙의 다짐

······04 흙의 다짐

도로, 제방, 흙댐, 매립, 뒤채움 등 흙 구조물을 축조할 경우, 구조물을 받치는 기초 지반이 연약할 경우, 강도가 약하거나 침하가 많이 일어날 가능성이 높은 경우, 물의 침투 및 누수가 심할 경우, 필요한 흙의 물리적, 역학적 성질을 얻기 위해 사용되어 온 공법 중의 하나로 다짐(Compation) 공법이 있다.

4.1 다짐의 일반적인 원리

흙 속의 간극 중에 공기를 축출시켜 인위적으로 밀도를 높이는 작업을 다짐이라 한다. 흙의 밀도가 높아지면 강도 증가, 압축성의 감소, 투수성의 감소, 액상화 가능성의 감소, 팽창 수축 조절 및 내구성의 증대가 이루어진다. 흙이나 지반에 충격, 진동, 정적 압력 또는 동적 압력을 가하면 흙입자의 이동에 의하여 간극이 줄어들고 밀도가 높아진다. 이런 외적인 힘에 의하여 밀도가 높아지는 경우를 다짐의 효과라 한다. 그러나 다음에 설명할 압밀이나, 지반에 말뚝을 박음으로 나타나는 밀도 증가현상은 다짐이라 하지 않는다. 흙에 가해지는 힘(에너지)에 따라 다짐의 결과는 다르게 나타난다. 이는 에너지뿐만 아니라 흙의 종류, 구성상태, 함수량의 정도, 흙의 두께, 에너지를 가하는 기구 등 여러 요건에 따라 그 효과는 다르게 나타난다. 흙의 다짐의 정도는 흙의 건조 단위 중량으로 측정된다. 흙을 다질 때에 물을 가하면 물이 흙입자 사이에 들어가 윤활작용을 하므로 입자 이동이 쉬워 조밀하게 다져진다. 첨가 수분을 증가시키면서 동일한 에너지로 다졌을 때에 단위 체적당 흙입자의 함유량이 증가하여 건조밀도가 증가한다. 초기에는 다짐 흙의 건조 단위 중량은 함수비의 증가에 비례하여 증가한다. 다짐의 일반적인 관계는 그림 4.1과 같다. 완전히 건조된 흙의 습윤 단위 중량은 건조 단위 중량과 같다.

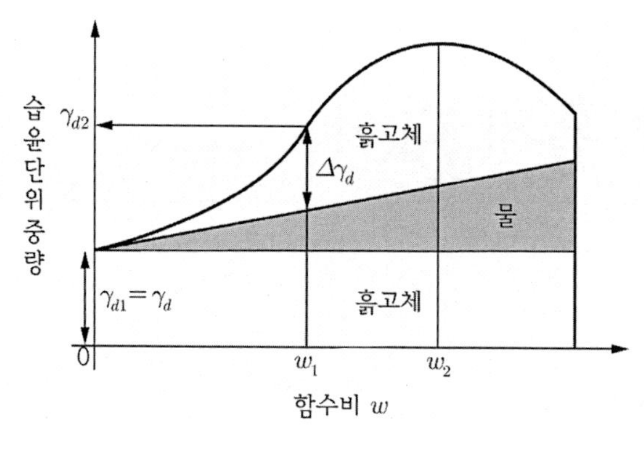

그림 4.1 다짐의 원리

$$\gamma=\gamma_d=\gamma_{d1} \tag{4.1}$$

함수비를 증가시키면서 동일한 에너지로 다지면 단위 체적 중량은 증가할 것이다. 예로 함수비가 $w=w_1$일 경우 건조 단위 중량은 다음과 같다.

$$\gamma_{d2}=\gamma_d+\Delta\gamma_d \tag{4.2}$$

그러나 어느 함수비(w_2)를 초과하게 되면서는 오히려 건조밀도가 감소한다. 이 현상은 물이 과잉으로 공급되어 입자 사이의 공간을 과잉의 물이 차지하기 때문이다. 이러한 과정을 호겐토글러(Hogentogler, 1936)는 그림 4.2와 같이 4단계로 설명한다.

흙이나 지반에 에너지를 가해 다지는 과정을 보자. 엉겨 붙어 있는 흙입자들 결합 상태에서는 간극이 큰 상태이다. 이 상태에서 소량의 물을 첨가하면 입자 결합이 약해지고, 다짐 에너지를 가하면 개개의 입자가 이동은 이루어지나 큰 이동은 일어나지 않는다. 이 상태를 수화단계라 한다. 다짐 효과는 크게 나타나지 않는다. 물을 더 가하면 수화단계를 넘어 입자들 사이에 자유수가 존재하게 되므로 이 자유수가 입자들의 이동에 윤활작용을 하여 잘 다져지게 한다. 어느 정도의 함수비 증가에 따라 이 효과는 증대된다. 이 영역을 윤활단계라 한다. 윤활단계를 지나 함수비가 더욱 증가하면 흙입자들 사이에 자유수가 차지하는 공간이 점차 증대되어 입자

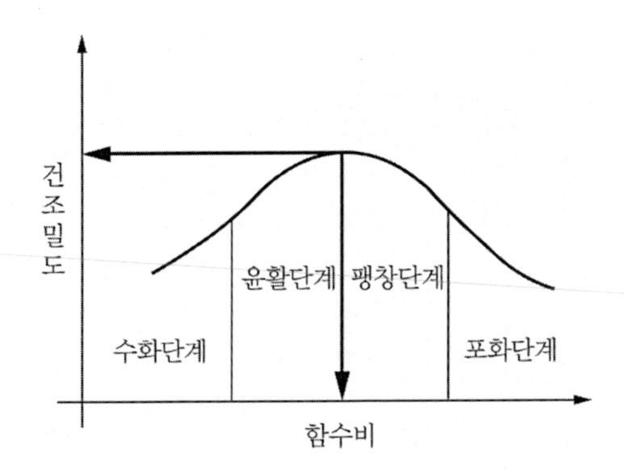

그림 4.2 습윤단계와 다짐(Hogentogler, 1936)

사이의 간격이 커진다. 따라서 최대의 건조밀도를 나타낸 후는 간극이 커지는 현상이 된다. 또한 다짐 에너지에 의해 다져지나 에너지 제거 후에는 팽창현상이 일어난다. 이 단계를 팽창단계라 한다. 그러므로 건조 시에는 단위 체적당 존재하는 흙입자 수가 적어지므로 건조밀도는 적어진다. 더욱 함수비를 증가시키면 증가된 수분은 입자들의 간격을 증대시키고 간극을 물로 충만시키고 단위 체적당 흙입자 수는 줄어든다. 이 단계를 포화단계라 한다.

4.2 다짐 시험

1933년 미국의 엔지니어인 Proctor가 흙댐을 건설할 때에 함수비의 변화와 단위 중량의 관계를 결정하는 시험법을 제시하였다. 이를 Proctor 방법이라 하고, 실내의 표준 다짐 방법으로 이용하고 있다. 우리나라에서는 1964년에 KS F 2312로 흙의 다짐 시험방법으로 제정하였다. 실내 다짐 시험에는 다짐 에너지의 크기에 따라 표준 다짐 시험(standard Proctor test)과 수정 다짐 시험(modified Proctor test)이 있다. 우리나라에서는 다짐 시험이 표 4.1과 같이 5종류로 분류한다. A, B는 표준 다짐 시험, C, D, E는 수정 다짐 시험이다. 수정 다짐 시험은 다짐 에너지가 큰 현장 다짐 장비를 사용하는 현장에 대한 재료의 실내 시험이다.

표 4.1 실내 다짐 시험의 종류(KS F 2312, 2001)

방법	래머 무게 (W, kg)	낙하 높이 (h, cm)	몰드 내경 (cm)	다짐층수 (N_l)	한 층당 다짐횟수 (N_n)	허용 최대 입경 (mm)	다짐 에너지 (kgf cm/cm^3)
A	2.5	30	10	3	25	19.0	5.625
B			15	3	55	37.5	
C	4.5	45	10	5	25	19.0	약 25.313
D			15	5	55	19.0	
E			15	3	92	37.5	

Proctor(1933)가 제안한 실내 시험은 그림 4.3과 같은 몰드에 시료를 3층으로 나누어 넣고 각 층을 2.5kgf의 래머를 30cm 높이에서 자유낙하시켜 25회씩 다진다.

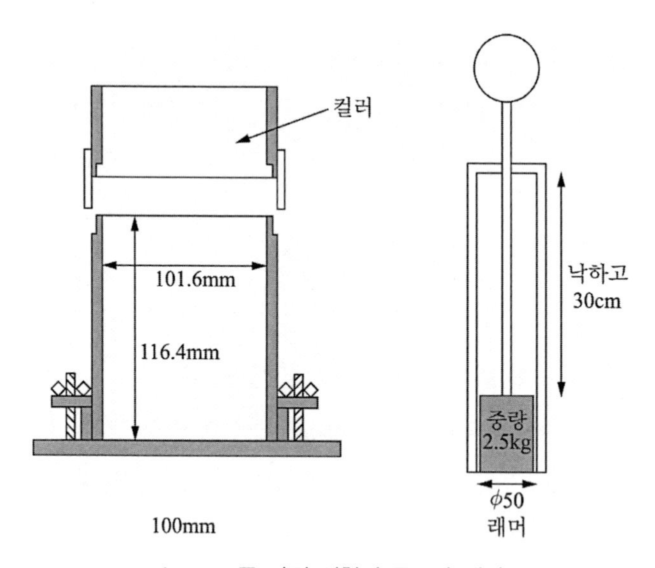

그림 4.3 표준 다짐 시험의 몰드와 래머

다짐 에너지(compaction energy, E_c)는 단위 체적당 흙에 가한 에너지를 말하며, 크기는 다음과 같다.

$$E_c = \frac{WhN_lN_n}{V} \tag{4.3}$$

여기서 W : 래머의 무게

h : 래머의 낙하 높이

N_l : 다짐 층수

N_n : 각 층당 다짐횟수

V : 몰드의 체적

위와 같은 방법으로 동일한 시료로 함수비를 변화시키면서 시험을 진행한다. 각 시험 시 시료의 함수비와 시료의 건조밀도를 측정한다. 각 다짐 시험 시 습윤밀도는 다음과 같이 계산된다.

$$\gamma_t = \frac{W}{V} \tag{4.4}$$

여기서 W : 몰드 내의 다져진 흙의 중량

V : 몰드의 체적

함수비(w)를 측정하면 건조밀도는 다음과 같다.

$$\gamma_d = \gamma_t \times \frac{1}{1 + w/100} \tag{4.5}$$

각 시험에서 얻어진 함수비와 건조밀도와의 관계곡선을 다짐곡선이라 하며 그림 4.4와 같다. 다짐곡선의 정점에 해당하는 밀도를 최대 건조밀도(maximum dry unit weight, γ_{dmax}), 함수비를 최적 함수비(optimum moisture content, w_{opt} 또는 OMC)라 한다.

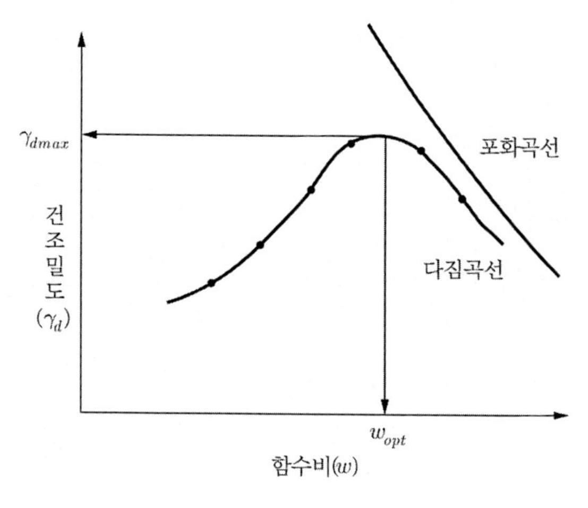

그림 4.4 다짐곡선

임의의 함수비(w), 비중(G_s), 포화도(S)와 다짐 시의 건조밀도(γ_d)로부터 다음을 얻을 수 있다. 비중, 간극비, 건조밀도와의 관계는 다음과 같다.

$$\gamma_d = \frac{G_s \gamma_w}{1+e} \tag{4.6}$$

비중, 간극비, 포화도, 함수비와의 관계는 다음과 같다.

$$Se = G_s w \tag{4.7}$$

따라서 건조밀도는 다음과 같이 표현할 수 있다.

$$\gamma_d = \frac{G_s \gamma_w}{1+\dfrac{G_s w}{S}} \tag{4.8}$$

임의의 함수비일 때에 최대 건조밀도는 간극 사이에 공기가 전혀 없을 때이다. 즉, 포화도가 100%일 때이다. 이때의 함수비와 건조밀도와의 관계곡선을 그림 4.4와 같이 영공기 간극곡선(zero-air void curve) 또는 포화곡선(saturated curve)이라 한다. $S=100\%$일 때에 함수비와 건조밀도(γ_{zav})와의 관계는 다음과 같다.

$$\gamma_{zav} = \frac{G_s \gamma_w}{1 + G_s w} = \frac{\gamma_w}{w + \dfrac{1}{G_s}} \tag{4.9}$$

일반적으로 다짐곡선은 보통 $S \leq 100\%$이므로 다짐곡선이 포화곡선의 오른쪽에 위치하지는 않는다.

[예 4.1] 다음은 어느 성토공사에 사용하는 흙에 대한 다짐 시험의 결과이다. 최적 함수비(w_{opt})와 최대 건조밀도(γ_{dmax})를 구하고, 영공적 곡선을 그리시오.

- 몰드의 용적(V) $= 2{,}209\,\mathrm{cm}^3$
- 몰드의 중량(w_m) $= 5{,}743\,\mathrm{gf}$
- 흙입자의 비중(G_s) $= 2.64$

측정 번호	1	2	3	4	5
(몰드+시료) 중량(gf)	10,465	10.695	10,875	10,874	10,751
함수비(%)	2.49	3.81	5.24	6.79	8.61

[풀이]

습윤토의 중량(W_T, gf) = (몰드+시료)의 중량−몰드 중량(w_m)

습윤밀도(γ_t, gf/cm^3) $= \dfrac{W_T}{V}$

건조밀도(γ_d, gf/cm^3) $= \dfrac{\gamma_t}{1 + w/100}$

측정 번호	1	2	3	4	5
함수비(%)	2.49	3.81	5.24	6.79	8.61
습윤토 중량(gf)	4,722	4,952	5,132	5,131	5,008
습윤밀도(gf/cm^3)	2.14	2.24	2.32	2.32	2.27
건조밀도(γ_d)	2.09	2.16	2.20	2.17	2.09
$\gamma_{d(S=100)}$(gf/cm^3)	2.48	2.40	2.32	2.24	2.15

$S=100\%$일 때의 건조밀도

$$\gamma_{d(S=100)} = \frac{1}{1/G_s + w/100} = \frac{1}{1/2.64 + w/100} = \frac{1}{0.379 + w/100}$$

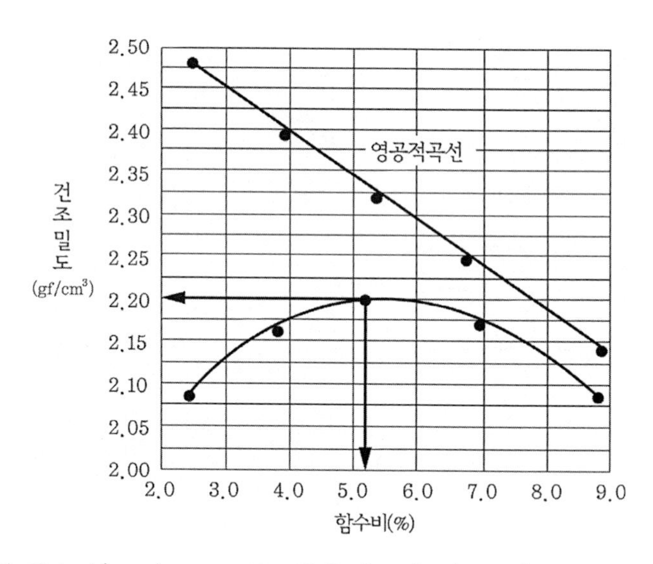

최적 함수비(w_{opt}) = 5.24%, 최대 건조밀도(γ_{dmax}) = 2.20 gf/cm^3

4.3 다짐에 영향을 주는 요소

흙의 다짐도에 매우 큰 영향을 주는 요소들은 앞 절에서 설명한 함수비와 흙의 종류, 다짐 에너지이다.

4.3.1 함수비에 의한 영향

함수비가 적을 때에는 점토 흙의 강도와 입자 사이의 마찰이 높다. 따라서 주어진 다짐으로는 흙 속에 남아 있는 모든 공기를 제거하지 못한다.

함수비가 높을 때에는 점토 흙의 강도는 보다 약해지고, 입자 사이의 마찰은 감소한다. 따라서 다짐 동안 공기는 쉽게 제거된다. 최적 함수비보다 함수비가 적을 때에는 최대 건조밀도에 도달할 때까지 건조밀도는 증가한다. 최적 함수비를 초과하는 함수비 상태에서는 그림 4.5와 같이 간극 속에 공기는 거의 없어지고 물로 차 있기 때문에 흙입자들이 보다 가깝게 이동할 수가 없다.

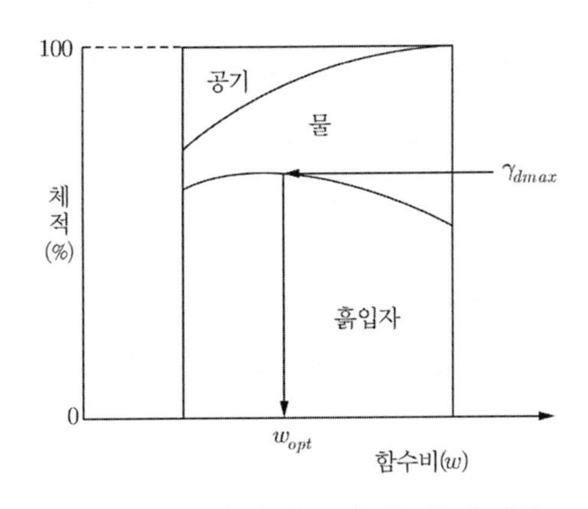

그림 4.5 다짐곡선-흙의 고체, 물, 공기 체적

4.3.2 다짐 에너지에 의한 영향

흙에 보다 더 많은 에너지를 가하면 함유한 공기의 양을 줄일 수 있고, 건조밀도를 증가시킬 수 있다. 그래서 더 큰 다짐 에너지는 최적 상태의 흙 건조밀도를 위해서 특히 필요하다. 그러나 흙이 이미 습윤상태이고, 연약해져 있고, 최적 함수비를 넘은 상태이면, 공기를 빠르게 제거시킬 수 있기 때문에 그 후 더 큰 에너지의 작용은 비경제적이다. 현장에서는 매우 습한 상태의 흙에 큰 에너지를 가하면 더 많은 공기를 방출시킬 수 있는 것이 아니라, 높은 간극수압을 발생시켜 건설 후 소산될 때의 압밀 침하와 건설 중인 사면의 불안정을 일으킨다. 다짐 에너지를 증가하면 흙의 간극이 좁아져 조밀해지지만, 점성토에 높은 함수비 상태에서 다짐 에너지를 필요 이상 가하면 오히려 상태가 나빠져 강도가 떨어지는 경향을 보인다.

이를 과도전압 또는 과전압(overcompaction)이라 한다. 그림 4.6과 그림 4.7은 다짐 에너지의 변화에 대한 다짐곡선을 나타낸 것이다.

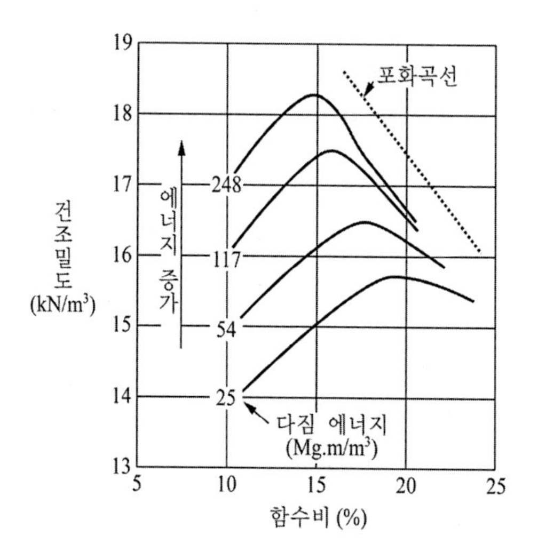

그림 4.6 다짐 에너지와 다짐곡선(Lambe and Whitman, 1969)

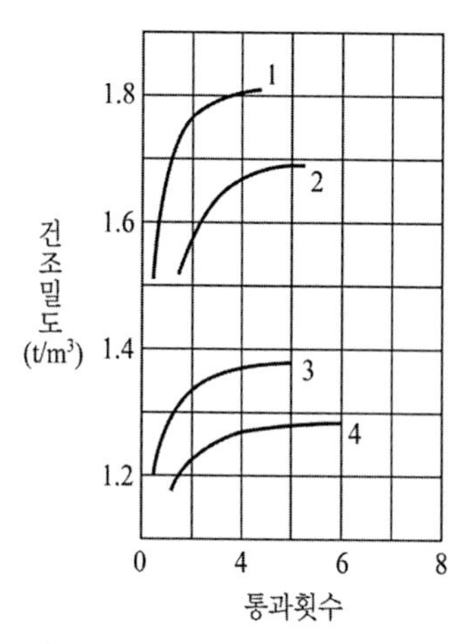

Curve no.	USCS* symbol	Roller type	Optimum water content(%)	
			Field	Lab. std.
1	SC	8t, vibrating	14.6	16.2
2	SC	1.5t, static	16.5	16.2
3	CH	10t, sheepsfoot	27	24.3
4	CH	1.2t, static	31	24.3

그림 4.7 다짐기계의 통과횟수와 밀도변화(Kyulele, 1983)

4.3.3 흙의 종류에 의한 영향

흙은 종류에 따라 입도, 비중, 입형, 광물성분의 종류와 양 등이 다르다. 2장의 흙의 연경도에서 설명했지만, 흙의 함수비와 강도와의 관계도 흙의 종류에 따라 다르다. 따라서 흙의 종류에 따라 다짐이 쉽고, 어려운 정도가 다르다. 즉, 다짐도가 다르다. 그림 4.8은 흙의 종류에 따른 다짐곡선을 나타낸 것이다.

동일한 함수비에서 소성이 낮은 점토는 소성이 큰 점토보다 쉽게 약해진다. 그러므로 다짐도 쉬워진다. 동일한 다짐 에너지를 가한 상태에서, 흙 속의 공기 배출은 소성이 낮은 흙에서 보다 쉽다. 그리고 보다 낮은 함수비이기 때문에 높은 건조밀도를 얻을 수 있다. 그림 4.8에서 모래질 점토와 점토를 비교해보면 알 수 있다.

그림 4.8에서 모래질의 흙은 최대 건조밀도는 크고, 최적 함수비는 적다. 그러나 점토질의 흙은 최대 건조밀도는 적고, 최적 함수비는 크다. 또한 모래질 흙은 다짐곡선의 경사가 급한 반면 점토질 흙은 다짐곡선이 완만하다.

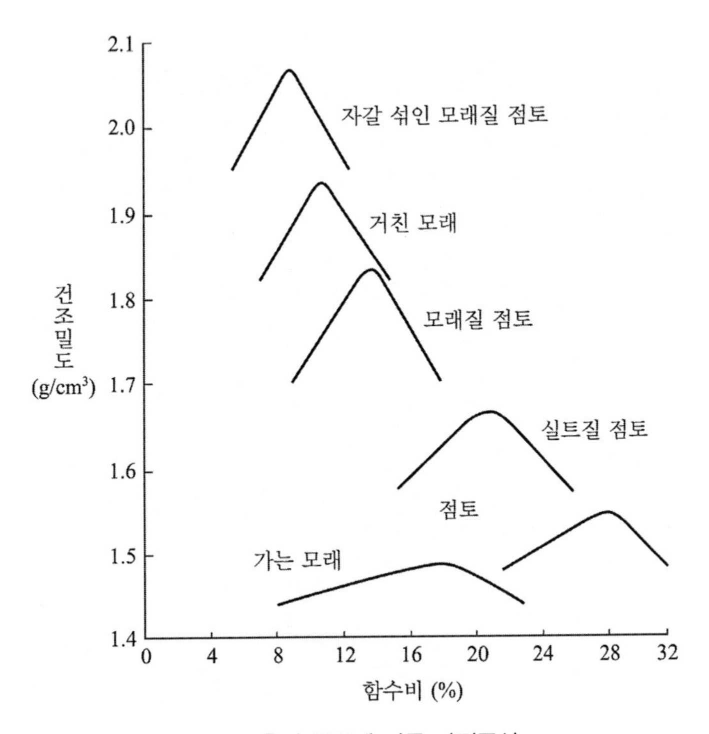

그림 4.8 흙의 종류에 따른 다짐곡선

흙 입도와 최대 건조밀도, 최대, 최소 간극비에 대한 밀도변화를 수정 다짐 시험을 통한 결과를 Briarez(1980)는 그림 4.9와 같이 나타내었다.

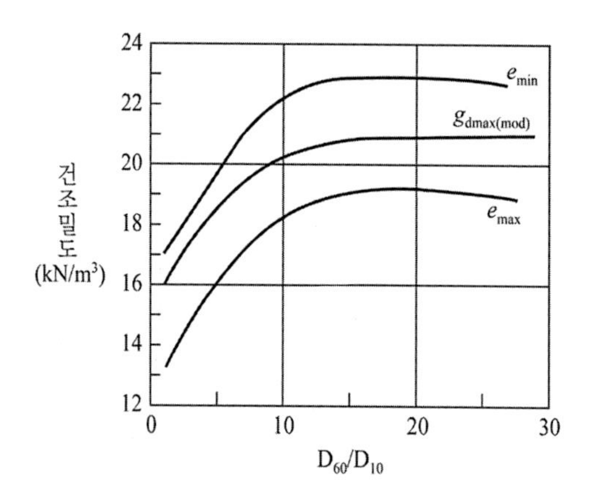

그림 4.9 입도와 최대 건조밀도, 최대, 최소 간극비와 밀도

Lee and Suedkamp(1972)는 35개의 흙시료에 대하여 다짐 시험을 한 결과 그림 4.10과 같이 4가지 종류의 곡선으로 정리하여 나타내었다. A형의 곡선은 하나의 정점을 나타내며 일반적인 다짐곡선으로 액성한계가 30~70% 정도의 함수비를 나타내는 흙에서 나타난다. B형은 1개 또는 1개 반의 정점을 나타내며, C형은 2개의 정점을 나타낸다. B형과 C형은 액성한계가 30% 이하인 흙에서 주로 나타난다. D형은 정점이 나타나지 않는다. C형과 D형은 액성한계가 70% 이상인 흙에서 주로 나타나며 매우 드물다.

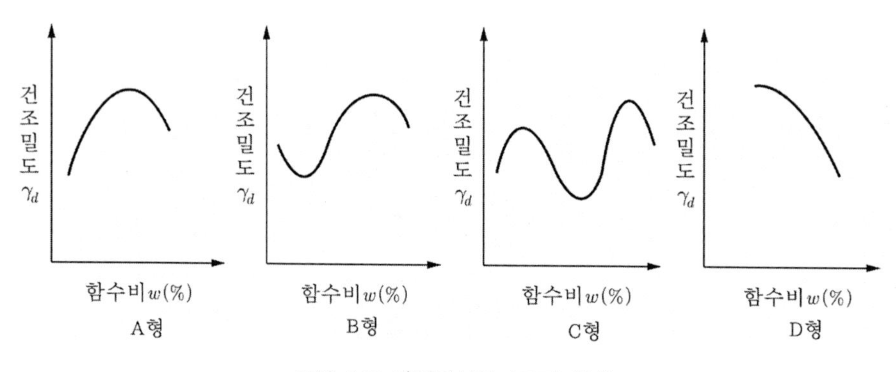

그림 4.10 다짐곡선의 4가지 형태

입경 0.4mm 이하 입자의 함유량과 소성한계, 표준 다짐의 최적 함수비 사이의 일반적인 관계를 Briarez(1980)는 그림 4.11과 같이 나타내었다.

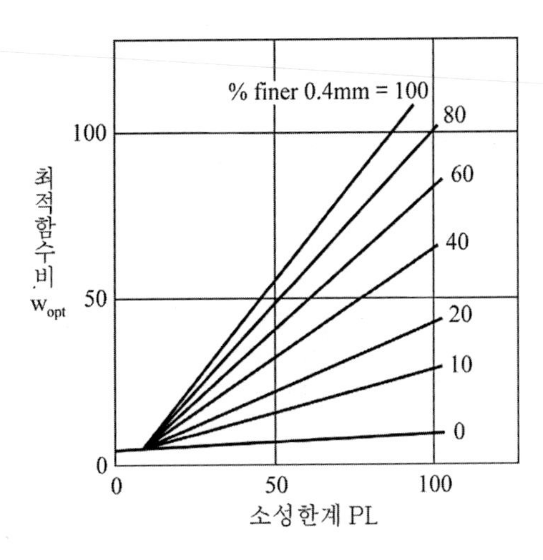

그림 4.11 0.4mm 이하 입자의 함유량에 따른 소성한계와 최적 함수비

[예 4.2] 예 4.1에서 건조밀도와 간극비 관계를 구하시오.

[풀이] 간극비(e)와 건조밀도(γ_d)와의 관계는 다음과 같다.

$$e = \frac{G_s \gamma_w}{\gamma_d} - 1 = \frac{2.64}{\gamma_d} - 1$$

건조밀도(γ_d, gf/cm^3)	2.09	2.16	2.20	2.17	2.09
간극비(e)	0.26	0.22	0.20	0.22	0.26

[예 4.3] 다음은 다짐 시험의 결과이다. 다짐곡선, 영공적곡선, 포화도 90%의 선을 그리시오.

- 몰드 용적(V) = 1,000 cm^3
- 몰드중량((gf) = 2,418 gf
- 흙의 비중(G_s) = 2.64

측정 번호	1	2	3	4	5
(몰드+시료) 중량 (gf)	4,289	4,442	4,496	4,449	4,401
함수비(%)	11.98	14.54	16.66	21.04	24.23

[풀이]

측정 번호	1	2	3	4	5
함수비(%)	11.98	14.54	16.66	21.04	24.23
습윤토중량(gf)	1,871	2,024	2,078	2,031	1,983
습윤밀도(gf/cm^3)	1.87	2.02	2.08	2.03	1.98
건조밀도(γ_d)	1.67	1.76	1.78	1.68	1.59
$\gamma_{d(S=100)}$(gf/cm^3)	2.00	1.91	1.83	1.70	1.61
$\gamma_{d(S=90)}$(gf/cm^3)	1.95	1.85	1.77	1.63	1.54

습윤토의 중량(W_T, gf)=(몰드+시료)의 중량−몰드 중량(w_m)

습윤밀도(γ_t, gf/cm^3)$=\dfrac{W_T}{V}$, 건조밀도(γ_d, gf/cm^3)$=\dfrac{\gamma_t}{1+w/100}$

$S=100\%$, 90%일 때의 건조밀도

$$\gamma_{d(S=100)}=\frac{1}{1/G_s+w/100}=\frac{1}{1/2.64+w/100}=\frac{1}{0.379+w/100}$$

$$\gamma_{d(S=90)}=\frac{1}{1/G_s+w/90}=\frac{1}{1/2.64+w/90}=\frac{1}{0.379+w/90}$$

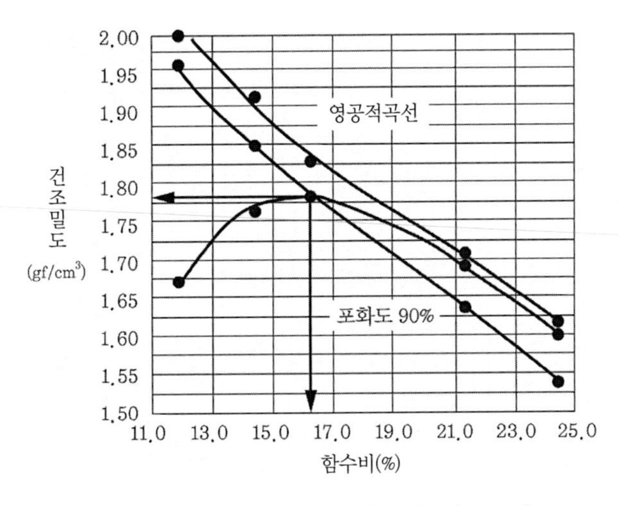

최적 함수비$(w_{opt}) = 16.66\%$, 최대 건조밀도$(\gamma_{dmax}) = 1.78\,\mathrm{gf/cm^3}$

4.4 점토의 다짐

다짐 작업을 하면 모래는 공기가 배출되면서 입자의 배열이 달라져 다짐효과를 나타내지만, 점성토는 가해지는 함수비에 따라 입자구조가 달라진다.

Lambe(1958)는 다짐에 의해 흙의 점토입자의 배열에 대하여 물리적·화학적으로 설명한다. 그림 4.12와 같이 함수비가 낮을 때에는 점토입자 사이에 잡아당기는 인력이 우세하여 입자가 면모구조를 이루어 밀도가 적으나, 함수비가 증가함에 따라 입자 사이의 반발력이 증가하여 입자들이 평행하게 배열된다. 즉, 분산구조를 이루기 때문에 밀도가 높아진다.

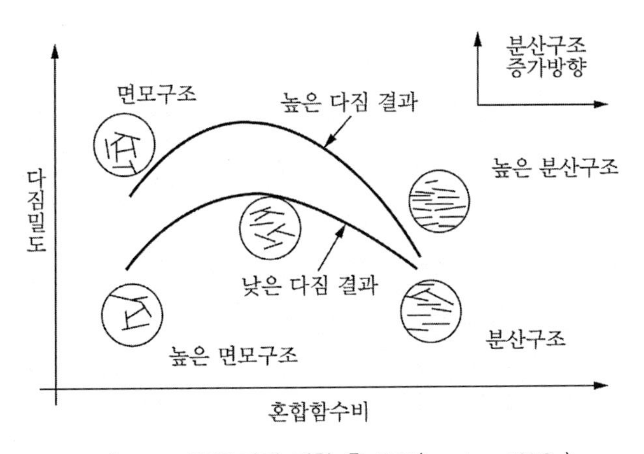

그림 4.12 다짐효과에 대한 흙 구조(Lambe, 1958a)

다져진 점토는 때때로 다져진 채로 있지 않고 물이 들어가면 팽창한다. 이러한 상황은 균등하게 부풀어 오르기 때문에 가끔 확인할 수 있으나, 건물 또는 포장 아래에서는 매우 심각한 문제를 일으킨다. 그림 4.13은 팽창성 점토의 습윤시 팽창과 건조시의 수축에 대한 함수비의 영향을 나타낸 것이다. 실내에서의 다짐 시험과 다짐시 함수비 상태의 시료에 대한 수침 시의 팽창 시험 및 건조시의 수축 시험에 대한 것이다.

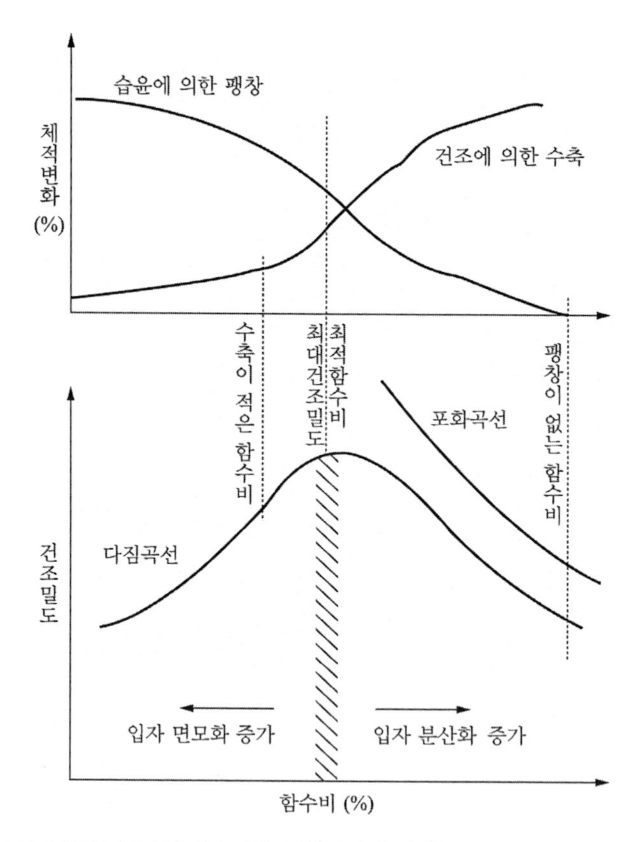

그림 4.13 팽창성 점토의 함수비와 팽창과 수축관계(Seed and chan, 1959)

고소성 점토에 대하여 표준 다짐, 수정 다짐, 50%의 표준 다짐 시험의 결과는 그림 4.14와 같다(Manfred, 1990). 다짐 에너지가 증가할수록 최대 건조밀도는 증가하고 최적 함수비는 감소한다. 다짐 에너지와 건조밀도와의 관계가 반대 수지에서 거의 직선 관계로 나타난다. 다짐 에너지에 따른 최대 건조밀도의 증가 현상은 세립토에서 보다 입도가 좋은 조립토에서는 보다 명확하지 않다. 함수비가 최적 함수비보다 높은 상태에서 표준 Proctor 다짐 에너지 이상의 에너지 증가는 밀도 증가에 거의 영향을 미치지 않는다.

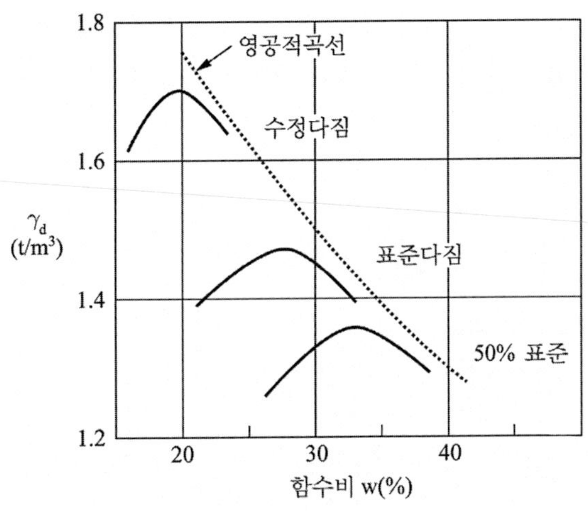

(a) 고소성 점토의 표준, 수정, 50% 표준다짐 결과

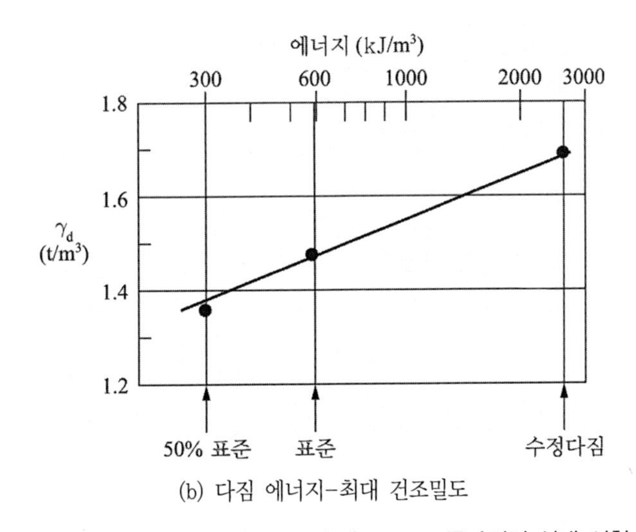

(b) 다짐 에너지-최대 건조밀도

그림 4.14 고소성 점토의 표준, 수정, 50% 표준다짐의 실내 시험

4.5 다져진 흙의 성질

흙을 다지면 간극 속의 공기가 배출되고 간극이 줄어들면서 흙의 물성치도 달라진다. 그림 4.13에서 최적 함수비보다 적은 함수비 상태에서 다졌을 때에는 수분의 침입에 의하여 팽창이 크게 일어나나 건조될 때에 수축은 적게 일어난다. 반대로 최적 함수비보다 큰 함수비 상태에서 다졌을 때에는 팽창현상은 적게 일어나나 건조에 의한 수축은 크게 일어난다. 따라서 최적 함수비 상태에서 다졌을 때가 팽창과 수축이 비교적 적게 일어난다.

Lee와 Haley(1968)은 동일한 흙에 최적 함수비보다 큰 함수비 상태에서 다진 시료와 최적 함수비보다 적은 함수비 상태에서 다진 시료에 대하여 일축압축 시험한 결과는 그림 4.15와 같다.

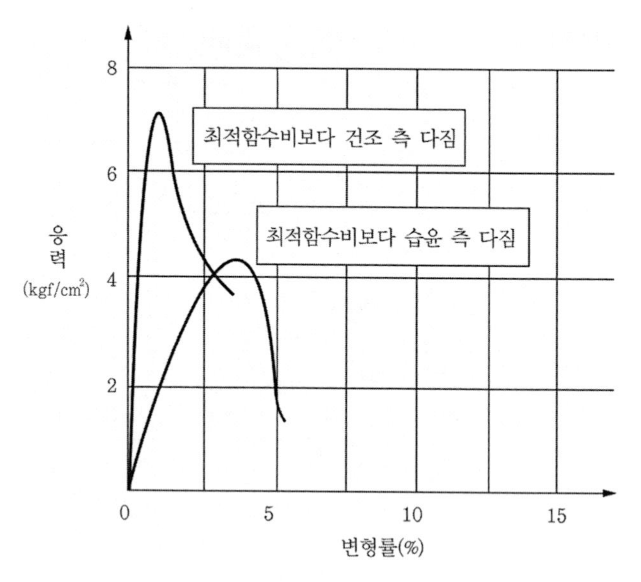

그림 4.15 일축압축 시험의 응력-변형률 곡선(Lee & Haley,1968)

건조 측 시료는 파괴 때까지 적은 변형에 높은 강도를 나타내는 취성과 같은 현상을 보이는 반면, 습윤 측 시료에 대해서는 파괴 시 낮은 강도에 큰 변형을 보였다.

Yoder(1959)는 대표적인 실트질 점토에 대하여 초기 함수비에 대한 건조밀도와 CBR 값의 변화는 그림 4.16과 같다.

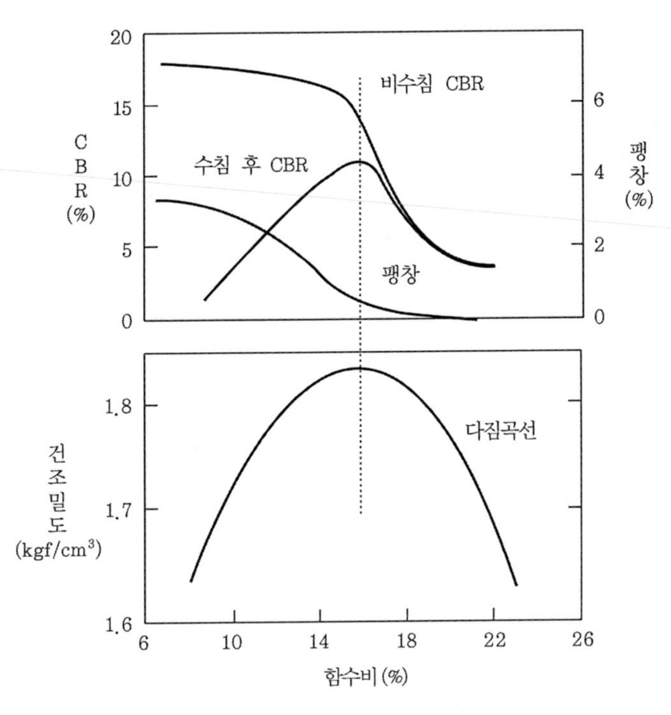

그림 4.16 다짐함수비와 CBR 값(Yoder, 1959)

다질 때의 초기 함수비에 따라 투수계수도 달라진다. 최적 함수비의 건조 측에서 최적 함수비에 접근하도록 함수비를 증가시켜 가면서 다져진 시료에 대해 투수 시험을 하여 얻은 투수계수는 현저히 감소하는 경향을 보인다.

최적 함수비보다 조금 큰 함수비 상태의 시료에 대해 투수 시험을 하여 얻은 투수계수가 최젓값을 나타내고, 그 이상의 함수비 상태에서는 투수계수가 약간 증가하는 경향을 보인다. 그림 4.17은 다져진 세립토에 대한 함수비와 투수계수의 변화관계를 나타낸 것이다(Mitchell, Hooper, and Campanella, 1965). 그림에서 모든 시료는 동일한 밀도로 다져진 것이다. 동일한 에너지로 다져진 시료에 대한 곡선은 그림 4.18과 같다. 최적 함수비보다 건조 측에서의 다짐은 점토입자가 면모화가 이루어지고, 다질 때에 입자의 재정리에 대한 저항이 높다. 그리고 비교적 조직에 높은 간극수압이 형성된다.

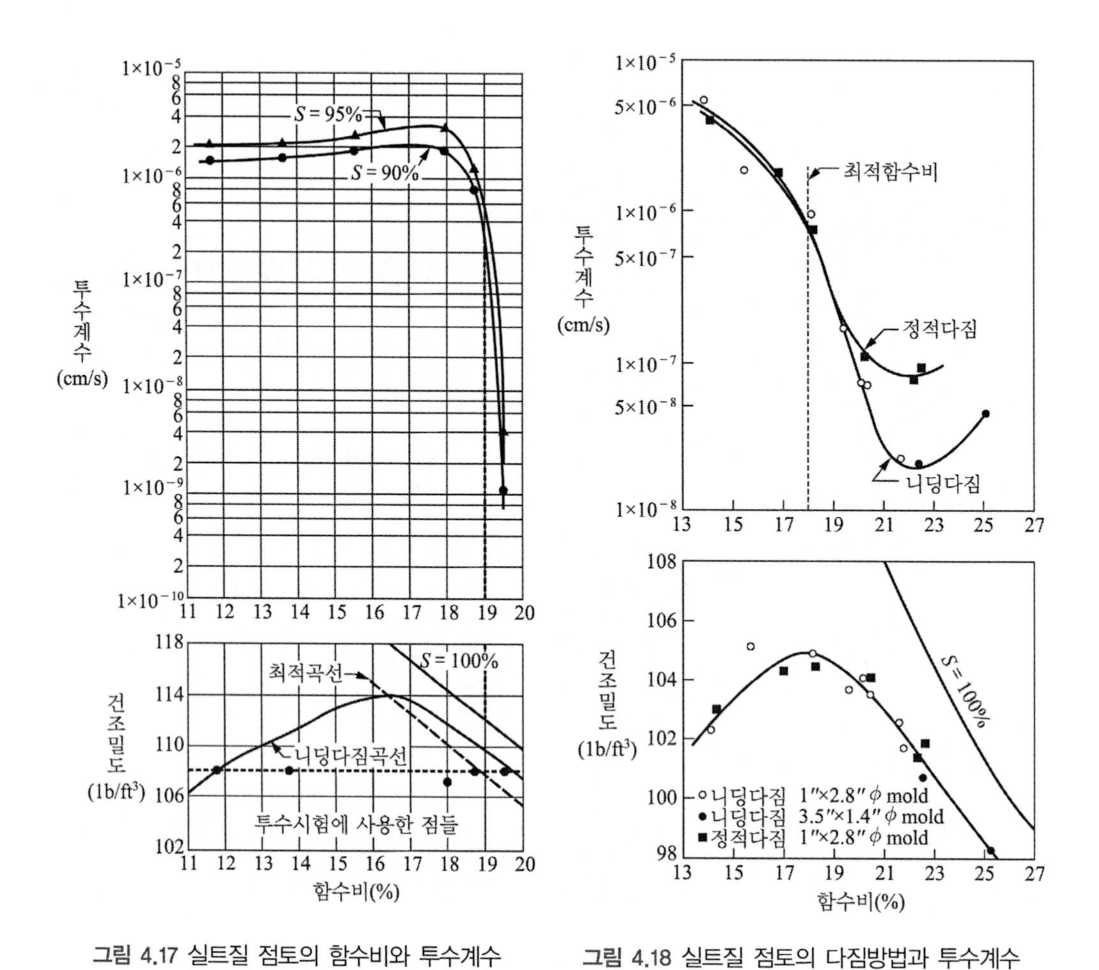

그림 4.17 실트질 점토의 함수비와 투수계수

그림 4.18 실트질 점토의 다짐방법과 투수계수

함수비가 높으면 높을수록 입자의 결합이 연약해지고, 평균 간극 크기가 보다 작은 조직으로 만들어진다. 비교적 최적 함수비보다 약간 습윤상태에서의 다짐이 보다 적은 투수계수를 얻는다.

4.6 현장 다짐

현장에 사용되는 흙에 대한 다짐의 특성은 실내 시험을 통하여 구하며, 그 에너지와 다짐방법 등은 현장의 전압다짐 방법과 매우 다르다. 시험 결과를 정확히 반영하는 것은 어렵다. 중요한 토공사에서는 현장 전압 시험을 병행하여 시공방법이나 관리방법을 결정하는 것이 바람직하다. 그 예로 어스댐에 관한 Proctor 법에 의한 다짐과 양족 롤러(sheep's foot roller)에 의한 현장 전압결과를 비교한 것이 그림 4.19이다(Johnson etc.1960). 그림에서 수정 다짐법은 다짐 에너지가 과대한 것을 알 수 있다. 양족 롤러 다짐은 Proctor 다짐과 비교적 일치한다. 그래서 실내 시험에서 구한 최적 함수비와 최대 건조밀도의 어느 범위에서 현장 다짐도를 규정하는 것이 일반적이다.

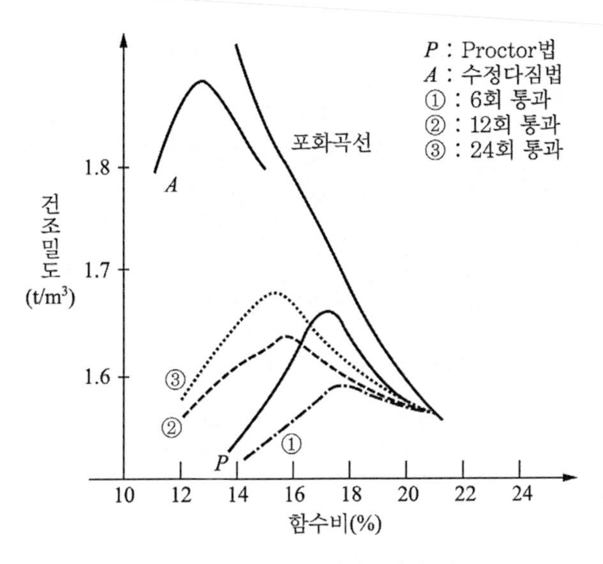

그림 4.19 현장과 실내 다짐곡선의 비교

대부분의 현장에서 다짐은 일반적으로 다음과 같은 롤러를 사용한다.

① 평활 철륜 롤러(smooth-wheel roller)
② 공기 고무 타이어 롤러(pneumatic rubber-tired roller)
③ 양족 롤러(sheep's foot roller)
④ 진동 롤러(vibratory roller)

평활 철륜 롤러는 도로 노상을 다지거나 사질토나 점성토의 성토작업의 마무리 작업과 노반의 평탄 작업에 적합하다. 이 롤러는 접지압력(31~38tf/m^2)을 고루 가할 수 있지만, 두꺼운 토층에는 적합하지 않다. 머캐덤 롤러(macadam roller)와 탠덤 롤러(tandem roller)가 이에 속한다.

공기 고무 타이어 롤러는 공기 타이어가 여러 개 연결되어 있는 롤러이다. 평활 철륜 롤러보다 여러 가지 장점을 가지고 있다. 이 타이어의 접지압은 약 60~70tf/m^{2}로 거의 70~80% 발휘할 수 있다. 이 롤러는 사질토와 점성토의 다짐에 사용할 수 있다.

양족 롤러는 많은 돌기를 가진 드럼으로 되어 있으며, 돌기의 단면적은 약 25~80cm^{2}이다. 돌기에 가해지는 접지압은 140~700tf/m^2 정도이다. 이 롤러는 점성토 지반을 다질 때에 가장 효과적이다.

진동 롤러는 사질토에서 가장 효과적이다. 흙에 진동 효과를 주기 위해 평활 철륜 롤러, 공기 고무 타이어 롤러, 양족 롤러에 진동기를 부착시켜 사용한다.

현장에서 필요한 단위 중량을 얻기 위해서는 함수비와 흙의 종류 이외에도 다른 여러 요인들을 고려하여야 한다. 다짐장비의 접지압의 크기와 면적, 부설토의 두께 등이다. 다짐장비의 지표면에 작용하는 접지압의 크기는 깊이에 따라 점차 감소하므로 다짐의 정도도 달라진다. 또한 다짐의 정도도 롤러의 통과횟수에 따라 다르다. 그림 4.20은 실트질 점토층에 대한 롤러의 통과횟수와 깊이에 따른 건조밀도의 변화를 보인 것이다(D'Appolonia, Whitman & D'Appolia, 1969).

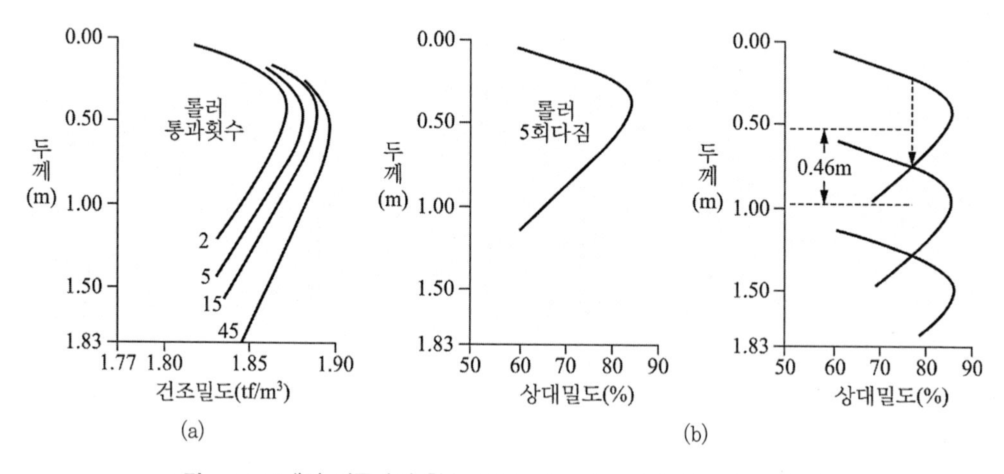

그림 4.20 모래의 진동다짐 횟수-깊이-다짐밀도 관계 및 다짐두께 산정

그림 4.20(a)와 같이 임의의 함수비에 대한 건조밀도는 통과횟수와 함께 어느 깊이(0.5m 정도)까지는 증가하다 그 이상 깊어지면 감소한다. 이는 지표면 방향으로의 구속압이 부족하기 때문이다. 또한 다짐횟수가 15회 이상이면 밀도의 증가율은 감소한다. 대부분의 경우 효율적으로 최대 밀도를 얻는 통과횟수는 10~15회 정도이다. 그림 4.20(b)와 통과횟수에 대한 건조밀도와 깊이와의 상관관계가 파악되면 부설토층의 개략적인 두께를 구할 수 있다. 만족스럽게

다질 수 있는 다짐 두께는 효과적으로 다지는 데 필요한 다짐 압력에 관계되며, 또한 흙의 종류에 관계된다.

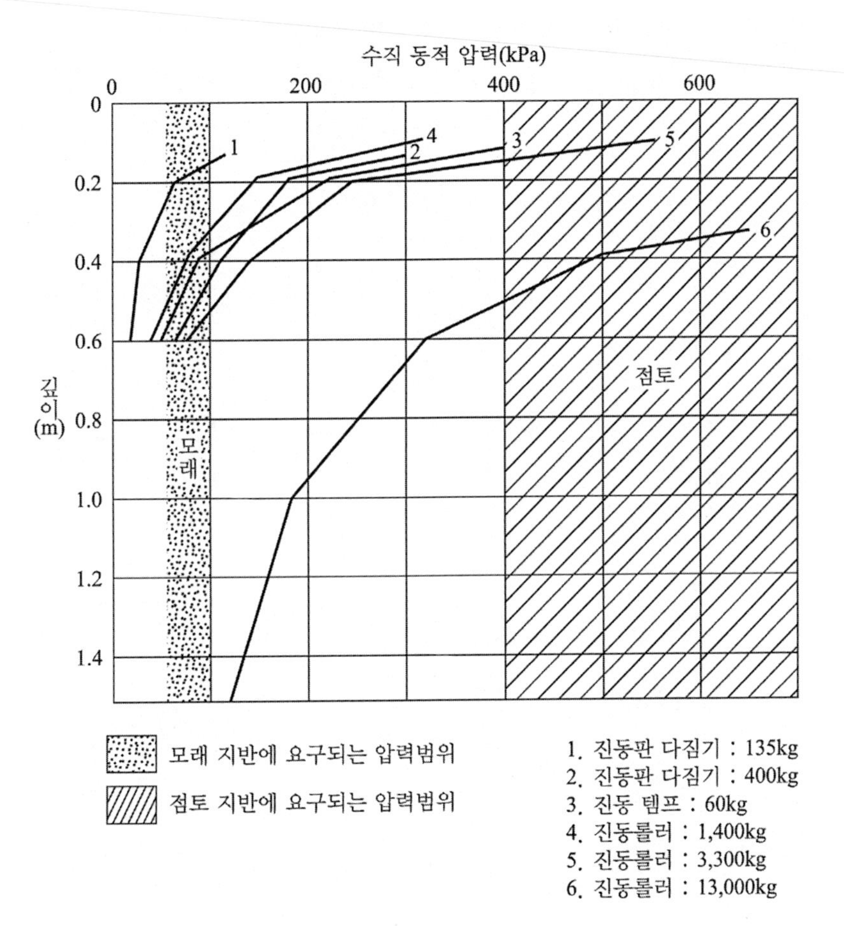

그림 4.21 다짐 중 깊이에 따른 압력변화(Forssblad, 1977, 1981)

Forssblad(1977, 1981)에 의하면 그림 4.21과 같이 모래의 진동다짐은 50~100kPa일 때 가장 효과적이고, 점토는 보다 높은 400~700kPa이 요구된다.

다짐에 대한 시방규정은 대부분 현장 다짐에 의한 건조밀도를 실내 시험에서 구한 최대 건조밀도의 90~95% 정도를 요구한다. 이것은 상대 다짐도에 대한 규정이다. 상대 다짐도(R)는 다음과 같다.

$$R(\%) = \frac{\gamma_{d(field)}}{\gamma_{dmax(lab)}} \times 100\% \tag{4.10}$$

조립토의 다짐도를 상대밀도(D_r)로 나타내기도 한다.

$$R(\%) = \frac{R_0}{1 - D_r(1 - R_0)} \tag{4.11}$$

$$R_0 = \frac{\gamma_{dmin}}{\gamma_{dmax}} \tag{4.12}$$

Lee and Singh(1971)은 조립토에 대하여 여러 시험 결과 다짐도와 상대밀도의 관계를 다음과 같이 나타내었다.

$$R = 80 + 0.2D_r \tag{4.13}$$

현장 다짐에 대한 시방규정은 요구된 최소 건조밀도를 얻기 위한 것이다. 그림 4.22에서 가장 경제적인 다짐 조건을 알 수 있다. 다짐곡선 A, B, C는 같은 흙에 다짐 에너지를 달리하여 얻은 곡선이다. 곡선 A는 현재의 다짐 장비에 의해 얻은 최대의 다짐 에너지 상태에서 얻은 것이다. 현장에서 필요한 최소 건조밀도 $\gamma_{d(field)} = R\gamma_{dmax(field)}$는 함수비 w_1과 w_2 사이에 있어야 한다. 그러나 다짐곡선 C에서 필요한 $\gamma_{d(field)}$는 함수비 w_3에서 적은 다짐 에너지를 사용하여 구할 수 있다. 그러나 대부분 현장에서는 최소 다짐 에너지를 사용해서 건조밀도 $\gamma_{d(field)} = R\gamma_{dmax(field)}$를 구할 수 없다. 그래서 현장에서는 최소 다짐 에너지보다 조금 큰 다짐 에너지를 발휘하는 장비를 사용해야 한다. 곡선 B가 이 상태를 나타내는 곡선이다. 함수비 w_4는 최대 다짐 에너지 상태에서의 최적 함수비이다. 따라서 가장 경제적인 함수비는 w_3와 w_4 사이에 존재한다.

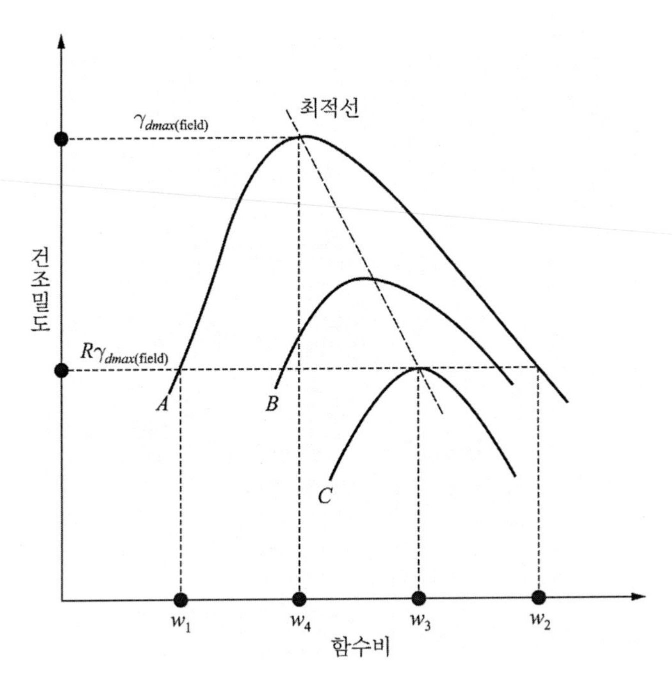

그림 4.22 경제적인 현장 다짐조건

현장에서는 매우 큰 다짐 에너지를 얻기 위한 것이나, 깊은 위치까지 다짐을 얻고자 할 때, 또는 흙의 특성을 이용할 때 등의 목적으로 특수 다짐 공법을 이용한다. 특수 다짐 공법에는 물다짐 공법, 동압밀 공법, 폭파다짐 공법 등이 있다.

4.7 들밀도 시험

현장의 다짐작업 시 흙의 다짐밀도가 요구되는 값이 나오는지를 확인하기 위하여 행하는 것이 들밀도 시험이다. 현장의 밀도를 측정하는 방법에는 모래치환법을 사용한다. 현장에서 모래치환법에 의한 흙의 단위 중량 시험법은 KS F 2311에 규정되어 있다. 밀도는 물체의 무게와 체적을 알면 구할 수 있다. 현장에서 다져진 흙의 습윤밀도와 함수비를 알면 건조밀도를 계산할 수 있다. 먼저 현장에서 다져진 지반의 습윤밀도를 구한다. 지반을 편편하게 고른 다음, 밑판을 놓고 구덩이를 판다. 이때 파낸 흙의 무게(W)를 측정한다. 그림 4.23과 같은 단위 중량 측정기에 표준사를 채운다. 측정기와 채워진 표준사의 전체 무게 W_1를 측정한다. 다져진 지반에 측정기를 사용하여 파낸 구덩이에 모래를 자유낙하해서 넣는다. 이때 측정기와 측정기 속에 남은 표준사의 무게 W_2를 측정한다. 판 구덩이 속의 표준사 무게는 다음과 같다.

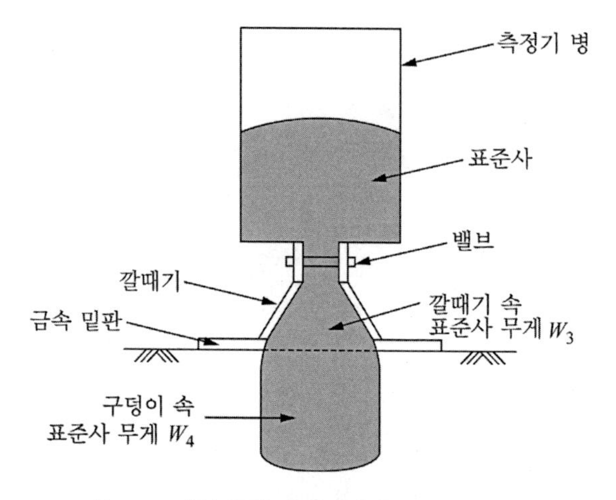

그림 4.23 단위 중량 측정기와 현장밀도 측정

$$W_4 = W_1 - W_2 - W_3 \tag{4.14}$$

측정기 속에 표준사를 채울 때 깔때기를 통하여 자유낙하시켜 가득 채웠을 때, 측정기와 표준사의 전체 무게를 W_1이라 하고, 이 무게에 측정기의 무게 W_c를 빼면 측정기 속에 들어간 표준사의 무게가 된다. 이 무게를 측정기의 용적(V_c)으로 나누면 표준사의 단위 중량이 된다.

$$\gamma_{d(sand)} = \frac{W_1 - W_c}{V_c} \tag{4.15}$$

파낸 구덩이의 체적은 다음과 같다.

$$V_s = \frac{W_4}{\gamma_{d(sand)}} \tag{4.16}$$

따라서 다져진 지반의 습윤밀도는 다음과 같다.

$$\gamma_t = \frac{W}{V_s} \tag{4.17}$$

파낸 흙의 함수비(w)를 측정하면 건조밀도는 다음과 같다.

$$\gamma_d = \frac{\gamma_t}{1 + \frac{w}{100}} \tag{4.18}$$

파낸 구덩이의 체적을 측정하는 방법에는 물을 사용하는 경우도 있다. 이때는 구덩이 속에 얇은 고무막 또는 얇은 비닐을 깔고 물을 채워 물의 용량으로 체적을 구한다. 또 핵밀도 측정기를 사용하여 흙의 건조밀도를 측정하기도 한다.

[예 4.4] 성토 지반에 다짐을 한 후에 현장의 다짐의 정도를 구하기 위해 현장 밀도 측정 시험을 하였다. 다음은 그 결과이다. 현장 흙의 함수비와 최대 건조밀도, 다짐도를 구하시오.

시험 구덩이에서 파낸 흙의 중량(gf)	2,094
건조시킨 흙의 무게(gf)	1,860
샌드콘에 담은 모래의 중량(gf)	4,493
시험 후 샌드콘에 남은 모래의 중량(gf)	1,426
깔때기 속의 모래 중량(gf)	1,402
모래의 건조 단위 중량(gf/cm^3)	1.63

흙의 실내 다짐 시험에서 얻은 최대 건조밀도($\gamma_{dmax} = 1.93\,gf/cm^3$)

[풀이] 판 구덩이 속에 들어간 모래의 중량$= 4{,}493 - 1{,}426 - 1{,}402 = 1{,}665\,(gf)$

판 구덩이의 용적$= \frac{1{,}665}{1.63} = 1{,}021.5\,cm^3$

현장의 습윤밀도$(\gamma_t) = \frac{2{,}094}{1{,}021.5} = 2.05\,(gf/cm^3)$

함수비$(w) = \frac{2094 - 1860}{1860} \times 100 = 12.58\,(\%)$

$$건조밀도(\gamma_d) = \frac{2.05}{1+12.58/100} = 1.82\,(\text{gf/cm}^3)$$

$$다짐도(R) = \frac{1.82}{1.93} \times 100 = 94.30\,(\%)$$

4.8 CBR 시험

현장에서 다짐의 정도를 파악하기 위하여 관리 시험으로 들밀도 시험이 있으며, 또한 도로포장을 위한 지지력 시험이 있다. 포장의 구조 및 치수를 설계하기 위해서 지지력 시험을 하는데, 이 시험에는 관입 시험과 재하 시험이 있다. 재하 시험은 다음에 설명하기로 하고, 여기서는 관입 시험에 대하여 설명한다. 두 시험의 차이는 관입 시험은 흙의 전단변형에 대한 저항을 측정하는 것으로 연성포장 설계에 이용하고, 재하 시험은 탄성과 압축성을 측정하여 강성포장 설계에 이용한다.

길 바탕흙의 지지력을 관입법으로 구하는 시험으로 관입저항을 표준치 값의 비로 나타낸 것을 지지력비(CBR, California Bearing Ratio)라 하고, 이를 위한 시험을 CBR 시험이라 한다. CBR 시험은 실내 시험과 현장 시험이 있다. 이에 관한 것은 KS F 2320에 규정되어 있다.

실내에서 하는 CBR 시험은 다짐 시험을 통하여 최적 함수비를 구하여 최적 함수비 상태로 시료를 CBR 몰드에 다져서 넣는다. 몰드에 시료를 넣어 다질 때에는 각 층에 55회, 25회, 10회로 다짐 에너지를 달리하는 3개의 공시체를 만든다. 다짐작업이 끝나면 칼라, 유공밑판 및 스페이스 디스크를 분리하고, 몰드와 공시체의 무게를 단다. 다음은 흡수 팽창 시험을 한다. 그림 4.24(a)와 같이 흡수 팽창 시험은 공시체가 든 몰드 위에 여과지를 놓고 그 위에 축이 붙은 유공판을 놓고, 그 위에 설계하중 또는 실제하중 ±2kgf에 상당하는 하중판을 얹는다. 그 후 물속에 담그고 시료의 팽창하는 값을 읽는다. 또 물에 담근 경우 평균 함수비를 구한다. 팽창비는 다음과 같이 구한다.

$$팽창비(\%) = \frac{다이알게이지의\ 최종\ 읽음(\text{mm}) - 다이알게이지의\ 최초\ 읽음(\text{mm})}{공시체의\ 최초의\ 높이(\text{mm})} \times 100 \tag{4.19}$$

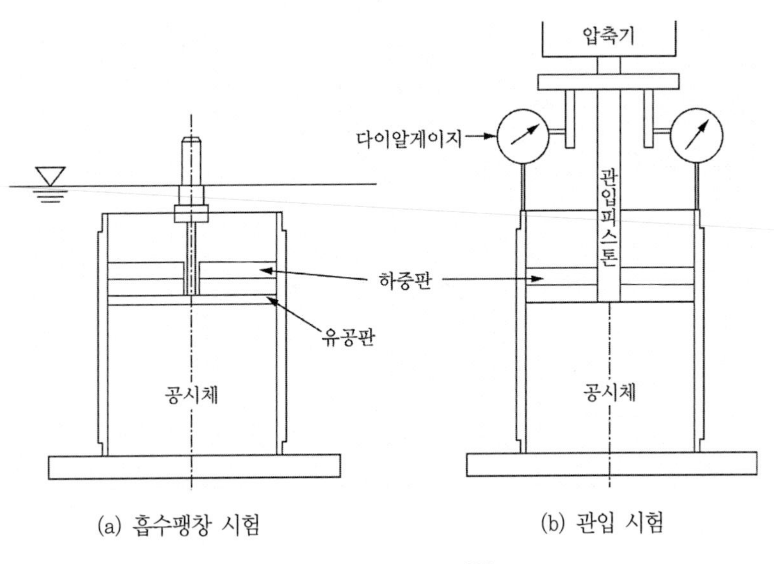

그림 4.24 실내 CBR 시험

흡수팽창 시험이 끝나면 다음은 그림 4.24(b)와 같이 관입 시험을 행한다. 공시체가 든 몰드를 물속에서 꺼내 공시체 위의 물을 제거하고, 공시체 위에 흡수 팽창 시험 때와 같은 중량의 하중판을 얹고, 직경 50mm의 관입 피스톤을 공시체 중앙에 두고 1분에 1mm의 속도로 관입한다. 관입량이 0, 0.5, 1.0, 1.5, 2.0, 2.5, 5.0, 7.5, 10.0, 12.5mm일 때의 하중을 읽는다. 관입량과 하중관계의 그래프는 그림 4.25와 같다. 그림 4.25의 곡선 2, 곡선 3과 같이 위로 오목한 경우에는 변곡점에서 접선을 그어 관입량 축과 만나는 점을 원점으로 수정한다.

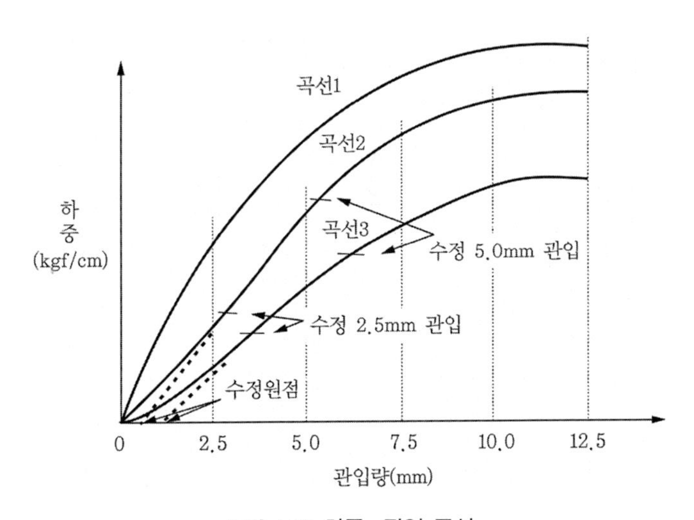

그림 4.25 하중-관입 곡선

지지력비는 다음과 같이 계산한다.

$$\text{지지력비(CBR, \%)} = \frac{\text{시험단위하중}}{\text{표준단위하중}} \times 100 \tag{4.20}$$

표준 단위 하중 및 시험 단위 하중은 보통 관입량 2.5mm에서의 값을 취한다. 표준 단위 하중은 표 4.2와 같다.

표 4.2 표준 단위 하중

관입량(mm)	단위 하중(kgf/cm^2)	전하중(kgf)
2.5	70	1,370
5.0	105	2,030
7.5	134	2,630
10.0	162	3,180
12.5	183	3,600

관입량이 5.0mm 때의 지지력비가 2.5mm 때의 것보다 큰 경우에는 시험을 되풀이해서 같은 결과를 얻었을 때에는 5.0mm 때의 지지력비를 사용한다.

현장 CBR 시험은 실내 시험에서 흡수 팽창 시험을 하지 않는 경우의 비수침 시험과 같은 요령으로 한다.

소정의 현장밀도에 대응하는 CBR 값을 구하기 위하여 보정한 수정 CBR 값을 다음 그림 4.26과 같이 구한다.

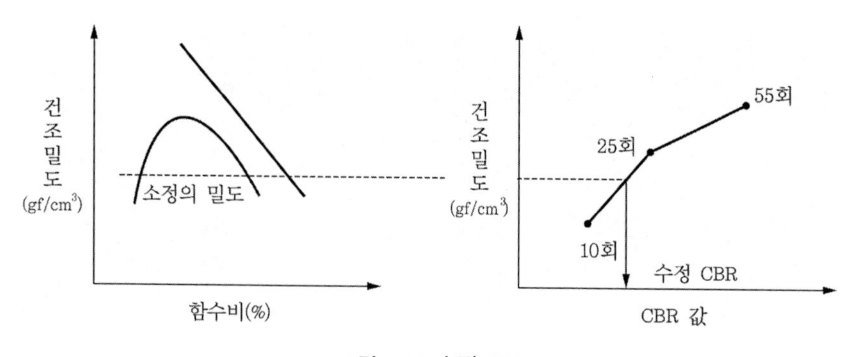

그림 4.26 수정 CBR

[예 4.5] 다음은 다짐 시험의 결과로 최적 함수비 상태에서 55회, 25회, 10회씩 다진 공시체를 시침한 후 CBR 시험을 한 결과이다. 각 다짐에 대한 CBR 값을 구하고 수정 CBR 값도 구하시오.

관입량(mm)		0.5	1.0	1.5	2.0	2.5	5.0	7.5	10.0	12.5
55회	게이지 (1/100mm)	3.2	6.0	8.7	11.3	13.8	23.4	32.1	39.5	43.9
	하중강도 (kg/cm^2)	2.58	4.84	7.02	9.12	11.13	18.88	25.9	31.87	35.42
25회	게이지 (1/100mm)	1.8	3.7	5.9	8.2	10.2	18.5	25.8	32.0	36.9
	하중강도 (kg/cm^2)	1.45	2.99	4.76	6.62	8.23	14.93	20.82	25.82	29.77
10회	게이지 (1/100mm)	0.8	1.5	2.5	3.7	5.8	12.3	17.2	19.4	21.0
	하중강도 (kg/cm^2)	0.65	1.21	2.02	3	4.7	9.9	13.9	15.62	16.94

각 다짐 시험에 대한 함수비와 건조밀도는 다음과 같다.

회차	함수비(%)	건조밀도(gf/cm^3)
55회	14.25	1.82
25회	14.25	1.77
10회	14.25	1.62

[풀이] 관입량과 하중강도 관계 그래프는 다음과 같다.

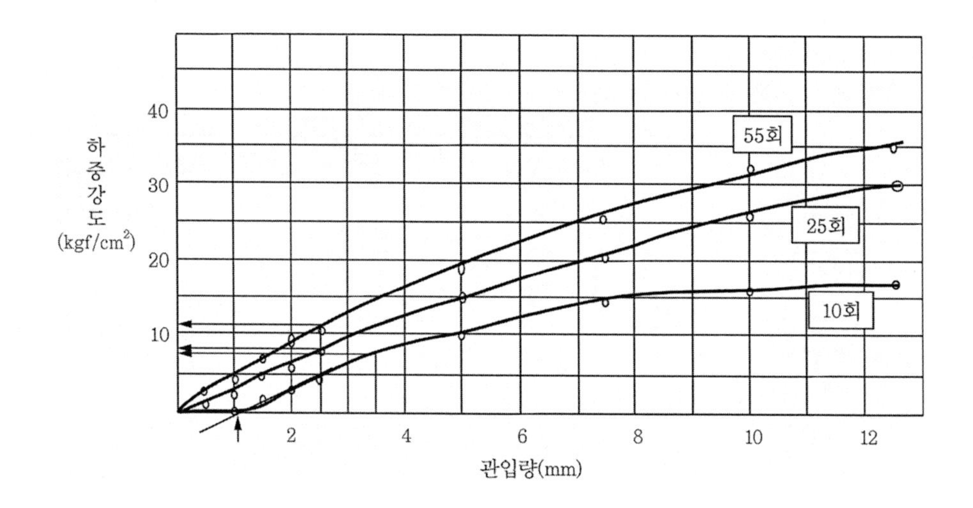

- 55회 때 CBR 값 = 11/70 × 100 = 15.7%
- 25회 때 CBR 값 = 8/70 × 100 = 11.4%
- 10회 때 CBR 값 = 6.8/70 × 100 = 9.7%

각 다짐에 대한 건조밀도와 지지력비 관계 그래프를 그려 해당 흙의 최대 건조밀도에 필요한 범위의 밀도에 해당하는 지지력비를 구한다.

연습문제

1. 흙의 다짐이란 무엇이며, 다짐을 하면 어떤 효과를 얻을 수 있는가?

2. 최적 함수비와 최대 건조밀도에 대하여 설명하시오.

3. 영공적 곡선이란 무엇이며, 어떻게 그리는가?

4. 실내 다짐 시험의 A, B, C, D, E 방법의 다짐 에너지를 구하고, 비교해보시오.

5. 다짐 에너지가 커지면 최대 건조밀도와 최적 함수비는 어떻게 변하는가?

6. 다음은 다짐 시험의 결과이다. 최적 함수비, 최대 건조밀도를 구하고, 영공적 곡선 그리시오. 그리고 포화도 90%의 선을 그리시오.

   - 몰드의 용적 : 2,209cm^3
   - (몰드+저판)의 중량 : 5,743gf
   - 흙입자 비중 : 2.73

측정 번호	1	2	3	4	5	6
(몰드+저판+시료)중량(gf)	10,040	10,602	10,345	10,398	10,315	10,193
함수비(%)	12.4	14.0	16.6	19.9	22.4	25.7

7. CBR이란 무엇인가?

8. 수정 CBR란 무엇인가?

9. 들밀도 시험이란 무엇이며, 어떻게 시행하는가?

10. 들밀도 시험에서 파낸 구멍의 부피는 1,978cm^{3}이고, 파낸 흙의 무게는 3,303gf이며, 이 흙의 건조무게는 3,052gf이었다. 흙의 비중은 2.68이다. 흙의 건조밀도, 함수비, 간극비, 간극률을 구하시오.

〈참고문헌〉

김상규(2010), 『토질역학-이론과 응용』, 청문각, pp.211~219.

山口柏樹(1977), 『土質力學』, 技報堂, pp.45~48.

Biarez, J.(1980), *General Report-Session 1*, Proc, ICC, Vol3, pp.13~26.

Braja, M.Das(2002), *Principles of Geotechnical Engineering 5th*, Brooks/cole.

Forssblad, L.(1977), *Vibratory Compaction in the Construction of Roads*, Airfields, Dams, and other Projects, Report No.8222, Dynapac, S-171 22 Solna 1, Sweden.

Forssblac, L.(1981), *Vibratory Soil and Rock Fill Compaction*, Dynapac Maskin AB, Solna 1, Sweden.

Graham Barnes(2000), *Soil Mechanics: Principles and Practice 2nd*, Palgrave, pp.427~436.

Johnson, A.W. & Sallberg, J.R.(1960), *Factors that Influence Field Compaction of Soils*, Highway Res, Bd, No.272.

Kyulule, A. L.(1983), *Additional Considerations on Compaction of Soils in Developing Countries*, Nr, 121, Mit6teilungen des Institutes fur Grundbau and Bodenmechanik, Eidgenossische Technische Hochschule, Zurich.

Lambe, T. W.(1958a), *The Structure of Compacted Clay*, J. of Soil Mech and Found, Division ASCE, Vol84, No.SM2, pp.1,654-1~1,654-3.

Lambe, T. W.(1958b), *The Engineering Behavior of Compacted Clay*, J, Soil Mech, Found, Div, ASCE, Vol.84, SM2, p.35.

Lee, K. L. and Haley, S. C.(1968), *Strength of Compacted Clay at High Pressure*, J, Soil Mech, Found, Div, ASCE, vol94, No.SM6, pp.1,303~1,332.

Lee, K. W. and Singh, A.(1971), *Relative Density and Relative Compaction*, J. of the Soil Mechanics and Foundation Division ASCE, Vol.97, No.SM7, pp.1,049~1,052.

Lee, P. Y. and Suedkamp, R. J.(1972), *Characteristics of Irregularly Shaped Compaction of Granular Soils*, Journal of the Geotechnical Engineering Division, ASCE, Vol106, No.GT1, pp.35~44.

Manfred, R. Hausmann(1990), *Engineering Principles of Ground Modification*, McGraw Hill, pp.14~130.

Mitchell, J. K., Hooper, D. R. and Campanella, R. G.(1965), *Permeability of Compacted Clay*, J. of the Soil Mechanics and Foundations Division ASCE, Vol.91, No.SM4, pp.41~65.

Proctor, R. R.(1933), *Fundamental principles of soil compaction*, Engineering News Record, Vol.111, No.9.

Seed, H. B. & Chan, C. K.(1959), *Structure and Strength Characteristics of Compacted Clays*, ASCE J, 85, SM5, pp.87~128.

Spangler, M. G. & Richard, L. Handy(1982), *Soil Engineering 4th*, Harper & Row, pp.192~200.

Yoder, T. L.(1959), *Principles of Pavement Design*, John Wiley & Sons.

05 흙 속의 물의 흐름

05 흙 속의 물의 흐름

흙은 삼체로 구성에 대한 것은 2장에서 설명하였다. 흙의 구성 요소들은, 즉 광물입자와 간극은 서로 연결되어 결합되어 있다. 광물 입자나 간극이 흙덩이나 지반에서 독립적으로 하나씩 존재할 수 없다. 이 중에 간극의 연결은 공기나 물 등의 유체가 이동해갈 수 있는 통로가 되는 것이다. 이 통로는 곧지 않고 굵기도 일정하지 않다. 특히 간극의 수직방향의 연결은 하나의 모세관과 같은 역할을 한다.

5.1 모세관 현상

그림 5.1과 같이 물속에 가는 관을 세우면 관 속으로 물이 올라온다. 이 물이 올라오는 높이는 관이 가늘수록 높다. 이 현상을 모세관 현상이라 한다. 이 현상은 물의 메니스커스에 의한 표면장력의 작용으로 관속의 자유수면 위치 아래의 압력이 관 밖보다 적기 때문에 물이 상승한다. 이 상승 높이를 모관수두라 한다. 모관수두의 상단의 메니스커스는 관벽과 α각을 이루며 접촉하고 있다. 이 각을 접촉각(angle of contact)이라 한다. 모관수두가 h_c되는 모관수의 중량은 물의 관벽과 이루는 부착력과 메니스커스에 의한 표면장력 T에 의하여 평형을 이룬다. 부착력을 무시하면 다음과 같다.

$$\frac{\pi D^2}{4} h_c \gamma_w = \pi D T \cos\alpha \tag{5.1}$$

$$h_c = \frac{4T\cos\alpha}{\gamma_w D} \tag{5.2}$$

여기서 D : 관의 지름, T : 표면장력, α : 접촉각

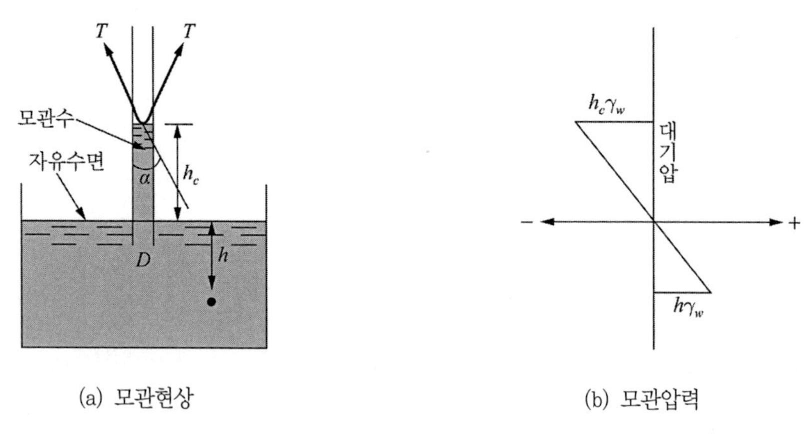

(a) 모관현상 (b) 모관압력

그림 5.1 모세관 작용

물과 유리의 접촉각은 8~9°이고, 수은과 유리와의 접촉각은 140° 정도이다. 따라서 수은은 유리관 속에서 자유수면보다 낮고, 위로 볼록하다. 일반적으로 물의 표면장력은 표 5.1과 같다.

표 5.1 물의 표면장력

수온(°)	표면장력	
	dyne/cm	gf/cm
5	74.92	0.0764
10	74.22	0.0757
15	73.49	0.0750
20	72.15	0.0736
25	71.97	0.0734
30	71.18	0.0726

흙 속의 간극은 크기와 모양이 다양하다. 토입자의 크기가 다르면 또한 간극의 크기도 달라진다. 토입자의 크기를 유효경(D_{10})으로 대표하면, 유효경에 따라 간극의 크기가 달라질 것이

다. 간극의 크기가 달라지면 모세관 현상도 달라지며 모관상승고도 달라진다. 하젠(Hazen, 1030)은 실험을 통하여 유효경과 모관상승고를 다음과 같이 근사적으로 표현하였다.

$$h_c = \frac{C}{eD_{10}} \tag{5.3}$$

여기서 C : 입형과 표면의 상태에 따라 결정되는 정수 : 0.1~0.5cm^2

e : 간극비

D_{10} : 유효경(cm)

흙 속의 모세관 작용에 의해 흙입자 사이에 존재하는 물을 모관수라 한다. 이런 모관수에 의한 수압은 그림 5.1(b)와 같이 부(-) 간극수압으로 작용한다. 그러므로 모관현상이 생긴 지층에서의 유효응력은 증가하여 흙의 강도가 증가하는 현상이 생긴다. 이러한 현상은 포화상태가 되면 없어진다. 이 때문에 이를 겉보기 점착력(apparent cohesion)이라 한다.

모래가 포화상태이거나 완전 건조상태일 때에는 뭉쳐지지 않으나 습윤상태일 때에는 어느 정도 뭉쳐진다. 또한 해변에서 물속의 모래나 물에서 먼 쪽에 있는 건조 모래에서는 연직으로 파 내려갈 수가 없으나, 젖어 있는 모래에서는 어느 정도 파 내려갈 수가 있다. 이런 현상은 겉보기 점착력 때문이다. 또한 젖은 모래를 다지는 것보다 건조된 모래를 다지는 것이 잘 다져지고, 물과 함께 모래를 살포하거나 또는 건조 모래에 포화가 되게 물을 살포하여 배수시키면서 다지는 것이 잘 다져진다. 이를 물다짐이라 한다.

[예 5.1] 맑은 물속에 안지름이 0.24mm인 유리관을 꽂았을 때 유리관 속으로 맑은 물이 상승할 수 있는 높이, 즉 모관 상승고를 구하시오. 이때의 수온은 15°C이고, 물과 유리의 접촉각은 8°로 한다. 수온 15°C일 때 밀도는 0.999273gf/cm^{3}이다.

[풀이] $h_c = \frac{4T\cos\alpha}{\gamma_w D} = \frac{4 \times 0.075 \times \cos 8}{0.999273 \times 0.024} = 12.387\text{cm}$

5.2 흙 속의 물의 흐름 기본원리

5.2.1 동수경사

물은 압력이 높은 곳에서 낮은 곳으로 흐른다. 즉, 높은 포텐셜 에너지(potential energy) 쪽에서 낮은 포텐셜 에너지 쪽으로 흐른다. 흙 속에서 물의 흐름도 마찬가지다.

물이 흐를 때에 어느 지점에서 흐름의 속도, 압력, 양 등이 시간에 따라 변하지 않을 때의 흐름을 정상류(steady flow) 또는 층류(層流, laminar flow)라 하고, 변하는 흐름을 부정류(unsteaty flow) 또는 난류(亂流, turbulent flow)라 한다. 흙 속의 물의 흐름은 층류이고, 유체역학의 원리를 따른다.

유체역학의 기본은 Bernoulli의 정리이다. 유체 중의 한 점에서 전 에너지(전 수두)는 다음과 같다.

$$h = h_p + h_v + h_e \tag{5.4}$$

$$= \frac{u}{\gamma_w} + \frac{v^2}{2g} + h_e \tag{5.5}$$

여기서 h : 전 수두(total head)

h_p : 압력수두(pressure head)

h_v : 속도수두(velocity head)

h_e : 위치수두(potential head)

u : 수압

v : 속도(유속)

에너지를 물의 높이로 나타낸 것을 수두라 한다. 지하수의 흐름은 속도가 매우 느리므로 속도수두는 무시하는 것이 일반적이다. 그러므로 지하수의 흐름에서는 식 (5.4), (5.5)는 다음과 같다.

$$h = h_p + h_e = \frac{u}{\gamma_w} + h_e \tag{5.6}$$

그림 5.2는 흙 속 물의 흐름에 대한 모든 수두 간의 관계를 나타낸 것이다. 그림에서 A, B점의 사이를 물이 흘러갈 때, 물은 흙입자 사이를 꼬불꼬불하게 흐르게 되고, 입자들과의 마찰, 점성 등의 영향으로 에너지 손실이 생긴다. 이 손실 에너지를 수두로 나타낸 것이 손실수두이며, 그림에서 Δh로 나타난다. 손실수두는 다음과 같다.

$$\Delta h = h_A - h_B = (h_{eA} + h_{pA}) - (h_{eB} + h_{pB}) \tag{5.7}$$

$$= \left(\frac{u_A}{\gamma_w} + h_{eA}\right) - \left(\frac{u_B}{\gamma_w} + h_{eB}\right) \tag{5.8}$$

물이 흘러온 길이(L)에 대한 손실수두(Δh)의 비를 동수경사(hydraulic gradient, i)라 한다.

$$i = \frac{\Delta h}{L} \tag{5.9}$$

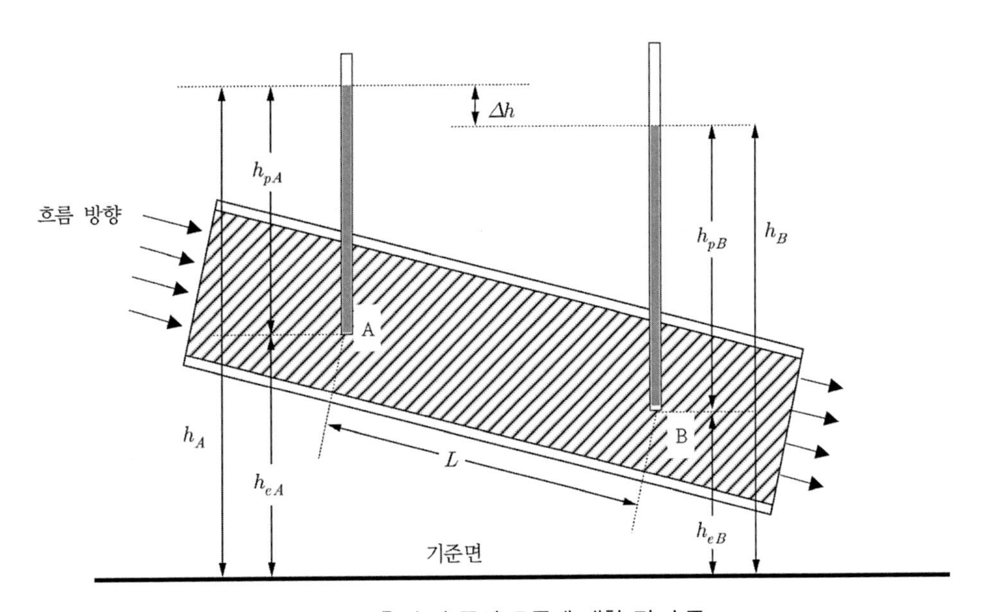

그림 5.2 흙 속의 물의 흐름에 대한 각 수두

5.2.2 Darcy의 법칙

Darcy(1856)는 포화된 흙의 간극 사이를 흐르는 물의 속도를 다음과 같이 나타내었다.

$$q = kiA \tag{5.10}$$

$$v = ki \tag{5.11}$$

여기서 q : 단위 시간당 흐르는 유량(cm^3/s)

k : 투수계수(coefficient of permeability, 또는 hydraulic conductivity)

i : 동수경사

A : 물이 흐르는 흙의 전체 단면적

v : 유출속도(A 단면을 흐르는 유속)

식 (5.11)의 유속은 흙 전체 단면에 대한 속도이다. 그러나 흙 속에 흐르는 물은 간극으로 흐르므로 실제 흐르는 단면은 그림 5.3과 같이 간극 단면이다. 전체 단면으로 흐르는 속도를 유출속도(discharge velocity, v)라 하고, 실제 간극 사이로 흐르는 속도를 침투속도(seepage velocity, v_s)라 하며, 그 관계는 다음과 같다.

$$q = vA = v_s A_v \tag{5.12}$$

여기서 A_v : 시료의 전단면 중 간극의 단면적

그러나 시료 전체 단면적은 흙입자가 차지하는 단면적(A_s)과 간극이 차지하는 단면적의 합이다.

$$A = A_s + A_v \tag{5.13}$$

식 (5.12)와 식 (5.13)에서 다음과 같이 유도된다.

$$q = vA = v(A_s + A_v) = v_s A_v \tag{5.14}$$

식 (5.14)에서 다음과 같이 침투속도를 표현할 수 있다.

$$v_s = \frac{v(A_s + A_v)}{A_v} = \frac{v(A_s + A_v)L}{A_v L} = \frac{v(V_s + V_v)}{V_v} \tag{5.15}$$

여기서 V_s : 시료에서 흙입자들의 전체 체적

V_v : 시료에서 간극의 전체 체적

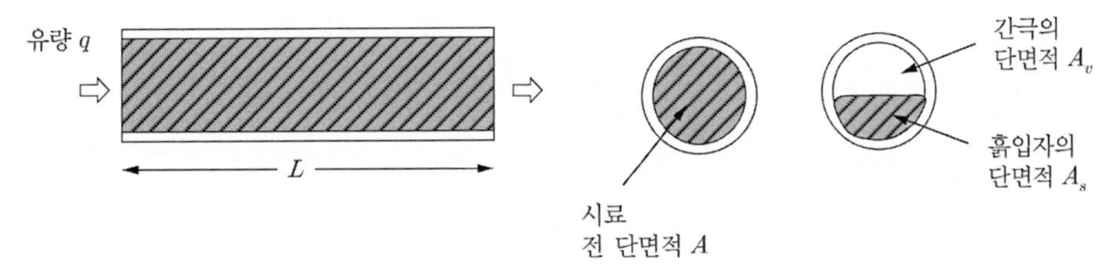

그림 5.3 유출단면과 침투단면

따라서 식 (5.15)는 다음과 같다.

$$v_s = v\left(1 + \frac{1}{\left(\frac{V_v}{V_s}\right)}\right) = v\left(1 + \frac{1}{e}\right) = v\left(\frac{1+e}{e}\right) = \frac{v}{n} = \frac{ki}{n} \tag{5.16}$$

여기서 e : 간극비, n : 간극률

한편, Hansbo(1960)는 식 (5.11)은 동수경사(i)가 어느 값 이상일 때 선형관계가 성립하나, 동수경사가 어느 값 이하일 때에는 동수경사의 지수함수로 나타남을 실험을 통하여 밝혔다. 그러나 Mitchell(1976)은 연구를 통하여 Darcy의 법칙은 유효하다고 결론을 내리고 있다.

대부분의 흙에서 간극을 통해 흐르는 물의 흐름은 층류이다. 따라서 흐름의 속도는 동수경사에 비례한다.

5.3 투수계수

암석이나 흙 등의 다공성(多孔性) 물질의 간극에 흐르는 지중수의 운동을 투수라 하고, 다공성 재료의 단위 면적을 통과하는 정상류 상태의 물의 유속을 구하는 Darcy 법칙에서 비례계수를 투수계수라 한다.

흙의 투수계수는 간극을 흐르는 유체와 간극을 이루는 흙입자의 특성에 따라 그 크기가 다르다. 즉, 유체의 종류, 점성, 흙의 입도, 입형, 간극의 형상과 크기, 간극 크기의 분포, 간극비, 포화도, 광물입자의 거칠기 등의 여러 요인에 의해 투수계수는 다르다. 특히 점성토에서는 입자구조가 투수계수에 매우 큰 영향을 준다. 포화된 흙 종류에 따른 대표적인 투수계수는 표 5.2와 같다.

표 5.2 흙의 종류에 대한 투수계수

흙의 종류	투수계수(k, cm/s)
깨끗한 자갈	100~1
굵은 모래	1.0~0.01
가는 모래	0.01~0.001
실트질 점토	0.001~0.00001
점토	<0.000001

수리학의 원리에 의하여 직경이 a인 관을 통과하는 유체의 평균관 내 유속은 유체의 점성계수를 η라 하면 다음과 같으며, 이를 Hagen-Poisuille의 흐름이라고 말한다.

$$v_s = \frac{\gamma_w a^2}{8\eta} i \tag{5.17}$$

위 식 (5.17)과 흙의 침투속도인 식 (5.16)과 비교해보면 투수계수는 다음과 같다.

$$k = \frac{n\gamma_w a^2}{8\eta} = \frac{\gamma_w}{8\eta}\frac{e}{1+e}a^2 \tag{5.18}$$

Taylor(1948)는 식 (5.18)을 흙의 간극을 흐르는 유체에 적합하게 여러 요소들을 고려하여 다음과 같은 관계를 제안하였다.

$$k = D_{10}^2 \frac{\gamma_w}{\eta} \frac{e^3}{1+e} C \quad (5.19)$$

여기서 D_{10} : 유효경

η : 물의 점성계수

e : 간극비

C : 흙입자의 모양에 따른 형상계수(shape constant)

물의 점성계수와 투수계수의 관계는 다음과 같이 반비례 관계이다.

$$k_{15} = \frac{\eta_T}{\eta_{15}} k_T \quad (5.20)$$

여기서 k_{15}, k_T : 온도 15°와 온도 T°에서의 투수계수

η_{15}, η_T : 온도 15°와 온도 T°에서의 물의 점성계수

KS F 2322에서 투수계수는 온도 15°에 대한 것으로 나타내고 있다. 시험온도 T°에 대한 투수계수 보정계수 η_T/η_{15}는 표 5.3과 같다.

표 5.3 투수계수의 온도 T°C에 의한 보정계수 η_T/η_{15} $\eta_{15} = 11.45$ 미리포아즈

T°C	0	1	2	3	4	5	6	7	8	9
0	1.567	1.513	1.460	1.414	1.369	1.327	1.286	1.248	1.211	1.177
10	1.144	1.113	1.082	1.053	1.026	1.000	0.975	0.950	0.926	0.903
20	0.881	0.859	0.839	0.819	0.800	0.782	0.764	0.747	0.730	0.714
30	0.699	0.684	0.670	0.656	0.643	0.630	0.617	0.604	0.593	0.582
40	0.571	0.561	0.550	0.540	0.531	0.521	0.513	0.504	0.496	0.487
50	0.497	0.472	0.465	0.458	0.450	0.443	0.443	0.430	0.423	0.417

Hazen(1930)은 아주 깨끗하고, 느슨한 균질의 모래에 대해 실험을 통한 경험식을 다음과 같이 나타내었다.

$$k(\text{cm/s}) = CD_{10}^2 \tag{5.21}$$

여기서 C : 상수(1.0~1.5), D_{10} : 유효경(mm)

Lambe and Whitman(1969)은 투수계수와 간극비와의 관계를 실험을 통하여 다음과 같이 나타내었다.

$$k_2 = k_1 \frac{e_2^3/(1+e_2)}{e_1^3/(1+e_1)} \approx k_1 \frac{e_2^2}{e_1^2} \tag{5.22}$$

[예 5.2] 동일한 모래에서 간극비가 0.72일 때의 투수계수가 0.036cm/s이었다. 이 모래를 다져 간극비가 0.58이 되었다. 투수계수는 어떻게 변하였는가?

[풀이] $k_2 = \dfrac{e_2^3/(1+e_2)}{e_1^3/(1+e_1)} k_1 = \dfrac{0.58^3/(1+0.58)}{0.72^3/(1+0.72)} \times 0.036$

$$= \frac{0.123}{0.217} \times 0.036 = 0.020\text{cm/s}$$

$$\approx \frac{0.58^2}{0.72^2} \times 0.036 = 0.023\text{cm/s}$$

5.4 투수계수 측정법

투수계수를 구하는 시험을 투수 시험이라 하며, 실내에서 이루어지는 시험을 실내 투수 시험, 현장에서 이루어지는 시험을 현장 투수 시험이라 한다.

5.4.1 실내 투수 시험

실내 투수 시험은 비교적 투수계수가 큰 시료에 대한 시험인 정수위 투수 시험, 비교적 투수계수가 적은 시료에 대한 시험인 변수위 투수 시험이 있다. 간접적으로 압밀 시험 후에 그 결과에 의해 투수계수를 구할 수 있다.

정수위 투수 시험과 변수위 투수 시험법은 KS F 2322 흙의 투수 시험 방법에 규정되어 있다.

1) 정수위 투수 시험

정수위 투수 시험은 그림 5.4와 같이 시험이 이루어지고 있는 동안에는 물의 유입부의 수위와 유출부의 수위가 일정하게 유지되게 하면서 이루어지는 시험이다. 정수위 투수 시험은 비교적 투수성이 좋은 사질토에 적용하는 시험이다. 시험은 시료가 완전히 포화가 이루어진 이후 일정한 시간 동안 일정한 양의 물이 배출될 때부터 측정이 이루어져야 한다.

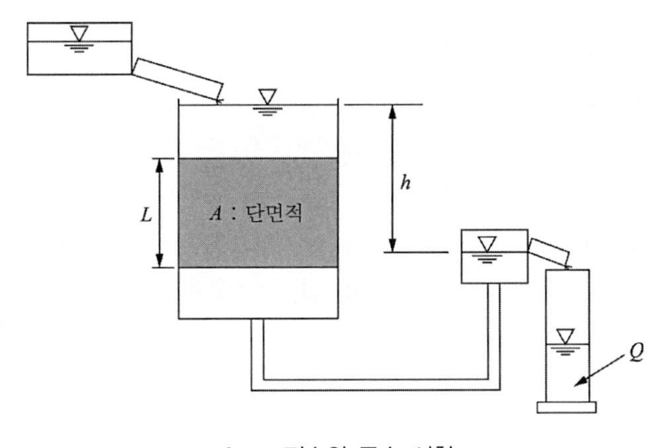

그림 5.4 정수위 투수 시험

임의의 온도(T°C)에서 시간 t 동안 수위는 h, 유출된 수량이 Q일 때 다음과 같은 관계가 이루어진다.

$$Q = vAt = kiAt = kAt\frac{h}{L} \tag{5.23}$$

$$k = \frac{QL}{Ath} \tag{5.24}$$

물론 식 (5.24)의 투수계수는 식 (5.20)에 따라 온도보정을 해야 한다.

[예 5.3] 시료의 길이 11.4cm, 단면적이 78.5cm^{2}인 시료에 대해 정수위 투수 시험을 하였다. 수두차를 13cm로 일정하게 유지하여 300초간 유출수량이 30cm^{3}이었다. 이때의 투수계수, Darcy의 법칙에 의한 유속과 실제 유속을 구하시오. 이 흙의 비중은 2.58, 이 시료의 건조무게는 1,557gf이었다. 시험 때의 수온은 20°C이었다.

[풀이] $k_{20} = \dfrac{QL}{Ath} = \dfrac{30 \times 11.4}{78.5 \times 300 \times 13} = 0.00112\text{cm/s}$

$$v = k_{20}i = 0.00112 \times \frac{13}{11.4} = 0.00128\text{cm/s}$$

$$\gamma_d = \frac{1{,}557}{11.4 \times 78.5} = 1.74\text{gf/cm}^3$$

$$e = \frac{G_s\gamma_w}{\gamma_d} - 1 = \frac{2.58 \times 1}{1.74} - 1 = 0.48$$

$$n = \frac{e}{1+e} \times 100 = \frac{0.48}{1+0.48} \times 100 = 32.43\%$$

$$v_s = \frac{v}{n} = \frac{0.00128}{0.3243} = 0.00395\text{cm/s}$$

표 5.3에서 $k_{15} = k_{20} \times \dfrac{\mu_{20}}{\mu_{15}} = 0.00112 \times 0.881 = 0.00099\text{cm/s}$

2) 변수위 투수 시험

변수위 투수 시험은 투수계수가 비교적 적은 실트질 흙에 적용되는 시험이다. 투수계수가 매우 낮은 점토와 같은 흙에 대하여는 압밀 시험에서 구하는 것이 보통이다. 시험기의 원리는 그림 5.5와 같다. 이 시험은 투수계수가 적기 때문에 시료를 통하여 유출되는 물의 양이 적을 것이다. 따라서 정수위 투수 시험과 같은 원리로는 수위유지와 유출량 측정이 어렵다. 그러므로 적은 유출량에도 수위의 변화를 쉽게 측정할 수 있도록 가는 유리관을 사용하는 것이다. 이 시험도 물론 시료가 완전히 포화된 이후에 측정을 시작한다. 포화가 완전히 이루어지지 않은 상태에서는 수위 변화가 일정하지 못하기 때문이다.

dt시간 동안 수위 dh만큼 하강이 이루어졌다면, 시료를 통하여 유출된 유량 dQ는 다음과 같다.

$$dQ = adh = vAdt = kiAdt = k\frac{h}{L}Adt \tag{5.25}$$

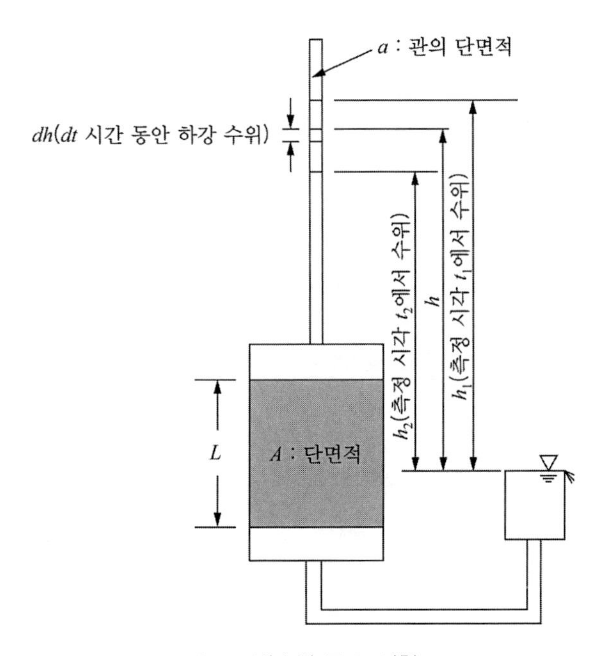

그림 5.5 변수위 투수 시험

위 식에서 다음과 같이 정리된다.

$$\frac{1}{h}dh = \frac{kA}{aL}dt \tag{5.26}$$

식 (5.26)의 양변을 적분하면 다음과 같다.

$$\int_{h_2}^{h_1} \frac{1}{h} dh = \frac{kA}{aL} \int_{t_1}^{t_2} dt \tag{5.27}$$

식 (5.27)의 결과에서 투수계수를 구하면 다음과 같다.

$$k = \frac{aL}{A(t_2 - t_1)} \ln \frac{h_1}{h_2} \tag{5.28}$$

$$\text{또는 } k = \frac{2.303aL}{A(t_2 - t_1)} \log_{10} \frac{h_1}{h_2} \tag{5.29}$$

[예 5.4] 다음은 변수위 투수 시험의 결과이다. 이때의 투수계수, 투수속도, 15°C 때의 투수계수를 구하시오.

시료의 단면적(cm^2)	78.5
시료의 길이(cm)	9
유리관의 단면적(cm^2)	2.98
측정시간(초)	43,200
t_1에서 수위 h_1(cm)	133.3
t_2에서 수위 h_2(cm)	106.0

측정 시의 수온은 14°C이었다.

[풀이] $k_{14} = \frac{2.303aL}{A(t_2 - t_1)} \log \frac{h_1}{h_2} = \frac{2.303 \times 2. \times 98 \times 9}{78.5 \times 43,200} \log \frac{133.3}{106.0}$

$= 0.000018\text{cm/s} = 1.8 \times 10^{-5}\text{cm/s}$

$k_{15} = k_{14} \frac{\mu_{14}}{\mu_{15}} = 0.000018 \times 1.026\text{cm/s} = 1.85 \times 10^{-5}\text{cm/s}$

5.4.2 현장 투수 시험

교란되지 않은 자연 상태의 시료를 채취할 수 없을 때, 이와 동일한 밀도 또는 다진 상태의 시료에서 투수계수를 실험실에서 구하는 것이 용이하지 않으며, 또한 신뢰성이 떨어질 수 있다. 이와 같은 경우, 규모가 큰 공사에서는 현장에서 투수 시험을 하는 것이 좋다. 현장 투수 시험에는 여러 가지 방법이 있는데, 그중 일반적으로 널리 사용되고 있는 방법이 시험 우물을 파서 양수에 의한 관측 우물의 수위 변화를 관측하여 투수계수를 구하는 현장 투수 시험이다.

1) 상부 대수층이 불투수층위에 있을 때

실험은 그림 5.6과 같이 시험우물로부터 일정량 Q를 퍼내고, 시험우물을 중심으로 반경 r_1, r_2 위치의 관측 우물의 수위변화를 관측한다.

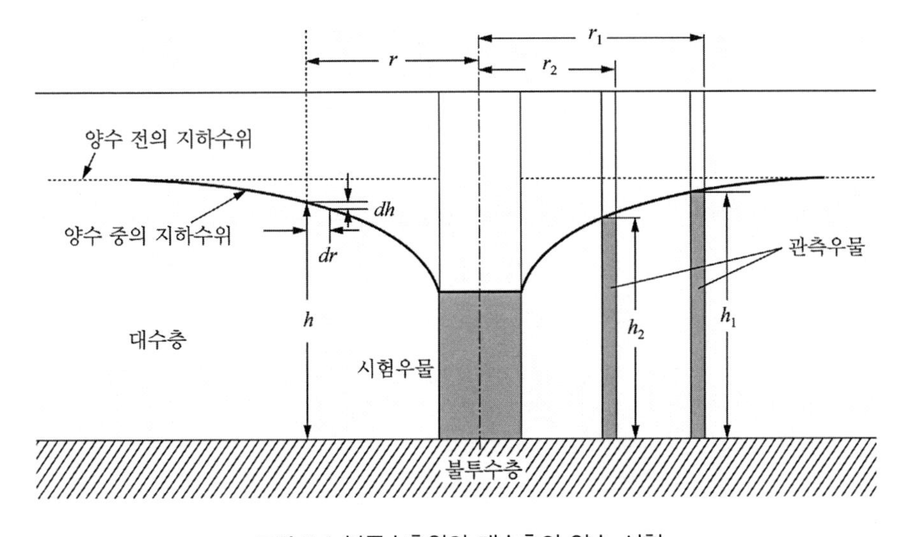

그림 5.6 불투수층위의 대수층의 양수 시험

시험우물에서 물을 퍼 올리기 시작하여 정상상태가 될 때까지 시험우물과 관측우물의 수위를 측정한다. 시험우물과 관측우물의 수위가 일정할 때 정상상태가 된다. 퍼낸 물의 양과 정상상태가 되었을 때까지 시험우물에 들어간 물의 양은 같다.

$$Q = kiA = k\left(\frac{dh}{dr}\right)2\pi rh \tag{5.30}$$

식 (5.30)을 다시 정리하면 다음과 같다.

$$\frac{1}{r}dr = \left(\frac{2\pi k}{Q}\right)hdh \tag{5.31}$$

식 (5.31)을 적분하면 다음과 같다.

$$\int_{r_2}^{r_1}\frac{1}{r}dr = \left(\frac{2\pi k}{Q}\right)\int_{h_2}^{h_1}hdh \tag{5.32}$$

따라서 투수계수는 다음과 같이 구할 수 있다.

$$k = \frac{2.303\,Q\log_{10}\left(\frac{r_1}{r_2}\right)}{\pi(h_1^2 - h_2^2)} \tag{5.33}$$

[예 5.5] 그림 5.6과 같이 우물 속의 물을 퍼내어 현장 투수 시험을 하였다. 관측용 우물은 시험용 우물에서 첫 번째 우물은 4.5m, 두 번째 우물은 9.0m 거리에 팠다. 대수층 두께는 12m이었고, 시험우물에서 물을 4,800cm³ 양수한 후 12시간 30분 만에 정상상태가 되었다. 관측우물의 수위는 첫 번째 우물 10.65m, 두 번째 우물 11.36m이었다. 이때 투수계수를 구하시오.

[풀이] $k = \frac{2.303\ Q\ \log\left(\frac{r_1}{r_2}\right)}{\pi\ (h_1^2 - h_2^2)} = \frac{2.303 \times 4800 \times \log\left(\frac{9}{4.5}\right)}{3.14(1136^2 - 1065^2)}$

$= 6.781 \times 10^{-3}\text{cm/s}$

2) 대수층이 상하 불투수층 사이에 있을 때

피압대수층(confined aquifer)의 평균 투수계수도 1)과 같이 시험우물과 관측우물을 파고 일정한 양(Q)의 물을 퍼 올리고 각 우물의 수위를 정상상태에 도달할 때까지 측정한다. 시험우물의 물은 두께 H인 피압대수층으로부터 들어오기 때문에 정상상태의 유출량은 다음과 같다.

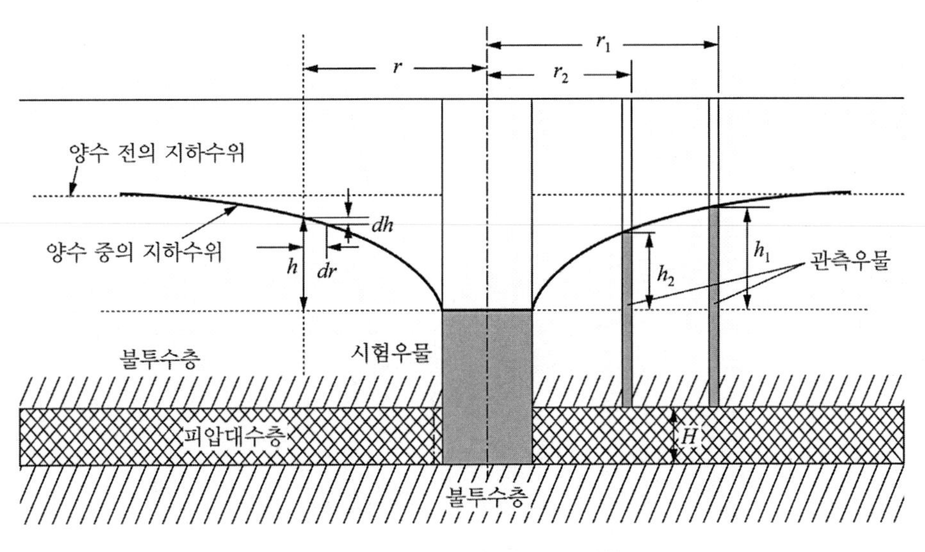

그림 5.7 피압대수층의 양수 시험

$$Q = kiA = k\left(\frac{dh}{dr}\right)2\pi rH \tag{5.34}$$

$$\int_{r_2}^{r_1}\frac{1}{r}dr = \int_{h_2}^{h_1}\frac{2\pi kH}{Q}dh \tag{5.35}$$

식 (5.35)를 적분하여 정리하면 흐름 방향의 투수계수는 다음과 같다.

$$k = \frac{Qlog_{10}\left(\frac{r_1}{r_2}\right)}{2.727H(h_1 - h_2)} \tag{5.36}$$

3) 오거(auger) 법

그림 5.8과 같이 1개의 시험우물을 파서 우물 속에 관을 설치하지 않고 그대로 사용한다. 물을 퍼낸 후에 수위 회복을 측정하여 투수계수를 구한다.

$$k = 0.617\frac{r}{Sd}\frac{dh}{dt} \tag{5.37}$$

여기서 r : 우물의 반지름

d : 지하수위 아래 우물 깊이

$\dfrac{dh}{dt}$: 우물 안 물깊이 h에서 수위 상승률

S : 계수(그림 5.9)

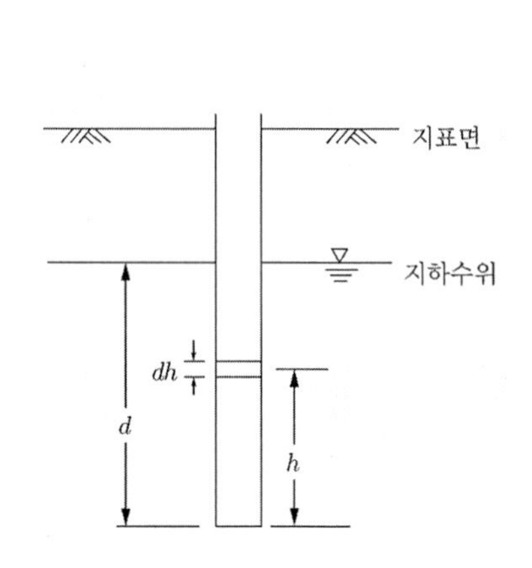

그림 5.8 오거법 양수 시험

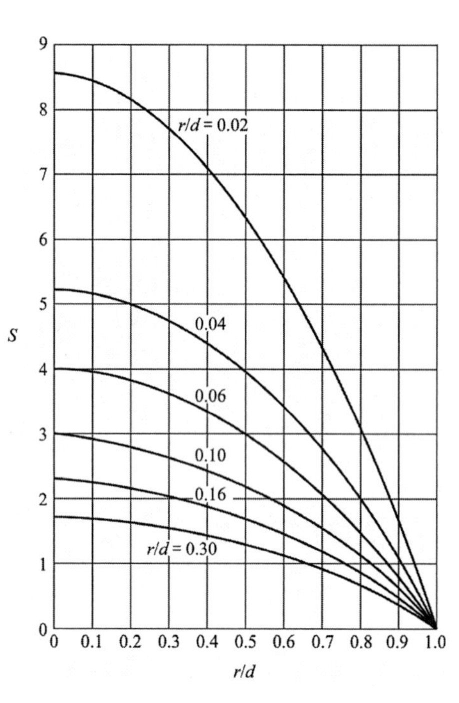

그림 5.9 계수 S 값

5.5 다층지반의 평균투수계수

자연지반은 투수계수가 다른 여러 지층으로 이루어져 있다. 이들 지층들을 통하여 물이 침투하여 흐를 때에 하나의 지층으로 가정했을 때와 같은 효과를 나타내는 투수계수를 평균투수계수라 한다.

5.5.1 지층과 평행하게 흐를 때의 평균투수계수

그림 5.10과 같이 흐름이 토층과 평행하게 이루어질 때, 상류에서 하류로 유출되는 유량은

각층을 통하여 유출되는 양의 총합과 같다. 또한 각 층의 동수경사는 같다.

지층 H의 평균투수계수를 k_h라 하면 다음과 같은 관계가 이루어진다.

$$Q = k_h i H = q_1 + q_2 + \cdots + q_n \tag{5.38}$$
$$= k_1 i H_1 + k_2 i H_2 + \cdots + k_n i H_n$$
$$= i(k_1 H_1 + k_2 H_2 + \cdots + k_n H_n)$$

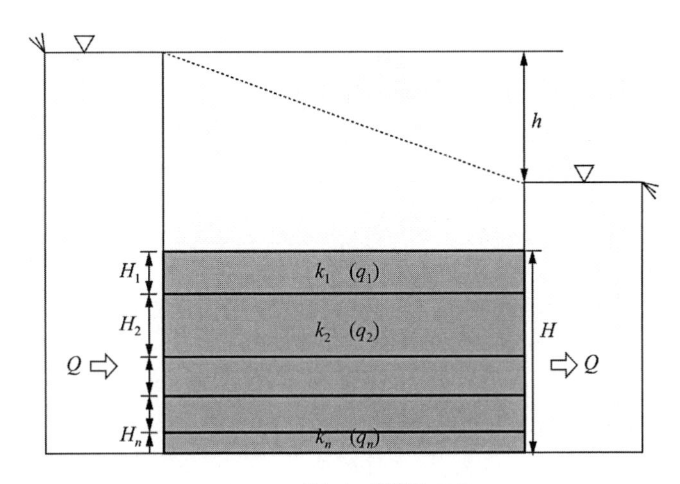

그림 5.10 지층과 평행한 흐름

따라서 평균투수계수는 다음과 같다.

$$k_n = \frac{1}{H}(k_1 H_1 + k_2 H_2 + \cdots + k_n H_n) \tag{5.39}$$

5.5.2 지층에 수직으로 흐를 때의 평균투수계수

그림 5.11과 같이 토층에 직각 방향으로 물이 침투할 때에는 각 층을 통과하는 유속은 동일하다. 또한 상류와 하류의 전체 손실수두는 각 층을 통과할 때 생긴 손실수두의 합과 같다.

$$h = h_1 + h_2 + \cdots + h_n \tag{5.40}$$

동수경사 $i=$수두차/유로$=h_i/H_i$이므로 식 (5.40)은 다음과 같다.

$$h = i_1 H_1 + i_2 H_2 + \cdots i_n H_n \tag{5.41}$$

각 토층에서의 유속은 일정하고, 평균투수계수를 k_v라 하면 Darcy 법칙에 의해 다음과 같다.

$$v = i k_v = i_1 k_1 = i_2 k_2 = \cdots = i_n k_n \tag{5.42}$$

식 (5.42)에서 각 토층의 동수경사는 다음과 같다.

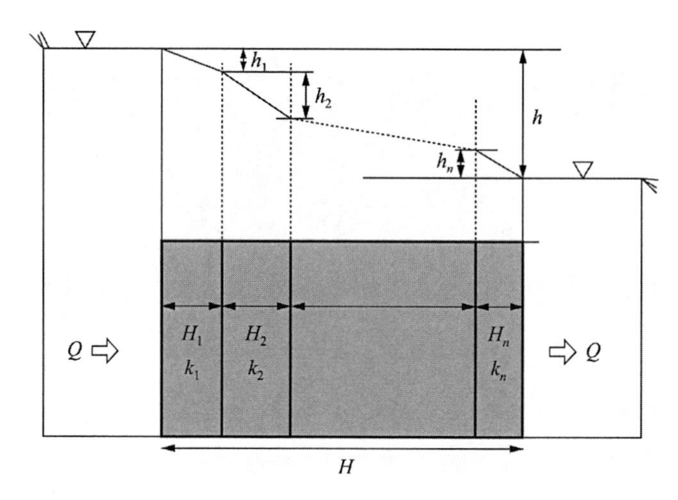

그림 5.11 지층에 수직인 흐름

$$i_1 = \frac{k_v}{k_1} i,\ i_2 = \frac{k_v}{k_2} i,\ \cdots,\ i_n = \frac{k_v}{k_n} i \tag{5.43}$$

식 (5.43)을 식 (5.41)에 대입하면 다음과 같다.

$$h = \frac{k_v}{k_1} H_1 i + \frac{k_v}{k_2} H_2 i + \cdots + \frac{k_v}{k_n} H_n i \tag{5.44}$$

$$= k_v i \left(\frac{H_1}{k_1} + \frac{H_2}{k_2} + \cdots + \frac{H_n}{k_n} \right)$$

식 (5.44)에서 동수경사 i는 전 손실수두에 대한 것이므로 $i = h/H$이다. 따라서 식 (5.44)에서 평균투수계수는 다음과 같다.

$$k_v = \frac{H}{\dfrac{H_1}{k_1} + \dfrac{H_2}{k_2} + \cdots + \dfrac{H_n}{k_n}} \tag{5.45}$$

[예 5.6] 다음과 같은 성층토의 수평, 수직방향의 평균투수계수를 구하시오.

1m	$k_1 = 2.68 \times 10^{-5}$ cm/s
2m	$k_2 = 3.20 \times 10^{-3}$ cm/s
3m	$k_3 = 3.76 \times 10^{-4}$ cm/s

[풀이] 수평방향의 평균투수계수는 다음과 같다.

$$\begin{aligned} k_h &= \frac{1}{H}(k_1H_1 + k_2H_2 + k_3H_3) \\ &= \frac{1}{6}(2.68 \times 1 \times 10^{-5} + 3.2 \times 2 \times 10^{-3} + 3.76 \times 3 \times 10^{-4}) \\ &= \frac{1}{6}(2.68 \times 1 + 320 \times 2 + 37.6 \times 3) \times 10^{-5} \\ &= 125.91 \times 10^{-5}\text{cm/s} = 1.26 \times 10^{-3}\text{cm/s} \end{aligned}$$

수직방향의 평균투수계수는 다음과 같다.

$$k_v = \frac{H}{\dfrac{H_1}{k_1} + \dfrac{H_2}{k_2} + \dfrac{H_3}{k_3}}$$

$$= \frac{6}{\frac{1}{2.69 \times 10^{-5}} + \frac{2}{3.2 \times 10^{-3}} + \frac{3}{3.76 \times 10^{-4}}}$$

$$= \frac{6 \times 10^{-5}}{\frac{1}{2.68} + \frac{2}{320} + \frac{3}{37.6}} = 13.0670 \times 10^{-5}\mathrm{cm/s} = 1.31 \times 10^{-4}\mathrm{cm/s}$$

5.6 2차원 흐름의 기본 이론

그림 5.12와 같이 투수층에 널말뚝이 설치되어 있는 경우, 상부와 하부의 수위차가 있으면 상부의 물이 투수층을 통하여 하부로 침투한다. 이때 투수층을 흐르는 물은 정상류이며 2차원 흐름을 갖는다.

그림 5.12(a)의 A점을 통하는 곡선은 물이 흐르는 경로를 대표적으로 나타낸 것이고, 물의 흐름을 보면 (b) 그림과 같은 공간을 통한다. 이 공간은 $dxdydz$ 크기이다. 두 방향 x, z방향만 고려해본다. A점을 통과하는 유속 v의 x, z방향의 유속을 v_x, v_z라 하자. x, z방향의 유입되는 유량은 다음과 같다.

$$x\text{방향} : v_x dzdy \tag{5.46}$$

$$z\text{방향} : v_z dxdy \tag{5.47}$$

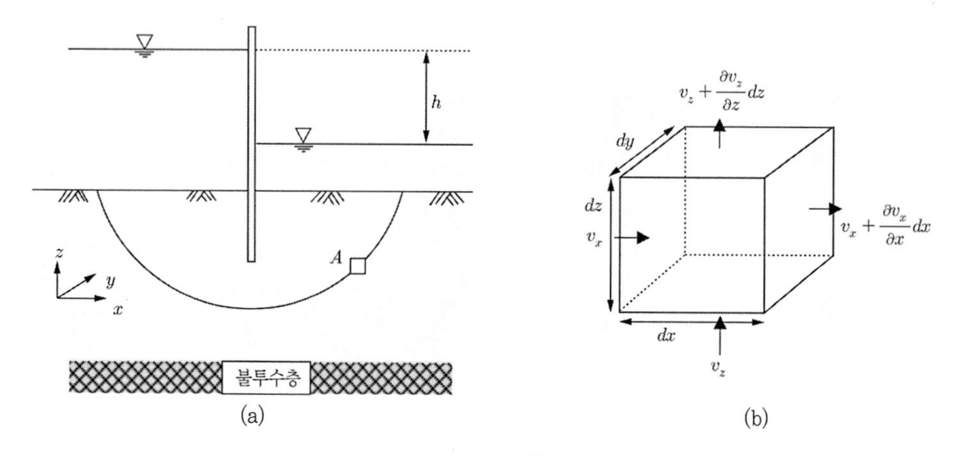

그림 5.12 2차원 흐름

x, z방향의 유출되는 유량은 다음과 같다.

$$x\text{방향}: \left(v_x + \frac{\partial v_x}{\partial x}dx\right)dzdy \tag{5.48}$$

$$z\text{방향}: \left(v_z + \frac{\partial v_z}{\partial z}dz\right)dxdy \tag{5.49}$$

물은 비압축성이고, 흙의 체적 변화는 일어나지 않는 것으로 가정하면 요소 A에 유입되는 유량과 유출되는 유량은 같아야 한다. 따라서 다음과 같다.

$$\left[\left(v_x + \frac{\partial v_x}{\partial x}dx\right)dzdy + \left(v_z + \frac{\partial v_z}{\partial z}dz\right)dxdy\right] = \left(v_x dzdy + v_z dxdy\right) \tag{5.50}$$

식 (5.50)을 정리하고, $dxdydz$는 미소 요소의 체적으로 영이 아니므로 식을 나누면 다음과 같이 정리된다.

$$\frac{\partial v_x}{\partial x} + \frac{\partial v_z}{\partial z} = 0 \tag{5.51}$$

Darcy의 법칙에 의해 x, z방향의 유출속도는 다음과 같다.

$$v_x = k_x i_x = k_x \frac{\partial h}{\partial x} \tag{5.52}$$

$$v_z = k_z i_z = k_z \frac{\partial h}{\partial z} \tag{5.53}$$

여기서 k_x, i_x : x방향의 투수계수와 동수경사

k_z, i_z : z방향의 투수계수와 동수경사

식 (5.52)와 식 (5.53)을 식 (5.51)에 대입하면 다음과 같이 정리된다.

$$k_x \frac{\partial^2 h}{\partial x^2} + k_z \frac{\partial^2 h}{\partial z^2} = 0 \tag{5.54}$$

식 (5.54)에서 투수계수가 등방성이면 $k_x = k_z$ 이므로 다음과 같이 표현된다.

$$\frac{\partial^2 h}{\partial x^2} + \frac{\partial^2 h}{\partial z^2} = 0 \tag{5.55}$$

위 식 (5.55)를 Laplace 방정식이라 한다. 이 같은 2차원 흐름을 3차원 흐름의 일반적인 경우로 확장하면 식 (5.51)과 식 (5.55)는 다음과 같다.

$$\frac{\partial v_x}{\partial x} + \frac{\partial v_y}{\partial y} + \frac{\partial v_z}{\partial z} = 0 \tag{5.56}$$

$$\frac{\partial^2 h}{\partial x^2} + \frac{\partial^2 h}{\partial y^2} + \frac{\partial^2 h}{\partial z^2} = 0 \tag{5.57}$$

5.7 유선망

식 (5.55)는 흙 속 2차원 물 흐름의 기본 미분방정식이다. 기본 방정식을 수학적 해법으로 해석할 수 있으나 풀어서 구하기가 쉽지 않다. 이 방정식의 해는 서로 직각으로 교차하는 2개의 곡선군으로 해석된다. 곡선군 중에 하나는 물이 흘러가는 유선(stream line)들이고, 하나는 등수두선(equipotential line)들이다. 등수두선은 각 유선 위의 수압이 같은 점 또는 수압을 수두로 나타낼 때 수두가 같은 점을 연결한 선이다. 이들 2개의 곡선군이 형성하는 망을 유선망(flow net)이라 한다. 유선과 유선 사이의 면은 유로(flow path)라 하고, 등수두선과 등수등선 사이의 면을 등수두면(equipotential space)이라 한다. 기본 방정식을 수학적 해석으로 해를 얻기 어려우므로 유선망의 특성을 파악하여 시행착오법(trial and error)으로 작도하면 만족할 만한 결과를 얻을 수 있다. 유선망의 한 요소는 장방형을 이루나 유선의 간격과 등수두선의 간격을 조절하면 정방형으로 이룰 수 있다. 이 같이 정방형 유선망을 작성하면 수량, 간극수압 등을 계산하는 데 효과적이다. 유선망의 특성은 그림 5.13과 같다.

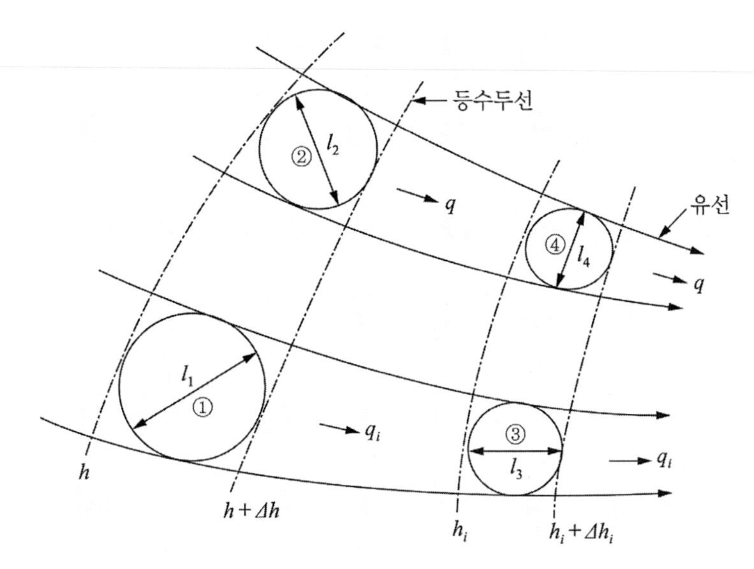

그림 5.13 유선망 작성

유선망의 특성은 다음과 같다.

① 각 유로를 흐르는 침투수량은 같다.
② 인접한 2개의 등수두선의 수압 강하량은 같다.
③ 유선과 등수두선은 직교한다.
④ 유선망의 한 요소는 정방형이다.
⑤ 유로를 흐르는 유속과 동수경사는 유선망의 폭에 반비례한다.

그림 5.13에서 유선망의 ①, ③ 요소를 확인해보자.

$$q_i = kiA = k\frac{\Delta h}{l_1}l_1 = k\frac{\Delta h_i}{l_3}l_3 \tag{5.58}$$

식 (5.58)에서 다음과 같다.

$$\Delta h = \Delta h_i \tag{5.59}$$

그러므로 두 인접한 등수두선의 수압 강하량은 같다. 또 ①, ② 요소를 살펴보자.

$$q_i = kiA = k\frac{\Delta h}{l_1}l_1 = k\frac{\Delta h}{l_2}l_2 = q \tag{5.60}$$

따라서 ①, ② 요소를 흐르는 수량도 같다.
유선망은 다음 조건을 만족하도록 시행착오에 의해 작성된다.

1. 유선과 등수두선은 직교한다. 이것은 등수두선을 따라서는 흐름이 없다는 정의 때문이다. 또한 흐름은 등수두선에 직각이어야 한다는 의미이다.
2. 유선은 다른 유선과 교차할 수 없다. 물의 두 분자가 같은 시각에 같은 공간을 차지할 수 없다.
3. 등수두선은 다른 등수두선과 교차할 수 없다. 한 점에서 전 수두의 두 개의 다른 값을 가질 수 없다.
4. 불투수 경계층과 대칭선은 유선이 된다. 이들을 교차해 흐르는 물의 흐름은 없다. 물은 그들에 연하여 흘러야 한다.
5. 저수지와 같은 수역(水域)은 등수두선들이다. 호수 내에 다른 여러 곳에 스탠드파이프(standpipe)를 꽂으면 파이프 속의 수위는 호수 수면과 모두 같다.
6. 그릴 수 있는 유선과 등수두선은 무수히 많지만, 유선망은 곡선으로 이루어지는 4변형이다. 변이 곡선이지만 사변형의 폭과 길이는 같다. 그래서 그 요소 내에 4변에 접하는 원을 그릴 수 있다. 이러한 조건이 맞으면, 2개의 인접한 등수두선 사이 수압 강하량과 각 유로의 수량은 같다.

유선망에서 유로의 개수를 N_f, 등수두면수를 N_d라 하자. 그림 5.13과 같이 한 유로를 흐르는 수량은 다음과 같다.

$$q = kiA = k\frac{\Delta h}{l_1}l_1 = k\frac{\Delta h}{l_2}l_2 = k\Delta h \qquad (5.61)$$

그림 5.12와 같이 전 손실수두가 h라면 인접한 두 등수두선 사이 수압 강하량은 다음과 같다.

$$\Delta h = \frac{h}{N_d} \qquad (5.62)$$

유로의 수가 N_f개이므로 전침투수량은 다음과 같다.

$$Q = qN_f \qquad (5.63)$$

따라서 식 (5.61), (5.62), (5.63)에 의하여 전침투수량은 다음과 같다.

$$Q = kh\frac{N_f}{N_d} \qquad (5.64)$$

[예 5.7] 지반에 다음 그림과 같은 널말뚝을 박은 콘크리트보를 설치하였다. 1일간 침투수량을 구하시오. 지반의 투수계수는 $k = 2.81 \times 10^{-3}\text{cm/s}$이고, 상하류 수위차는 2.2m이며, 모래의 수중밀도는 $\gamma_{sub} = 1.02\text{gf/cm}^3$이다.

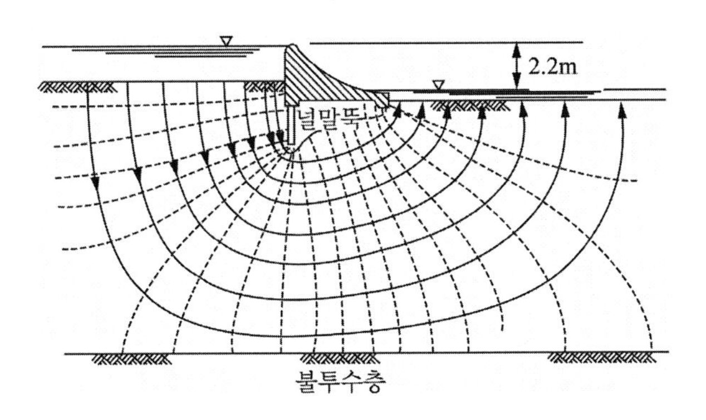

[풀이] 그림에서 유로수 $N_f = 9$, 등수두면수 $N_d = 20$이다.

$$Q = kH\frac{N_f}{N_d}$$

$$= 2.81 \times 10^{-3} \times 220 \times \frac{9}{20} = 278.19 \times 10^{-3}\text{cm}^3/\text{s}/\text{cm}$$

$$= 24{,}035.616\text{cm}^3/\text{d}/\text{cm} = 2.40\text{m}^3/\text{d}/\text{m}$$

5.8 침투압과 유효응력

5.8.1 침투가 없는 경우(靜水인 경우)

그림 5.14와 같은 포화된 토층을 고려해보자. 점 S에서의 전응력은 점 S 위의 모든 중량, 즉 S점 상부의 흙의 포화 단위 중량과 물의 단위 중량으로부터 얻는다. 그러므로 다음과 같다.

$$\sigma = (H_S - H)\gamma_{sat} + H\gamma_w \tag{5.65}$$

여기서 σ : 점 S에서의 전응력

γ_w, γ_{sat} : 물의 단위 중량과 흙의 포화 단위 중량

H : 토층단면 상부에서 수면까지의 높이

H_S : 점 S에서 수면까지의 높이

전응력은 간극수를 통한 힘과 흙입자들의 접촉점을 통한 힘의 합이다.

간극수를 통한 힘은 모든 방향에 같은 크기로 작용하고 이를 중립응력(간극수압, neutral stress, u)이라 하고, 흙입자를 통하여 전달되는 힘의 연직방향의 힘의 단위 면적당의 힘을 유효응력(effective stress, σ')이라 한다. 그림에서 $a-a$ 단면의 흙입자의 접촉면에 작용하는 힘 P_1, P_2, $P_3 \cdots P_n$의 연직방향 성분의 합을 단면적(A)으로 나누면 유효응력이 된다.

$$\sigma' = \frac{P_{1v} + P_{2v} + P_{3v} + \cdots P_{nv}}{A} \tag{5.66}$$

여기서 P_{iv} : 흙입자끼리의 접촉점 i에 작용하는 힘 P_i의 연직성분

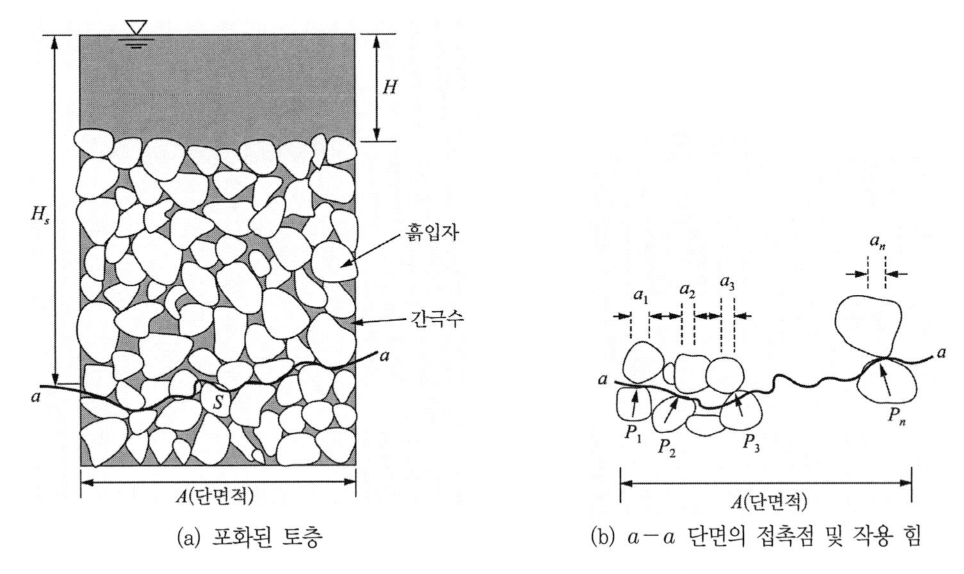

(a) 포화된 토층　　(b) $a-a$ 단면의 접촉점 및 작용 힘

그림 5.14 포화된 토층의 단면과 접촉점 및 접촉점의 작용 힘

그림에서 흙입자의 접촉점을 제외하고 나머지 공간에서는 간극수압이 작용한다. 따라서 전응력은 다음과 같다.

$$\sigma = \sigma' + \frac{u(A - \Sigma a_i)}{A} = \sigma' + u\left(1 - \frac{\Sigma a_i}{A}\right) \tag{5.67}$$

여기서 u : 간극수압$(= H_S \gamma_w)$

Σa_i : 흙입자 접촉점의 면적 합

전체 단면에 비하여 흙입자끼리의 접촉점의 면적 합은 매우 적어서 $\Sigma a_i / A$는 무시할 수 있다. 따라서 식 (5.68)은 다음과 같다.

$$\sigma = \sigma' + u \tag{5.68}$$

식 (5.68)에 식 (5.65)를 대입하여 유효응력을 구하면 다음과 같다.

$$\sigma' = \sigma - u = [(H_S - H)\gamma_{sat} + H\gamma_w] - H_S\gamma_w \tag{5.69}$$
$$= (H_S - H)(\gamma_{sat} - \gamma_w)$$
$$= (\text{토층 높이}) \times \gamma_{sub}$$

그림 5.14와 같은 정수 중에 지반이 잠겨 있을 때의 전응력(σ), 간극수압(u), 유효응력(σ')의 깊이에 따른 변화를 나타내면 그림 5.15와 같다. B점의 응력들의 크기는 다음과 같다.

$$\sigma_B = H_1\gamma_w + z\gamma_{sat} \tag{5.70}$$

$$u_B = (H_1 + z)\gamma_w \tag{5.71}$$

$$\sigma_B{}' = \sigma_B - u_B = (H_1\gamma_w + z\gamma_{sat}) - (H_1 + z)\gamma_w \tag{5.72}$$
$$= z(\gamma_{sat} - \gamma_w) = z\gamma_{sub}$$

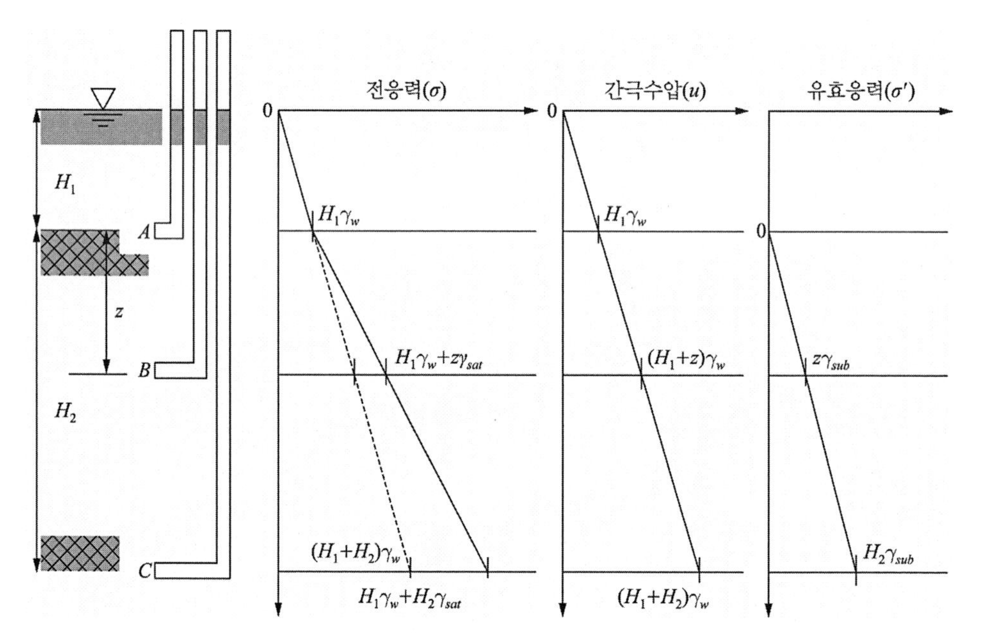

그림 5.15 침투가 없는 포화지반의 응력

유효응력은 실제 흙입자의 이동에 필요한 힘이다. 흙의 체적 변화나 압축성, 전단저항은 유효응력에 크게 의존한다. 유효응력의 변화가 없으면 체적 변화는 일어나지 않는다.

5.8.2 하향 침투가 있는 경우

포화된 토층으로 침투가 있을 경우 유효응력은 침투가 없는 정수(靜水)인 경우와는 다르다. 침투의 방향에 따라 유효응력이 증가 또는 감소한다. 그림 5.16과 같이 단위 시간당 물의 공급량이 일정하게 침투가 아래로 이루어지고 있을 경우 각 위치의 응력은 다음과 같다.

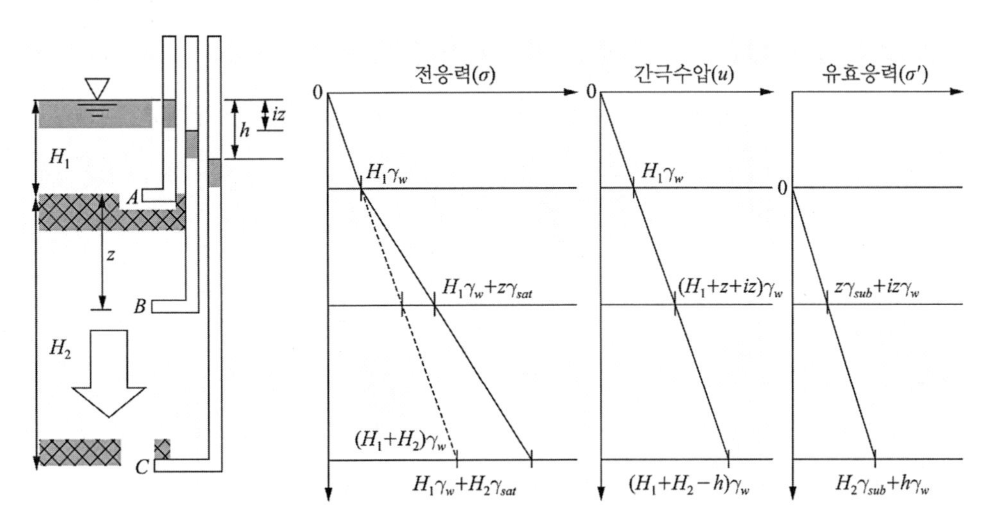

그림 5.16 하향 침투 시의 포화지반의 응력

그림에서 A점에서 C점까지 물이 침투해가면서 생긴 손실 수두가 h이고, 유로의 길이가 H_2이므로 동수경사는 다음과 같다.

$$i = h/H_2 \tag{5.73}$$

B점의 전응력, 간극수압, 유효응력을 구해보자.

$$\text{전응력}(\sigma_B) = H_1\gamma_w + z\gamma_{sat} \tag{5.74}$$

$$간극수압(u_B) = (H_1 + z - iz)\gamma_w \quad (5.75)$$

$$유효응력(\sigma_B') = (H_1\gamma_w + z\gamma_{sat}) - (H_1 + z - iz)\gamma_w = z\gamma_{sub} + iz\gamma_w \quad (5.76)$$

식 (5.72)와 식 (5.76)을 비교해보면, 침투가 없을 때의 유효응력보다 하향 침투가 있을 때에 $iz\gamma_w$만큼 증가하였다.

5.8.3 상향 침투가 있는 경우

그림 5.17과 같이 단위 시간당 물의 공급량이 일정하게 침투가 상향으로 이루어지고 있을 경우 각 위치의 응력은 다음과 같다. 동수구배는 $i = h/H_2$로 식 (5.73)과 같다.

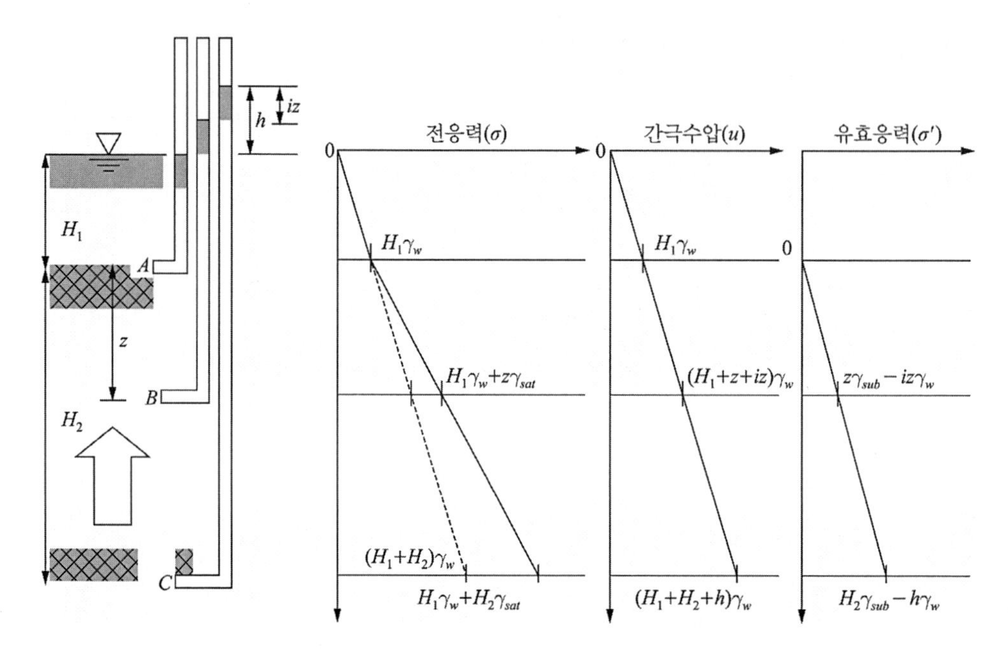

그림 5.17 상향 침투 시의 포화지반의 응력

B점의 전응력과 간극수압, 유효응력은 다음과 같다.

$$\text{전응력}(\sigma_B) = H_1\gamma_w + z\gamma_{sat} \tag{5.77}$$

$$\text{간극수압}(u_B) = (H_1 + z + iz)\gamma_w \tag{5.78}$$

$$\text{유효응력}(\sigma_B{}') = (H_1\gamma_w + z\gamma_{sat}) - (H_1 + z + iz)\gamma_w = z\gamma_{sub} - iz\gamma_w \tag{5.79}$$

식 (5.72)와 식 (5.79)을 비교해보면, 침투가 없을 때의 유효응력보다 상향 침투가 있을 때에 $iz\gamma_w$만큼 감소하였다.

식 (5.79)에서 동수경사 i가 점점 증가하면, 유효응력이 영(zero)이 되는 조건에 도달한다. 즉, 다음과 같다.

$$\sigma_B{}' = z\gamma_{sub} - iz\gamma_w = 0 \tag{5.80}$$

이때의 동수경사를 한계동수경사라 한다. 그 크기는 다음과 같다.

$$i = i_{cr} = \frac{\gamma_{sub}}{\gamma_w} \tag{5.81}$$

[예 5.8] 그림과 같은 토층에서 A, B, C, D점의 전응력, 간극수압, 유효응력을 구하시오.

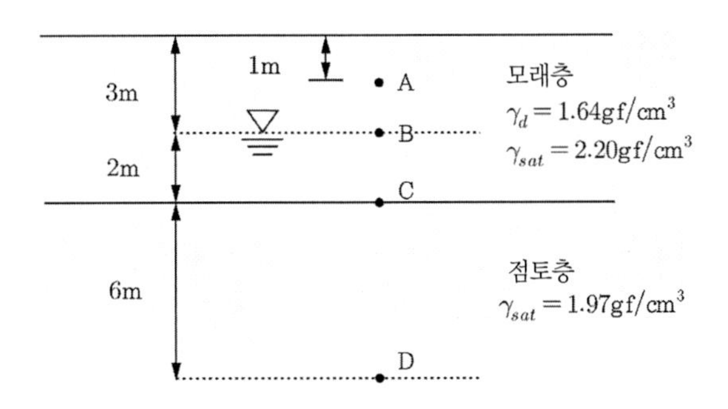

[풀이] A점 : 전응력(σ) $= 1.64 \times 100 = 164\text{gf/cm}^2$

간극수압(u) $= 0$

유효응력(σ') $= \sigma - u = 164 - 0 = 164\text{gf/cm}^2$

B점 : 전응력(σ) $= 1.64 \times 300 = 492\text{gf/cm}^2$

간극수압(u) $= 0$

유효응력(σ') $= \sigma - u = 492 - 0 = 492\text{gf/cm}^2$

C점 : 전응력(σ) $= 1.64 \times 300 + 2.02 \times 200 = 932\text{gf/cm}^2$

간극수압(u) $= 200\text{gf/cm}^2$

유효응력(σ') $= \sigma - u = 932 - 200 = 732\text{gf/cm}^2$

D점 : 전응력(σ) $= 1.64 \times 300 + 2.02 \times 200 + 1.97 \times 600 = 2{,}078\text{gf/cm}^2$

간극수압(u) $= 800\text{gf/cm}^2$

유효응력(σ') $= \sigma - u = 2{,}078 - 800 = 1{,}278\text{gf/cm}^2$

5.9 침투압과 분사현상

포화지반에 물의 침투가 있을 때, 유효응력의 크기가 달라진다. 식 (5.72), (5.76), (5.79)를 비교해보면, 침투가 하향일 때에는 유효응력의 증가가, 침투가 상향일 때에는 유효응력의 감소가 일어난다. 그 차는 다음과 같다.

$$\Delta\sigma' = |iz\gamma_w| \tag{5.82}$$

침투가 없을 때의 유효응력의 방향에 침투가 하향일 때는 식 (5.82)의 크기가 침투 방향과 같은 방향으로, 즉 (+)가 되고, 상향일 때에는 반대 방향으로, 즉 (−)가 된다. 식 (5.82)의 크기를 침투력이라 하고, 단위 체적당의 크기로 나타내면 침투압이라 한다. 그 크기는 다음과 같다.

$$\Delta\sigma' = \frac{iz\gamma_w}{z} = i\gamma_w \tag{5.83}$$

침투압의 작용 방향은 침투의 방향과 같다.

식 (5.81)과 같이 한계동수경사에 도달하면 흙입자는 연직으로 작용하는 힘이 없어진다. 이 상태에서는 흙은 안정성을 잃고, 동수경사가 조금만 증가하여도 흙입자는 물속에 뜬다. 이런 현상은 침투세굴(seepage erosion) 중의 하나로 보일링(boiling)이나, 분사현상(quick condition)이라 한다.

그림 5.18과 같이 널말뚝으로 차수벽을 설치하였을 때, 하류에 상향의 침투가 발생한다. 수두차가 커지면 분사현상으로 인해 히빙(융기, heaving)이 발생할 우려가 크다. Terzaghi (1922)는 히빙이 일반적으로 널말뚝 관입깊이의 절반 범위에서 일어난다고 하였다. 그림 5.18(b)는 히빙 영역을 확대한 것이다. 널말뚝 하단과 $(1/2)D$ 거리의 침투압 분포가 곡선과 같으며 $(1/2)D$ 내의 평균 침투압의 크기가 $h_a \gamma_w$이다. 히빙에 대한 안전율(FS)은 그림에서 bc 면에 작용하는 유효력과 침투력에 의해 다음과 같이 표현할 수 있다.

$$FS = \frac{W'}{U} \tag{5.84}$$

여기서

$$W' = D \times \frac{D}{2} \times \gamma_{sub} = \frac{D^2}{2} \frac{G_s - 1}{1+e} \gamma_w : (\text{히빙 영역 내 흙의 수중 중량}) \tag{5.85}$$

$$U = (\text{흙의 체적}) \times (i_{av} \gamma_w) = \frac{D^2}{2} (i_{av} \gamma_w) : (\text{히빙 영역 내 침투력}) \tag{5.86}$$

$$= (h_a \gamma_w) \times \frac{D}{2} \tag{5.87}$$

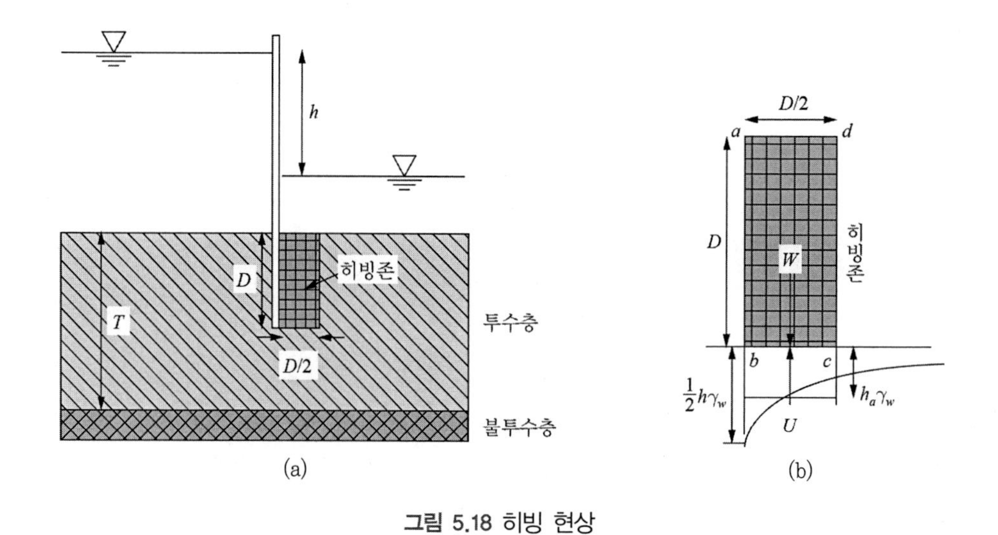

그림 5.18 히빙 현상

따라서 식 (5.88)은 다음과 같다.

$$FS = \frac{\gamma_{sub}}{i_{av}\gamma_w} = \frac{\left(\dfrac{G_s - 1}{1+e}\right)}{\dfrac{h_a}{D}} \tag{5.88}$$

[예 5.9] 다음과 같은 실험토조에 모래를 40cm 넣고, 토조에 물을 가득 채웠다. 토조 아랫부분 파이프의 밸브는 잠겨 있다. 모래의 포화밀도는 $\gamma_{sat} = 1.94\text{gf/cm}^3$이고, 투수계수는 $k = 2.8 \times 10^{-3}\text{cm/s}$이다.

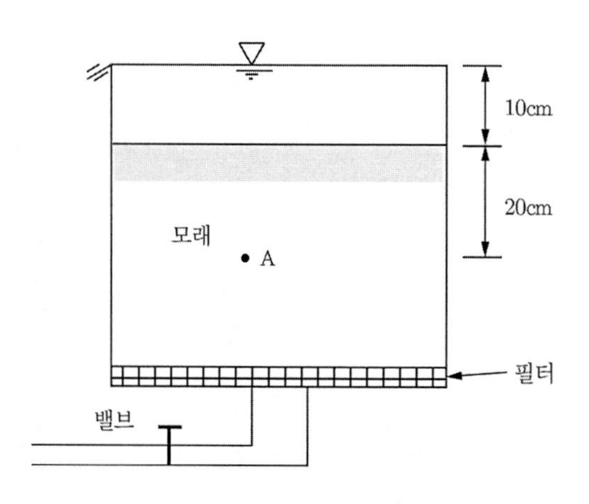

1) A점의 전응력, 간극수압, 유효응력을 구하시오.

2) 밸브를 열고 물을 공급할 때 A점의 통과수량이 단위 면적당 0.0012cm³/s이었다. 이때 이 면의 유효응력은 얼마인가?

3) 한계동수경사는 얼마인가? 또 속도는 얼마인가?

4) 한계동수경사가 되었을 때, 상향 침투량은 얼마인가?

[풀이]

1) $\sigma_A = 1 \times 10 + 1.94 \times 20 = 48.8\text{gf/cm}^2$

$u_A = 1 \times 30 = 30\text{gf/cm}^2$

$\sigma_A{}' = \sigma_A - u_A = 48.8 - 30 = 18.8\text{gf/cm}^2$

2) Darcy의 법칙에 의해

$Q = kiA,\ i = \dfrac{Q}{kA} = \dfrac{0.0012}{0.0028 \times 1} = 0.43$

침투압 $p = iz\gamma_w = 0.43 \times 20 \times 1 = 8.57\text{gf/cm}^2$

유효응력($\sigma_A{}'$) $= 18.8 - 8.57 = 10.23\text{gf/cm}^2$

3) 한계동수경사(i_c) $= \dfrac{\gamma_{sub}}{\gamma_w} = \dfrac{1.94 - 1}{1} = 0.94$

속도(v) $= ki_c = 0.0028 \times 0.94 = 2.63 \times 10^{-3}\text{cm/s}$

4) $Q = kiA = 0.0028 \times 0.94 \times 1 = 2.63 \times 10^{-3}\text{cm}^3\text{/s/cm}^2$

5.10 흙댐의 침투

불투수층 위에 축조된 흙댐과 같은 구조물에서 침투가 일어나면 그 제체 내에 있는 자유수면은 하나의 유선이 된다. 제체 내의 여러 유선 중에서 최상부의 유선을 침윤선(saturation line, phreatic line)이라 한다. 흙댐의 기본 침윤선은 포물선이다. 그 기본 포물선의 초점은 필터(filter)가 있는 경우에는 필터의 끝이 되고, 필터가 없는 경우에는 하류 쪽 제체 끝에 있는 것으로 한다.

5.10.1 필터가 있는 경우의 침윤선

그림 5.19와 같이 제체 하류 쪽에 수평의 배수층이 있을 경우 침윤선은 다음과 같다.

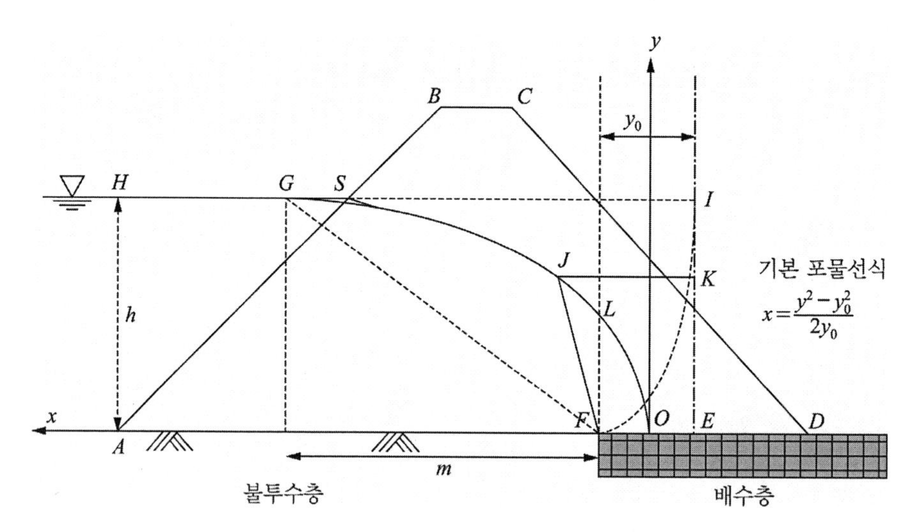

그림 5.19 필터가 있는 경우의 침윤선 결정법

1. 제체 상류의 선단에서 연직선을 세워 수면과 만나는 점 : H
2. 제체와 수면이 만나는 점 : S, $\overline{GS}=(1/3)\overline{SH}$되는 점 : G
3. G점을 중심으로 하고, $\overline{GF}$를 반지름으로 하는 원호 작성
4. 3.의 원호와 연직의 접선 : IE
5. F점이 초점이 되고, IE선이 준선이 되는 포물선 작성

   기준 포물선 ⇒ GJO

   포물선의 성질에서 $GI=GF$, $JF=JK$, $FO=OE$이다.
6. 제체에 침투는 제체와 수면의 접한 점 S점에서 시작하므로 포물선의 시작을 $G \rightarrow S$로 수정한다. S점에서 $\overline{AS}$면이 등수두선이 되므로 유선과 직교시킨다.
7. 수정한 곡선 SJO가 침윤선이 된다.

그림 5.19에서 준선과 초점의 거리 y_0는 다음과 같다.

$$y_0 = \sqrt{h^2 + m^2} - m \tag{5.89}$$

따라서 기본 포물선 또는 침윤선의 시작 점 O는 다음과 같다.

$$FO = OE = \frac{y_0}{2} \tag{5.90}$$

점 O를 좌표 원점으로 하고 x, y축에 대한 포물선의 기본식은 그림 속의 식과 같다.

[예 5.10] 다음과 같은 흙댐에 대한 침윤선을 그리고, 침투수량을 구하시오. 투수계수는 $k = 3.8 \times 10^{-4}\text{cm/s}$이다.

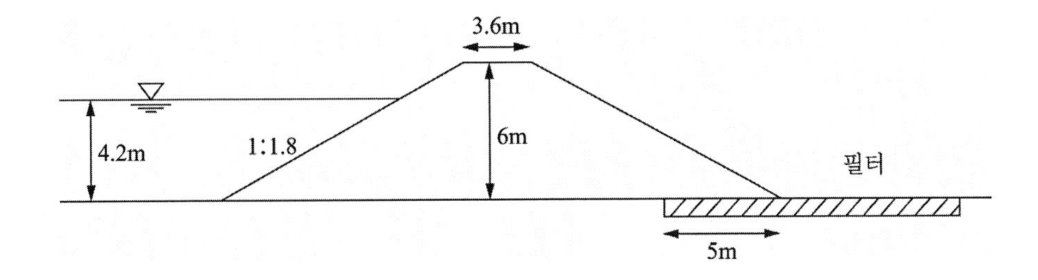

[풀이] 그림에서

$$d = 6 \times 1.8 \times 2 + 3.6 - 4.2 \times 1.8 \times 2/3 - 5 = 15.16\text{m}$$

$h = 4.2\text{m}$ 이므로

$$y_0 = \sqrt{d^2 + h^2} - d = \sqrt{15.16^2 + 4.2^2} - 15.16 = 0.57\text{m}$$

그림 5.19에서 포물선의 기본식은 다음과 같다.

$$x = \frac{y^2 - y_0^2}{2y_0} = \frac{y^2 - 0.57^2}{2 \times 0.57} = \frac{y^2 - 0.3249}{1.14}$$

댐의 상류 부분의 기본 포물선에서 수면과 댐의 접촉부에서 침윤이 시작되므로 이를 수정한다. 침투수량은 다음과 같다.

$$Q = ky_0 = 3.8 \times 10^{-4} \times 0.57 \times 100$$
$$= 2.166 \times 10^{-2} \text{cm}^3/\text{s}/\text{cm} = 2.166 \times 10^{-6} \text{m}^3/\text{s}/\text{m}$$

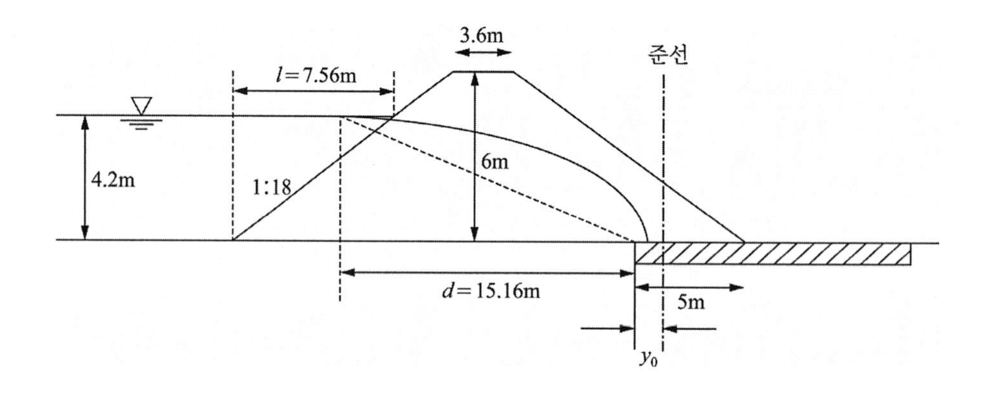

5.10.2 필터가 없는 경우의 침윤선

필터가 없는 경우의 침윤선 작성은 제체 하류의 선단이 기본 포물선의 초점이 된다. 기본 포물선을 작도하는 방법은 필터가 있는 경우와 같다. 또한 상류 부분의 제체면과 수면의 만나는 점의 수정도 필터가 있는 경우와 같다. 그러나 기본 포물선을 작성하면 하류 부분에서 포물선이 제체 밖으로 나와 실제 유선과는 매우 다르다. 그러므로 하류 부분도 수정이 불가피하다. 그림과 같이 제체 하류 부분에서 침투수가 분출되는 위치는 기본 포물선과 제체 하류부가 만나는 위치가 아니고 그 위치로부터 아래쪽에서 흘러내린다. 그림 5.20에서 *GJDO* 곡선이 기본 포물선이고, *SJKF* 곡선이 수정 침윤선이다.

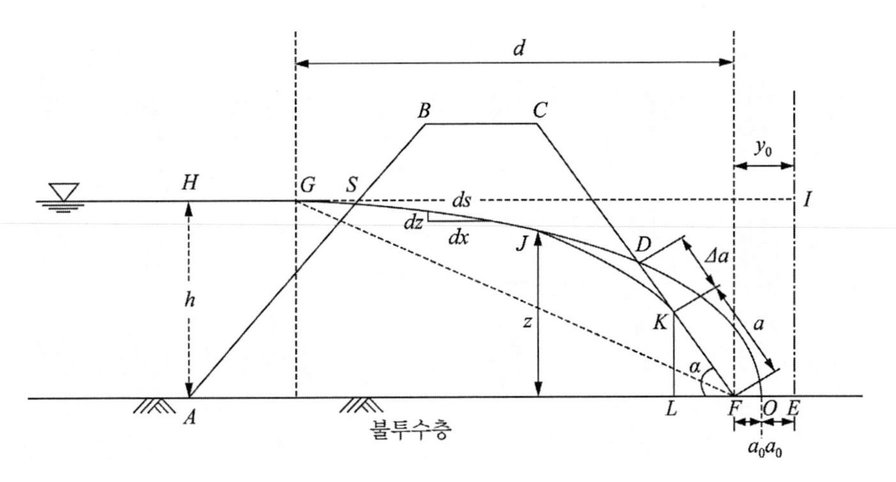

그림 5.20 필터가 없는 경우의 침유선 결정법

Dupuit(1863)에 의해, 그림에서 자유수면 $SJKF$의 경사는 동수경사와 동일하고, 또한 이 경사는 깊이에 따라 일정하다고 가정한다. 그러므로 동수경사는 다음과 같다.

$$i \simeq \frac{dz}{dx} \tag{5.91}$$

댐의 단위 길이당 침투량은 $\overline{KL}$의 침투량과 같다.

$$q = kiA \tag{5.92}$$

$$i = \frac{dz}{dx} = \tan\alpha \tag{5.93}$$

$$A = \overline{KL} \times 1 = a\sin\alpha \tag{5.94}$$

그러므로 침투량은 다음과 같다.

$$q = ka\tan\alpha\sin\alpha \tag{5.95}$$

그리고 J점의 하단부 단면을 통과하는 침투량은 다음과 같다.

$$q = kiA = k\left(\frac{dz}{dx}\right)(z \times 1) = kz\frac{dz}{dx} \tag{5.96}$$

연속적인 흐름이므로 식 (5.95)와 식 (5.96)은 같은 침투량이다.

$$q = kz\frac{dz}{dx} = ka\tan\alpha\sin\alpha \tag{5.97}$$

식 (5.97)을 변수분리하여 적분하면 다음과 같다.

$$\int_{z=a\sin\alpha}^{z=h} kz dz = \int_{x=a\cos\alpha}^{x=d} (ka\tan\alpha\sin\alpha)dx \tag{5.98}$$

식 (5.98)를 계산하여 정리하면 다음과 같다.

$$a^2\cos\alpha - 2ad + \frac{h^2\cos\alpha}{\sin^2\alpha} = 0 \tag{5.99}$$

$$a = \frac{d}{\cos\alpha} - \sqrt{\frac{d^2}{\cos^2\alpha} - \frac{h^2}{\sin^2\alpha}} \tag{5.100}$$

Dupuit의 가정에 의해 유도된 식 (5.100)의 값을 구하면 침투량은 식 (5.95)에 의해 구한다. 제체 하부 경사각이 30° 이상이 되면 Dupuit의 가정은 오차가 크게 발생한다.

Casagrande(1932)는 동수경사를 다음과 같이 제안하였다.

$$i = \frac{dz}{ds} = \sin\alpha \tag{5.101}$$

여기서 $ds = \sqrt{dx^2 + dz^2}$ 이다. $\overline{KL}$의 침투량은 다음과 같다.

$$q = kiA = k\sin\alpha(a\sin\alpha) = ka\sin^2\alpha \tag{5.102}$$

또 J점 하단부 단면을 통과하는 침투량은 다음과 같다.

$$q = kiA = k\left(\frac{dz}{ds}\right)(z \times 1) = kz\frac{dz}{ds} \tag{5.103}$$

식 (5.102)와 식 (5.103)은 같다.

$$\int_{a\sin\alpha}^{h} zdz = \int_{a}^{s} a\sin^2\alpha ds \tag{5.104}$$

여기서 s는 SJK 곡선의 길이다.

$$\frac{1}{2}(h^2 - a^2\sin^2\alpha) = a\sin^2\alpha(s - a) \tag{5.105}$$

$$a = s - \sqrt{s^2 - \frac{h^2}{\sin^2\alpha}} \tag{5.106}$$

약간의 오차(4~5%)를 감수하고 다음과 같이 가정한다.

$$s = \sqrt{d^2 + h^2} \tag{5.107}$$

식 (5.106)에 식 (5.107)을 대입하면 다음과 같다.

$$a = \sqrt{d^2 + h^2} - \sqrt{d^2 - h^2\cot^2\alpha} \tag{5.108}$$

위 식은 $\alpha < 30°$일 때, 식 (5.103)에 의해 침투량을 구한다.

[예 5.11] 예 5.10과 같은 흙댐에서 필터가 없는 경우에 대하여 침윤선을 그리고 침투수량을 구하시오(유로수는 2~3 정도임).

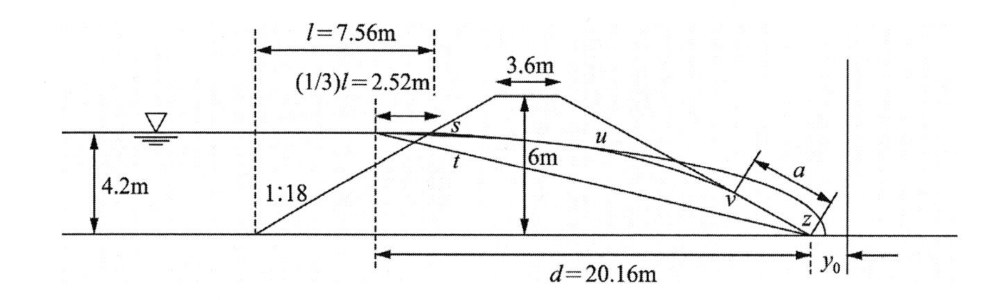

[풀이] 그림에서

$$d = (6 \times 1.8) \times 2 + 3.6 - 4.2 \times 1.8 \times 2/3 = 20.16\text{m}$$

$$y_0 = \sqrt{h^2 + d^2} - d = \sqrt{4.2^2 + 20.16^2} - 20.16 = 0.4329\text{m}$$

기본 포물선 식은 다음과 같다.

$$x = \frac{y^2 - y_0^2}{2y_0^2} = \frac{y^2 - 0.4329^2}{2 \times 0.4329} = \frac{y^2 - 0.1874}{0.8658}$$

$$y = \sqrt{0.8658x + 0.1874}$$

x	−0.22	0	1	2	4	6	10	15	17.64	20.16
y	0	0.43	1.03	1.39	1.91	2.32	2.97	3.63	3.93	4.20

위 도표에 의해 기본 포물선은 그려진다. 사면의 경사각은 $\alpha = \tan^{-1}\dfrac{1}{1.8} = 29.05°$이므로

식 (5.108)에 의해서

$$a = \sqrt{h^2 + d^2} - \sqrt{d^2 - h^2\cot^2\alpha}$$
$$= \sqrt{4.2^2 + 20.16^2} - \sqrt{20.16^2 - 4.2^2 \times \cot^2(29.05)}$$
$$= 20.95 - \sqrt{406.4256 - 17.641.8003^2} = 1.9017$$

기본 포물선에서 댐의 하류 쪽은 a값의 위치로 수정하고, 상류 부분은 댐과 수면 접촉 부분으로 수정하여 침윤선은 $stuvz$이 된다. 침투수량은 다음과 같다.

$$Q = ky_0 = 3.8 \times 10^{-4} \times 0.4329 \times 100 = 1.645 \times 10^{-2}\text{cm}^3/\text{s}/\text{cm}$$
$$= 1.645 \times 10^{-6}\text{m}^3/\text{s}/\text{m}$$

5.10.3 파이핑 현상

5.9절에서 침투수압이 상향으로 작용할 때, 유효응력이 영(zero)이 되는 투수층 지반의 분사현상에 대하여 설명하였다. 유선 하류 부분의 물이 유출되는 부분에서 유선이 집중되어 유속이 빨라지므로 침투압이 강해진다. 동수경사가 어느 한계를 넘어 흐르는 물에 의하여 흙이 침식되어 침투세굴이 이루어진다. 이런 현상이 발생하면 파이프 모양의 물길이 만들어진다. 이로 인해 세립토의 손실로 유로가 계속 짧아져 동수경사는 계속 증대된다. 따라서 침투유속은 계속 증가하고, 침투압도 계속 증가하여 이런 현상을 가속화시킨다. 이런 현상을 파이핑(piping) 현상이라 한다. 널말뚝의 하류 면이나 수리구조물의 뒷굽 등과 같이 유선이 집중되는 곳에서 일어날 가능성이 크다. 이런 현상을 방지하기 위해서는 동수경사를 줄이는 방법과 세립토의 유출을 막는 방법이 있다.

그림 5.21과 같이 동수경사를 줄이기 위해서 유로를 길게 하는 방법은 제체의 상류 쪽에 차수판을 설치하거나 제체 내 또는 하부에 불투수성 재료로 코아를 설치하거나 차수벽을 설치한다. 세립토의 유출을 방지하는 방법으로 주로 사용하는 방법은 하류 쪽에 필터를 설치하는 것이다.

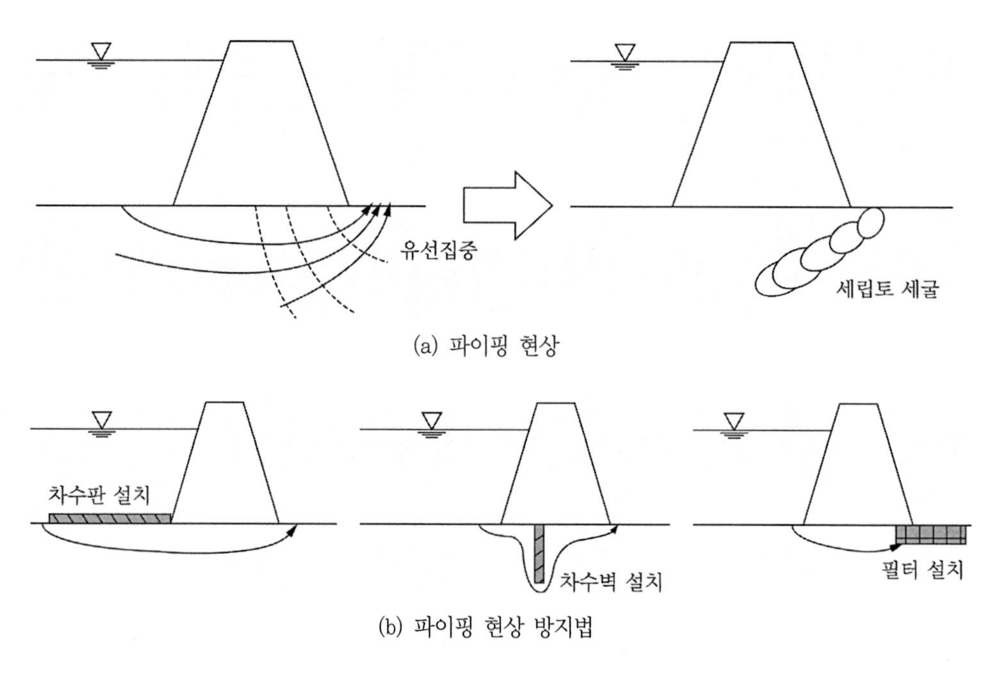

그림 5.21 파이핑 현상과 방지 공법

Terzaghi에 의하면 필터의 재료는 다음과 같은 조건을 갖춘 재료가 적합하다(강, 2002).

$$\frac{D_{15}(\text{필터})}{D_{15}(\text{제체})} > 4 > \frac{D_{15}(\text{필터})}{D_{85}(\text{제체})} \tag{5.109}$$

여기서 D_{15}, D_{85} : 입경가적 곡선의 통과백분율 15%, 85%에 해당하는 입경

5.11 이방성지반의 유선망

자연지반은 대개 수평으로 퇴적된 상태이므로 수평방향의 투수계수가 수직방향의 투수계수보다 큰 경우가 대부분이다. 이렇게 방향에 따라 흙의 성질이 다른 지반을 이방성지반이라 하고, 위치에 따라 성질이 다른 지반을 비균질성 지반이라 한다. 지반은 대개 연직방향과 연직방향에 직각방향이 서로 성질이 다르다. 수평면에서는 모든 방향에 대해 대개 등방성이다.

2차원 흐름의 기본 방정식은 앞의 식 (5.54)와 같다.

$$k_x \frac{\partial^2 h}{\partial x^2} + k_z \frac{\partial^2 h}{\partial z^2} = 0 \tag{5.54}$$

식 (5.54)는 수평, 수직방향의 투수계수가 다르다. 즉, 이방성 지반의 흐름에 대한 것이다. 이를 등방성의 형태로 변환을 시켜 유선망 작성을 하면 편리할 것이다. 식 (5.54)를 깊이 방향의 투수계수로 나눈다.

$$\frac{1}{(k_z/k_x)} \frac{\partial^2 h}{\partial x^2} + \frac{\partial^2 h}{\partial z^2} = 0 \tag{5.110}$$

위 식을 다음과 같이 변환시킨다.

$$x_t = \sqrt{\frac{k_z}{k_x}}\, x \tag{5.111}$$

식 (5.111)은 x 좌표축을 축척($\sqrt{\frac{k_z}{k_x}}$)을 사용하여 x_t로 바꾼다는 것을 나타낸다. 따라서 식 (5.112)를 다음과 같이 표현할 수 있다.

$$\frac{\partial^2 h}{\partial x_t^2} + \frac{\partial^2 h}{\partial z^2} = 0 \tag{5.112}$$

식 (5.112)는 Laplace 방정식의 형태로 바뀌었다.

그림 5.22와 같이 이 식에 의하여 좌표축을 $x_t - z$로 하여 등방성일 때의 유선망 작도법으로 작성한다. 작성한 후에 그 도면의 x_t좌표축을 x좌표축으로 환원시킨다. 이방성지반의 침투수량을 계산할 때에는 투수계수를 기하학적 평균 투수계수를 사용한다. 그림 5.23에서 원래의 물리적 단면과 축척을 바꾼 변환 단면과의 관계에서 해석할 수 있다.

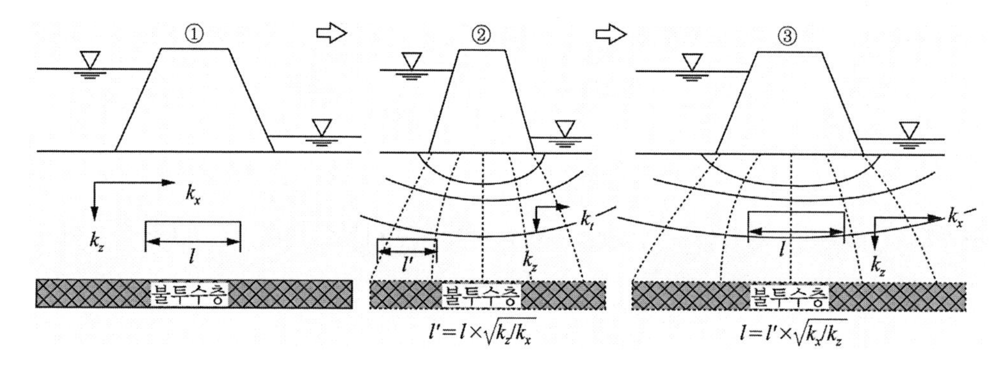

그림 5.22 이방성지반의 유선망 작도

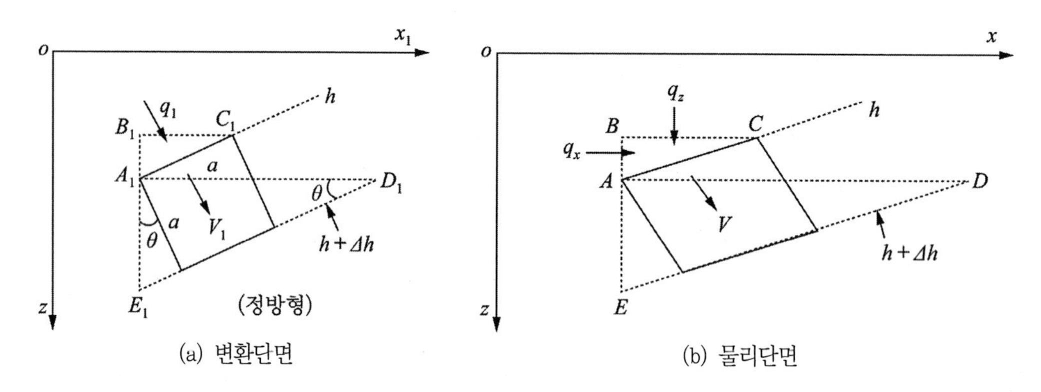

그림 5.23 이방성지반의 유선망

그림 5.23의 (b)의 물리단면에서 침투량은 다음과 같다.

$$q = q_1 = q_x + q_z = k_x \frac{\Delta h}{\Delta x} \overline{AB} + k_z \frac{\Delta h}{\Delta z} \overline{BC} \tag{5.113}$$

식 (5.113)의 각 값을 구해보자.

$$\frac{\Delta h}{\Delta x} = \frac{\Delta h}{\overline{AD}} = \frac{\Delta h}{\overline{A_1 D_1}\sqrt{k_x/k_z}} = \frac{\Delta h}{(a/\sin\theta)\sqrt{k_x/k_z}} \tag{5.114}$$

$$\frac{\Delta h}{\Delta z} = \frac{\Delta h}{\overline{AE}} = \frac{\Delta h}{\overline{A_1 E_1}} = \frac{\Delta h}{a/\cos\theta} \tag{5.115}$$

$$\overline{AB} = a\sin\theta, \ \overline{BC} = a\sqrt{k_x/k_z}\cos\theta \tag{5.116}$$

식 (5.113)에 식 (5.114), (5.115), (5.116)을 대입하여 정리하면 다음과 같다.

$$q = \sqrt{k_x k_z}\,\Delta h \tag{5.117}$$

전체 침투량은 유선망에서 손실수두 H, 유로 N_f, 등수두면수 N_d이면 다음과 같다.

$$Q = \sqrt{k_x k_z}\,H\frac{N_f}{N_d} \tag{5.118}$$

5.12 흙의 동해

기온이 물의 빙점 이하로 내려가면 물은 당연히 언다. 흙 속에 있는 물도 온도가 자연히 빙점 이하로 내려가면 언다. 지반이 동결하는 것은 흙 속의 물이 어는 것이다. 물이 얼면 체적은 약 9% 정도 증가한다. 따라서 흙입자 사이의 물이 얼면 물의 체적 변화에 의해 흙의 체적도 변화한다. 지역에 따라 다르나, 기온이 내려가 지표에서 지반이 동결하는 깊이를 동결깊이라 한다. 동결깊이는 기온의 시간적 변화, 일조 시간, 바람 등의 기상조건에 영향을 받는다. 흙의 동결에 의한 피해는 동상현상(frost heave)과 동결한 지반이 융해할 때 생기는 연화현상(frost softening)이 있다.

1) 동상현상(frost heave)

지반이 동결하여 지표가 상승하는 현상을 말한다. 물은 얼기 시작하면 주위의 물을 끌어당기는 성질이 있다. 따라서 지표 부근이 얼기 시작하면 아랫부분의 물을 끌어당긴다. 특히 지하수의 모세관 작용에 의해 물의 공급이 쉬우면 얼음 층이 잘 발달한다. 이 얼음 층은 얇게 렌즈 모양으로 형성되는데, 이를 아이스렌즈(ice lens)라 한다. 이런 아이스렌즈의 영향으로 지표가 부풀어 오른다(Beskow, 1935). 이런 피해는 투수계수가 적당하여 모세관 작용에 의해 물의 공급이 용이한 실트질 흙에서 많이 일어난다.

동상현상이 잘 일어날 수 있는 요인들을 보면 다음과 같다.

① 동결깊이 아래의 지하수의 위치
② 흙의 모관 상승고
③ 흙의 투수성
④ 동결온도 계속시간

이런 동상의 피해를 피하기 위해서는 최상의 방법이 물의 공급 차단과 흙 속의 물 배제, 지표 부근의 온도가 빙점 이하로 내려가지 않게 하거나, 동결되지 않는 재료로 치환한다.

2) 연화현상(frost softening)

앞의 1)에서 설명한 것과 같이 지반이 얼기 시작하면 원래 그 부분에 있던 물만이 어는 것이 아니라 주위에서 공급된 물도 언다. 그러므로 얼기 전보다 녹고 나면 흙의 함수비가 매우 높아진다. 따라서 얼기 전보다 녹으면 훨씬 지반이 연약해지고 지지력도 약해진다.

연습문제

1. 흙 속을 흐르는 유체의 속도는 Darcy의 법칙에 의해 구한다. 그러나 실제의 흐름의 속도는 다르다. 이에 대하여 설명하시오.

2. 투수계수에 영향을 주는 요소들은 어떤 것이 있으며, 자연 상태의 흙들은 투수계수가 대략 어느 정도나 되는가?

3. 실내 투수 시험의 시험 순서를 설명하시오.

4. 어느 흙에 대한 수온 20°C 때의 실내 투수 시험 결과 투수계수가 3.87×10^{-5}cm/s 이었다. 수온 15°C에 대한 투수계수를 구하시오.

5. 모래를 시험기에 느슨하게 넣어 투수 시험을 하였다. 이때 간극비가 0.98이었고, 투수계수는 2.54×10^{-3}cm/s를 얻었다. 동일한 모래를 동일한 시험기에 다져 넣어 같은 시험을 하였다. 이때의 간극비는 0.54이었다. 투수계수는 어느 정도가 되는가?

6. 다음은 정수위 투수 시험의 결과이다. 투수계수, Darcy의 평균유속, 15°C 때의 투수계수를 구하시오.

- 시료의 직경=10.0cm, 시료의 높이=10.0cm
- 수두차=10.0cm, 측정시간=210초
- 투수량=542cm^3, 측정 시 수온=20°C

7. 다음은 변수위 투수 시험의 결과이다. 투수계수, Darcy의 평균유속, 15°C 때의 투수계수를 구하시오.

- 시료의 직경=10.0cm, 시료의 높이=10.0cm
- standpipe의 단면적=0.07cm^2, 측정 시 수온=20°C
- 측정 시작 때의 수위=48cm, 측정 종료 때의 수위=35cm
- 시험 시간=10분

8. 현장 투수 시험에서 얻은 투수계수가 실내 투수 시험에서 얻은 투수계수보다 실용적이고 신뢰도가 높은 이유를 설명하시오.

9. 다음과 같은 성층토의 수직, 수평방향 평균투수계수를 구하시오.

두께	투수계수
2.6m	$k=3.64\times10^{-4}$cm/s
6.6m	$k=6.08\times10^{-3}$cm/s
4.2m	$k=2.78\times10^{-5}$cm/s

10. 유선망의 성질을 설명하시오.

11. 유선망의 특성 중에 유선과 등수두선으로 이루어지는 사변형은 이론적으로 정사각형이다. 이를 증명해보시오.

12. 침윤선을 그리는 방법에 대하여 설명하시오.

13. 예 5.10의 경우를 유선망을 그려 침투수량을 결정하시오.

14. 어느 모래층의 비중이 2.68이고, 간극률이 42%이었다. 이 모래의 한계 동수경사를 구하시오.

15. 그림 5.12(a)에서 $h=6.8$m이고, 널말뚝이 지반에 6m 박혀 있다. 유선망을 그렸을 때 유로수가 4개, 등수두면수가 6개였다. 흙의 포화밀도는 1.78tf/m^{3}이고, 투수계수는 $k=2.98\times10^{-3}$cm/s 이었다. 1일간의 침투수량과 널말뚝 하류 부분의 융기에 대한 안전율을 구하시오.

16. 동상을 방지하기 위한 공법에 대하여 설명하시오.

〈참고문헌〉

山口柏樹(1970), 『土質力學』, 技報堂, pp.63~65.

Beskow, G.(1935), *Soil Freezing and Frost Heaving with Special Application to Goads and Railroads*, Sveriges Geologiska Undersokning, Stockholm, Seris Cv. No.375, p.242.

Braja, M. Das(2002), *Principles of Geotechnical Engineering 5/e*, Brooks/Cole, Ch.7,8.

Braja, M. Das(2000), *Fundamentals of Geotechnical engineering*, Brooks/Cole, pp.79~94.

Darcy, H.(1956), *Les Fontaines Publiques de la Ville de Dijon*, Dalmont, Paris.

Dupuit, J.(1863), *Etudes Theoriques et Practiques sur le Mouvement des Eaux dans les Canaux Decouverts et a Travers les Terrains Permeables*, Dunod, Paris.

Casagrande, L.(1932), *Naeherungsmethoden zur Bestimmurg von Art und Menge der Sickerung durch geschuettete Daemme*, Thesis, Technische Hochschule, Vienna.

Hansbo, S.(1960), *Consolidation of Clay with Special Reference to Influence of VerticalSand Drains*, Swedish Geotechnical Institute, Proc, No.18, pp.41~61.

Hazen, A.(1930), *Water Supply*. in American Civil Engineers Handbook, Wiley, New York.

Lambe, T. W. and Whitman, R. V.(1969), *Soil mechanics*, John Wiley & Sons, New York.

Mitchell, J. K.(1976), *Fundamentals of Soil Behavior*, Wiley, New York, pp.349~352.

Tayor, D. W.(1948), *Fundamentals of Soil Mechanics*, John Wiley and Sons, New York.

Terzaghi, K.(1922), *Der Grundbruch an Stauwerken und seine Verhutung*, Die Wasserkraft, Vol.17, pp.445~449.

06 흙 속의 응력

06 흙 속의 응력

자연 지반은 오랜 시간 동안 여러 종류의 외부 요인들에 의해 변형과 안정을 구축해왔다. 요즈음 가끔 지진이나 폭우 같은 자연의 힘이나, 폭발, 진동, 충격, 형태 변화 등에 의하여 힘의 균형이 깨져 지반의 붕괴 또는 파괴에 의한 재해가 크게 일어나기도 한다. 특히 요즈음 건설기술의 발전과 대형 중장비 개발에 의하여 거대한 건설 구조물의 축조가 가능해졌다. 대규모 또는 소규모 건설에 따른 지반의 안정을 해석하기 위하여 흙 속의 현재 응력과 구조물의 건설 도중이나 건설 후의 응력 변화를 알아야 한다. 따라서 지반에 작용하는 응력들은 지반 파괴에 대한 안전검토를 위한 전단강도, 토압, 사면의 안정 해석, 지반의 침하 계산에 이용된다.

6.1 자중에 의한 응력

지반은 흙 자체의 무게로 지표에서 아래로 내려갈수록 연직방향의 응력은 커진다.

대부분의 토질역학적 문제는 지표 부근에서 이루어지기 때문에 연직응력은 깊이와 비례관계에 있다. 그러나 깊이가 깊어지면 흙입자들의 아칭(arching) 효과에 의하여 비례관계가 이루어지지 않는다. 일반적으로 땅속에서 z 깊이 A점의 응력은 $x-y-z$ 좌표 상에서 그림 6.1과 같이 6개의 응력이 발생한다.

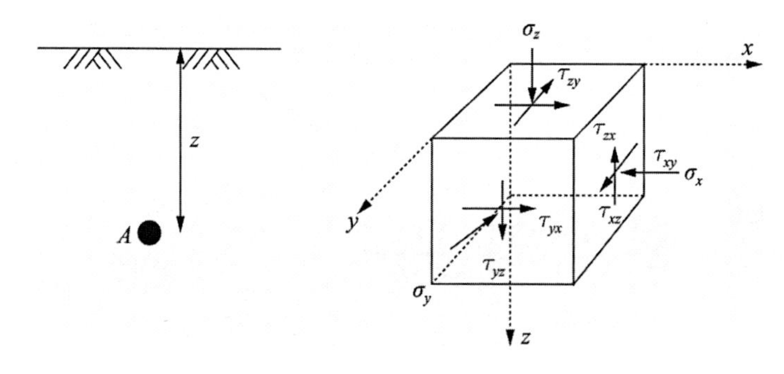

그림 6.1 응력 성분

그림 6.2와 같은 지층으로 이루어진 경우 지표에서 z 깊이의 연직응력은 다음과 같다. 그림에서 (a)는 균질한 하나의 층으로 이루어진 지층이다. z 깊이에서 단위 면적당의 중량이 연직응력(σ_{vz})이 된다.

$$\sigma_{vz} = \gamma_t z \tag{6.1}$$

여기서 σ_{vz} : z 깊이에서 연직응력

γ_t : 흙의 단위 중량

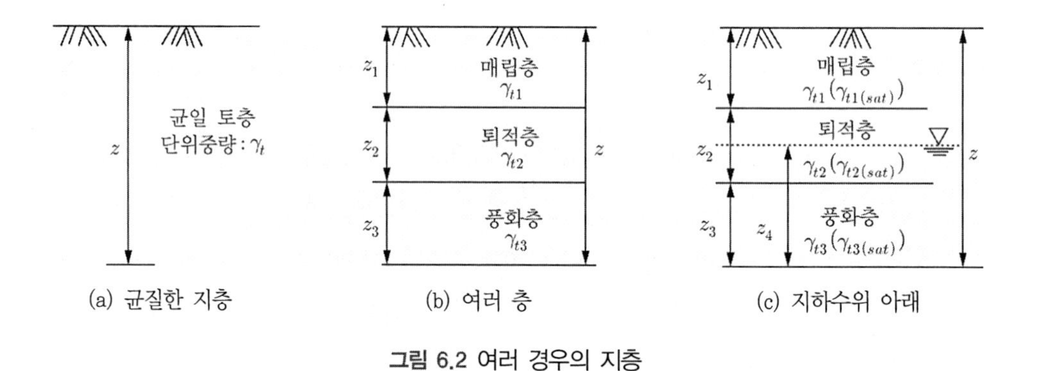

그림 6.2 여러 경우의 지층

(b)의 경우는 여러 층으로 되어 있는 지층이다. 이 경우도 그 위치 위의 단위 면적당의 중량이 연직응력이 된다.

$$\sigma_{zv} = \gamma_{t1} z_1 + \gamma_{t2} z_2 + \gamma_{t3} z_3 \tag{6.2}$$

(c)의 경우는 지하수의 아래에 위치하므로 전 연직응력(σ_{zv})과 유효연직응력(σ_{zv}') 두 경우가 있다.

$$\sigma_{zv} = \gamma_{t1} z_1 + \gamma_{t2}(z_2 + z_3 - z_4) + \gamma_{t2(sat)}(z_4 - z_3) + \gamma_{t3(sat)} z_3 \tag{6.3}$$

$$\sigma_{zv}' = \gamma_{t1} z_1 + \gamma_{t2}(z_2 + z_3 - z_4) + \gamma_{t2(sat)}(z_4 - z_3) + \gamma_{t3(sat)} z_3 - \gamma_w z_4 \tag{6.4}$$

6.2 집중하중에 의한 응력

지표에 집중하중이 작용할 때, Boussinesq(1883)의 이론이 사용된다. 이때에 지반은 반무한, 탄성, 등방 균질인 것으로 가정한다. 그림 6.3과 같이 집중하중 P에 의한 지중의 한 점의 응력은 다음과 같다.

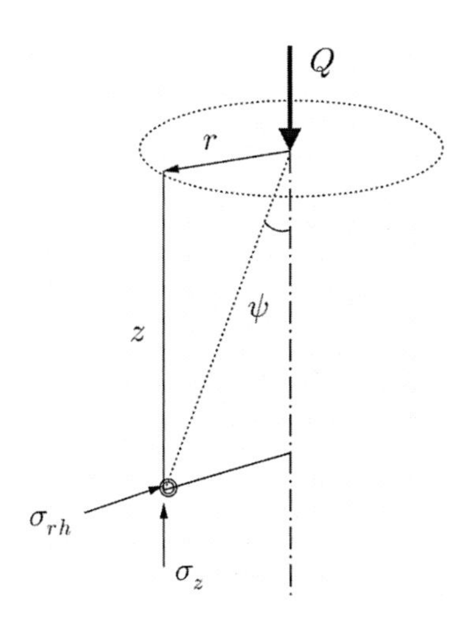

그림 6.3 집중하중에 의한 지반 내 응력

$$\text{연직응력}(\sigma_z) = \frac{Q}{2\pi}\frac{3z^3}{(r^2+z^2)^{5/2}} = \frac{3Q}{2\pi z^2}\cos^5\psi \tag{6.5}$$

$$\text{반경방향 수평응력}(\sigma_{rh}) = \frac{Q}{2\pi}\left[\frac{3r^2 z}{(r^2+z^2)^{5/2}} - \frac{1-\mu}{r^2+z^2+z\sqrt{r^2+z^2}}\right] \tag{6.6}$$

$$= \frac{Q}{2\pi z^2}\left(3\cos^3\psi\sin^2\psi - (1-\mu)\frac{\cos^2\psi}{1+\cos\psi}\right) \tag{6.7}$$

$$\text{전단응력}(\tau_{rz}) = \frac{Q}{2\pi}\frac{3rz^2}{(r^2+z^2)^{5/2}} = \frac{3Q}{2\pi z^2}\cos^4\psi\sin\psi \tag{6.8}$$

위 식들의 응력은 지표에 작용하는 집중하중에 의해 증가되는 응력이다. 식 (6.5)를 다음과 같이 표현할 수 있다.

$$\sigma_z = \frac{Q}{z^2} I_{\sigma Q} \tag{6.9}$$

$$I_{\sigma Q} = \frac{3}{2\pi}\frac{1}{[(r/z)^2+1]^{5/2}} \tag{6.10}$$

식 (6.10)의 $I_{\sigma Q}$는 집중하중에 의한 지반 내 응력의 영향계수로 Boussinesq's index라 한다. 영향계수는 (r/z)에 의해 결정되고 무차원이다. 위 식에서 $r=0$이면 하중 작용점의 연직 아래 응력들을 나타낸다. 표 6.1은 r/z의 변화에 대한 $I_{\sigma Q}$ 값을 나타낸 것이다.

식 (6.5) 및 식 (6.9)에 의하여 하중작용 위치에서 반경이 일정한 곳의 연직 아래의 응력 분포와 일정한 깊이에서의 응력 분포 및 지중의 연직응력이 같은 위치를 연결한 응력 분포도는 그림 6.4와 같다. 특히 지중에 연직응력이 같은 위치를 연결한 응력 분포도를 등압선(stress isobar) 또는 압력구근(pressure bulb)이라 한다.

표 6.1 r/z에 의한 $I_{\sigma Q}$ 값

r/z	$I_{\sigma Q}$	r/z	$I_{\sigma Q}$	r/z	$I_{\sigma Q}$
0	0.4775	0.36	0.3521	1.80	0.0129
0.02	0.4770	0.38	0.3408	2.00	0.0085
0.04	0.4765	0.40	0.3294	2.20	0.0058
0.06	0.4723	0.45	0.3011	2.40	0.0040
0.08	0.4699	0.50	0.2733	2.60	0.0029
0.10	0.4657	0.55	0.2466	2.80	0.0021
0.12	0.4607	0.60	0.2214	3.00	0.0015
0.14	0.4548	0.65	0.1978	3.20	0.0011
0.16	0.4482	0.70	0.1762	3.40	0.00085
0.18	0.4409	0.75	0.1565	3.60	0.00066
0.20	0.4329	0.80	0.1386	3.80	0.00051
0.22	0.4242	0.85	0.1226	4.00	0.00040
0.24	0.4151	0.90	0.1083	4.20	0.00032
0.26	0.4050	0.95	0.0956	4.40	0.00026
0.28	0.3954	1.00	0.0844	4.60	0.00021
0.30	0.3849	1.20	0.0513	4.80	0.00017
0.32	0.3742	1.40	0.0317	5.00	0.00014
0.34	0.3632	1.60	0.0200		

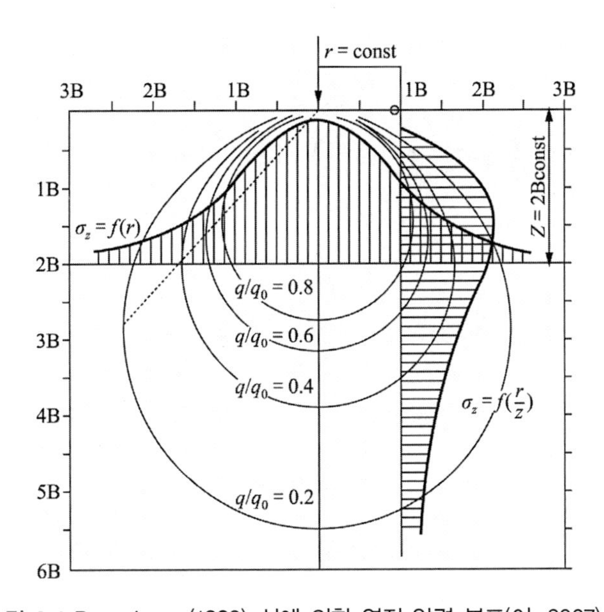

그림 6.4 Boussinesq(1883) 식에 의한 연직 압력 분포(이, 2007)

[예 6.1] 지표면에 200tf의 집중 연직하중이 작용하고 있다. 하중 바로 아래 10m 깊이에서 집중하중에 따른 연직응력의 증가량을 구하시오. 또 하중작용점에서 수평거리 10m 위치의 10m 깊이에서 응력 증가량을 구하시오.

[풀이]

(1) 하중 작용점 연직하 10m 깊이

식 (6.5)에서

$$\Delta\sigma_v = \frac{3Q}{2\pi z^2}\cos^5\psi = \frac{3\times 200}{2\times\pi\times 10^2}\times\cos^5 0 = 0.9554\text{tf/m}^2$$

(2) 하중 작용점에서 수평거리 10m, 깊이 10m

식 (6.9)와 표 6.1에서

$$\frac{r}{z} = \frac{10}{10} = 1, \quad I_{\sigma Q} = 0.0844$$

$$\Delta\sigma = \frac{Q}{z^2}I_{\sigma Q} = \frac{200}{100}\times 0.0844 = 0.1688\text{tf/m}^2$$

[예 6.2] 지표면에 200tf, 300tf의 두 연직하중이 4m 간격을 두고 작용하고 있다. 이 두 연직하중의 가운데 지점에서 10m 깊이에서의 연직 응력 증가량을 구하시오.

[풀이] 표 6.1에서

$$\frac{r}{z} = \frac{2}{10} = 0.2, \quad I_{\sigma Q} = 0.4329$$

$$\Delta\sigma_z = \frac{0.4329}{10^2}\times(200+300) = 0.4329\times 5 = 2.1645\text{tf/m}^2$$

[예 6.3] 직사각형 기초판(8×10m)에 등분포 하중 2.80tf/m^2(기초판 자중 포함)이 작용하고 있다. 기초판의 중심 연직 아래 10m 위치의 연직 응력 증가량을 구하시오.

[풀이] 기초판을 가로, 세로를 1m 간격으로 나누어 한 요소 $1m^2$에 작용하는 하중은 요소 중앙에 집중하중으로 작용하는 것으로 가정한다.

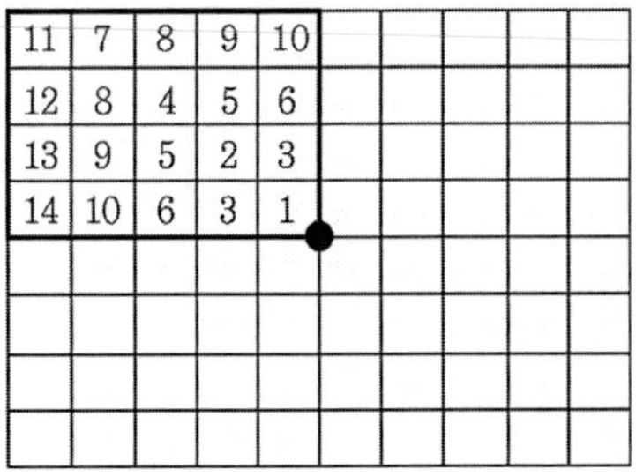

11	7	8	9	10
12	8	4	5	6
13	9	5	2	3
14	10	6	3	1

기초판을 1/4만 나타내면 그림과 같다. 그림에서 요소 속의 숫자가 같으면 r 값이 같음을 나타낸다.

번호	$x(y)$	$y(x)$	r	개수(N)	r/z	$I_{\sigma Q}$	$NI_{\sigma Q}$
1	0.5	0.5	0.71	1	0.07	0.4692	0.4692
2	1.5	1.5	2.12	1	0.21	0.4281	0.4281
3	1.5	0.5	1.58	2	0.16	0.4460	0.4920
4	2.5	2.5	3.54	1	0.35	0.3572	0.3572
5	1.5	2.5	2.92	2	0.29	0.3899	0.7798
6	0.5	2.5	2.55	2	0.26	0.4041	0.8082
7	3.5	3.5	4.95	1	0.50	0.2733	0.2733
8	2.5	3.5	4.30	2	0.43	0.3094	0.6188
9	1.5	3.5	3.81	2	0.38	0.3405	0.6810
10	0.5	3.5	3.54	2	0.35	0.3572	0.7144
11	4.5	3.5	5.70	1	0.57	0.2370	0.2370
12	4.5	2.5	5.15	1	0.51	0.2681	0.2681
13	4.5	1.5	4.74	1	0.47	0.2901	0.2901
14	4.5	0.5	4.53	1	0.45	0.3014	0.3014
계							6.7186

$$\Delta\sigma_z = \frac{Q}{z^2} I_{\sigma Q} = \frac{2.8}{10^2} \times 6.7186 \times 4 = 0.7525 \text{tf/m}^2$$

6.3 선하중에 의한 응력

지표면에 작용하는 선하중은 선하중을 미소 길이 당 집중하중으로 변환하여 구할 수 있다. 그림 6.5와 같이 dy 폭의 선하중을 Boussinesq 문제와 같이 Ldy의 집중하중으로 바꾸어 해석하면 다음과 같다.

그림에서 $dQ = Ldy$로 집중하중으로 바꾸면 식 (6.5)에서 미소 집중하중에 의한 A점의 응력 증가는 다음과 같다.

$$d\sigma_z = \frac{Ldy}{2\pi}\frac{3z^3}{(r^2+z^2)^{5/2}} = \frac{3L}{2\pi}\frac{z^3dy}{(x^2+y^2+z^2)^{5/2}} \tag{6.11}$$

따라서 선하중에 의한 전 응력 증가량은 다음과 같다.

$$\sigma_z = \int_{-\infty}^{\infty}\frac{3L}{2\pi}\frac{z^3dy}{(x^2+y^2+z^2)^{5/2}} = \frac{2L}{\pi}\frac{z^3}{(x^2+y^2+z^2)^2} \tag{6.12}$$

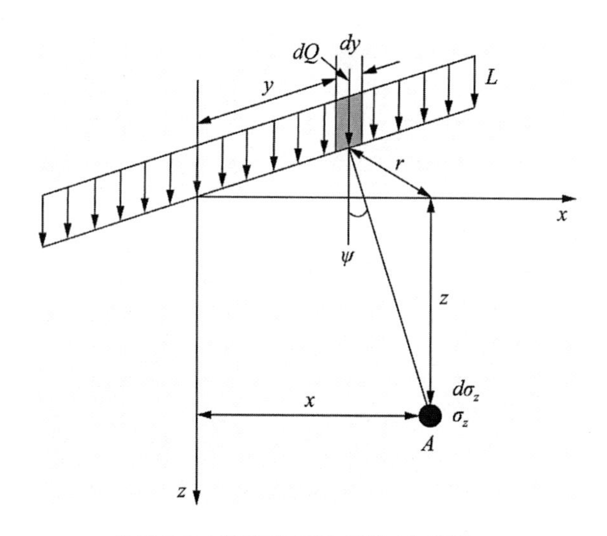

그림 6.5 선하중에 의한 지반 내 응력

구하고자 하는 위치에서 선하중에 수직한 단면을 좌표 원점으로 하면 $y=0$이므로 수직응력은 다음과 같다.

$$\sigma_z = \frac{2L}{\pi}\frac{z^3}{(x^2+z^2)^2} = \frac{2}{\pi}\frac{L}{z}\cos^4\psi \tag{6.13}$$

식 (6.13)에서 $\psi = 0$이면 연직응력은 최대가 되며, 이것은 선하중 바로 아랫부분의 연직응력이 된다.

$$(\sigma_z)_{\max} = \frac{2}{\pi}\frac{L}{z} \fallingdotseq 0.636\frac{L}{z} \tag{6.14}$$

6.4 띠하중에 의한 응력

6.3절의 선하중이 폭을 가졌을 때와 같은 하중상태이다. 이러한 하중형태는 일반 건축물의 줄기초와 같은 경우이다. 기본 해석은 식 (6.13)을 사용한다. 그림 6.6에서 띠하중의 미소 폭의 선하중은 다음과 같다.

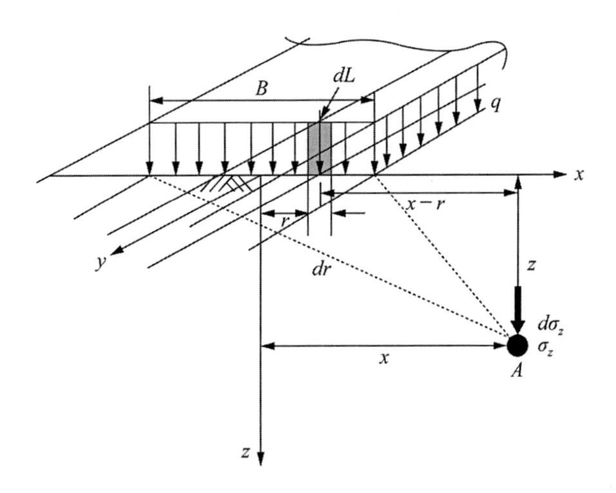

그림 6.6 등분포 띠하중의 지반 내 응력

$$dL = qdr \tag{6.15}$$

식 (6.15)의 선하중에 의한 A점의 연직응력 증가는 식 (6.13)을 이용하여 다음과 같다.

$$d\sigma_z = \frac{2(dL)z^3}{\pi[(x-r)^2+z^2]^2} = \frac{2(qdr)z^3}{\pi[(x-r)^2+z^2]^2} \tag{6.16}$$

띠하중에 의한 A점의 연직응력 증가는 식 (6.16)을 폭 B에 대해 적분하면 된다.

$$\begin{aligned}\sigma_z &= \int_{-B}^{B} \frac{2q}{\pi} \frac{z^3}{[(x-r)^2+z^2]^2} dr \\ &= \frac{q}{\pi}\left\{\tan^{-1}\left(\frac{z}{x-B/2}\right) - \tan^{-1}\left(\frac{z}{x+B/2}\right) - \frac{Bz[x^2-z^2-B^2/4]}{[x^2+z^2-B^2/4]^2+B^2z^2}\right\}\end{aligned} \tag{6.17}$$

6.5 직사각형 등분포 하중에 의한 응력

그림 6.7과 같이 직사각형 형태의 등분포 하중이 지표에 작용할 때, 지중의 응력 증가는 Boussinesq의 해를 이용해 구할 수 있다.

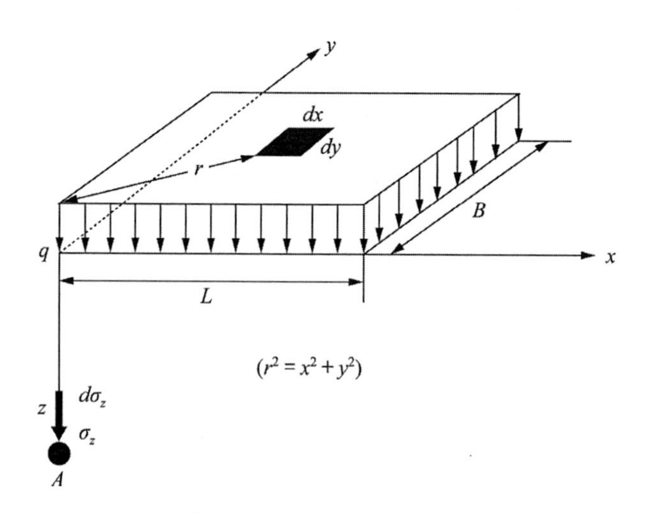

그림 6.7 사각형 등분포 하중에 의한 지반 내 응력

미소면적 $dxdy$의 하중은 $dQ = qdxdy$이다. 이 미소 집중하중에 의한 지중 A점의 응력 증가는 식 (6.5)를 이용하여 다음과 같다.

$$d\sigma_z = \frac{3}{2\pi}\frac{dQz^3}{(r^2+z^2)^{5/2}} = \frac{3}{2\pi}\frac{(qdxdy)z^3}{(x^2+y^2+z^2)^{5/2}} \tag{6.18}$$

전 사각형 등분포 하중에 의한 지중 z깊이 A점의 응력 증가는 다음과 같다.

$$\sigma_z = \int d\sigma_z = \int_{y=0}^{y=B}\int_{x=0}^{x=L}\frac{3qz^3}{2\pi}\frac{1}{(x^2+y^2+z^2)^{5/2}}dxdy = qI_{\sigma R} \tag{6.19}$$

여기서 $I_{\sigma R}$은 영향계수라 한다.

$$I_{\sigma R} = \frac{1}{4\pi}\left[\frac{2mn\sqrt{m^2+n^2+1}}{m^2+n^2+m^2n^2+1}\left(\frac{m^2+n^2+2}{m^2+n^2+1}\right)+\tan^{-1}\left(\frac{2mn\sqrt{m^2+n^2+1}}{m^2+n^2-m^2n^2+1}\right)\right] \tag{6.20}$$

여기서 $m = \frac{B}{z}$, $n = \frac{L}{z}$(또는 $m = \frac{L}{z}$, $n = \frac{B}{z}$)

m, n과 $I_{\sigma R}$의 관계는 그림 6.8과 같다.

그림 6.8의 값을 사용하는 데 기본형은 사각형이고 그림 6.7과 같이 사각형의 모서리 부분의 바로 연직 아래 점의 응력을 구할 때 이용한다.

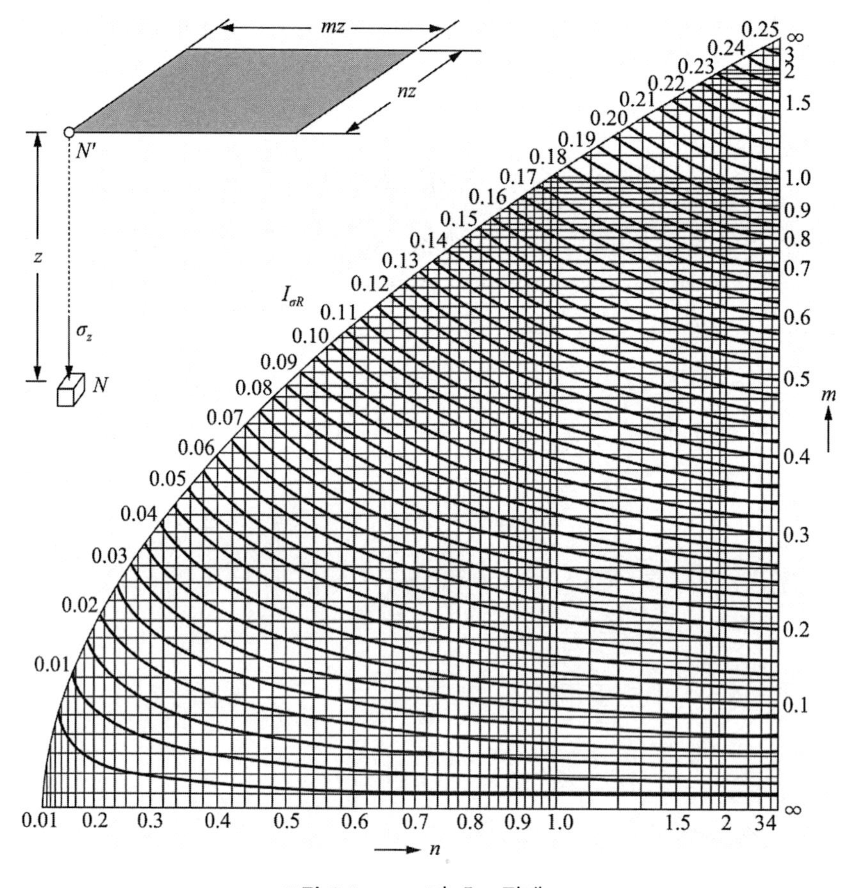

그림 6.8 m, n과 $I_{\sigma R}$ 관계

그림 6.9 (a), (b)의 사각형에 등분포 하중이 작용할 때 N점 연직 아래의 응력 증가를 구해보자.

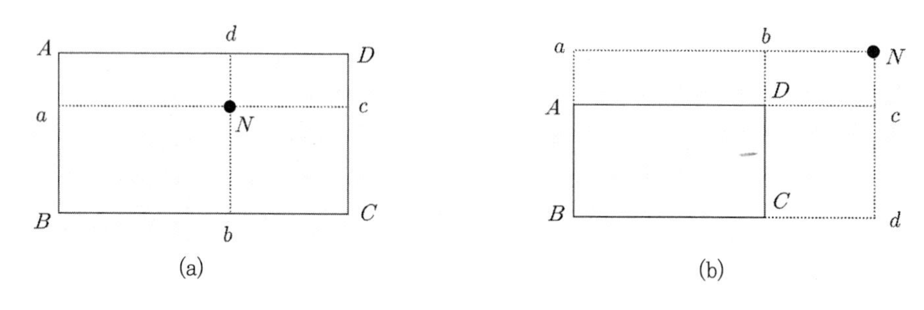

그림 6.9 사각형 등분포 하중 작용의 계산 예

그림(a)는 다음과 같다.

$$\sigma_{z(N)} = qI_{\sigma Q(ABCD)} = q[I_{\sigma Q(AaNd)} + I_{\sigma Q(BaNb)} + I_{\sigma Q(dNcD)} + I_{\sigma Q(NbCc)}] \quad (6.21)$$

여기서 $I_{\sigma Q(ABCD)}$: □ABCD의 영향계수

그림(b)는 다음과 같다.

$$\sigma_{z(N)} = qI_{\sigma Q(ABCD)} = q[I_{\sigma Q(aBdN)} - I_{\sigma Q(bCdN)} - I_{\sigma Q(aAcN)} + I_{\sigma Q(bDcN)}] \quad (6.22)$$

[예 6.4] 다음과 같은 직사각형 기초판에 등분포 하중 3.0tf/m^{2}이 작용하고 있다. A점 연직 아래 15m 위치의 연직응력 증가량을 구하시오.

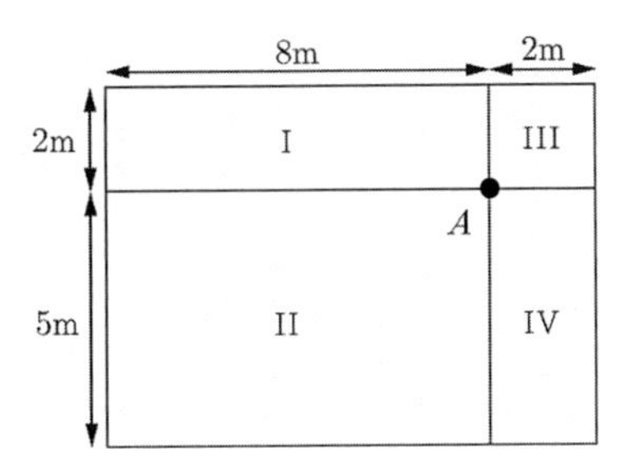

[풀이] 기초판을 그림과 같이 4구역으로 나누어 계산한다.

$$\Delta\sigma_z = QI_{\sigma Q} = Q(I_{1\sigma Q} + I_{2\sigma Q} + I_{3\sigma Q} + I_{4\sigma Q})$$

그림 6.18에서

① $I_{1\sigma Q} = 0.028(m = 8/15 = 0.53,\ n = 2/15 = 0.13)$

② $I_{2\sigma Q} = 0.066(m = 8/15 = 0.53,\ n = 5/15 = 0.33)$

③ $I_{3\sigma Q} = 0.008(m = 2/15 = 0.13,\ n = 2/15 = 0.13)$

④ $I_{4\sigma Q} = 0.018(m = 2/15 = 0.13,\ n = 5/15 = 0.33)$

$\Delta\sigma_z = 3.0 \times (0.028 + 0.066 + 0.008 + 0.018) + 3.0 \times 0.12 = 0.36\text{tf/m}^2$

6.6 원형 등분포 하중에 의한 응력

그림 6.10과 같이 원형의 면적에 등분포 하중이 작용할 때, 지중의 연직응력 증가는 Boussinesq의 해를 이용해 구한다. 원형의 반지름은 r_0이고, 미소면적의 미소하중은 $qr(d\alpha)(dr)$이다. 원형의 중심점에서 연직 아래 z 깊이의 연직응력 증가는 다음과 같다.

$$d\sigma_z = \frac{3(qrd\alpha dr)}{2\pi}\frac{z^3}{(r^2+z^2)^{5/2}} \tag{6.23}$$

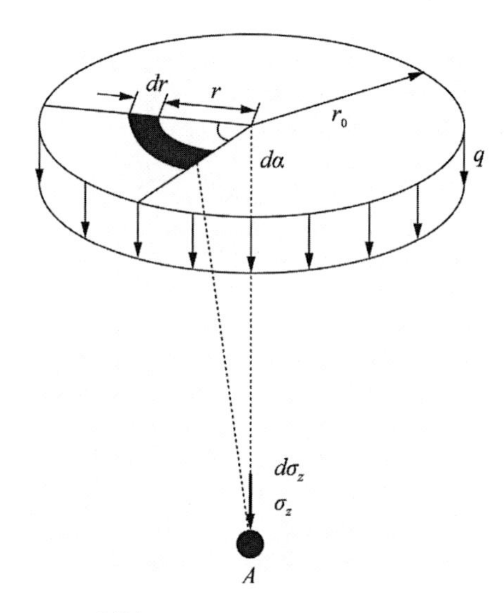

그림 6.10 원형 등분포 하중에 의한 지반 내 응력

전 면적의 등분포 하중에 의한 A점의 연직응력의 증가는 다음과 같다.

$$\sigma_z = \int d\sigma_z = \int_{\alpha=0}^{\alpha=2\pi}\int_{r=0}^{r=r_0}\frac{3q}{2\pi}\frac{z^{3r}}{(r^2+z^2)^{5/2}}drd\alpha \tag{6.24}$$

$$= q\left[1-\left(\frac{1}{1+(r_0/z)^2}\right)^{3/2}\right] \tag{6.25}$$

6.7 사다리꼴 하중에 의한 응력

그림 6.11과 같이 흙댐, 제방, 도로 단면과 같은 사다리꼴 하중에 의한 지중의 응력은 Osterberg (1957)의 도표를 사용하면 편리하다.

$$\sigma_z = I_\sigma \cdot q \tag{6.26}$$

여기서 I_σ : 영향계수

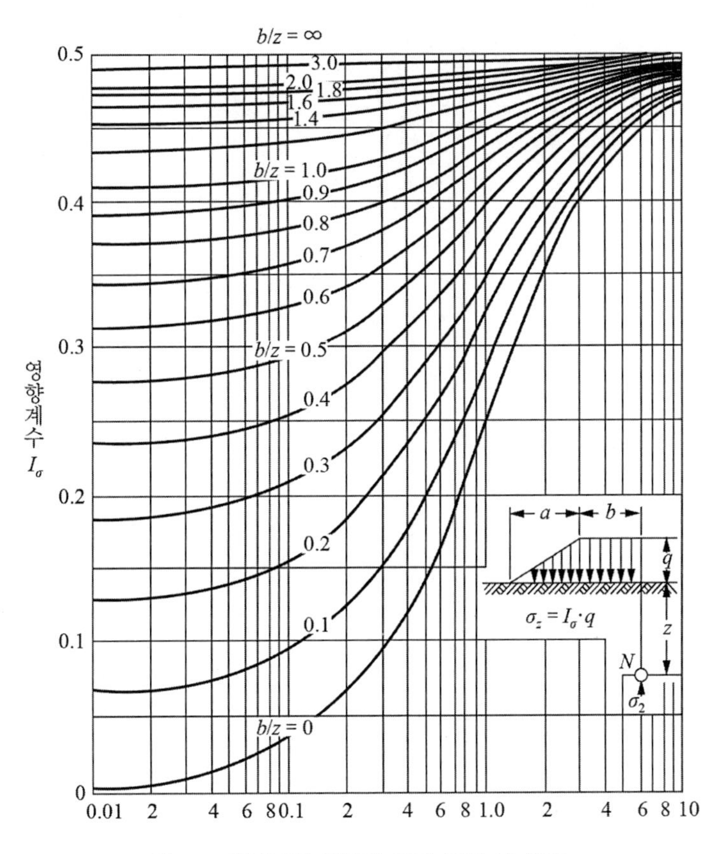

그림 6.11 사다리꼴 하중에 의한 지반 내 응력

그림 6.11에서 $b=0$이면 삼각형 분포의 하중이 된다. 그림 6.12와 같은 경우에는 그림 6.11의 기본 꼴로 나누고 중첩하여 구한다.

그림 6.12의 S점의 연직응력은 기본 사다리꼴 $ABgh$와 사다리꼴 $gCDh$에 의한 각각의 응력 증가량을 합친 것이다. P점에 대한 연직응력 증가량은 기본 사다리꼴 $ABef$의 응력 증가량에 사다리꼴 $DfeC$에 의한 응력 증가량을 뺀 것이 된다.

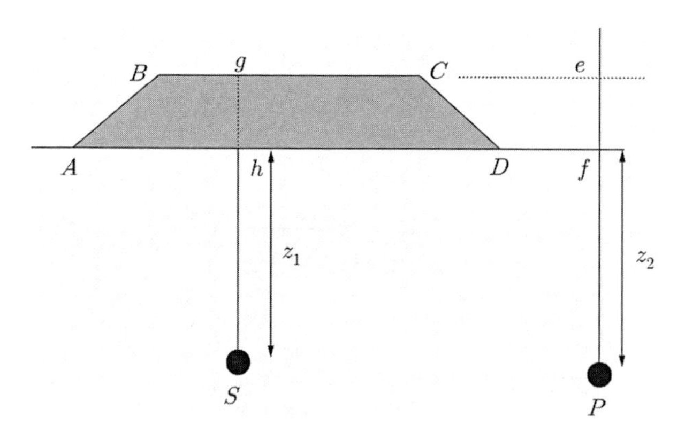

그림 6.12 사다리꼴 하중에 의한 지반 내 응력 계산 예

[예 6.5] 다음과 같은 제방 단면의 A, B 위치의 연직 아래 15m의 응력 증가량은 얼마인가? 성토 흙의 단위 중량은 1.84tf/m^3이다.

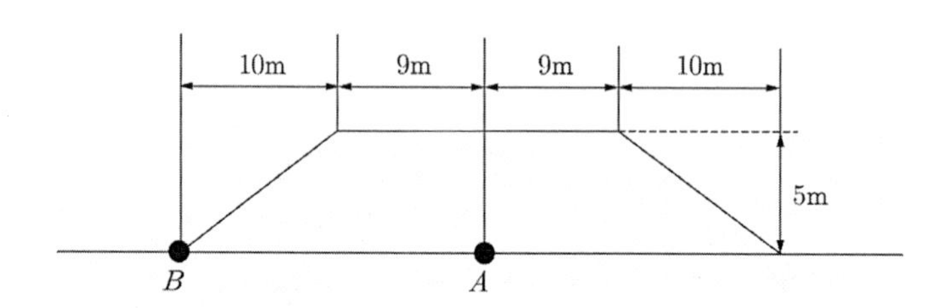

[풀이] 식 (6.26)에서

$$\Delta\sigma_z = qI_\sigma$$

(1) A점

$q = 1.84 \times 5 = 9.20\text{tf/m}^2$

$a = 10\text{m},\ b = 9\text{m},\ z = 15\text{m}$

$\frac{a}{z} = \frac{10}{15} = 0.67 \quad \frac{b}{z} = \frac{9}{15} = 0.60 \ \Rightarrow \ I_\sigma = 0.390$

$\Delta\sigma_z = 9.20 \times 0.390 \times 2 = 7.176\text{tf/m}^2$

(2) B점

① $a = 10\text{m},\ b = 28\text{m},\ z = 15\text{m}$

$\frac{a}{z} = \frac{10}{15} = 0.67 \quad \frac{b}{z} = \frac{28}{15} = 1.87 \ \Rightarrow \ I_{1\sigma} = 0.480$

② $a = 10\text{m},\ b = 0\text{m},\ z = 15\text{m}$

$\frac{a}{z} = \frac{10}{15} = 0.67 \quad \frac{b}{z} = \frac{0}{15} = 0 \ \Rightarrow \ I_{2\sigma} = 0.155$

$\Delta\sigma_z = q(I_{1\sigma} - I_{2\sigma}) = 9.20 \times (0.48 - 0.155) = 2.990\text{tf/m}^2$

6.8 영향원법

식 (6.25)에서 반경 r인 원형의 중심에서 깊이 z의 연직응력 증가량과 반경과의 관계는 다음과 같다.

$$\frac{r}{z} = \sqrt{\left(1 - \frac{\sigma_z}{q}\right)^{-2/3} - 1} \tag{6.27}$$

Newmark(1942)는 $z = 1$로 놓고 σ_z/q =0.1, 0.2, 0.3, …, 0.9, 1.0을 대입하면 각 값에 대한 상대적인 반경을 구할 수 있다. 이들 반경으로 동심원을 그리고, 동심원 사이의 면적을 $\sigma_z/10$의 값을 각각 준다. 이 값을 나타낸 것이 표 6.2이고, 그림 6.13이다.

표 6.2 영향원의 상대반경(이, 2007)

	0	1	2	3	4	5	6	7	8	9	10
σ_z/q	0	0.1	0.2	0.3	0.4	0.5	0.6	0.7	0.8	0.9	1.0
r/z	0.0000	0.2698	0.4005	0.5181	0.6370	0.7664	0.9176	1.1097	1.3871	1.9083	∞
방사선 간격	18°씩										
망수	20개씩										

이 동심원을 20개의 방사선으로 나누면 200개의 요소로 분할된다. 따라서 각 요소는 (1/200) $\sigma_z = 0.005\sigma_z$가 된다. 그러므로 요소가 n개를 차지하는 등분포 하중의 연직응력 증가량은 다음과 같다.

$$\sigma_z = 0.005nq \tag{6.28}$$

그림 6.13을 사용하는 방법은 깊이 z를 기준선 길이가 되도록 축척을 정하고, 이 축척에 의하여 등분포 하중이 작용하는 평면도를 축소한다. 이 축소된 평면도에서 응력을 구하고자 하는 지표 위치를 원의 중심에 맞춘다. 하중이 작용하는 평면 내의 요소수를 세어, 식 (6.28)에 의해 계산된다.

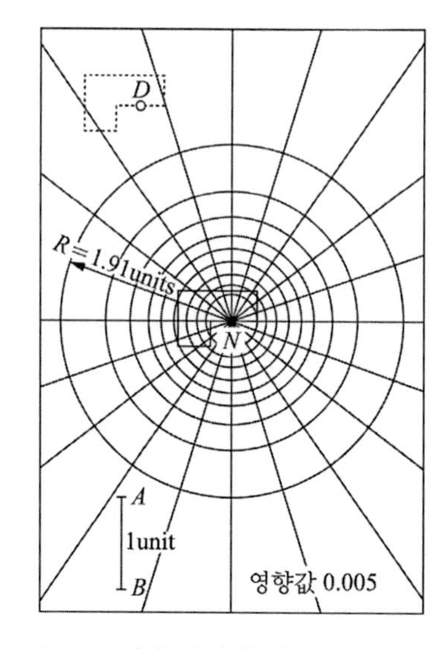

그림 6.13 지반 내의 응력 계산 영향원

6.9 간편법에 의한 응력 산정

그림 6.14와 같이 토질역학에서 근사적으로 해석할 때에 응력 분포를 1 : 2 분포법을 활용한다. 그림 6.14에서 1 : 2로 분포되는 것을 보면 지중의 응력 분포면적은 다음과 같다.

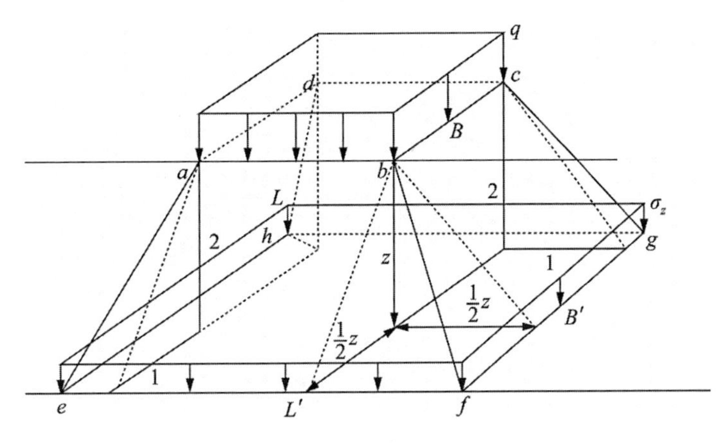

그림 6.14 1 : 2 분포법

$$B' = B + z,\ L' = L + z \tag{6.29}$$

따라서 다음과 같은 관계가 이루어진다.

$$q(B \times L) = \sigma_z (B+z)(L+z) \tag{6.30}$$

$$\sigma_z = q \times \frac{B \times L}{(B+z)(L+z)} \tag{6.31}$$

[예 6.6] 예 6.4와 같은 경우의 응력 증가량을 간편법에 의해 구하시오.

[풀이] 예 6.4에서 $L = 10\text{m}$, $B = 7\text{m}$, $z = 15\text{m}$이고, $q = 3.0\text{tf/m}^2$이다.

$$\sigma_z = q \times \frac{B \times L}{(B+z)(L+z)} = 3.0 \times \frac{7 \times 10}{(7+15)(10+15)} = 0.3818\text{tf/m}^2$$

연습문제

1. 다음 그림과 같은 지층에서 지표에서 10m 깊이의 전 연직응력과 유효응력은 얼마인가?

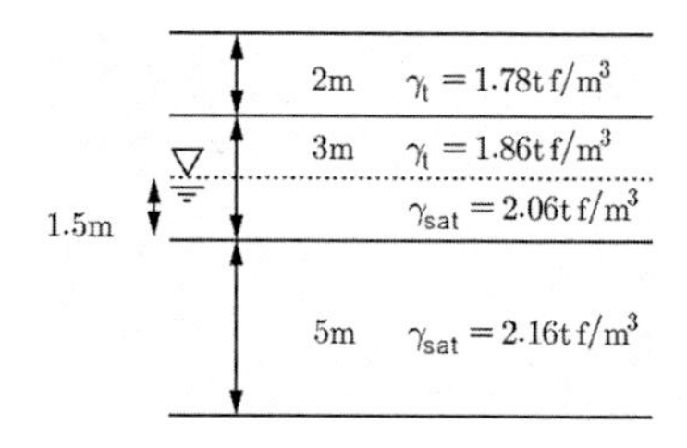

2. 다음 그림과 같이 지표면에 두 연직 집중하중이 작용하고 있다. A점의 총 연직응력은 얼마인가?

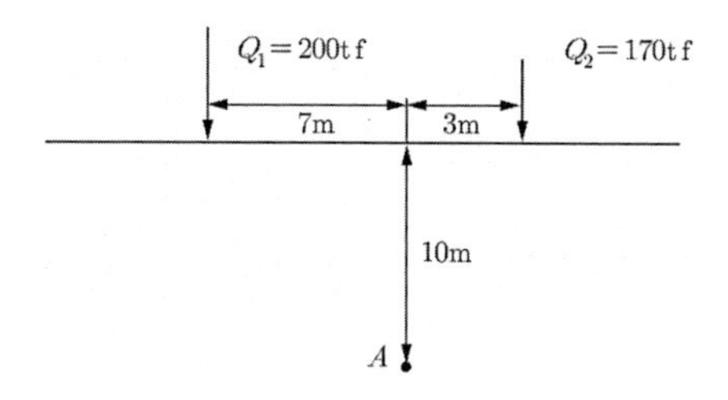

3. 예 6.3과 같은 조건을 식 (6.9)와 표 6.1를 이용해 연직응력을 구하는 데 요소 간격을 2m로 나누어 구해보고, 식 (6.19)와 그림 6.8을 이용해 예 6.3과 비교해보시오.

4. 그림과 같은 사각형 기초에 등분포 하중 $q = 16\text{tf/m}^2$이 작용하고 있다. A, B점 바로 아래 8m 깊이의 연직응력 증가량을 구하시오.

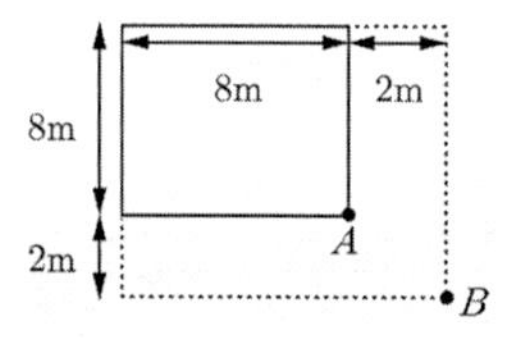

〈참고문헌〉

권호진 외(2003), 『토질역학』, 구미서관, pp.82~108.

이종규(2007), 『토질역학』, 기문당, pp.102~123.

Boussinesq, J.(1883), *Application des Potentials a L'Etude de L'Equilibre et du Mouvement des Solides Elastiques*, Gauthier-Villars, Paris.

Braja, M. Das(2002), *Principles of Geotechnical Engineering 5/e*, Brooks/Cole, Ch.9

Newmark, N. M.(1942), *Influence Charts for computation of Stresses in Elastic Foundation*, University of Illinois Eng, Exp, Sta, Bulletin, p.338(ch5).

Osterberg, J. O.(1957), *Influence Values for Vertical Stresses in a Semi-Infinite Mass due to an Embankment Loading*, Proc, 4th ICSMFE, Londen, 1, pp.393~394.

07 압밀

07 압 밀

지반에 하중을 가하면 어떠한 지반이라도 크든 적든 침하가 일어난다. 그러나 모래 지반과 점토질 지반에서는 그 현상이 다르다. 모래 지반은 하중을 가한 직후 단시간에 큰 침하를 일으키나, 특히 포화된 점토지반에서는 하중이 가해진 직후에는 대부분 침하가 나타나지 않다가 시간이 지남에 따라 침하가 나타나기 시작하여 장기간에 걸쳐 큰 침하가 나타난다. 일반적으로 모래 지반은 순간적으로 탄성적 침하가 대부분이나, 점토질 지반에서는 장기적인 침하로 주로 소성변형에 의한 침하가 대부분이다. 모래 지반과 점토질 지반의 시간에 따른 침하 양상을 나타낸 것이 그림 7.1이다.

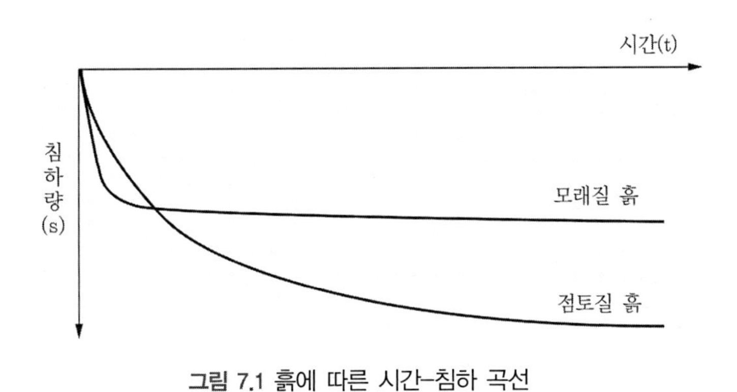

그림 7.1 흙에 따른 시간-침하 곡선

포화된 점토질 지반의 침하현상을 압밀(consolidation)이라 한다. 포화 점토지반의 소성변형은 흙입자 사이의 간극을 메우고 있는 간극수의 배출에 의한 체적감소로 이루어지는 침하현상이 대부분이다.

지반에 가해진 하중에 의해 정수압 상태보다 간극수의 압력은 더 증가하는데, 이 증가된 간극수의 압력을 과잉간극수압(excess pore water pressure)이라 한다. 간극수의 배출속도에 의해 침하의 속도는 달라진다. 간극수의 배출속도는 흙의 투수성과 간극수의 압력에 많은 영향을 받는다. 이런 현상에 의해 이루어지는 압밀을 일차압밀(primary consolidation)이라 하고, 이 현상이 끝나고 크리프(creep)적 현상으로 일어나는 침하 현상을 이차압밀(secondary consolidation)이라 한다. 따라서 조립토에서는 비교적 투수계수가 크므로 간극수의 배출은 순간적으로 일어나고, 세립토에서는 투수계수가 적으므로 간극수의 배출은 속도가 느려 장기적으로 일어난다. 압밀 현상은 과잉간극수압이 남아 있는 한 계속 진행된다. 그러므로 압밀 현상을 빨리 진행시키려면 간극수를 빨리 배출시킨다. 간극수가 빨리 배출되도록 하는 공법이 압밀을 촉진시키는 공법이다.

7.1 압밀의 원리

일반적으로 포화된 연약지반에 가해지는 하중에 의해 간극수압이 증가하여 그 수압의 차에 의해 간극수의 이동(배출)이 이루어지고, 이 이동에 의해 체적이 감소하고 지표는 침하가 일어난다. 이런 과정을 압밀이라 하며, 지반의 연약층 위치에 있는 지하수위가 낮아져 압밀의 효과를 나타내는 경우도 있다. 포화점토의 압밀 현상은 그림 7.2와 같은 Terzaghi 모델로 쉽게 설명할 수 있다.

포화점토 지반에 하중이 가해졌을 때 일어나는 시간에 따른 변형 양상을 그림과 같이 실린더와 스프링의 모델을 고려해 설명하는 것이 가장 쉽게 이해될 수 있다. 그림(a)와 같이 실린더는 물로 채워져 있고, 마찰이 없는 수밀성의 피스톤에 물이 빠질 수 있는 구멍이 있고, 피스톤의 단면적을 A라 한다. 그 구멍이 막혀 있는 상태에 그림(b)와 같이 피스톤 위에 하중 P를 얹었다. 물은 비압성이므로 피스톤은 아래로 내려가지 않는다. 그러나 물은 압력이 생기고 그 크기는 다음과 같으며, 이를 과잉간극수압이라 한다.

$$\Delta u = \frac{P}{A} \tag{7.1}$$

그림(c)와 같이 구멍을 열면 물이 분출되고, 분출된 물의 양만큼 실린더 안의 물의 양은 적어지고, 물의 분출 압력, 즉 과잉간극수압은 감소한다.

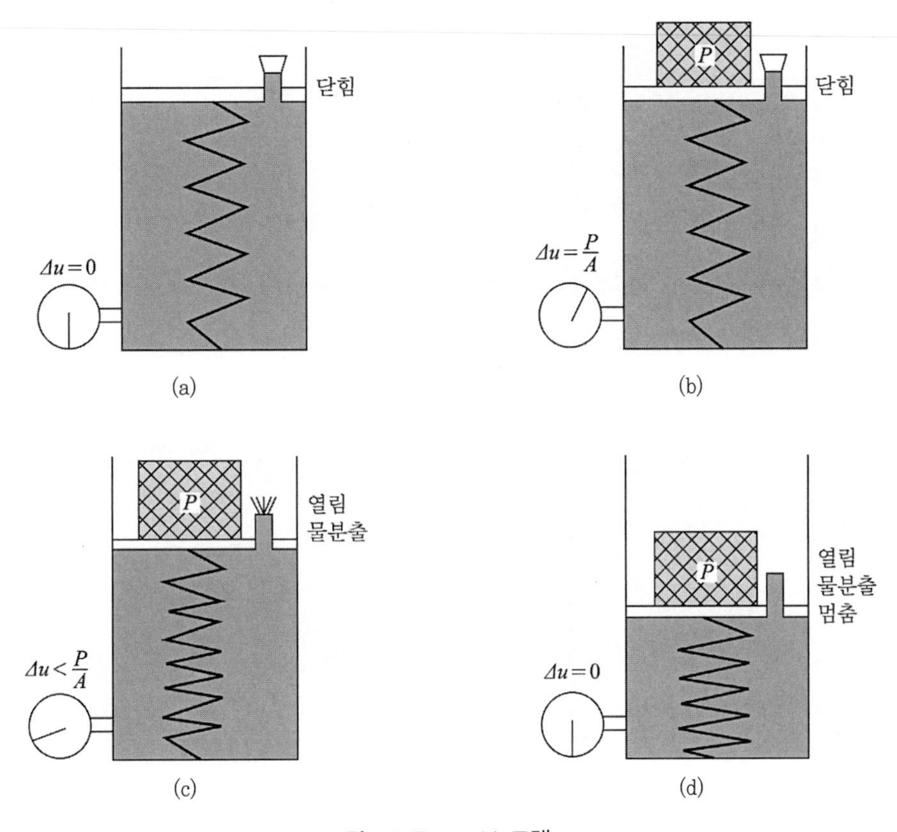

그림 7.2 Terzaghi 모델

따라서 감소한 과잉간극수압만큼 그 힘이 스프링에 전달되고 스프링은 압축된다. 이때의 압력 상태를 앞의 5.8절에서 설명한 유효응력과 간극수압의 개념으로 나타내면 다음과 같다.

$$P=P_s+P_w \tag{7.2}$$

여기서 P : 피스톤에 가해진 하중

P_s : 스프링에 가해진 하중

P_w : 물에 가해진 하중

그림(a)의 상태는 $P=0$ 상태이고, (b)의 경우는 $P_s=0$인 상태이다. 식 (7.2)를 피스톤의 단면적 A로 나누면 다음과 같다.

$$\frac{P}{A}=\frac{P_s}{A}+\frac{P_w}{A} \tag{7.3}$$

$$\Delta\sigma=\Delta\sigma'+\Delta u \tag{7.4}$$

그림(b) 상태에서 물이 빠지는 구멍을 열기 전에는 모든 힘을 물이 받고 있다. 즉, $P_s=0$, $P_w=P$이다. 그림(c)의 구멍이 열린 상태에서는 시간이 지남에 따라 과잉간극수압은 점차 감소해 종국에는 '0'이 된다. 따라서 그때에는 $P_w=0$, $P_s=P$가 된다. 이때에는 모든 힘은 스프링이 받고 피스톤은 멈춘다. 즉, $P_w=0$이 될 때까지 이 현상(압밀)은 진행된다. 그림 7.2 모델의 시간에 따른 과잉간극수압의 변화와 실린더 내의 물의 체적 변화를 그림 7.3에 나타내었다.

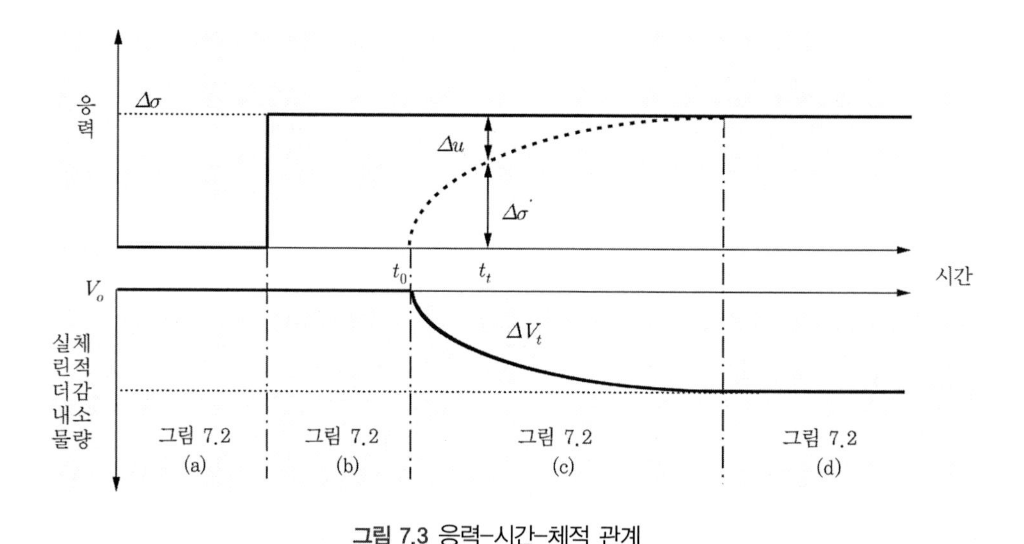

그림 7.3 응력-시간-체적 관계

이 모델을 흙에 비교해보면 스프링은 흙입자, 물은 간극수, 물이 빠지는 구멍은 흙의 투수계수에 서로 대응한다.

또한 해석의 편의를 위하여 이상물체인 요소체의 결합으로 포화점토를 나타내는 모델을 고려해보자. 포화점토를 탄성과 점성을 가진 Kelvin 물체로 가정한다. 요소체의 결합상태는 그림 7.4와 같다. 그림에서 스프링은 흙입자의 골격을, 데시포트(dashpot)는 간극수를 나타낸다.

모델에 압력(σ)이 작용하여 변형(ϵ)을 나타내었다. 이때 스프링과 데시포트에 작용하는 압력과 변형률은 σ_s, σ_d, ϵ_s, ϵ_d이다. 각 요소체의 응력과 변형률 사이의 관계는 다음과 같다.

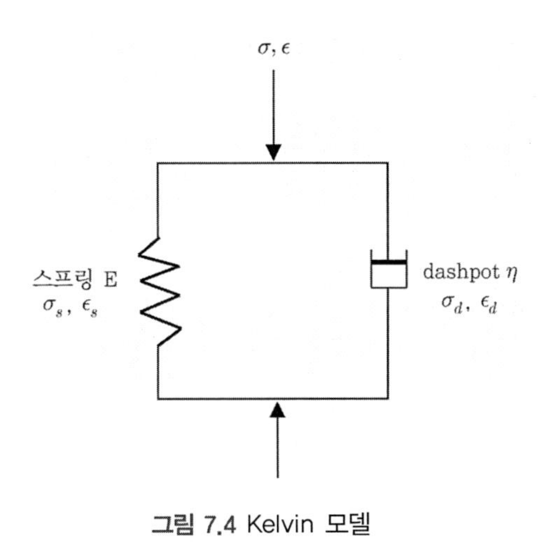

그림 7.4 Kelvin 모델

$$스프링 : \sigma_s = E\epsilon_s \tag{7.5}$$

$$데시포트 : \sigma_d = \eta\frac{d\epsilon_d}{dt} \tag{7.6}$$

여기서 σ_s : 스프링에 작용하는 응력

σ_d : 데시포트에 작용하는 응력

ϵ_s : 스프링에 나타나는 변형률

ϵ_d : 데시포트에 나타나는 변형률

E : 탄성계수

η : 점성계수

위 모델은 다음과 같은 조건을 가진다.

$$\sigma = \sigma_s + \sigma_d \tag{7.7}$$

$$\epsilon = \epsilon_s = \epsilon_d \tag{7.8}$$

따라서 식 (7.7)에 의하여 다음과 같은 방정식이 구성된다.

$$\sigma = E\epsilon + \eta \frac{d\epsilon}{dt} \tag{7.9}$$

식 (7.9)를 Kelvin 방정식이라 한다. 압력(σ)이 작용한 이후 변형률(ϵ)은 식 (7.9)의 미분방정식을 풀면 다음과 같다.

$$\epsilon = \frac{\sigma}{E}[1 - e^{(-E/\eta)t}] \tag{7.10}$$

스프링과 데시포트의 압력 변화는 다음과 같다.

$$\text{스프링 : 식 (7.5) : } \sigma_s = E\epsilon = \sigma[1 - e^{(-E/\eta)t}] \tag{7.11}$$

$$\text{데시포트 : 식 (7.6) : } \sigma_d = \eta \frac{d\epsilon}{dt} = \sigma e^{(-E/\epsilon)t} \tag{7.12}$$

위 식의 관계를 나타낸 것이 그림 7.5이다.

그림 7.2의 Terzaghi 모델을 지반에 적용하면 그림 7.6과 같다. 그림에서는 점토층 상하에 모래층, 즉 배수층이 존재한다. 그러므로 점토층의 간극수는 상하로 배출되는 것으로 본다.

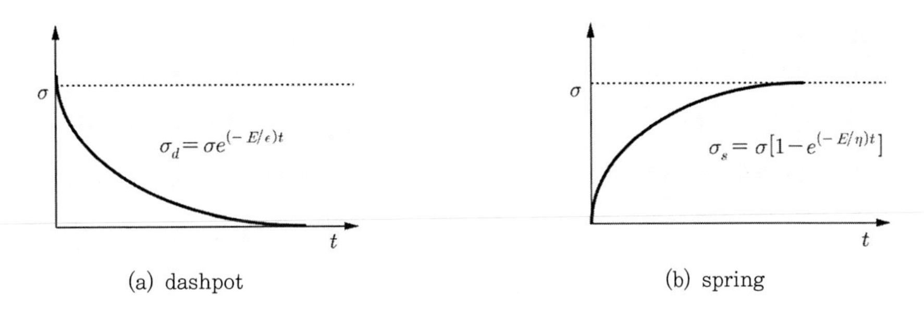

그림 7.5 Kelvin 모델 요소의 응력 변화

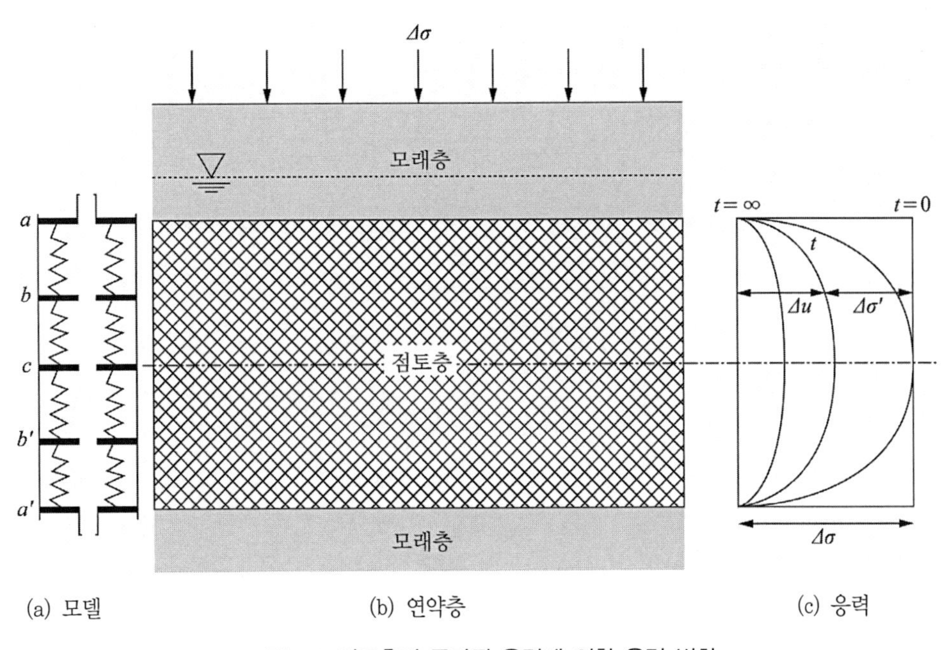

그림 7.6 점토층의 증가된 응력에 의한 응력 변화

배수는 최단 거리로 이루어지는 것으로 보면 점토층의 중간 위치에서 상부는 위쪽으로, 하부는 아래쪽으로 배출된다. 점토층을 Terzaghi 모델이 상하로 연결된 것으로 본다. 그림 7.6(a)에서 a위치의 물이 상부로 배출되면 피스톤 판이 아래로 내려가고 스프링에 힘이 가해진다. 그 힘에 의해 b위치의 피스톤 판에 힘이 가해지고, 판은 아래로 내려가며 또한 그 위치의 물이 위칸으로 배출된다.

7.2 압밀 시험

1차원 압밀 시험은 Terzaghi(1925)에 의해 처음 제안되었다. 우리나라에서는 한국공업규격 KS F 2316 흙의 압밀 시험 방법에 규정되어 있다. 1차원 압밀 시험은 측면이 구속이 되고, 축방향으로 배수를 허용하면서 재하할 때의 압축량과 압축의 속도를 구하는 시험이다.

시험은 그림 7.7과 같은 압밀 시험기(consolidometer 또는 oedometer)를 사용한다.

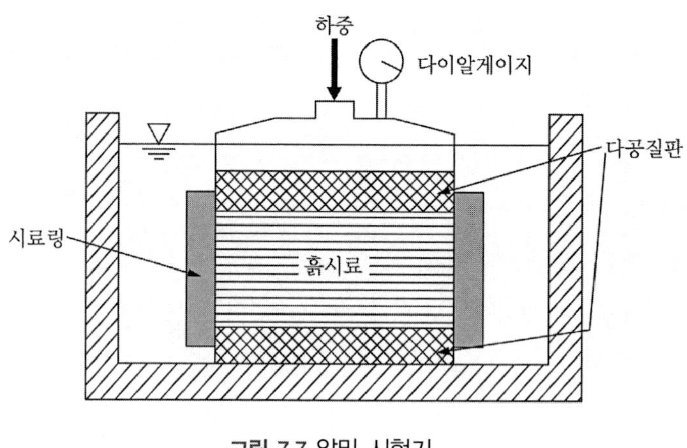

그림 7.7 압밀 시험기

시료의 크기를 직경 60mm, 높이 20mm로 다듬어 시료 상하면에 여과지를 놓고 시료링에 넣는다. 시료링의 상하에는 다공질 판을 설치한다. 상부에 하중판을 놓는다. 하중판에 침하 측정용 다이알게이지를 설치한다.

시험 방법은 다음과 같다.

1. 압밀 하중 : 하중은 단계적으로 가한다. 압밀 압력의 하중 증분비를 1로 한다. 재하단계의 수는 8, 하중의 범위는 10~1,600kN/m^{2}이다.
2. 재하방법 : 재하할 때에는 충격이 가해지지 않도록 한다. 하나의 재하단계에서 24시간 압밀한 후 다음 하중을 가한다.
3. 변형량 측정 : 각 하중단계에서 변형량을 측정한다.

   재하 후 측정시간 : 3 · 6 · 9 · 12 · 18 · 30초, 1 · 1.5 · 2 · 3 · 5 · 7 · 10 · 15 · 20 · 30 · 40분, 1 · 1.5 · 2 · 3 · 6 · 12 · 24시간

4. 선행압밀 하중을 넘었다고 간주할 수 있는 시점에서 수침용기에 물을 채우고 시험체를 물에 담근다.
5. 제하 : 최종단계의 하중에 의한 압밀이 끝나면 재하의 역순으로 하중을 제거한다. 한 단계의 제하는 변형량 측정 게이지의 움직임이 거의 정지되면 변형량을 측정하고 다음 단계의 제하를 한다.
6. 시험이 끝나면 시료를 들어내어 습윤무게를 측정하고, 다음 건조시킨 후 건조무게를 측정한다.

7.3 압밀 시험 결과 정리

압밀 시험을 통하여 얻어진 자료들, 즉 압밀 압력(P), 각 압밀 압력에 의한 시간(t)에 따른 침하량(ΔH)과 시료의 비중(G_s)과 시료의 초기 두께 H_0로 압밀 특성을 나타내는 여러 상수들을 구한다. 먼저 하중-간극비 곡선을 그린다. 이 곡선을 그리기 위해서 여러 계산 과정을 거친다.

시료의 건조무게(W_s), 토립자 비중(G_s), 시료의 단면적(A)으로부터 시료에서 순수 토립자들만의 두께는 다음과 같다.

$$\text{토립자 두께}(H_s) = \frac{W_s}{G_s \gamma_w A} \tag{7.13}$$

초기의 간극비는 다음과 같다.

$$\text{초기간극비}(e_0) = \frac{(H_0 - H_s)A}{H_s A} = \frac{H_0 - H_s}{H_s} = \frac{H_v}{H_s} \tag{7.14}$$

여기서 H_v : 시료 초기 간극의 높이

각 압밀 압력 작용 시 감소되는 간극비는 다음과 같다.

$$\Delta e = \frac{\Delta H}{H_s} \tag{7.15}$$

각 압밀 압력 작용 후 시료의 간극비는 다음과 같다.

$$e = e_0 - \Delta e = e_0 - \frac{\Delta H}{H_s} \tag{7.16}$$

식 (7.13)~(7.16)의 과정을 통하여 각 압밀 압력과 압밀 후의 간극비를 구한다. 압밀 시험 후 얻은 자료가 다음과 같을 때의 하중-간극비 관계를 구해보자.

$$P_1 : \Delta H_1,\ P_2 : \Delta H_2,\ P_3 : \Delta H_3 \cdots P_n : \Delta H_n$$

표 7.1 압밀 압력-간극비 계산 예

압밀 압력(P)	침하량(ΔH)	간극비 감소량($\Delta e = \Delta H / H_s$)	간극비($e = e_0 - \Delta e$)
P_1	ΔH_1	Δe_1	e_1
P_2	ΔH_2	Δe_2	e_2
P_3	ΔH_3	Δe_3	e_3
⋮	⋮	⋮	⋮
P_n	ΔH_n	Δe_n	e_n

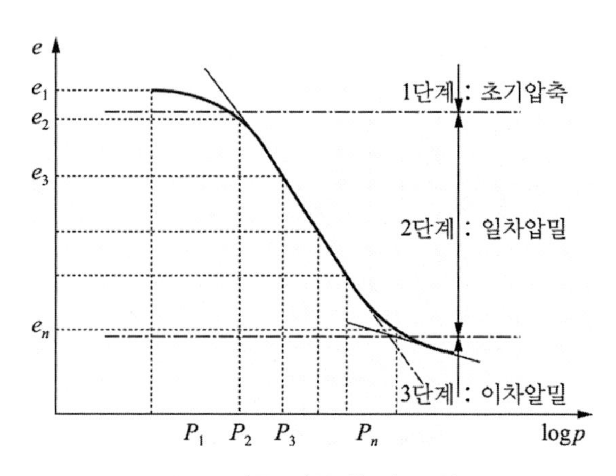

그림 7.8 하중-간극비(log) 곡선

표 7.1에 의해 간극비-하중(log) 곡선을 그리면 그림 7.8과 같이 역 S형으로 그려진다. 그림 7.8에서 보면 초기 부분과 끝 부분이 곡선으로 나타나고 있다.

초기 곡선 부분을 1단계인 초기압축단계, 가운데 직선 부분을 2단계인 일차압밀 단계, 끝 곡선 부분을 3단계인 이차압밀 단계로 나눈다.

7.3.1 선행압밀 하중

그림 7.8에서 초기압축단계를 살펴보면 직선 부분에 비하여 하중 증가에 비해 간극비 감소가 매우 적다. 이는 같은 하중 증가에 대해 압축되는 율이 적다는 것이다. 예로 이 압밀 시험에 사용된 시료는 매우 깊은 위치에서 채취된 시료라 하면 채취되는 순간 원위치의 상부에 작용하고 있던 하중이 없어진 상태가 된다. 이런 시료를 원 위치의 상부에서 작용하고 있던 하중보다 적은 하중으로 압축하면 압축되는 율이 매우 적을 것이다. 또는 시료가 원래 있는 위치에 매우 큰 하중을 받고 있다가 이 하중이 제거된 뒤에 시료가 채취되었다면 같은 양상을 보일 것이다. 이와 같이 시료가 과거에 받았던 최대의 하중을 선행압밀 하중(preconsolidation pressure)이라 한다. 그래서 선행압밀 하중보다 적은 하중으로 압밀하면 간극비의 변화가 적다.

선행압밀 하중을 구하는 방법에는 Casagrande(1936)가 제안한 방법이 있다(그림 7.9).

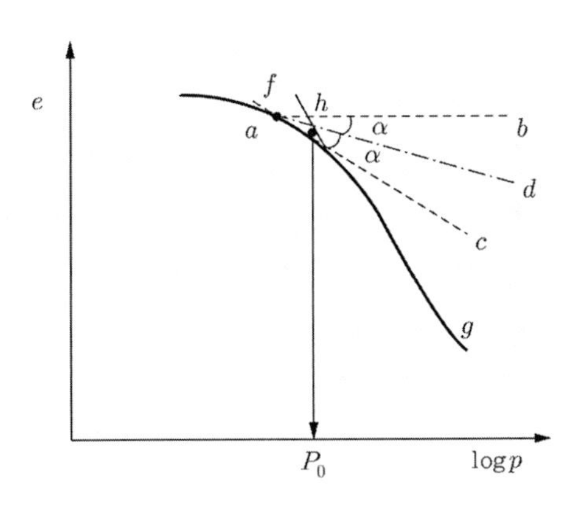

그림 7.9 선행압밀 하중 결정 작도법

① $e-\log p$ 곡선에서 최대 곡률(곡률반경이 최소)을 가진 a점을 정한다.

② a점에서 수평선 $a-b$를 긋는다.

③ a점에서 접선 $a-c$를 긋는다.

④ $\angle bac$를 2등분하는 $a-d$를 긋는다.

⑤ $e-\log p$ 곡선의 직선 부분 연장선 $f-g$를 긋는다.

⑥ $a-d$선과 $f-g$선의 교점 h를 구한다.

⑦ h점의 $\log p$축의 P값을 P_0라 하고, P_0를 선행압밀 하중이라 한다.

선행압밀 하중과 현재 작용하는 하중과의 비를 과압밀비(OCR)라 하며 다음과 같이 정의한다.

$$OCR = \frac{P_0}{P} \tag{7.17}$$

여기서 P_0 : 선행압밀 하중

P : 현재의 유효상재하중

시험 시 하중의 재하–제하–재재하가 이루어지면 제하 때의 하중이 재재하 때의 선행압밀 하중이 된다. 이때의 압밀 곡선은 그림 7.10과 같다.

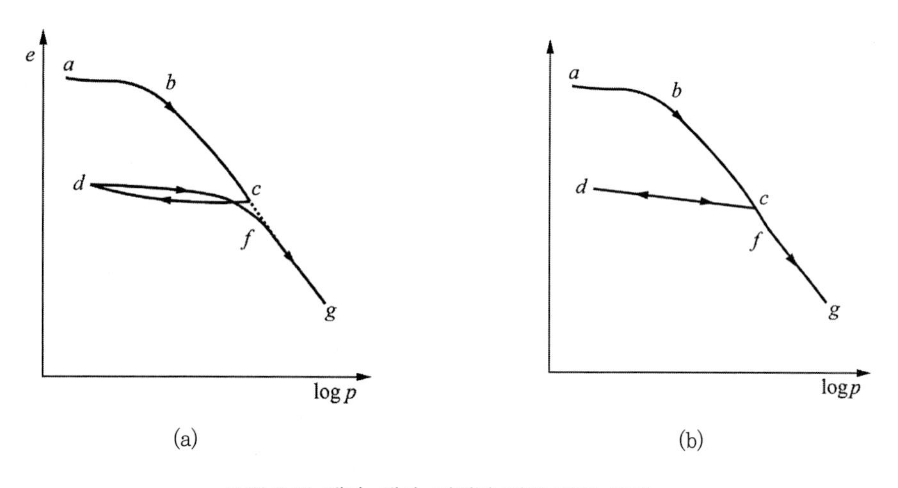

그림 7.10 재하–제하–재재하 때의 압밀 곡선

그림 7.10(a)에서 $a \to b \to c$선은 재하 때의 곡선이고, c점에서 하중을 제하하였다. $c \to d$ 곡선은 제하 곡선이다. 다시 d점에서 재재하를 시작하였다. $d \to f \to g$ 곡선은 재재하 곡선이다.

$a \to b \to c$ 곡선의 끝부분의 직선의 연장과 f점에서의 직선부와는 동일 직선이 된다. 그림 7.10(b)는 제하 곡선과 재재하 곡선 부분을 하나의 직선으로 가정하여도 큰 차이는 없는 것으로 보고 직선화하여 나타낸 것이다.

7.3.2 압축지수

그림 7.8의 $e-\log p$ 곡선에서 제2단계인 일차압밀부의 직선의 기울기를 압축지수(compression index, C_c)라 한다.

$$C_c = \frac{e_1 - e_2}{\log\ P_2 - \log\ P_1} = \frac{\Delta e}{\log(P_2/P_1)} \tag{7.18}$$

식 (7.18)은 압밀 침하량을 구하는 데 필요한 지수이다. 그러나 이 지수값을 얻기 위해서는 많은 시간이 필요하다. 따라서 많은 자료에 의한 경험식을 Skempton(1944)은 다음과 같이 제안하였다.

$$\text{불교란 시료} : C_c = 0.009(LL - 10) \tag{7.19}$$

$$\text{교란 시료} : C_c = 0.007(LL - 10) \tag{7.20}$$

여기서 LL : 액성한계이다.

이와 같은 경험식은 흙의 종류와 지역에 따라 다르며, 여러 상관관계식들이 제안되어 있다. Rendon-Herrero(1983)은 여러 자연 점토에 대하여 자료에 의해 다음과 같은 관계식을 제시하였다.

$$C_c = 0.141\, G_s^{1.2} \left(\frac{1 + e_0}{G_s} \right)^{2.38} \tag{7.21}$$

Nagaraj와 Murty(1985)는 압축지수를 다음과 같이 표현하였다.

$$C_c = 0.2343\left(\frac{LL(\%)}{100}\right)G_s \tag{7.22}$$

그림 7.10(b)에서 $c \rightarrow d$ 부분은 제하한 구간으로 시료가 팽창하는 상태이다. 이 직선의 기울기를 팽창지수(swell index, C_s)라 한다. 팽창지수는 압축지수에 비하여 비교적 적고, 대부분의 경우 다음과 같은 크기이다.

$$C_s = (1/5 \sim 1/10)C_c \tag{7.23}$$

Nagaraj와 Murty(1985)는 팽창지수를 다음과 같이 표현하였다.

$$C_s = 0.0463\left(\frac{LL(\%)}{100}\right)G_s \tag{7.24}$$

7.3.3 정규압밀과 과압밀

그림 7.8과 그림 7.10에서 1단계인 초기 압축 부분은 2단계인 일차압밀 부분의 하중 증가에 대한 간극비의 변화량이 매우 적다. 즉, 곡선의 기울기가 완만함을 나타낸다.

일반적으로 지반의 임의 깊이의 지질학적 하중이력을 보면 현재보다 과거에 더 큰 최대 유효응력을 받았을 수 있다. 이 과거 최대 유효응력은 시료를 채취할 때의 유효상재하중에 의한 응력보다 클 수도 있고 같을 수도 있다. 이런 응력의 차이가 생기는 것은 자연적 지질작용이나 인위적인 작용에 의해 생길 수 있다.

그림 7.9에서 h점의 응력보다 적은 응력 아래에서는 간극비의 변화가 적고, h점 응력보다 큰 응력 아래에서는 간극비의 변화가 크다. 즉, 선행압밀 하중을 전후하여 변화율이 다르다. 이를 실험실의 실험을 통하여 나타나는 결과를 보면 더 명확히 알 수 있다. 그림 7.10의 재하–제하–재재하의 압밀 시험 곡선을 보자. 초기 부분의 곡선 $a-b-c$와 재재하에 의한 $d-f-g$ 곡선을 보면 너무나 닮은꼴이다. 재재하에 의한 $d-f-g$ 곡선은 c점의 응력을 한 번 받았다가 제하한 것으로 $d-f-g$ 곡선에서 $d-f$는 c점의 응력보다 적은 응력으로 두 번 받아보는

응력 상태에 대한 곡선이고, $f-g$ 곡선은 모든 응력들이 이 시료에서는 처음 받아보는 응력의 값이다. 이와 같은 현상이 자연지반에서 나타나는 경우에는 자연적인 지형 변화나 침식이나 세굴, 점토층의 지하수위 저하, 인공적인 표토 층 제거 등이 원인이 될 수 있다.

이와 같이 하중이력에 의하여 현재 가해지고 있는 응력에 따라 다음과 같이 점토압밀 상태를 2가지로 나눌 수 있다.

첫째, 정규압밀(Normally consolidated) : 현재 받고 있는 유효상재압력이 지금까지 받았던 최대 압력일 때

둘째, 과압밀(overconsolidated) : 현재 받고 있는 유효상재압력이 과거에 받았던 최대 압력보다 적을 때, 과거에 받았던 유효상재압력을 선행압밀 하중이라 한다.

선행압밀 하중과 현재 작용하는 하중과의 비를 과압밀비(OCR)라 하며, 식 (7.17)과 같이 나타낸다.

7.4 압밀 침하량 산정

압밀을 일으키는 연약층을 포함한 지층의 지표에 건설 구조물을 축조하였을 때, 이 구조물의 하중에 의해 지중의 응력들이 증가한다. 또한 각 지층들은 응력 증가에 의해 변형을 일으키고 그 변형에 의해 지표는 침하한다. 지표의 침하는 각 층의 침하를 합하여 나타난다. 이들 침하량은 다음과 같은 것들이다.

지반침하=즉시(탄성) 침하+일차압밀 침하+이차압밀 침하

연약층의 침하는 대부분이 일차압밀 침하이다.

지표면에 무한 등분포 하중이 작용할 때 압밀 층의 변위는 수평 및 연직방향으로 생기나, 수평방향의 변위는 무시할 만큼 크지 않으므로 연직방향만을 고려한다. 이 연직반향의 변위 또는 침하를 1차원 압밀 침하라 한다.

7.3절에서 압밀 시험을 통하여 이해한 응력 증가와 간극비의 감소관계를 이용해 여러 계수 및 지수를 구해보자. $e-p$ 관계에서 하중의 적은 증가$\Delta P(P_2-P_1)$가 일어났을 때 간극비 감

소는 $\Delta e(e_1 - e_2)$가 생겼다. 이때의 기울기를 압축계수(coefficient of compressibility, a_v, cm^2/gf)라 한다.

$$a_v = \frac{e_1 - e_2}{P_2 - P_1} = \frac{\Delta e}{\Delta P} \tag{7.25}$$

또한 압력 변화에 대한 체적 변화를 고려해보자. 압력이 ΔP만큼 증가했을 때 체적 감소율을 $\Delta \epsilon_v (= \Delta V/V)$라 하면 다음 관계가 이루어진다.

$$m_v = \frac{\Delta \epsilon_v}{\Delta P} = \frac{\Delta V/V}{\Delta P} \tag{7.26}$$

m_v를 체적 압축계수(coefficient of volume change) 또는 용적변화율이라 한다.

식 (7.25)와 식 (7.26)에서 서로 다음과 같은 관계가 이루어진다.

$$\begin{aligned} m_v &= \frac{\Delta V/V}{\Delta P} = \frac{\Delta V}{\Delta P V} = \frac{1}{V_s + V_v}\frac{\Delta V}{\Delta P} \\ &= \frac{\Delta V}{(1+e)V_s \Delta P} = \frac{(e_1 - e_2)}{(1+e)}\frac{1}{P_1 - P_2} = \frac{a_v}{1+e} \end{aligned} \tag{7.27}$$

1차원 압밀이므로 단면적 변화 없이 두께 변화만 일어난다. 그러므로 다음과 같은 관계가 성립한다.

$$m_v = \frac{\Delta V/V}{\Delta P} = \frac{\Delta HA/HA}{\Delta P} = \frac{\Delta H/H}{\Delta P} \tag{7.28}$$

따라서 침하량(두께 변화량) ΔH는 다음과 같다.

$$\Delta H = m_v \Delta PH = \frac{a_v}{1+e}\Delta PH \tag{7.29}$$

또한 초기의 간극비 e_0인 상태에서 ΔP 압력 변화에 Δe만큼 간극비가 변할 때 두께 H에서 ΔH만큼 압축되었다면 ΔH의 크기는 다음과 같다.

$$\frac{\Delta H}{H} = \frac{\Delta V/A}{V/A} = \frac{V_{v1} - V_{v2}}{V_v + V_s} = \frac{e_1 - e_2}{1 + e_0} = \frac{\Delta e}{1 + e_0} \tag{7.30}$$

$$\Delta H = \frac{\Delta e}{1 + e_0} H \tag{7.31}$$

압축지수를 사용하여 침하량을 구해보자. 식 (7.18)을 다음과 같이 변화시킬 수 있다.

$$C_c = \frac{\Delta e}{\log P_2 - \log P_1} = \frac{\Delta e}{\log(P_2/P_1)} \tag{7.18}$$

$$\Delta e = C_c \log(P_2/P_1) \tag{7.32}$$

식 (7.32)를 식 (7.31)에 대입하면 다음과 같다.

$$\Delta H = \frac{C_c}{1 + e_0} \log \frac{P_2}{P_1} H = \frac{C_c}{1 + e_0} \log \frac{P_1 + \Delta P}{P_1} H \tag{7.33}$$

식 (7.33)에서 각 부호를 지반에 대응해보면 다음과 같다.

C_c : 압밀 층의 압축지수

e_0 : 하중(건설 구조물)을 가하기 전의 초기지반의 간극비

H : 압밀을 일으키는 토층의 두께

P_1 : 하중이 가해지기 전의 유효상재하중

ΔP : 건설 구조물에 의해 압밀 층에 증가된 응력($P_2 = P_1 + \Delta P$)

[예 7.1] 압밀 시험에 사용한 공시체의 시험 전후의 결과이다. 시험 전의 공시체의 간극비와 시험 후의 간극비를 구하시오.

- 시험 전 공시체의 두께 $H_0 = 1.98\text{cm}$, 시험 후 두께 $H = 1.46\text{cm}$
- 공시체의 단면적 $A = 28.26\text{cm}$, 토입자 비중 $G_s = 2.64$
- 시험 후 공시체 노건조중량 $W_s = 64.62\text{gf}$

[풀이] 식 (6.13)에서

$$H_s = \frac{W_s}{G_s A \gamma_w} = \frac{64.62}{2.64 \times 28.26 \times 1} = 0.87(\text{cm})$$

$$\text{초기 간극비}(e_0) = \frac{H_0 - H_s}{H_s} = \frac{1.98 - 0.87}{0.87} = 1.28$$

$$\text{시험 후 간극비}(e_f) = \frac{H - H_s}{H_s} = \frac{1.46 - 0.87}{0.87} = 0.68$$

[예 7.2] 압밀 시험에서 하중이 $p_1 = 1.6\text{kgf/cm}^2$에서 $p_2 = 3.2\text{kgf/cm}^2$으로 증가함에 따라 간극비가 $e_1 = 1.67$에서 $e_2 = 1.49$로 감소하였다.

(1) 압축계수 a_v, 체적압축계수 m_v를 구하시오.
(2) 이 공시체 두께가 1.64cm이었다. 압밀 후 두께를 구하시오.

[풀이]

(1) 식 (6.25)에서

$$a_v = \frac{e_1 - e_2}{p_2 - p_1} = \frac{1.67 - 1.49}{3.2 - 1.6} = 0.11(\text{cm}^2/\text{kgf})$$

식 (6.26)에서

$$m_v = \frac{a_v}{1 + e_1} = \frac{0.11}{1 + 1.67} = 0.04(\text{cm}^2/\text{kgf})$$

(2) 식 (6.29)에서

$$\Delta H = m_v \Delta p H = 0.04 \times (3.2 - 1.6) \times 1.64 = 0.11(\text{cm})$$

$$H = 1.64 - 0.11 = 1.53(\text{cm})$$

[예 7.3] 어느 지반 점토층의 두께가 8.4m이었다. 이 점토층의 시료에 대하여 압밀 시험을 한 결과가 예 7.2와 같았다. 이 점토층의 침하량은 얼마인가?

[풀이] 식 (6.29)에서

$$\Delta H = m_v \Delta p H = 0.04 \times 1.6 \times 840 = 53.76(\text{cm})$$

[예 7.4] 어느 점토시료의 간극비가 1.42, 액성한계가 42%이다. 두께가 4m인 이 점토층 위에 구조물을 축조하여 압력이 6.0tf/m^{2}에서 6.0tf/m^{2}만큼 증가하였다. 이 점토층의 압밀 침하량을 구하시오.

[풀이] 식 (6.19)에서

$$C_c = 0.009(LL - 10) = 0.009(42 - 10) = 0.2880$$

식 (6.33)에서

$$\Delta H = \frac{C_c}{1+e} H \log \frac{(p_1 + \Delta p)}{p_1} = \frac{0.2880}{1+1.42} \times 400 \times \log \frac{(6+6)}{6} = 14.33(\text{cm})$$

7.5 1차원 압밀 이론

Terzaghi(1925)는 포화점토의 1차원 압밀 이론을 처음으로 제안하였다. 식으로 제안할 때의 가정은 다음과 같다.

1. 흙은 균질이다.
2. 흙은 포화되어 있다.
3. 흙입자와 물은 불압축성이다.
4. 간극수의 흐름은 상하로 일차원이다.
5. Darcy의 법칙은 유효하고, 투수계수는 변하지 않는다.
6. 간극비는 유효응력에 반비례한다.

그림 7.11과 같이 압밀을 일으키는 점토층이 모래층 사이에 놓여 있다. 상부의 재하중에 의해 점토층에 응력 증가분이 $\Delta\sigma$라 하면 점토층 내의 간극수압은 증가할 것이다. A점의 간극수압은 증가하고, 물은 연직방향으로 빠져나가고 과잉간극수압은 점차 감소할 것이다.

그림 7.11(b)는 A점을 통과하는 물의 흐름을 보여주는 것이다. A점을 통과할 때에 유입된 물의 양과 유출되는 물의 양이 같으면 체적 변화는 없을 것이다. 또한 유출되는 양이 유입된 양보다 많으면 체적은 감소할 것이다. 그 감소량은 유출량과 유입량의 차만큼 일어날 것이다. 따라서 그림 7.11(b)에서 상하면의 유출, 유입량의 차는 체적 변화율이 될 것이다.

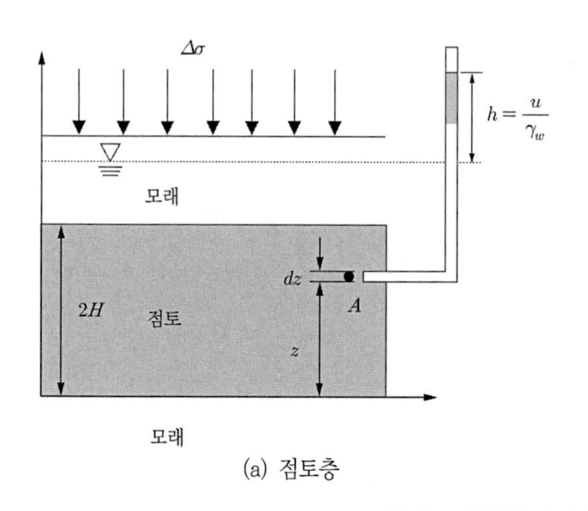

(a) 점토층

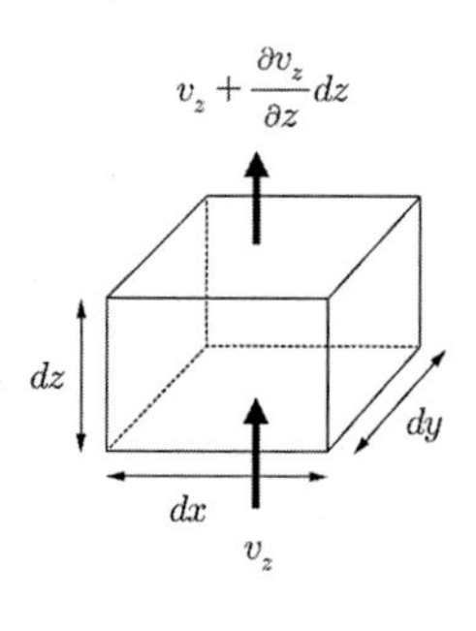

(b) A점 위치의 물의 흐름

그림 7.11 점토층의 압밀

$$\left(v_z + \frac{\partial v_z}{\partial z}dz\right)dxdy - v_z dxdy = \frac{\partial V}{\partial t} \tag{7.34}$$

여기서 V : 흙 요소의 체적

v_z : z방향의 유속

식 (7.34)를 정리하면 다음과 같다.

$$\frac{\partial v_z}{\partial z}dxdydz = \frac{\partial V}{\partial t} \tag{7.35}$$

Darcy의 법칙을 적용하면 다음과 같다.

$$v_z = ki = -k\frac{\partial h}{\partial z} = -\frac{k}{\gamma_w}\frac{\partial u}{\partial z} \tag{7.36}$$

식 (7.36)의 u는 그림 7.11에서 응력 증가에 의해 증가된 간극수압, 즉 과잉간극수압이다. 식 (7.36)을 식 (7.35)에 대입하면 다음과 같다.

$$\frac{\partial V}{\partial t} = -\frac{k}{\gamma_w}\frac{\partial^2 u}{\partial z^2}(dxdydz) \tag{7.37}$$

식 (7.37)은 단위 시간에 흙 속에서 잃어버린 물의 양이 된다.

그림 7.11 A점의 미소 요소의 체적 변화를 보면, 미소시간(Δt)에 증가한 유효응력($\Delta\sigma' = \Delta\sigma - \Delta u$)에 의해 체적 변화가 일어난다. 식 (7.28)에서 다음과 같이 유도된다.

$$m_v = \frac{\Delta V/V}{\Delta P} \tag{7.28}$$

위 식에서 다음과 같이 변경하여 전개해보자.

$$\Delta V = m_v \Delta P V = m_v \Delta\sigma' (dxdydz)$$
$$= m_v \ \Delta(\sigma - u) \ (dxdydz) \tag{7.38}$$

시간에 따른 체적 변화율은 다음과 같다.

$$\frac{\partial V}{\partial t} = m_v \frac{\partial(\sigma - u)}{\partial t}(dxdydz) = - m_v \frac{\partial u}{\partial t}(dxdydz) \tag{7.39}$$

따라서 식 (7.37)과 식 (7.39)는 같다.

$$\frac{\partial V}{\partial t} = - \frac{k}{\gamma_w} \frac{\partial^2 u}{\partial z^2}(dxdydz) = - m_v \frac{\partial u}{\partial t}(dxdydaz) \tag{7.40}$$

$$\frac{\partial u}{\partial t} = \frac{k}{m_v \gamma_w} \frac{\partial^2 u}{\partial z^2} \tag{7.41}$$

위 식에서 다음과 같이 두면 식이 간편하게 정리된다.

$$C_v = \frac{k}{m_v \gamma_w} = \frac{k(1+e)}{a_v \gamma_w} \tag{7.42}$$

여기서 C_v : 압밀계수(coefficent of consolidation, cm^2/s)

압밀계수가 크면 투수계수 또는 압력증가량이 크다는 것을 의미하며 압밀의 속도가 빠르다. 반대로 적으면 압밀 속도가 느리다. 식 (7.41)을 다시 표현하면 다음과 같다.

$$\frac{\partial u}{\partial t} = C_v \frac{\partial^2 u}{\partial z^2} \tag{7.43}$$

식 (7.43)은 Terzaghi의 압밀 이론의 기본 미분방정식이다. 이 기본 미분방정식을 풀면 그림 7.11의 z위치의 A점의 상재하중 작용 이후 t시간의 과잉간극수압의 크기를 나타낸다. 즉, 압밀 층의 임의 위치의 과잉간극수압은 깊이(z)와 시간(t)의 함수이다.

식 (7.43)을 풀기 위해서는 경계조건을 알아야 한다. 경계조건은 다음과 같다.

$z=0$일 때, 공극수압 $u=0$

$z=2H$일 때, 공극수압 $u=0$

$t=0$(재하순간)일 때, $u=u_0$

경계조건을 이용한 해는 다음과 같다.

$$u=\sum_{m=0}^{\infty}\left[\frac{2u_0}{M}\sin\left(\frac{Mz}{H_d}\right)\right]e^{-M^2T_v} \tag{7.44}$$

여기서 m : 정수

u_0 : 초기 과잉간극수압(그림 7.11에서는 $u_0=\Delta\sigma$)

$M=\frac{\pi}{2}(2m+1)$

T_v : 시간계수

H_d : 간극수의 최대 배수거리(그림 7.11에서는 $H_d=H$)

시간계수는 다음과 같으며, 무차원이다.

$$T_v=\frac{C_v t}{H_d^2} \tag{7.45}$$

식 (7.44)와 식 (7.45)의 H_d는 압밀을 일으키는 점토층에서 간극수의 최대 배수거리를 말한다. 배수거리는 그림 7.12와 같다.

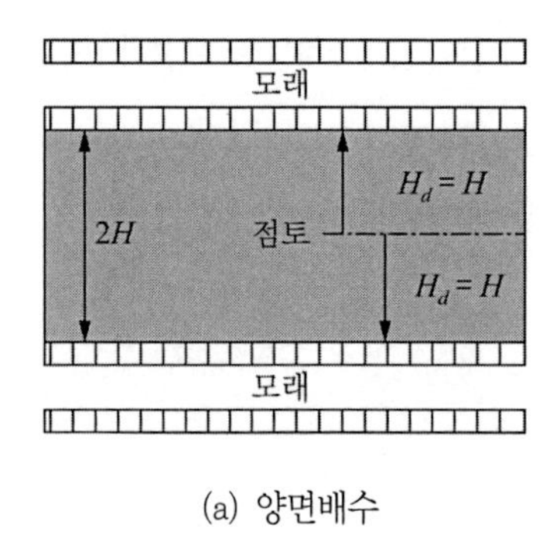

(a) 양면배수

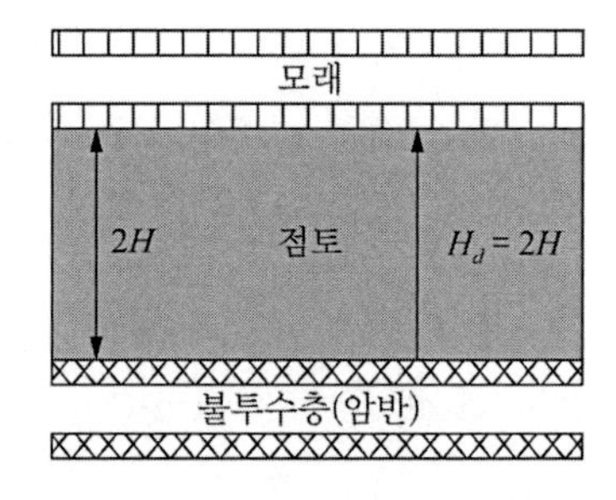

(b) 일변배수

그림 7.12 배수거리

압밀 층이 모래와 같은 투수성이 좋은 층 사이에 있을 때에는 물이 상하 양쪽으로 배수되므로 양면배수라 하고, 이때에는 압밀 층 두께의 절반이 최대 배수거리가 된다. 압밀 층의 상하층 중 한 층이 불투수층으로 되어 있으면 모든 물은 배수층 쪽으로 배수가 되어야 하므로 최대 배수거리는 압밀 층 두께와 같다.

식 (7.44)는 재하 시 초기의 과잉간극수압이 u_0인 것이 임의의 시간 t에서 z 위치의 과잉간극수압 u를 나타내는 것이다. 따라서 그 차이 $u_0 - u$는 간극수의 배출에 사용된 힘이다. 이 힘에 의하여 재하된 이후 임의의 시간 t까지 압밀이 이루어진 것이다. 압밀의 양은 식 (7.29)에서 응력 증가량에 비례하므로, t시간까지 일어난 압밀의 율은 다음과 같이 표현된다. 이 백분율을 압밀도(degree of consolidation, U_z)라 한다.

$$U_z = \frac{e_1 - e}{e_1 - e_2} = \frac{u_0 - u}{u_0} = 1 - \frac{u}{u_0}$$
$$= \frac{\Delta\sigma - u}{\Delta\sigma} = \frac{\Delta\sigma'}{\Delta\sigma} = 1 - \frac{u}{\Delta\sigma} \tag{7.46}$$

여기서 e_1, e_2 : 최초 및 최후의 간극비
e : 임의의 시간 t에서의 간극비
$\Delta\sigma'$: z 위치의 시간 t에서의 증가유효응력

또한 압밀도는 다음과 같이 간극수압, 시간계수 등의 함수이다.

$$U_z = f(T_v) = f\left(\frac{C_v t}{H_d^2}\right) \tag{7.47}$$

식 (7.44)와 식 (7.46)에 의해 임의의 시간(t)에서 임의 깊이(z)에서의 압밀도를 구할 수 있다. 이를 나타낸 것이 그림 7.13이다.

임의의 시간(t)에서 점토층의 전 깊이에 대한 평균압밀도를 식 (7.46)으로부터 구할 수 있다. 평균압밀도는 전 침하량에 대한 시간(t)에서의 침하량의 비이다.

$$U = \frac{S_{c(t)}}{S_c} = 1 - \frac{\left(\frac{1}{2H_d}\right)\int_0^{2H_d} u\,dz}{u_0} \tag{7.48}$$

여기서 U : 압밀 층의 전 두께에 대한 평균압밀도

$S_{s(t)}$: 시간 t에서의 압밀 침하량

S_c : 식 (7.29), (7.31), (7.33)에 의한 일차압밀에 의한 최종 침하량

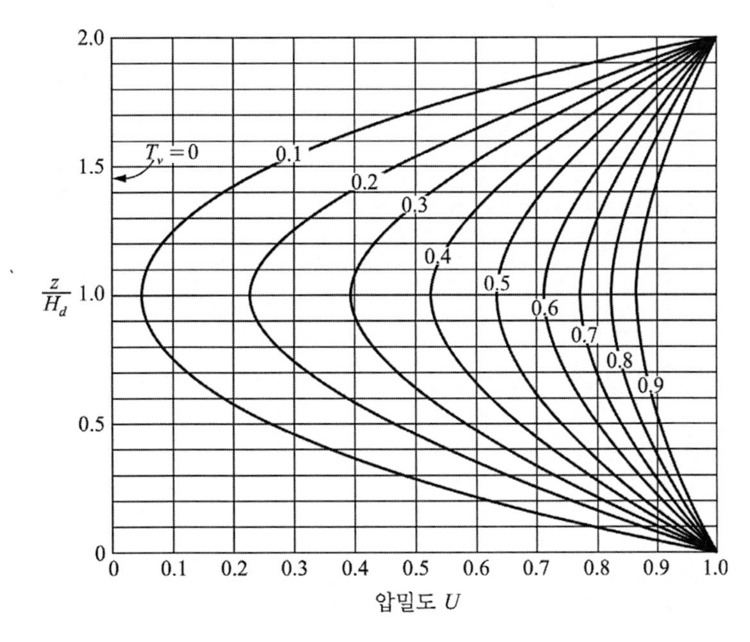

그림 7.13 압밀도

식 (7.48)에 식 (7.44)를 대입하면 압밀도와 시간계수의 관계는 다음과 같다.

$$U = 1 - \sum_{m=0}^{m=\infty} \frac{2}{M^2} e^{-M^2 T_v} \tag{7.49}$$

무차원 시간계수와 평균압밀도와의 관계는 그림 7.14와 같다.

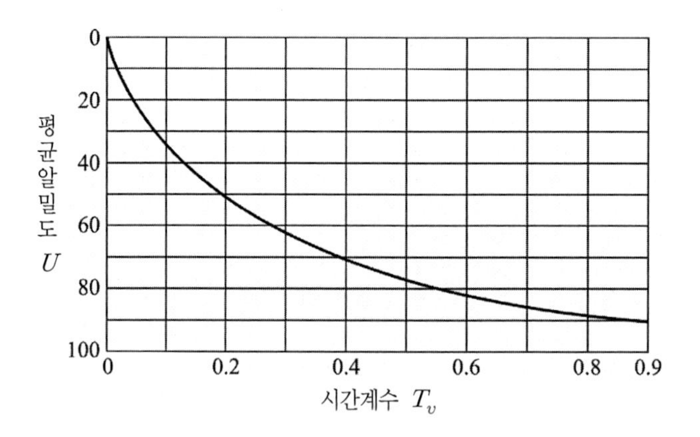

그림 7.14 시간계수-평균압밀도

이 경우는 초기 간극수압이 전 층에 균일하게 u_0만큼 발생하였을 때이다.

이 경우 $U - T_v$ 관계는 압밀 계산에 잘 사용되며, 표 7.2와 같다.

표 7.2 압밀도와 시간계수

U	0.10	0.20	0.30	0.40	0.50	0.60	0.70	0.80	0.90
T_v	0.008	0.031	0.071	0.126	0.197	0.287	0.403	0.567	0.848

[예 7.5] 두께 6m의 점토층이 있다. 이 점토층이 모래층과 불투수층 사이에 끼어 있을 때와 모래층 사이에 끼여 있을 때 압밀도 50%의 압밀이 진행되는 데 소요되는 시간을 구하시오(압밀계수는 $2.68 \times 10^{-3} \mathrm{cm^2/s}$ 이다).

[풀이] 첫째, 모래층과 불투수층 사이일 때 배수거리는 점토층 두께와 같다.

$$t_{50} = \frac{T_{50}H^2}{c_v} = \frac{0.197 \times 600^2}{2.68 \times 10^{-3}} = 26,462,687(\mathrm{s})$$
$$= 7,350.75(\mathrm{hr}) = 306.28(\mathrm{day})$$

둘째, 모래층 사이일 때 배수거리는 두께의 1/2이다.

$$t_{50} = \frac{0.197 \times 300^2}{2.68 \times 10^{-3}} = 6,615,672(\mathrm{s}) = 1,837.69(\mathrm{hr})$$
$$= 76.57(\mathrm{day})$$

[예 7.6] 예 7.5에서 양면배수일 때 100일이 지나면 전체 침하량의 몇 % 정도 침하하는가?

[풀이] 식 (7.45)에서

$$T_v = \frac{tC_v}{H^2} = \frac{2.68 \times 10^{-3}}{300^2} \times 100 \times 24 \times 60 \times 60 = 0.26$$

그림 7.14에서 $T_v = 0.26$일 때 압밀도(U) = 58%

7.6 압밀계수

압밀계수는 압밀의 시간을 계산하는 데 필요한 계수이다. 일반적으로 Casagrande와 Fadum (1940)에 의해 제안된 $\log t$ 법과 Taylor(1942)에 의하여 제안된 $\sqrt{t}$ 법이 있다. 또한 최근에 제안된 쌍곡선법(Sridharan과 Prakash, 1985)과 초기 단계 $\log t$ 법(Robinson과 Allam, 1996)이 있다.

1) $\sqrt{t}$ 법

$\sqrt{t}$ 법(square-root-of-time method)은 주어진 하중증가에 대해 발생하는 변형량을 $\sqrt{t}$ 의 함수로 나타낸 것이다.

그림 7.15와 같이 $U-\sqrt{T_v}$ 의 이론곡선은 압밀도 60%까지는 거의 직선이다. 이 이론곡선을 침하량(d)와 시간(t) 관계로 나타내면 $d-\sqrt{t}$ 로 나타내도 그 곡선의 꼴은 같다.

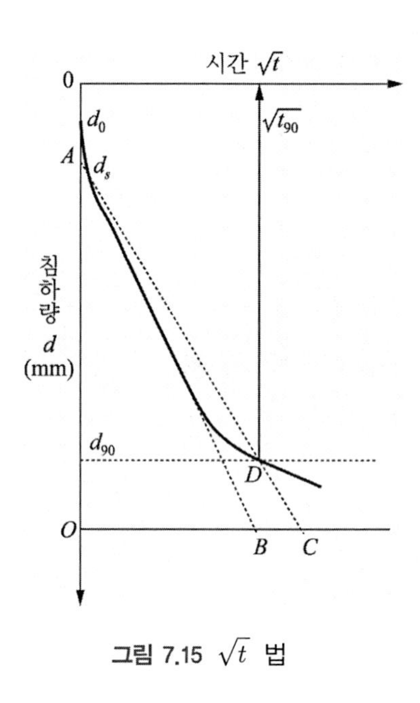

그림 7.15 $\sqrt{t}$ 법

작도법은 다음과 같다.

① 어느 하중 단계에 대한 침하량(d)과 압밀 시간($\sqrt{t}$)에 대한 좌표를 설정한다.

② 그래프에서 초기 직선 부분의 연장선과 침하량 축과의 만나는 A점 d_s를 구한다. 이 점이 직선부의 시작점이다.

③ 이 직선부 기울기의 1.15배의 직선을 긋는다. 즉, $\overline{OC}=1.15\overline{OB}$가 되는 AC선을 긋는다.

④ AC선과 압밀 곡선과의 만나는 점 D에 해당하는 $\sqrt{t}$ 축의 값이 $\sqrt{t_{90}}$ 이다. 이는 $U=$ 90%를 일으키는 데 필요한 시간이다.

⑤ 압밀도 $U=90\%$의 시간계수 $T_v=0.848$이므로 압밀계수는 다음과 같이 계산된다.

$$C_v = \frac{0.848 H_d^2}{t_{90}} \tag{7.50}$$

C_v 값은 각 압밀 하중 단계마다 위와 같은 방법으로 구할 수 있다.

$U-\sqrt{T_v}$ 관계 곡선은 그림 7.15와 같은 꼴이므로 위 관계를 이 곡선에서 증명해본다.

$0\% < U < 60\%$ 구간에서는 곡선이 다음과 같은 식에 가깝다.

$$U = \frac{2}{\sqrt{\pi}} \sqrt{T_v} = 1.13 \sqrt{T_v} \tag{7.51}$$

식 (7.51)에서 $U=90\%$일 때 $\sqrt{T_v}=0.80$이다. 실제 이론식에서는 $U=90\%$일 때 $T_v=0.848$이므로 $\sqrt{T_v}=0.92$이다. 따라서 $U=90\%$에 대해서 두 값의 비는 0.92/0.80=1.15이다. 기울기의 1.15배를 하는 근거이다.

2) $\log t$ 법

$\log t$ 법은 주어진 하중증가에 대해 발생하는 변형량을 $\log t$의 함수로 그림 7.16과 같다.

① 어느 하중 단계에 대한 침하량(d)과 압밀 시간($\log t$)에 대한 좌표를 설정한다.

② 일차압밀 곡선의 직선부와 이차압밀 직선부의 연장선의 만나는 점 A가 일차압밀의 종료점이 된다. A점의 침하량 좌표축의 값을 d_{100}이라 한다.

③ 압밀 곡선의 초기 부분은 포물선에 가까운 곡선이다. 곡선구간 위에서 $t_1 = (1/4)t_2$가 되는 점 B, C를 잡고, B, C점의 침하량 차를 Δd라 하면, B점에서 침하량이 Δd만큼 적은 DE선이 만나는 점의 침하량을 d_0라 한다.

④ $d_{50} = \dfrac{d_0 + d_{100}}{2}$는 점 F에 해당하는 t_{50}을 구한다.

⑤ 압밀도 $U=50\%$의 시간계수 $T_v=0.197$이므로 압밀계수는 다음과 같이 계산된다.

$$C_v = \frac{0.197 H_d^2}{t_{50}} \tag{7.52}$$

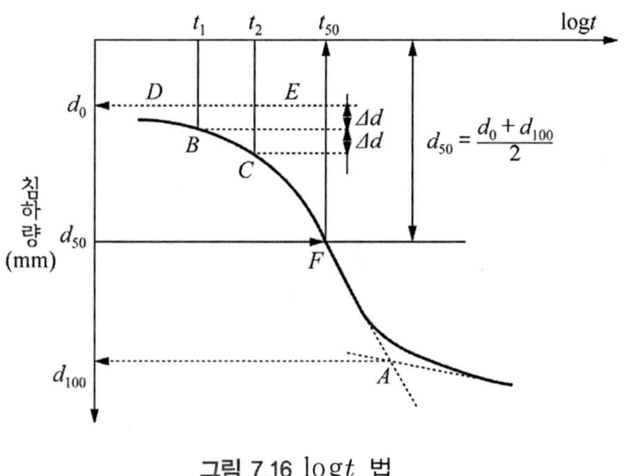

그림 7.16 $\log t$ 법

[예 7.7] 다음은 흐트러지지 않은 점토시료로 압밀 시험을 한 결과이다. $e-\log p$ 곡선을 그려라. 또 선행압밀 하중과 압축지수(C_c)를 구하시오.

재하	하중 p(kgf/cm²)	0	0.2	0.4	0.8	1.6	3.2	6.4	12.8
	최종 침하량 Δh(1/100mm)	0	17	40	71	122	221	364	482

제하	하중 p(kgf/cm²)	6.4	1.6	0.4	0
	최종 침하량 Δh(1/100mm)	480	477	441	374

- 시험 전 공시체의 두께 $H_0=1.98$cm, 시험 후 공시체 두께 $H=1.50$cm
- 시험 후 공시체의 건조무게 $W_s=64.62$gf
- 시료의 비중 $G_s=2.64$, 공시체의 직경 $d=6.0$cm

[풀이] 흙입자만의 높이 $H_s=\dfrac{W_s}{G_sA\gamma_w}=\dfrac{64.62}{2.64\times 28.26}=0.8661(\text{cm})$

초기 간극비 $e_0=\dfrac{H_0-H_s}{H_s}=\dfrac{H_0G_sA\gamma_w}{W_s}-1=\dfrac{1.98-0.8661}{0.8661}=1.2861$

각 하중 단계에서의 간극비 $e=e_0-\dfrac{\Delta h}{H_s}$

p(kgf/cm²)	Δh(mm)	공시체 높이 $2H$(cm)	$\Delta e=\Delta h/H_s$	$e=e_0-\Delta e$
0	0	1.98	0	1.2861
0.2	0.17	1.963	0.0196	1.2665
0.4	0.40	1.940	0.0462	1.2399
0.8	0.71	1.909	0.0820	1.2041
1.6	1.22	1.858	0.1409	1.1452
3.2	2.21	1.759	0.2552	1.0309
6.4	3.64	1.616	0.4204	0.8685
12.8	4.82	1.498	0.5565	0.7296
6.4	4.80	1.500	0.5542	0.7319
1.6	4.77	1.503	0.5507	0.7354
0.4	4.41	1.539	0.5092	0.7769
0	3.74	1.606	0.4318	0.8543

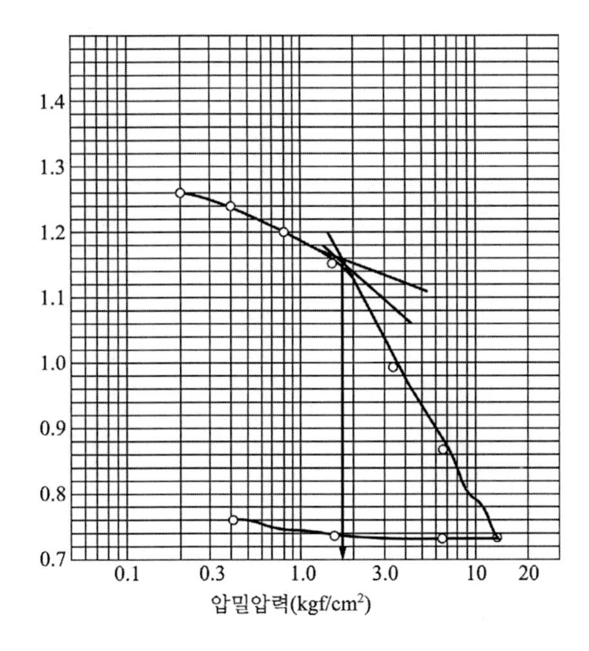

$e-\log p$ 곡선에서 선행하중 $p_0=1.8\text{kgf/cm}^2$,

$$\text{압축지수 } C_c=\frac{e_1-e_2}{\log\left(\frac{p_2}{p_1}\right)}=\frac{1.03-0.73}{\log\left(\frac{12.8}{3.2}\right)}=0.50$$

[예 7.8] 예 7.7에서 하중강도 1.6kgf/cm^2일 때, 압밀 시간과 침하량은 표와 같다. 압밀계수 C_v를 구하시오.

시간(t)	침하량(1/100mm)	시간(t)	침하량(1/100mm)
0초	122	15분	187
8(0.13분)	125	30	199
15(0.25)	129	1시간(60분)	202
30(0.5)	133	2(120)	203
1분	144	4(240)	204
2	151	8(480)	206
4	160	12(720)	208
8	175	24(1,440)	221

[풀이] (1) $\log t$ 법

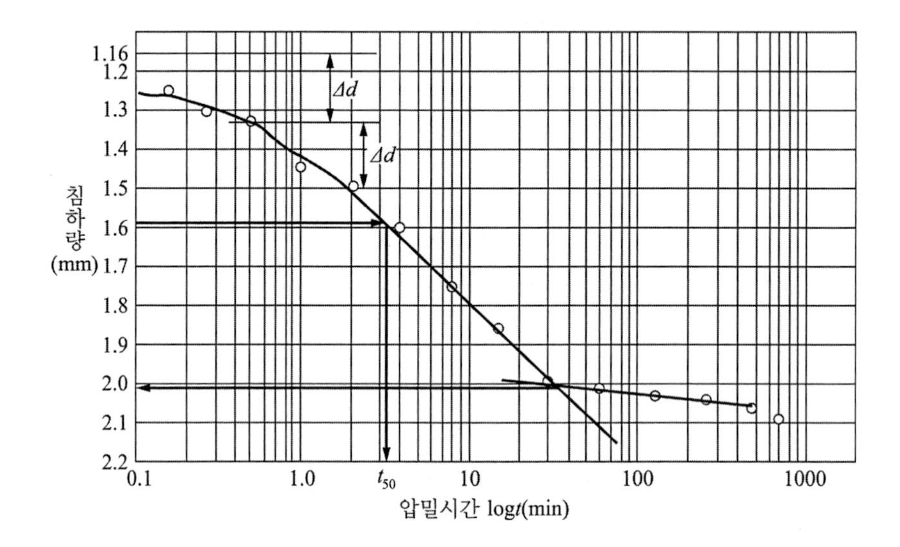

그림에서 $d_0 = 1.16\text{mm}$, $d_{100} = 2.01\text{mm}$

$$d_{50} = \frac{d_0 + d_{100}}{2} = \frac{1.16 + 2.01}{2} = 1.59\text{mm}, \ t_{50} = 3.3\text{min}$$

예 7.7에서 하중강도 1.6kgf/cm^{2}일 때의 평균 시료 두께(=배수거리)

$$H = \frac{1.858 + 1.759}{2} = 1.81\text{cm}$$

따라서 압밀계수 $C_v = \dfrac{0.197 \times (1.81/2)^2}{3.3} = 0.049(\text{cm}^2/\text{min})$

(2) $\sqrt{t}$ 법

시간(t)	$\sqrt{t}(\text{min})$	침하량(1/100mm)	시간(t)	$\sqrt{t}(\text{min})$	침하량(1/100mm)
0초	0	122	15분	3.87	187
8(0.13분)	0.36	125	30	5.48	199
15(0.25)	0.50	129	1시간(60분)	7.75	202
30(0.5)	0.71	133	2(120)	10.95	203
1분	1	144	4(240)	15.49	204
2	1.41	151	8(480)	21.91	206
4	2	160	12(720)	26.83	208
8	2.83	175	24(1,440)	37.95	221

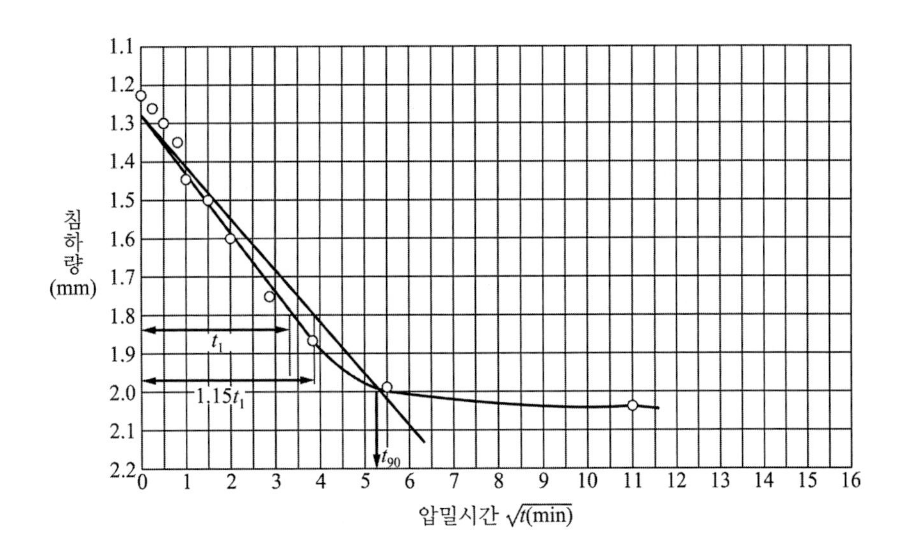

그림에서 $t_{90} = 5.3\text{min}$

$$압밀계수\ C_v = \frac{0,848 \times (1.81/2)^2}{5.3^2} = 0.024(\text{cm}^2/\text{min})$$

[예 7.9] 예 7.8에서 이 하중 단계에서 압밀이 50%, 90% 일어나는 데 걸리는 시간은 얼마나 되는가? 이 시험에 사용한 시료는 4m 두께의 점토층에서 채취한 것이다. 이 점토층 상하에 모래층이 있다. 이 점토층이 같은 하중을 받았을 때의 압밀 시간을 구하시오.

[풀이] 예 7.8에서 구한 두 압밀계수의 평균을 사용하면 다음과 같다.

$$C_v = (0.049 + 0.024)/2 = 0.037(\text{cm}^2/\text{min})$$

$$t_{50} = \frac{0.197 \times (1.81/2)^2}{0.037} = 4.36(\text{min})$$

$$t_{90} = \frac{0.848 \times (1.81/2)^2}{0.037} = 18.77(\text{min})$$

현장의 점토층의 압밀 시간

$$t_{f50} = 4.36 \times (400/1.81)^2 = 212,936(\text{min}) = 3,549(\text{hr})$$

$$t_{f90} = 18.77 \times (400/1.81)^2 = 916,700(\text{min}) = 15,278(\text{hr})$$

[예 7.10] 예 7.8에서 이 하중단계에서 평균투수계수를 구하시오.

[풀이]

하중강도 $p_1 = 1.6\text{kgf/cm}^2 \quad e_1 = 1.15$

$p_2 = 3.2\text{kgf/cm}^2 \quad e_2 = 1.0$

$$압축계수\ a_v = \frac{e_1 - e_2}{p_2 - p_1} = \frac{1.15 - 1.03}{3.2 - 1.6} = 0.075(\text{cm}^2/\text{kgf})$$

평균간극비 $e_{av}=(1.15+1.03)/2=1.09$

평균투수계수 $k_{av}=\dfrac{C_v a_v \gamma_w}{1+e}=\dfrac{0.037\times 0.075\times 1\times 10^{-3}}{1+1.09}=1.33\times 10^{-6}\text{cm/min}$

7.7 이차압밀

압밀층이 하중을 받아 침하하는 양은 7.4절에서 언급한 것과 같이 과잉간극수압이 소산되면서 일어나는 일차압밀량과 과잉간극수압이 사실상 모두 소산된 이후 일어나는 이차압밀 침하량으로 이루어진다. 이 이차압밀은 많은 학자들을 통해 레올로지(rheology)로 설명되고 있다.

그림 7.17과 같이 이론압밀 곡선과 실제 현장에서 일어나는 압밀 곡선에는 차이를 보이고 있다. 이 차이에는 여러 가지 오차의 요인이 있을 수 있다.

이론 계산에 이용되는 계수의 오차 등에 의한 것은 제외하고, 일반 재료의 creep 변형에 해당하는 이차압밀 부분도 포함되어 있다. 유기질 흙과 압축성이 큰 무기질 흙에서는 일차압밀보다 이차압밀이 더 중요하다.

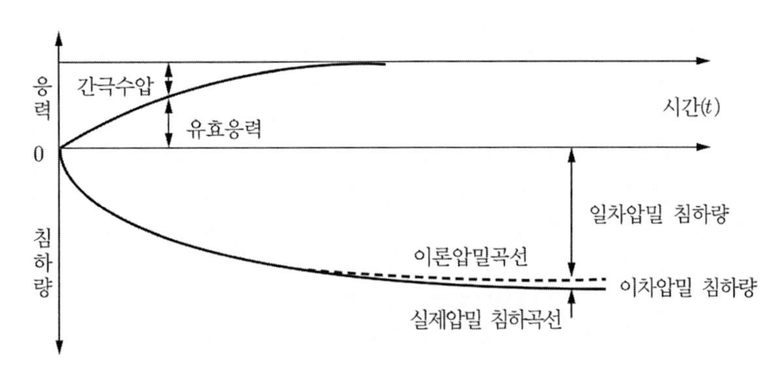

그림 7.17 이론압밀 침하와 실제압밀 침하

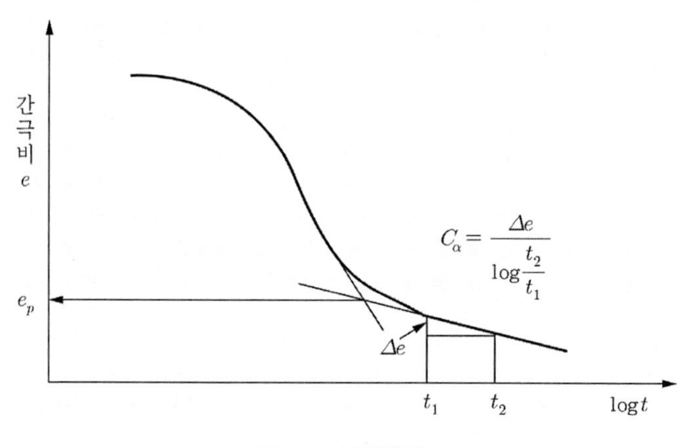

그림 7.18 이차압밀

이차압밀은 그림 7.16과 같이 $\log t$에 대한 곡선이 선형으로 나타나고 있다. 가해진 하중에 대한 간극비의 시간에 대한 변화를 $e-\log t$ 곡선으로 나타내면 그림 7.18과 같다. 이차압밀 부분의 직선의 기울기를 2차 압축지수라 하고 다음과 같이 나타낸다.

$$C_\alpha = \frac{\Delta e}{\log t_2 - \log t_1} = \frac{\Delta e}{\log(t_2/t_1)} \tag{7.53}$$

여기서 C_α : 2차 압축지수

Δe : t_1, t_2 시간의 간극비의 변화량

이차압밀량은 다음과 같이 계산할 수 있다.

$$S_s = \frac{C_\alpha}{1+e_p} H \log\left(\frac{t_2}{t_1}\right) \tag{7.54}$$

여기서 S_s : 이차압밀 침하량

e_p : (그림 7.18) 어느 하중단계에서 일차압밀 종료 시의 간극비

t_1 : 이차압밀 침하 시작시간(일차압밀 종료 시간)

t_2 : 이차압밀 침하 진행시간

그런데 식 (7.54)를 이용하는 데 일차압밀 종료시간 t_1을 알기가 어렵다는 것이다.

C_α / C_c의 값은 흙의 종류에 따라 거의 일정한 값을 가지며, Terzaghi et al(1996)은 다음 표 7.3과 같이 여러 흙에 대한 값을 제안하고 있다.

표 7.3 C_α / C_c의 대푯값(Terzaghi et al., 1996)

흙의 종류	C_α / C_c
입상토 및 암편	0.02±0.01
셰일 및 이암	0.03±0.01
무기질 점토 및 실트	0.04±0.01
유기질 점토 및 실트	0.05±0.01
이탄	0.06±0.01

7.8 연약지반의 압밀 해석

7.8.1 압밀층이 여러 층일 때

압밀을 일으키는 층이 매우 두꺼울 때는 그 층의 상, 중, 하 부분에 전달되는 응력의 크기가 매우 큰 차이를 보이기도 하고, 압밀을 일으키는 특성이 다를 수도 있다. 또 성질이 다른 여러 층을 이루고 있을 수도 있다. 이때에 압밀 침하량은 모든 층들의 압밀 침하량을 각각 계산하여 합산하면 전체의 침하량을 구할 수 있다. 그러나 압밀 시간 계산은 산술적인 합으로 계산될 수가 없다. 압밀 해석에서 침하량이나 침하시간은 대상층이 균질의 점성토라는 가정하에서 이루어지고 있다. 따라서 침하시간을 구하고자 할 때, 압밀 시간을 계산할 때 필요한 압밀계수를 전 층이 균일한 압밀계수로 환산한 층 두께로 계산하는 근사적으로 구하는 방법이 있다.

그림 7.19와 같이 여러 압밀 층으로 되어 있을 때 균일한 한 층으로 환산하는 방법을 살펴보자.

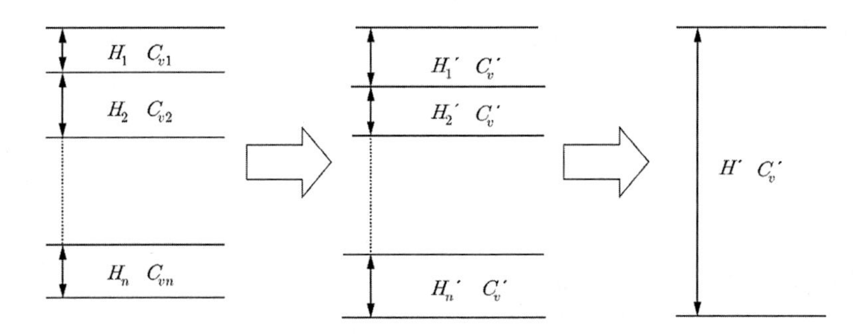

그림 7.19 여러 압밀 층을 균일한 층으로 추정 환산

두께가 H이고 압밀계수가 C_v인 압밀 층이 t시간에 압밀도 U를 나타내면 그 관계는 다음과 같다.

$$H = \sqrt{\frac{C_v t}{T_v}} \tag{7.55}$$

이와 동일한 시간에 동일한 압밀도를 나타내는 두께 H'이고 압밀계수 C_v'인 압밀 층이 있다면 이 층에 대한 관계는 다음과 같다.

$$H' = \sqrt{\frac{C_v' t}{T_v}} \tag{7.56}$$

식 (7.55)와 식 (7.56)에서 다음과 같은 관계가 이루어진다.

$$H' = \sqrt{\frac{C_v'}{C_v}} H \tag{7.57}$$

따라서 그림 7.19에서 H'는 다음과 같은 크기다.

$$\begin{aligned} H' &= H_1' + H_2' + \cdots + H_n' \\ &= H_1 \sqrt{\frac{C_v'}{C_{v1}}} + H_2 \sqrt{\frac{C_v'}{C_{v2}}} + \cdots + H_n \sqrt{\frac{C_v'}{C_{vn}}} \end{aligned} \tag{7.58}$$

H'와 C_v'로 가정하여 압밀 시간을 추정할 수 있다.

7.8.2 점증하중에 의한 압밀 침하

이론적 압밀 해석에 사용되는 하중은 모두 순간재하에 대한 것이다. 실제 현장에서는 여러 단계를 거쳐, 장시간에 걸쳐 압밀 침하량 계산에 사용하는 응력 증가량에 이른다. 따라서 재하의 형태가 이론과 실제 현상과는 다르다.

그림 7.20과 같이 t_1시간 동안 점진적으로 하중이 증가됐을 때의 침하곡선을 $t=0$에서 순간적으로 재하된 것의 침하곡선으로부터 보정된다. 보정과정은 다음과 같다.

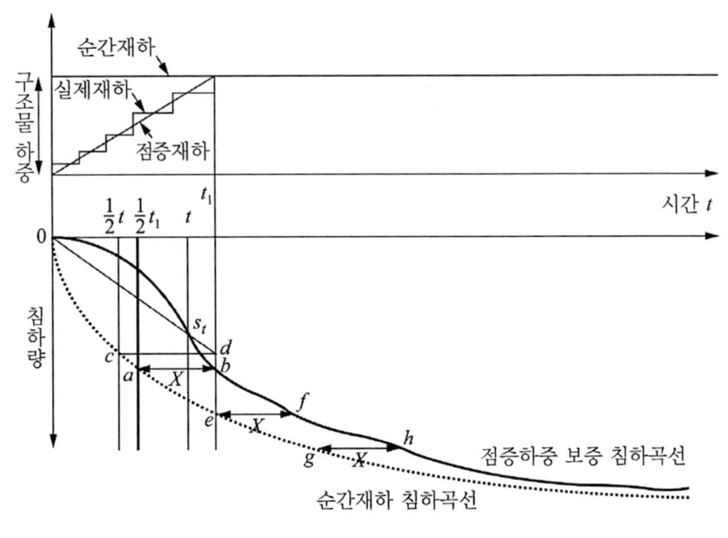

그림 7.20 점증하중에 대한 침하곡선

① 시공기간이 종료된 시간(t_1)의 (1/2)t_1에 대한 순간재하 침하곡선의 침하량 a점의 값을 t_1시간의 점증재하 침하곡선의 침하량 b점으로 한다.

② 임의의 시간(t)의 (1/2)t에 대한 순간재하 침하곡선의 침하량 c점을 t_1시간의 종선과 만나는 점 d에서 원점 0점과 맺는 직선과 t시간의 종선과의 만나는 점 s_t가 점증하중에 대한 침하곡선의 침하량이 된다.

③ t_1시간 이후부터는 순간재하에 대한 침하곡선의 a 이후 곡선이 수평으로 X만큼 이동한 것이 된다. 즉, $a \rightarrow b$, $e \rightarrow f$, $g \rightarrow h$로 이동한다.

7.9 프리로딩 공법

프리로딩(Preloading)은 선행재하를 의미하는 것으로, 지반이 건설 구조물에 의해 큰 침하가 예상될 때에 건설된 구조물에 피해가 가지 않도록 먼저 예상되는 침하를 일으키기 위해 본 구조물이 아닌 다른 하중으로 침하를 일으킨 후에 이 하중을 제거하고 본 구조물을 축조하는 단순 프리로딩(simple preloading)이 있고, 예상되는 침하를 빨리 일으키기 위하여 더 큰 하중으로 압력을 가하는 방법이 있다. 후자의 방법 중에 본 구조물을 축조할 때, 특히 기초 지반 상에 계획 높이 이상의 성토를 시행하고, 본 구조물 시공 후에 예상되는 침하량에 도달한 후에 더 높게 성토한 부분을 제거하는 방법인 여성토(extra surcharge) 공법이 있다. 이 방법의 핵심은 침하를 촉진시키는 것으로, 압밀 침하가 촉진되려면 간극수의 배출이 빨라야 하므로, 간극수의 압력을 크게 해서 간극수의 배출을 촉진시킨다.

그림 7.21과 같이 본 구조물의 성토(Δp)에 여성토(Δq)를 하였을 때, 이 여성토를 본 구조물 성토(Δp)일 때의 최종 침하량(S_{pf})의 x%에 달하기 위해 얼마 동안(t) 두었다가 제거하는지가 문제이다.

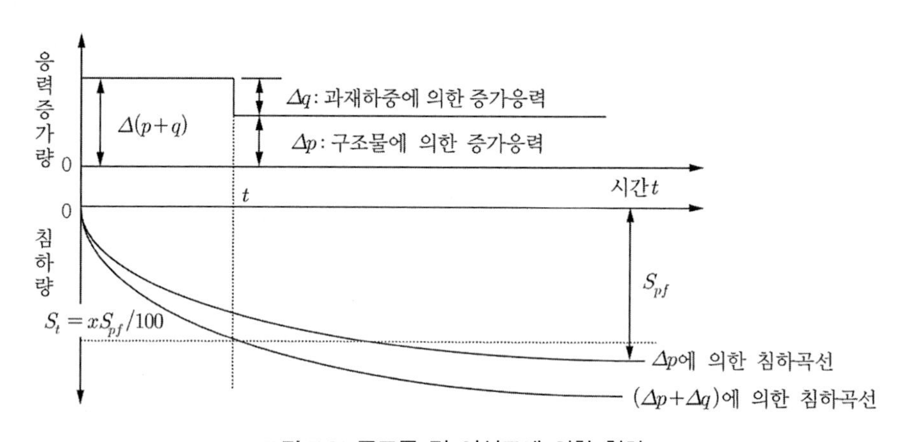

그림 7.21 구조물 및 여성토에 의한 침하

본 구조물의 하중과 여성토의 하중에 의해 시간 t가 경과한 후에 침하량(S_t)이 구조물 하중에 의한 최종 침하량(S_{pf})의 x%인 $xS_{pf}/100$와 같아졌다고 하면 다음 과정으로 결정한다.

1. Δp에 의한 침하량(S_{pf})과 $\Delta(p+q)$에 의한 침하량(S)을 식 (7.33)에 의해 구한다.

2. t시간 후 $\Delta(p+q)$에 의한 침하량 S_t가 Δp에 의한 침하량(S_{pf})의 $x\%$가 되었다면 다음과 같다.

$S_t = xS_{pf}/100$

3. S_t가 $\Delta(p+q)$에 의한 최종 침하량($S_{(p+q)f}$)에 대한 압밀도는 다음과 같다.

$$U = \frac{S_t}{S_{(p+q)f}} \times 100$$

4. 주어진 압밀도 U에 대한 시간계수 T_v를 그림 7.14에서 구한다.
5. 주어진 압밀도 U에 대한 시간을 계산한다.

$$t_{cal} = \frac{T_v H_d^2}{C_v}$$ 여기서 H_d : 배수거리

6. 다음을 판별한다.

$t_{cal} > t$이면 q를 증가시킨다.

$t_{cal} < t$이면 q를 감소시킨다.

$t_{cal} = t$때까지 위의 계산을 반복한다.

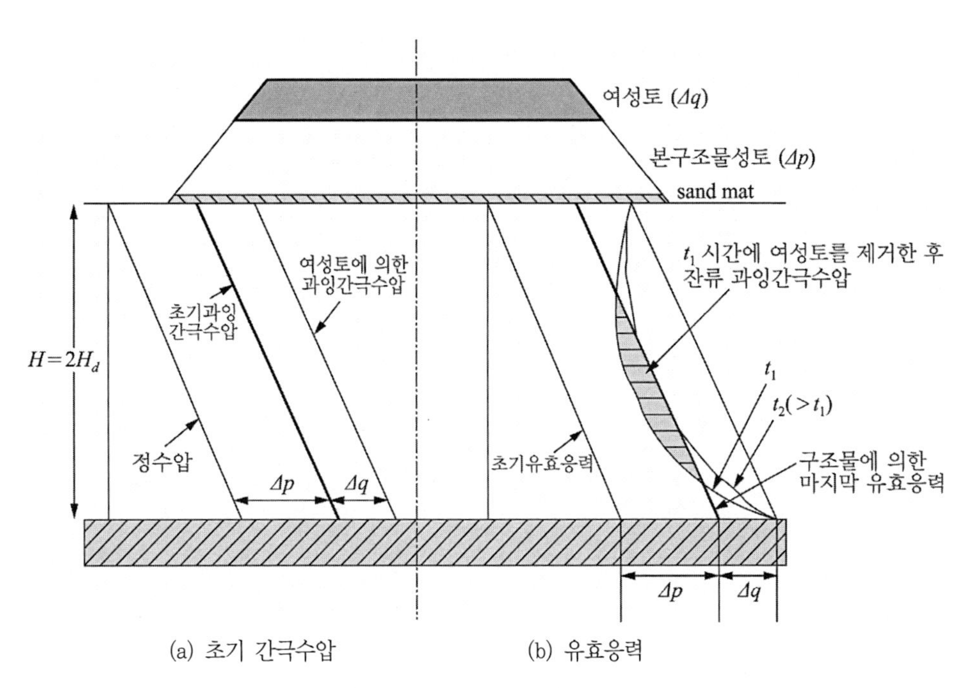

그림 7.22 여성토에 의한 압밀(Manfred, 1990)

아주 이상적인 상태는 여성토를 제거했을 때는 지반에 과잉간극수압이 존재하지 않는 것이다. 과잉간극수압이 남아 있으면 압밀이 진행되어 침하가 더 일어난다.

그림 7.22에 여성토에 의해 발생하는 과잉간극수압을 나타내었다. $x = 100\%$라도 t_1 시간에는 과잉간극수압이 배수층에서 먼 위치 또는 지표에서 먼 위치의 점토층에는 남아 있다. 따라서 t_2시간까지 여성토를 두는 것이 바람직하다.

또 다른 문제로 여성토 공법을 이용할 때에는 성토하중에 연약지반이 지지될 수 있는지를 검토하여야 하며, 기초 지반이 매우 연약할 때에는 단계별로 성토를 시행하거나 고강도 지오텍스타일(geotextile)로 보강한다.

7.10 압밀 촉진 공법

포화된 점토질 지반의 간극수의 배출에 의한 침하현상을 압밀이라 함은 7.1절에서 설명하였다. 어떤 응력의 증가에 의해 압밀이 진행되면 이 현상이 종료되는 데는 이론상 무한한 시간을 필요로 한다. 따라서 이런 지반 위에 구조물을 축조할 때에 건설 이후에 구조물에 유해한 침하를 일으키는 일이 생겨서는 안 된다. 그러므로 지반을 개량하여 침하가 일어나지 않게 한 후에 구조물을 축조하거나, 구조물에 의한 응력 증가로 일어날 침하를 사전에 빨리 일어나게 한 후에 구조물을 건설해 피해를 최소화하는 것이다.

Terzaghi의 1차원 압밀 이론에 의하면 압밀 시간은 배수거리의 제곱에 비례한다. 즉 배수거리를 짧게 해주면 압밀 시간을 매우 단축할 수 있음을 나타낸다. 또한 투수계수에도 큰 영향을 받는다. 투수성이 좋지 않은 점토지반에 투수성이 좋은 재료를 연직으로 설치하여 점토층의 수평방향의 흐름을 이용하고, 배수거리를 단축시키는 공법으로 연직배수 공법이 등장하게 되었다. 투수성이 좋은 재료로 모래를 사용하는 경우를 샌드드레인 공법(Sand drain method), 종이와 합성수지와 같은 공장 재품을 사용하는 경우를 페이퍼 드레인 공법(Paper drain method)이라 한다.

Porter(1930)가 연직배수에 대한 현장 시험 결과를 보고한 것이 최초이며, 1940년 후반에 시공기술이 급속이 진전되었다. 이후에 Barron(1948)이 연직배수 공법의 이론을 확립, 정착시켰다.

7.10.1 샌드드레인 공법

연직배수는 배수거리를 좁히는 것이 가장 효과적이므로, 모래기둥의 간격이 가장 중요하다. 그림 7.23에 샌드드레인 공법의 단면도를 그림 7.24에 샌드드레인의 배치 및 단면도로 나타내었다.

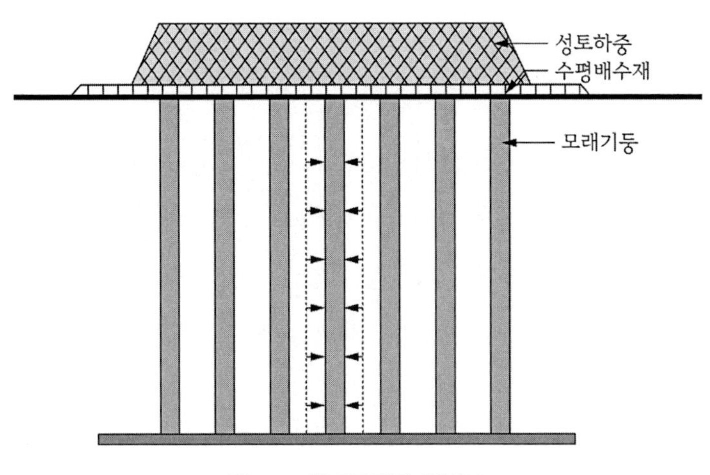

그림 7.23 샌드드레인 단면도

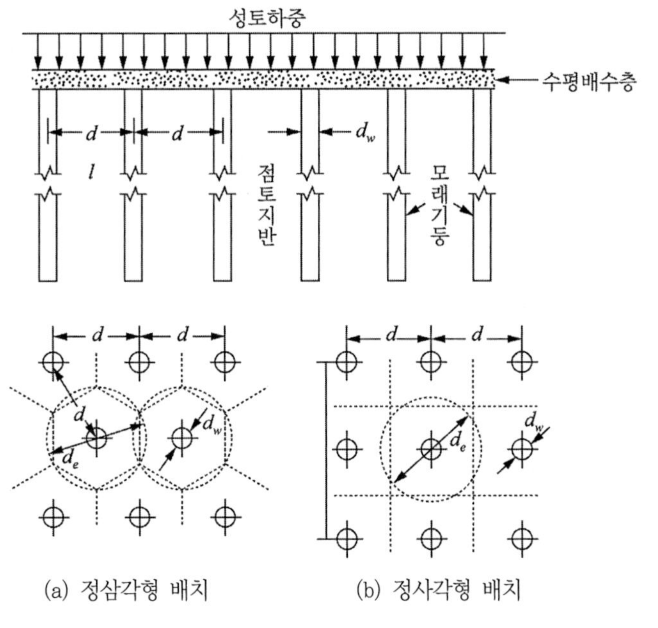

그림 7.24 샌드드레인의 간격 및 단면도

샌드드레인의 배치는 정삼각형 또는 정사각형으로 배치하며, 하나의 모래기둥의 영향 범위는 원으로 보며, 그 영향원의 유효직경은 다음과 같다.

• 정삼각형 배치 : $d_e = 1.05d$
• 정사각형 배치 : $d_e = 1.13d$

여기서 d : 모래기둥의 간격

당연히 모래의 간격은 점토층의 두께보다는 작아야 한다. 또한 자연 상태에서는 점토층의 투수계수는 수평방향의 투수계수가 연직방향의 투수계수보다 크다. 물론 물의 흐름이 연직보다 수평방향으로의 흐름이 좋다. 그러므로 압밀 시간은 모래기둥의 직경에 따라 크게 달라진다.

연직배수에 의한 압밀 해석은 Terzaghi의 압밀 이론을 3차원 극좌표로 표현한 다음 식의 해로부터 구한다.

$$\frac{\partial u}{\partial t} = C_h\left(\frac{\partial^2 u}{\partial r^2} + \frac{1}{r}\frac{\partial u}{\partial r}\right) + C_v\frac{\partial^2 u}{\partial z^2} \tag{7.59}$$

여기서 C_h : 수평방향의 압밀계수

식 (7.59)를 경계조건 및 초기조건에 의해 해를 구하면, 식 (7.49)처럼 압밀도와 시간계수 관계는 다음과 같다.

$$U_r = 1 - \exp\left(-\frac{8T_r}{F_{(m)}}\right) \tag{7.60}$$

여기서 $F(\mathrm{m}) = \frac{\mathrm{m}^2}{\mathrm{m}^2 - 1}\log_e \mathrm{m} - \frac{3\mathrm{m}^2 - 1}{4\mathrm{m}^2}$

$$m = \frac{d_e}{d_w}$$

여기서 d_e : 모래기둥의 영향원의 직경

d_w : 모래기둥의 직경

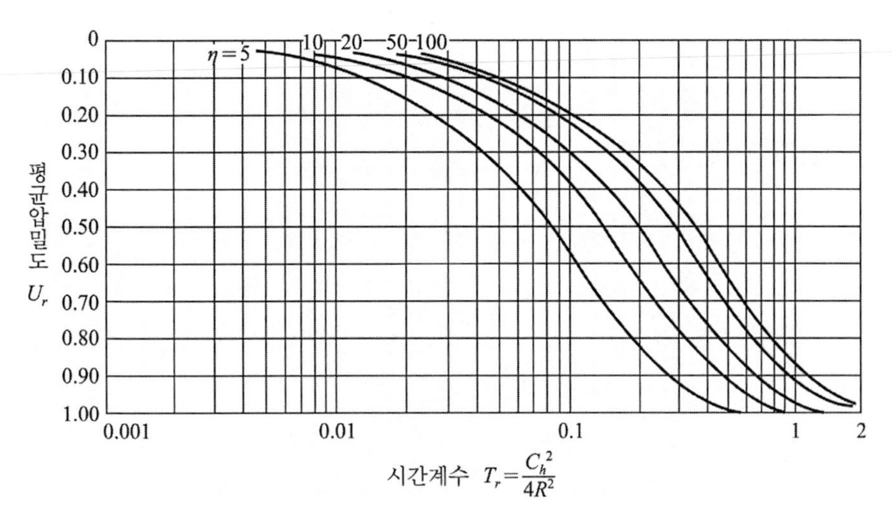

그림 7.25 샌드드레인의 $U_r - T_r$ 관계

점토층의 두께가 모래기둥의 간격에 비해 매우 크면 연직방향의 배수는 수평방향의 배수에 비해 매우 적으므로 무시하고, 수평방향의 배수만을 고려하여 압밀 시간을 구한다.

$$t = \frac{d_e^2}{C_h} T_r \tag{7.61}$$

모래기둥의 직경이 너무 크면 시공이 곤란하고 너무 적으면 모래기둥이 끊어지기 쉬워 확실한 시공을 기대하기가 어렵다. 보통 직경은 30~50cm정도이다. Carrilo(1942)는 연직방향의 평균압밀도(U)를 그림 7.14에서 구하고, 반경방향의 평균압밀도(U_r)를 그림 7.25에서 구하여 두 방향을 고려한 평균압밀도(U_{vr})는 다음과 같다.

$$U_{vr} = 1 - (1 - U)(1 - U_r) \tag{7.62}$$

지반 속에 모래기둥을 설치하기 위해 일반적으로 맨드렐(mandrel) 속에 모래를 채워 넣는

데, 이때 모래기둥 주위가 교란된다. 이 교란된 영역을 스미어존(smear zone)이라 한다. 이 영역은 투수성이 떨어지고 압밀 속도가 감소한다. 모래기둥 속의 물 흐름에 대한 저항(well resistance)이 생겨 에너지 손실이 생기고 압밀이 느려진다. 이들이 샌드드레인 공법에 영향을 준다.

7.10.2 페이퍼 드레인 공법

페이퍼 드레인 공법은 Kjellman(1948)에 의해 개발된 공법으로, 샌드드레인의 모래기둥 대신 연직배수재가 카드 보드(card board)라는 합성수지 계통으로 긴 띠 모양으로 되어 있다. 이 때문에 요즈음에는 플라스틱 보드 드레인(PBD, Plastic Board Drain)이라고 지칭한다. 연직배수재는 맨드렐을 이용하여 지중에 관입시킨다.

페이퍼 드레인에서 해석은 샌드드레인과 같은 방법으로 해석한다. 카드 보드의 직사각형 단면을 원형으로 환산하여 해석한다. 이때 직사각형의 둘레 길이와 환산하는 원 둘레 길이를 같게 한다.

$$d_w = \alpha \frac{2(b+t)}{\pi} \tag{7.63}$$

여기서 d_w : 환산한 원 직경

b, t : 카드 보드의 폭과 두께

α : 형상계수(합성수지 배수재 : $\alpha = 1$)

Hansbo(1979)는 Barron(1948)의 기본 방정식을 기초해 수평방향 배수만을 고려해 평균압밀도(U_h)를 다음과 같이 제시하였다.

$$U_h = 1 - \exp\left(-\frac{8T_h}{\mu}\right) \tag{7.64}$$

여기서 $T_h = C_h t / d_e^2$로 수평방향 시간계수이다.

또한 압밀 시간은 다음과 같이 계산한다.

$$t = \frac{d_e^2 \ \mu}{8C_h} \ln\left(\frac{1}{1-U_h}\right) = f_1 \ln\left(\frac{1}{1-U_h}\right) \tag{7.65}$$

여기서 $\mu = \frac{n^2}{n^2-1}\left[\ln(n) - \frac{3}{4} + \frac{1}{n^2}\left(1-\frac{1}{4n^2}\right)\right] \fallingdotseq \frac{n^2}{n^2-1}[\ln(n) - 0.75 + n^{-2}]$ (7.66)

$n = d_e/d_w$

d_e : 연직배수재의 유효집수 직경

연직배수재의 유효집수 직경은 다음과 같이 계산한다.

$$d_e = 2\sqrt{A/\pi} \tag{7.67}$$

여기서 A : 인접한 4개의 연직배수재의 중심 위치로 이루어지는 4각형 면적 평균압밀도 (U_h)와 압밀 시간(t), 계수(f_1)의 관계는 그림 7.26과 같다.

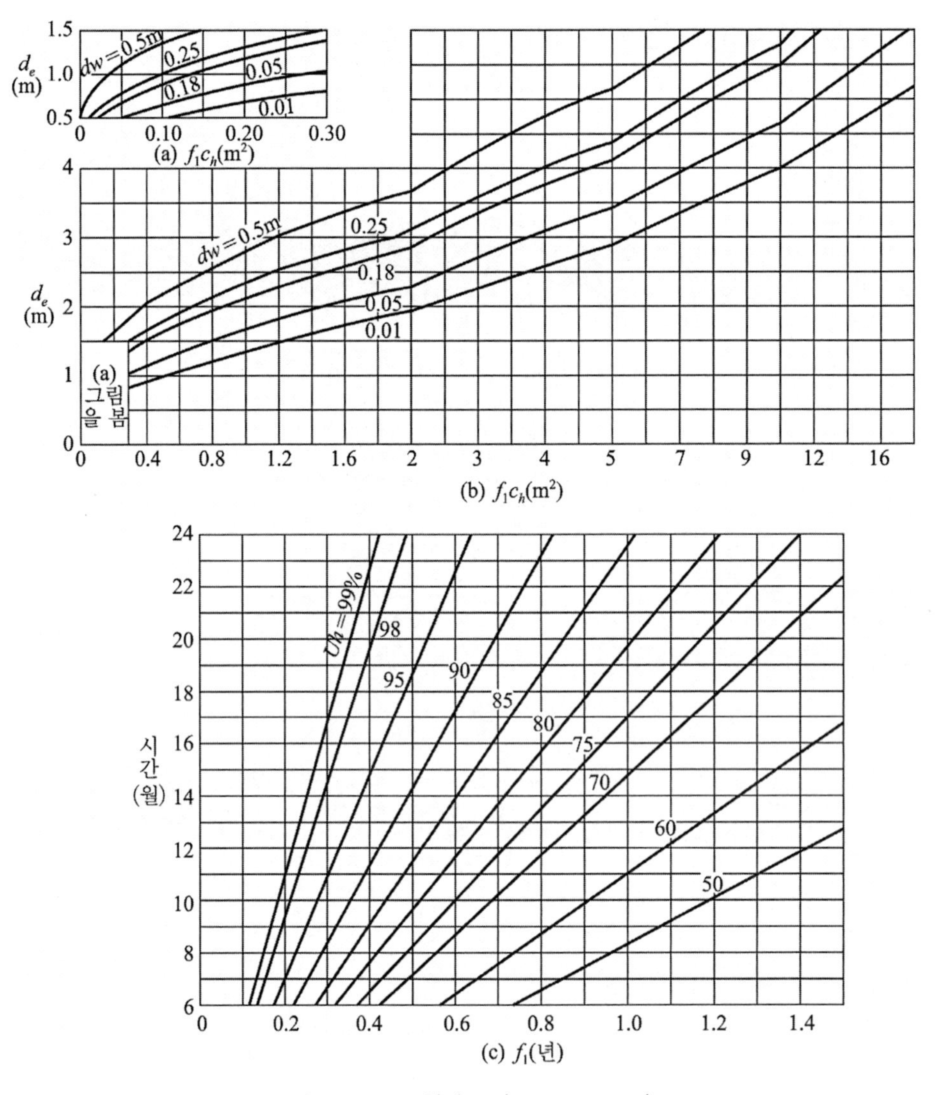

그림 7.26 PBD 설계도표(Hansbo, 1970)

7.11 실측 침하 곡선

연약지반 위에 구조물을 축조할 때에 사전에 지반을 개량하기 위하여 여러 가지 공법으로 지반을 처리하는 경우가 많다. 이 경우 계측기기를 설치하여 침하를 측정하고, 간극수압을 측정하여 침하 관리를 행하는 것이 일반적이다. 그러나 흙은 변형 특성이 복잡하고, 특히 지반은 균질하지 못하며, 이론 계산에 사용되어 지는 토질상수 추정의 문제점, 압밀 층이 두꺼울 때의 샌드 심(sand seam)의 존재 문제, 이차압밀 문제 등의 원인으로 설계 시에 가정한 침하량과 실제 침하량이 일치하지 않는 경우가 대부분이다. 따라서 실측침하량으로부터 역계산해 재계산하거나, 실측 침하량으로 시간에 대한 침하곡선을 만들어 이후의 침하를 예측하는 방법을 많이 사용하고 있다.

현장의 계측자료를 이용해 장래의 침하를 예측하는 방법으로 쌍곡선법(hyperbolic function method), Hoshino 법($\sqrt{t}$ 법), Asaoka 법 등이 있다.

7.11.1 쌍곡선법

쌍곡선법은 실측된 침하량의 시간에 대한 곡선이 쌍곡선을 이룰 것이라는 가정 아래 장래 침하량을 추정하는 방법이다.

장래 침하량 추정을 다음 식과 같이 가정한다.

$$S_t = S_0 + \frac{t}{\alpha + \beta t} \tag{7.68}$$

여기서 S_t : 성토 종료 후 경과시간 t에서의 침하량

S_0 : 성토 종료 직후의 침하량

t : 성토 종료 시점에서의 경과 시간

α, β : 계수

식 (7.68)을 변형하여 다음과 같이 일차식으로 표현한다.

$$\frac{t}{S_t - S_0} = \alpha + \beta t \tag{7.69}$$

식 (7.69)의 α, β는 그림 7.27에서 구한다.

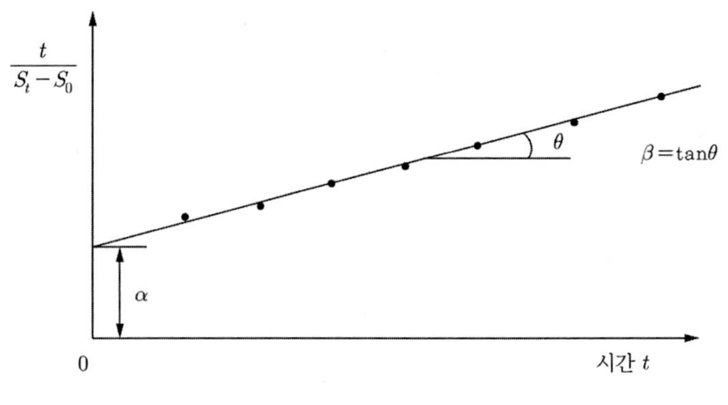

그림 7.27 쌍곡선법의 계수 구하는 법

7.11.2 $\sqrt{t}$ 법

Terzaghi의 압밀 이론에 의한 초기 침하곡선은 식 (7.51)과 같이 다음 식에 근사하는 것으로 나타낸다.

$$U(t) = 2\sqrt{\frac{t}{\pi}} = 1.13\sqrt{t} \tag{7.70}$$

여기서 $U(t)$는 t 시간의 압밀도이다.

Hoshino(1962)는 현장에서의 침하는 시간의 평방근에 비례한다는 기본 가정 아래에서 장래 침하량을 $t = \infty$ 에서 일정한 값이 되도록 다음과 같이 나타내었다.

$$S_t = S_0 + \Delta S_t = S_0 + \frac{AK\sqrt{t}}{\sqrt{1 + K^2 t}} \tag{7.71}$$

여기서 S_t : 성토 종료 후 경과시간 t에서의 침하량

ΔS_t : 시간 경과와 더불어 증가하는 침하량

S_0 : 성토 종료 직후의 침하량

t : 성토 종료 시점에서의 경과 시간

A, K : 계수

식 (7.71)을 변형하면 다음과 같다.

$$\frac{t}{(S_t-S_0)^2}=\frac{t}{A^2}+\frac{1}{(AK)^2} \tag{7.72}$$

그림 7.28과 같이 $t/(S_t-S_0)^2-t$의 관계 그림에서 식 (7.72)의 $1/A^2$은 기울기를, $1/(AK)^2$는 절편을 나타낸다.

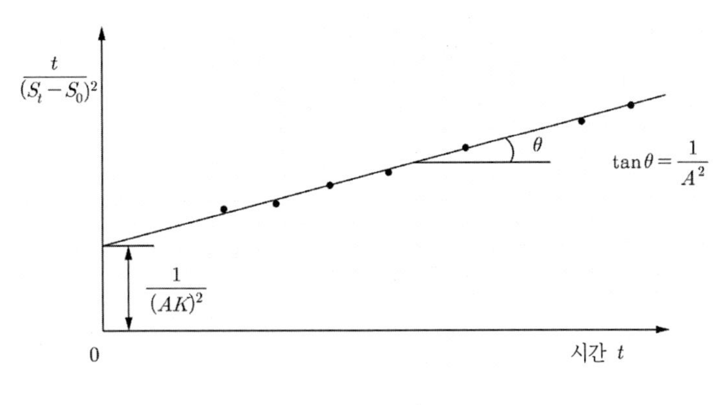

그림 7.28 $t/(S_t-S_0)^2-t$관계

7.11.3 Asaoka 법

Asaoka(1978)는 Micasa(1963)가 유도한 압밀에 대한 편미분방정식을 이용하여 장래 침하량과 최종 침하량을 산정하는 방법을 제시하였다. Mikasa의 압밀 방정식은 Terzaghi의 압밀 기본 방정식의 과잉간극수압 대신 연직방향의 변형률 ϵ_v를 사용하여 나타내었다.

$$C_v\frac{\partial^2\epsilon_v}{\partial z^2}=\frac{\partial\epsilon_v}{\partial t} \tag{7.73}$$

식 (7.73)을 일정한 하중 조건하에서 급수형태로 나타내었다.

$$S + a_1\frac{dS}{dt} + a_2\frac{d^2S}{dt^2} + \cdots + a_n\frac{d^nS}{dt^n} + \cdots = b \tag{7.74}$$

여기서 S : 압밀 침하량

$a_1,\ a_2,\ \cdots a_n,\ b$: 압밀계수와 토층의 조건에 의존하는 계수

이 방법은 관측된 침하량으로 미지의 계수를 구하여 장래의 침하량을 예측하는 것이다. Magnan과 Mieussens(1980)는 일면 연직배수 균질점토의 일차압밀을 다음과 같이 표현했다.

$$S + a_1\frac{dS}{dt} = H\epsilon_{vf} \tag{7.75}$$

여기서 H : 점토 두께

ϵ_{vf} : 점토층 상면에서의 최종 변형률

$a_1 = \dfrac{5}{12}\dfrac{H^2}{C_v}$

$$S_j = \beta_0 + \beta_1 S_{j-1} \tag{7.76}$$

경계조건을 이용하여 그 해를 구하면 다음과 같다.

$$S(t) = S_\infty - (S_\infty - S_0)\exp(-t/a_1) \tag{7.77}$$

여기서 $S_0,\ S_\infty$: 점토층의 초기와 최종 침하량

식 (7.76)에서 $t=\infty$ 에서는 $S_j = S_{j-1} = S_\infty$ 이므로 다음과 같다.

$$S_\infty = \frac{\beta_0}{1-\beta_1} \tag{7.78}$$

Asaoka(1978)는 식 (7.76)을 바탕으로 하여 장래 침하량을 도해법으로 해석하는 방법을 제시하였다. Magnan과 Mieussens(1980)는 이 방법을 다음과 같은 단계로 설명하였다.

① 그림 7.29와 같이 실측 침하-시간 관계 곡선에서 일정한 시간 간격(Δt)으로 나뉜다. Δt는 일반적으로 30~100일 사이이다. 각 시간 $t_1,\ t_2,\ t_3\ \cdots$에 대한 침하량 $S_1,\ S_2,\ S_3\ \cdots$를 정한다.

② 종횡축에 $S_1,\ S_2,\ S_3\ \cdots\ S_{j-1},\ S_j\ \cdots$를 축에 맞게 작성하고, $(S_j,\ S_{j-1})$의 좌표에 점을 찍는다. 이 점을 연결하는 직선을 그린다. 이 직선이 수평선과 이루는 각도가 θ이면 $\beta_1 = \tan\theta$이다. β_1은 침하율을 의미하며, Δt에 의해 변한다.

③ 원점에서 45°의 직선과 ②의 직선이 만나는 점이 최종 침하량(S_∞)이다.

④ 경사 β_1은 압밀계수 C_v와 다음과 같은 관계에 있다.

$$C_v = -\frac{5}{12}H^2\frac{\ln\beta}{\Delta t} \tag{7.79}$$

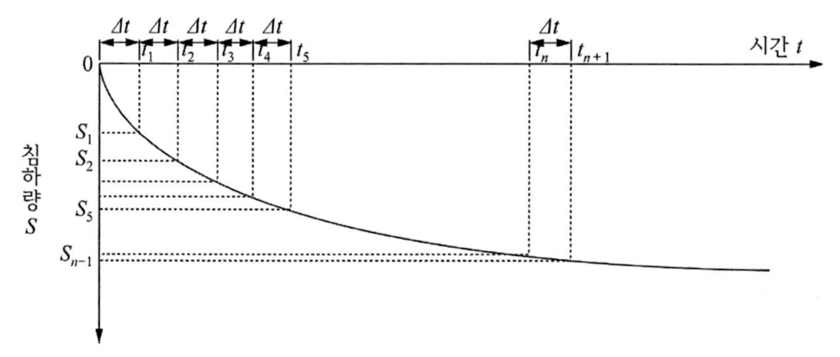

(a) 각 시간 단계의 침하량

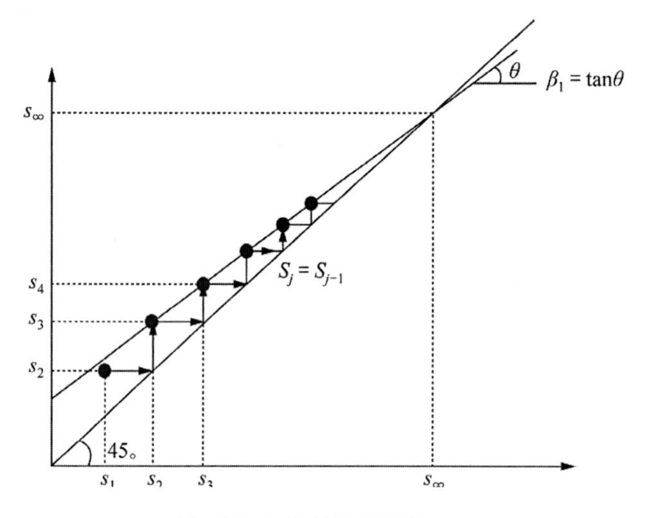

(b) 계수 β_1과 최종 침하량

그림 7.29 Asaoka 법에 의한 도해법

연습문제

1. 모래층 사이에 4.8m의 점토층이 끼여 있다. 단위 면적당 3.4tf/m^{2}이 작용하여 침하가 12cm가 일어났다. 이 점토에 대한 압밀 시험 결과 압밀계수 $C_v = 4.6 \times 10^{-3}$cm^2/s이다.
   ① 압밀도 U=50%, 90%가 일어날 때까지 시간을 구하시오.
   ② 하중이 작용한 후 2개월이 지났다. 압밀 침하량을 구하시오.

2. 4.8m 두께의 점토층에 작용하중 3.2kgf/cm^{2}에서 6.4kgf/cm^{2}로 증가하였다. 이때 점토층은 간극비가 1.82에서 1.36으로 감소하였다. 이 흙의 압축계수 a_v, 체적압축계수 m_v, 그리고 최종 침하량을 구하시오.

3. 다음 그림과 같은 지반에 도로 성토 작업을 하였다. 이 지표면은 점토층의 압밀에 의하여 침하가 얼마나 일어났는가?

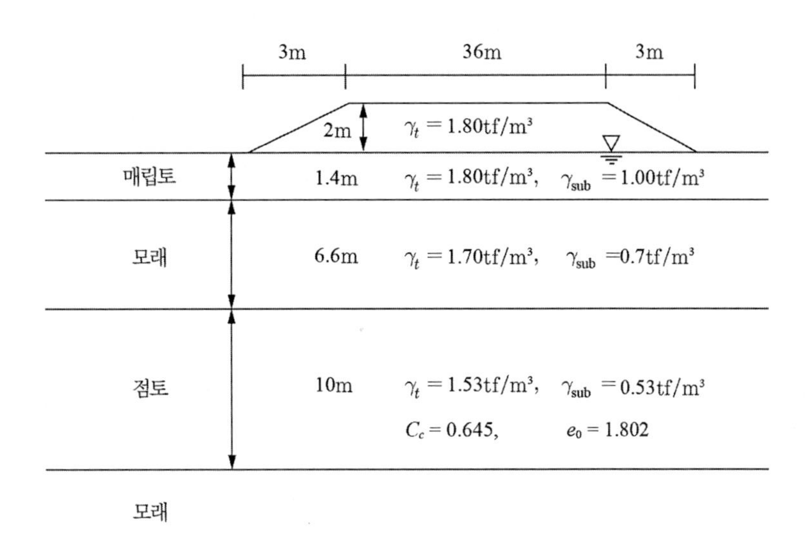

4. 두께 2cm의 공시체로 압밀 시험을 한 결과 50% 압밀이 진행되는데 1.5시간이 걸렸다. 압밀이 90% 일어나는 데 필요한 시간은 얼마나 되는가?

5. 두께 2cm의 공시체로 압밀 시험을 한 결과 50% 압밀이 진행되는 데 1.5시간이 걸렸다. 같은 조건 아래에서 점토층의 두께가 6.4m인 지반에서는 시간이 얼마나 걸리는가?

6. 다음과 같은 성질이 다른 3개의 점토층이 이루어져 있다. 50% 압밀이 일어나는 데 필요한 시간을 구하시오.

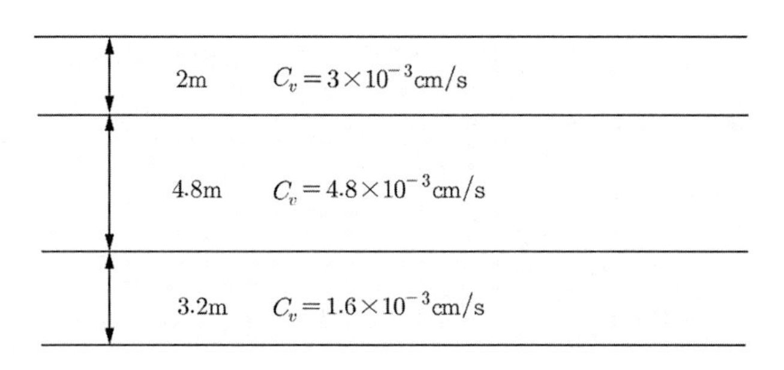

7. 다음과 같은 압밀 시험의 결과를 얻었다. $e-\log p$ 곡선을 그리고, 선행압밀 하중과 압축지수를 구하시오.

재하	하중 p(kgf/cm^2)	0	0.2	0.4	0.8	1.6	3.2	6.4	12.8
	최종 침하량 Δh(1/100mm)	0	20	47	84	144	260	428	567

제하	하중 p(kgf/cm^2)	6.4	1.6	0.4	0
	최종 침하량 Δh(1/100mm)	565	561	518	440

- 시험 전 공시체의 두께 $H_0 = 1.96$cm, 시험 후 공시체 두께 $H = 1.48$cm
- 시험 후 공시체의 건조무게 $W_s = 64.64$gf
- 시료의 비중 $G_s = 2.66$, 공시체의 직경 $d = 6.0$cm

8. 정규압밀과 과압밀에 대하여 설명하시오.

9. 어떤 점토의 액성한계가 42%이었다. 이 점토의 불교란 상태일 때의 압축지수를 구하시오.

〈참고문헌〉

강예묵 외(2002), 『신제 토질역학』, 형설출판사, pp.186~195.

김상규(2010), 『토질역학-이론과 응용』, 청문각, pp.141~143.

이문수 외(1996), 『연직배수 공법의 설계와 시공관리』, 도서출판 새론.

이종규(2007), 『토질역학』, 기문당, 제6장.

日本建設機械化協會(1991), 最近の軟弱地盤工法と施工例, pp.91~98.

最上武雄編著(1973), 土質力學, 技報堂, pp.354~360.

Asaoka, A.(1978), *Observational procedure of settlement prediction*, Soil and Foundations 18, No.4, pp.87~101.

Atkinson, J. H. & P.L. Bransby(1977), *The Mechanics of Soils-An Introduction to Critical State Soil Mechanics*, University of Cambridge, pp.118~166.

Barron, R. A.(1948), *Consolidation of Fine Grained Soils by Drain Wells*, Trans, ASCE, Vol.113, pp.718~754.

Braja, M. Das(2000), *Fundamentals of Geotechnical Engineering*, Brooks/Cole, pp.151~199.

Braja, M. Das(2010), *Principles of Geotechnical Engineering 7th*, Cengage Eng, ch11.

Carillo, N.(1942), *Simple Two and Three Dimensional Cases in the Theory of Consolidation of Soils*, J. Math. Physics, Vol.21, pp.1~5.

Casagrande, A.(1936), *Determination of the Preconsolidation Load and Its Practical Significance*, Pro, 1st International Conference on Soil Mechanics and Foundation Engineering, Cambridge Mass., Vol.3, pp,60~64.

Casagrande, A. and Fadum, R.E.(1940), *Notes on Soil Testing for Engineering Purposes*, Harvard University Granduate School of Engineering Publication, No.8.

Hansbo, S.(1979), *Consolidation of Clay by Band-Shaped Prefabricated Drains*, Ground Engr, 12, No.5, p.16~25.

Kjellman, W.(1948), *Accelerating Consolidation of Fine Grained Soil by Means of Cardboard Wicks*. Proc, 2nd ICSMFE, Rotterdam, pp.302~305.

Magnan, J. P. and Mieussens, C.(1980), *Analyse Graphique des tassements observes sous les ouvragesm Bull Liais Lab*, Ponts, Chauss, No.109, pp.45~52.

Manfred R. hausmann(1990), *Engineering principles of Ground Modification*, McGraw-Hill, pp.251~267.

Micasa, M.(1963), *The consolidation of soft clay-Anew Consolidation Theory and It's Application*,

Kajim-Suppan-Kai, Tokyo(in japanese) Ch.6.

Nagaraj, T. and Murty, B. R. S.(1985), *Prediction of the Preconsolidation Pressure and Recompression Index of Soils*, Geotechnical Testing Journal, ASTNM, Vol.8, No.4.

Porter, O. J.(1936), *Studies of Fill Construction over Mud Flats Including a Description of Experimental Construction Using Vertical Sand Drains to Hasten Stabilization*, Peoc. 2st. ICSM. Vol.1, p.229.

Rendon-Herrero, O.(1980), *Universal Compression Index Equation*, Discussion, Journal of Geotechnical Engineering, ASCE, Vol.106, No.GT11, pp.1,179~1,200.

Rendon-Herrero, O.(1983), *Universal Compression Index Equation*, Discussion, Journal of Geotechnical Engineering, ASCE, Vol.109, No.10, p.1,349.

Scott, C. R.(1980), *An Introduction to Soil Mechanics and Foundations 3rd*, Applied Science Publishers LTD, London, pp.105~117.

Skempton, A. W.(1944), *Notes on the Compressibility of Clays, Quarterly Journal of the Geological Society of London*, Vol.100, pp.119~135.

Taylor, D. W.(1942), *Research on Consolidation of Clays*, Serial No.82, Department of Civil and Sanitary Engineering, Massachusetts Institute of Technology, Cambridge, Mass.

Taylor, D. W.(1948), *Fundamentals of Soil mechanics*, Wiley, New York.

Terzaghl, K.(1925), *Erdbaumechanik auf Bodenphysikalischer Grundlage, Deuticke*, Vienna.

Terzaghi, K., Peck, R. B. and Mesri, G.(1996), *Soil Mechanics in Engineering Practice 3rd*, John Wiley and Sons.

08 흙의 강도

……08 흙의 강도

모든 물체에 압축력, 인장력, 전단력 등의 힘이 작용하면, 그 물체는 이들의 힘에 의해 상응하는 압축변형, 인장변형, 전단변형 등이 일어나고, 그 물체 내부에서는 그 변형에 대하여 저항하는 저항력이 발생한다. 이런 저항력의 최대치를 강도라 한다. 작용하는 힘에 따라, 즉 압축강도, 인장강도, 전단강도 등이 있다.

지반이나 흙 시료에는 작용하는 외력이나 자중에 의해 내부에 변형을 일으키는 응력이 생기고, 이 응력에 대응하여 저항력이 생긴다. 외력이나 자중이 증가하면 저항력도 증가하나, 저항력은 흙의 특성에 따라 증가하는 한계가 있다. 흙을 인장재로 사용하는 경우는 없으므로, 이 경우를 제외하고 작용하는 힘의 증가에 의해 발생하는 응력이 저항력의 최대치인 강도에 가장 먼저 도달하는 것이 흙에서는 전단응력이다. 응력이 이 강도를 초과하면 파괴에 이른다. 따라서 지반이나 흙은 전단파괴가 가장 먼저 일어난다. 그러므로 지반이나 흙의 파괴 또는 붕괴는 대부분 전단파괴이다. 전단강도는 현장의 여러 요인들에 의하여 영향을 받는다. 흙입자의 형태, 대소입자의 혼합의 정도, 밀도, 함수비, 작용하는 하중 형태, 재하속도 등에 따라 강도의 크기는 다르다.

지반이나 흙의 파괴는 일반적인 공학적 재료와 달리 흙입자의 파괴를 의미하는 것이 아니고, 결합된 입자의 결합 해체 또는 결합 변형에 의한 입자의 이동에 따른다. 이런 이동의 연속된 면을 활동면(surface of sliding) 또는 파괴면(surface of rupture)이라 한다.

8.1 흙의 파괴규준

지반이나 흙 시료의 파괴면은 전단응력이 전단강도를 초과하는 면의 연속으로 이루어진다. 이 전단저항력의 최대치인 전단강도는 전단파괴가 일어날 수 있는 경계치이다. 흙에서 이 전단강도의 크기를 어떻게 표현하는가? 그 크기를 나타내는 일반적인 함수 표현을 파괴규준이라 한다.

Coulomb(1776)은 파괴면에 작용하는 수직응력에 비례하는 값과 그 물체가 가지고 있는 고유한 점성, 즉 점착력의 합으로 이루어진다고 표현하였다.

$$\tau_f(\text{전단응력}) = f(\sigma) + c \tag{8.1}$$

Mohr(1900)는 단지 파괴면의 수직응력에만 영향을 받는 것으로 표현하였다.

$$\tau_f(\text{전단응력}) = f(\sigma_f) \tag{8.2}$$

위의 두 파괴규준을 나타내면 그림 8.1과 같다.

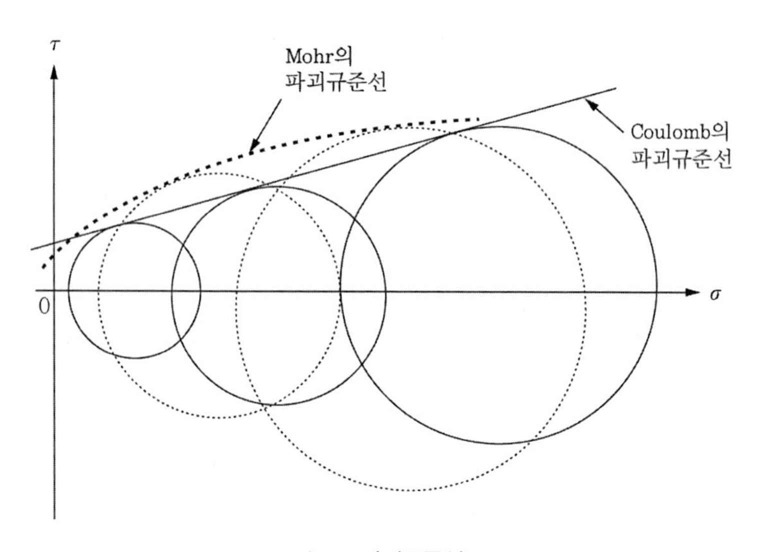

그림 8.1 파괴규준선

토질공학에서는 편의상 Mohr의 파괴규준선을 직선으로 가정하여 Coulomb의 규준선과 합친 Mohr-Coulomb의 파괴규준을 사용한다. Mohr-Coulomb의 파괴규준선 또는 수직응력에 따른 흙의 전단강도는 다음과 같다.

$$\tau_f = c + \sigma_f \tan\phi \tag{8.3}$$

식 (8.3)에서 우변의 첫 번째 항은 흙이 가진 고유의 값인 점착력을 나타내고, 두 번째 항은 흙 내부의 마찰력을 나타낸다. 특히 c, ϕ는 흙의 강도정수라 하며, 점착력과 내부 마찰각이라 한다. 또한 σ_f는 파괴면 또는 활동면에 작용하는 수직응력을 나타낸다.

8.2 Mohr의 응력원

토질역학에서 지반 내 또는 흙시료 내의 응력 해석 시 Mohr의 응력원을 많이 사용한다. 지반의 임의 깊이의 미소 요소를 고려해보면, 전단응력이 작용하지 않는 면, 즉 주응력 면에 작용하는 주응력에 의해 파괴가 일어날 때의 응력 상태(한계평형상태)를 고찰해본다. 그림 8.2는 최대 주응력과 최소 주응력에 의한 파괴면(수평면과 θ_f를 이루는 면)의 수직응력과 전단응력을 나타내고 있다. 수평면과 임의 각(θ)을 이루는 면에 대한 수직응력과 전단응력의 크기를 나타낸 Mohr의 응력원이 그림 8.3이다. $\theta = \theta_f$이면 A점의 응력이 파괴면의 응력 $\sigma_f = \sigma_\theta$, $\tau_f = \tau_\theta$이 된다.

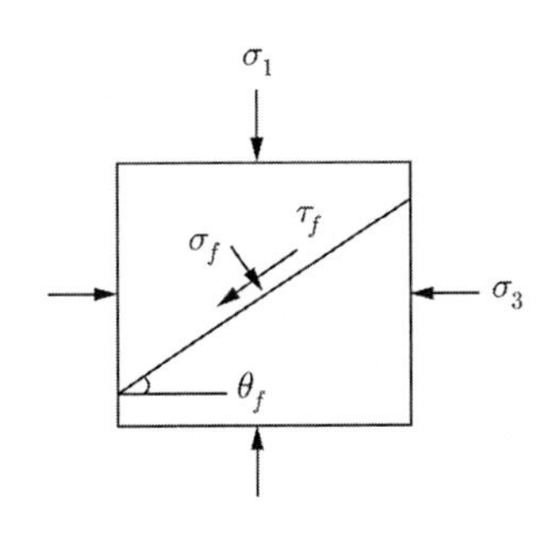

그림 8.2 파괴면의 응력

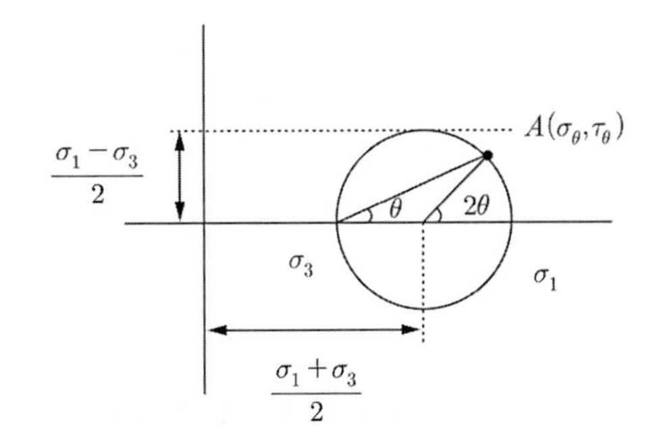

그림 8.3 주응력에 의한 Mohr 응력원

평형조건에서 파괴면의 수직응력과 전단응력을 구해보면 다음과 같다.

$$\sigma_f = \frac{1}{2}(\sigma_1 + \sigma_3) + \frac{1}{2}(\sigma_1 - \sigma_3)\cos 2\theta_f \tag{8.4}$$

$$\tau_f = \frac{1}{2}(\sigma_1 - \sigma_3)\sin 2\theta_f$$

파괴 시 위 응력들은 Mohr-Coulomb 파괴규준을 만족해야 한다.

$$\frac{1}{2}(\sigma_1 - \sigma_3)\sin 2\theta_f = c + \left[\frac{1}{2}(\sigma_1 + \sigma_3) + \frac{1}{2}(\sigma_1 - \sigma_3)\cos 2\theta_f\right]\tan\phi \tag{8.5}$$

$$\sigma_1 = \sigma_3 + \frac{\sigma_3 \tan\phi + c}{\frac{1}{2}\sin 2\theta_f - \cos^2\theta_f \tan\phi} \tag{8.6}$$

식 (8.6)에서 흙의 강도정수 c, ϕ를 알 때, 구속압 σ_3가 작용할 때 파괴에 필요한 최대 주응력 σ_1의 크기를 알 수 있다.

그림 8.2의 파괴 때, 파괴면의 응력은 Mohr-Coulomb의 규준선 위에 있어야 하고, 또한 파괴 때의 Mohr 응력원 위의 한 점이므로 그림 8.4와 같이 표현된다.

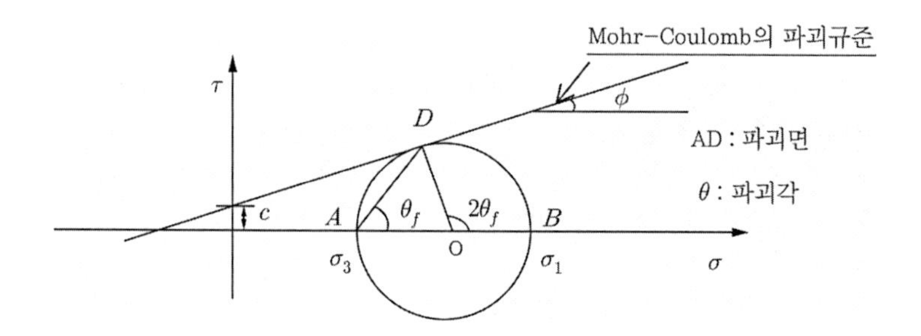

그림 8.4 파괴 때의 Mohr 응력원과 Mohr-Coulomb의 파괴규준선

그림 8.4에서

$$2\theta_f = 90° + \phi \qquad (8.7)$$

$$\theta_f = 45° + \frac{\phi}{2}$$

즉, 파괴면의 각도는 식 (8.7)과 같다.

[예 8.1] 다음 그림과 같이 물체 요소에 하중이 작용할 때, $A-B$ 경사면에 작용하는 수직응력과 전단응력을 구하시오.

- 최대 주응력 $\sigma_1 = 6.2\text{kgf/cm}^2$
- 최소 주응력 $\sigma_3 = 1.8\text{kgf/cm}^2$

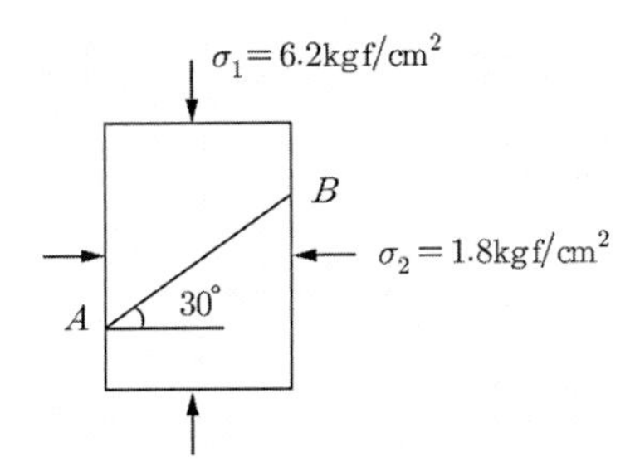

[풀이]

$$\sigma = \frac{1}{2}(\sigma_1 + \sigma_3) + \frac{1}{2}(\sigma_1 - \sigma_3)\cos 2\theta$$

$$= 1/2(6.2 + 1.8) + 1/2(6.2 - 1.8)\cos(2 \times 30) = 5.10\text{kgf/cm}^2$$

$$\tau = \frac{1}{2}(\sigma_1 - \sigma_3)\sin 2\theta = 1/2(6.2 - 1.8)\sin(2 \times 30) = 1.91\text{kgf/cm}^2$$

[예 8.2] 지반의 한 요소에 작용하는 응력 상태는 다음 그림과 같다. 최대 주응력과 최소 주응력을 구하시오.

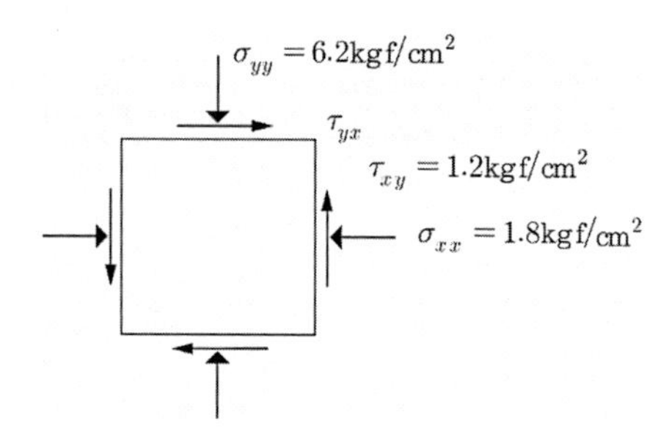

[풀이] Mohr 응력원을 그리면 다음과 같다.

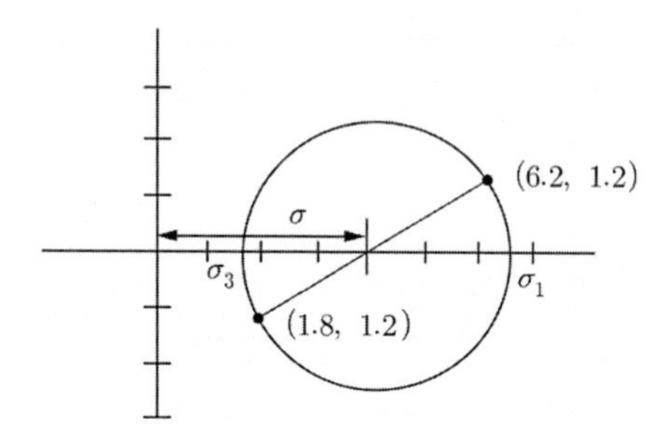

$$\sigma = \frac{\sigma_{xx} + \sigma_{yy}}{2} = \frac{6.2 + 1.8}{2} = 4.0\text{kgf/cm}^2$$

$$\sigma_1 = \sigma + \sqrt{\left(\frac{\sigma_{yy} - \sigma_{xx}}{2}\right)^2 + \tau_{xy}^2} = 4 + \sqrt{\left(\frac{6.2 - 1.8}{2}\right)^2 + 1.2^2} = 6.51\text{kgf/cm}^2$$

$$\sigma_3 = \sigma - \sqrt{\left(\frac{\sigma_{yy} - \sigma_{xx}}{2}\right)^2 + \tau_{xy}^2} = 4 - \sqrt{\left(\frac{6.2 - 1.8}{2}\right)^2 + 1.2^2} = 1.49\text{kgf/cm}^2$$

8.3 전단 시험

흙의 강도정수를 파악하거나, 전단조건의 변화에 따른 강도 특성 변화 파악이나 또는 파괴상태까지 응력-변형률 관계 등을 파악하고자 할 때 필요한 시험이 전단 시험이다.

Mohr−Coulomb의 파괴규준은 다음과 같으며,

$$\tau_f = c + \sigma_f \tan\phi \tag{8.3}$$

흙의 종류에 따라 표현하면 그림 8.5와 같다.

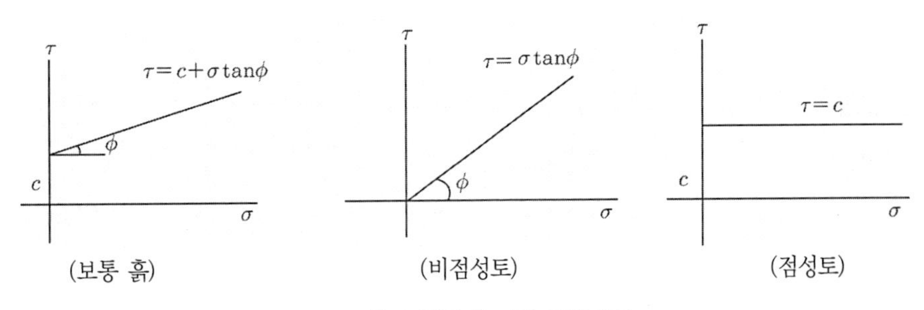

그림 8.5 흙의 종류에 따른 전단강도

전단 시험의 종류는 시험실에서 하는 실내 시험과 현장에서 행하는 현장 시험으로 분류할 수 있다. 실내 시험은 시료에 직접 전단력을 가하여 파괴면에 가해진 평균 전단응력과 수직응력으로 강도정수를 해석하는 직접 전단 시험과 직접 전단력이 아닌 인장 또는 압축력을 작용하여 파괴면의 응력을 해석하여 파괴포락선을 구하여 강도정수를 파악하는 간접 전단 시험이 있다.

직접 전단 시험에는 전단면이 일면인 일면 전단 시험과 이면인 이면 전단 시험이 있다. 간접 전단 시험은 일축압축 시험과 삼축압축 시험이 있다. 현장 시험은 대표적인 베인 시험이 있다.

8.3.1 직접 전단 시험

직접 전단 시험(Direct Shear Test)은 가해지는 전단력에 의해 전단되는 면이 일면일 때를 일면전단, 이면일 때를 이면 전단이라 한다. 전단력을 가하는 방법에 따라 변위 제어식과 응력 제어식이 있다. 변위 제어식(Controlled Strain Type)은 급속전단 시 대개 5×10^{-3}mm/s의 속도로 전단력을 가하고, 응력 제어식(Controlled Stress Type)은 전단력의 1/10만큼씩 전단력을 증가시키면서 실험한다. 직접 전단 시험기의 개요도는 그림 8.6과 같다.

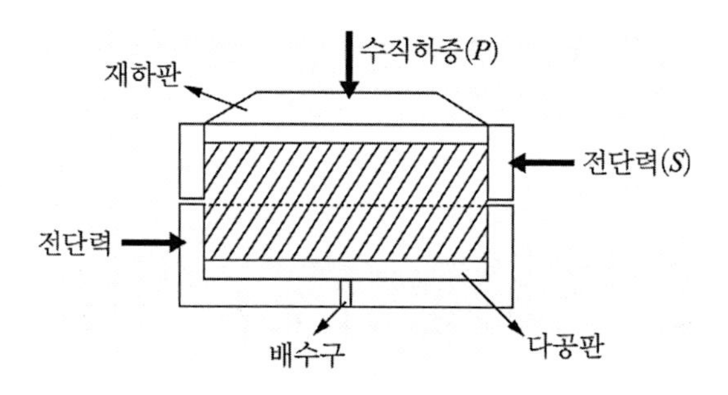

그림 8.6 직접 전단 시험기의 개요도

일면 전단일 때는 전단응력은 전단력/전단면적= S/A, 이면 전단일 때는 전단력/전단면적= $S/2A$ 이고, 수직응력은 수직력/단면적= P/A 이다.

직접 전단 시험에서는 삼축 시험과 같이 시료 속의 공극수 배출을 조절할 수 없다. 완속 시험 시에는 시료 상하의 다공반(Porous stone)을 통하여 배수가 가능하나, 급속 시의 경우는 다공반 대신 공극수가 배출되지 못하는 황동판 등을 사용한다. 전단력은 작용하는 수직력의 크기에 따라 다르다. 그러므로 수직력(P)를 몇 단계 달리하여 각 단계에서의 최대 전단력(S)를 구한다. 수직응력과 전단응력은 다음과 같이 구하며, 각 단계에서의 시험 과정을 나타낸 결과가 그림 8.7과 같다.

$$\sigma = \frac{P}{A} \tag{8.8}$$

여기는 σ는 수직응력(kgf/cm^2), P는 수직력(kgf), A는 시료 단면적(cm^2)이다.

$$\tau = \frac{S}{A} \tag{8.9}$$

여기서 τ는 전단응력(kgf/cm^2), S는 전단력(kgf)이다.

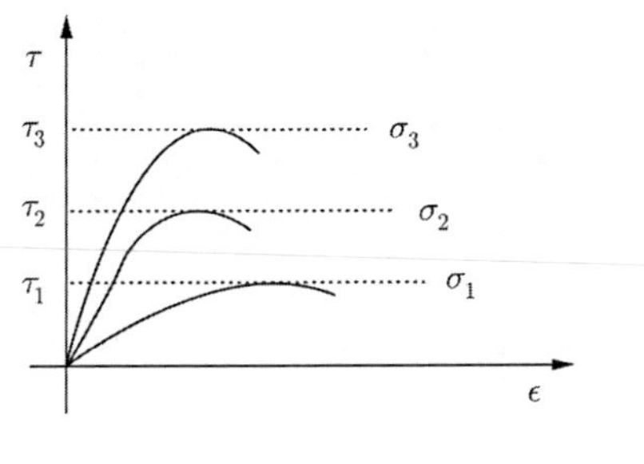

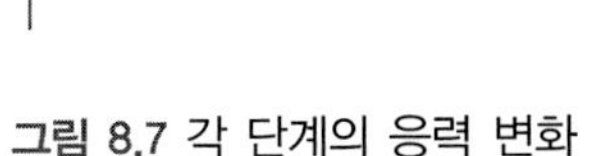
그림 8.7 각 단계의 응력 변화

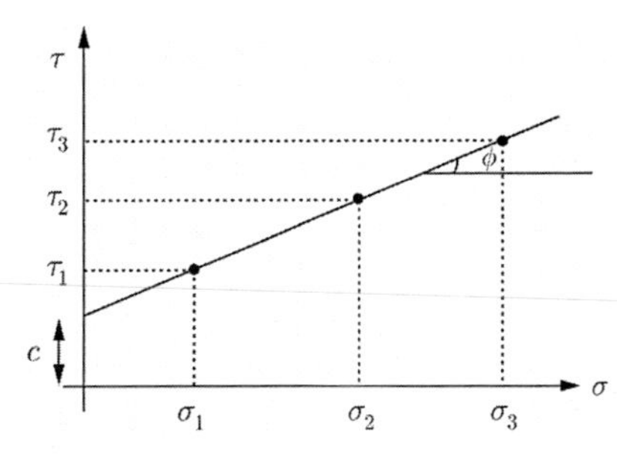

그림 8.8 수직응력-전단응력

각 단계의 수직응력에 대한 그 때의 최대 전단응력과의 관계를 나타낸 것이 그림 8.8이다. 그림 8.8에서 각 점들의 직선관계가 Coulomb의 파괴규준이 된다. 이 파괴규준선에서 강도정수를 구한다.

직접 전단 시험은 시험이 비교적 간단하고, 어려움이 적어 쉽게 할 수 있으나, 여러 결점을 가지고 있다. 시료에 전단력이 가해지면 전단상자의 앞뒷면에서 먼저 전단이 시작되어 점차적으로 중앙으로 전단이 진행된다. 전단파괴면에 응력이 집중되어 균일한 전단응력 분포를 이루지 못한다. 전단이 계속되는 동안 전단되는 단면적이 변하며, 시험 전후의 시료의 함수비의 변화가 생긴다. 측정되는 전단저항력에는 전단상자 상하면의 기계적 마찰이 포함된다. 가장 큰 결점은 전단되는 면이 전단상자 상하 분리면으로 이미 정해져 있으므로, 시료 속 해당 위치에 이물질이 있으면 저항력에 크게 영향을 미친다는 것이다.

[예 8.3] 다음은 직접 전단 시험을 한 결과이다. 다음은 다이알게이지 읽은 값이다[상수 $K=0.035$kgf/(1/100)mm]. 흙의 강도정수를 구하시오.

변위(mm) → 수직하중(kgf/cm²) ↓	0	0.5	1.0	1.5	2.0	2.5	3.0	3.5	4.0	4.5	5.0	5.5	6.0	6.5	7.0
0.5	0	3.3	8.6	12.5	14.4	15.8	14.7	11.2	10.3	9.9	9.4	9.1	8.8	8.6	8.6
1.0	0	11.9	19.3	22.2	24.1	25.2	25.1	24.6	23.6	21.8	18.5	15.7	14.0	13.1	
1.5	0	13.8	23.7	30.4	33.5	35.3	36.3	37.7	37.2	36.4	35.0	32.9	31.1	29.0	26.7

[풀이]

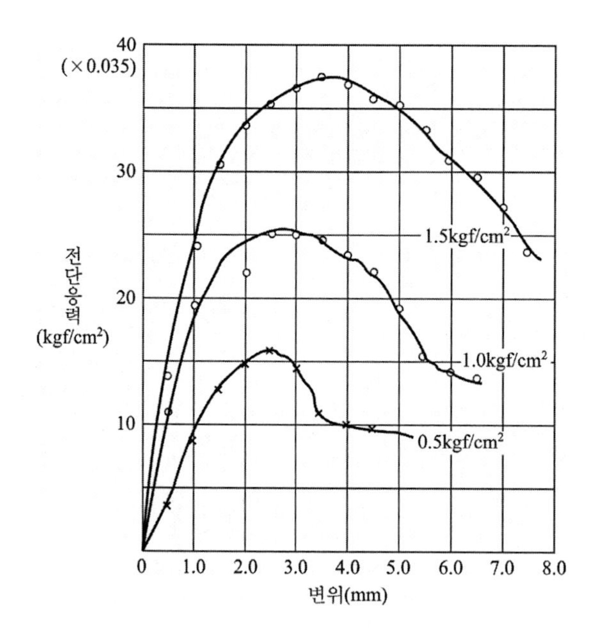

그림에서 각 수직응력에 대한 최대 전단강도는 다음과 같다.

σ(kgf/cm^2)	0.5	1.0	1.5
τ(kgf/cm^2)	0.56	0.89	1.33

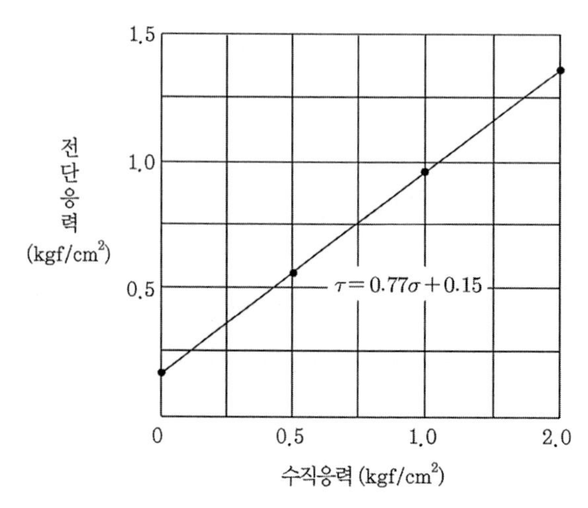

*점착력 $c = 0.15\text{kgf/cm}^2$, $\phi = \tan^{-1}(0.77) = 37.60°$

[예 8.4] 어떤 건조모래에 대하여 직접 전단 시험을 하였다. 수직응력 6.5kgf/cm^2일 때 최대 전단응력 4.2kgf/cm^2이었다. 이 모래의 내부 마찰각은 얼마인가?

[풀이] $\tau = c + \sigma\tan\phi$에서 건조모래이므로 $c=0$이다.

$$\phi = \tan^{-1}\left(\frac{\tau}{\sigma}\right) = \tan^{-1}\left(\frac{4.2}{6.5}\right) = 32.87°$$

[예 8.5] 어떤 흙에 대하여 직접 전단 시험을 한 결과이다. 이 흙의 내부 마찰각과 점착력을 구하시오.

$\sigma(\text{kgf/cm}^2)$	1.5	2.5
$\tau(\text{kgf/cm}^2)$	1.20	1.60

[풀이] $\tau = c + \sigma\tan\phi$에서

① $1.2 = c + 1.5\tan\phi$

② $1.6 = c + 2.5\tan\phi$

②-①을 하면 $0.4 = \tan\phi$, 따라서 $\phi = \tan^{-1}(0.4) = 21.80°$

$$c = \tau - \tan\phi = 1.2 - 1.5\tan(21.80) = 0.6\text{kgf/cm}^2$$

8.3.2 삼축압축 시험

삼축압축 시험기의 개요도는 그림 8.9와 같다. 공시체를 원통형으로 다듬어 얇은 고무막(membrane)을 씌워 압력실에 설치한 후에, 액압과 축압을 작용하여 파괴시킨다. 파괴 때까지의 압력의 변화와, 공시체의 체적 변화, 길이 변화, 간극수압의 변화 등을 측정하여 Mohr의 응력원을 이용하여 공시체의 강도정수를 해석한다. 시험 시에 지중의 응력 상태에 잘 부합할 수 있고, 또 공시체 내의 간극수의 배출 조절이 가능하며, 공시체 내의 가장 전단에 취약한 부분으로 파괴가 일어나므로 자연 상태의 파괴에 가까운 형태로 시험이 가능한 장점을 가지고 있다.

그러나 시험기가 고가이고, 시험의 난이도가 높아 많은 시간을 필요로 한다.

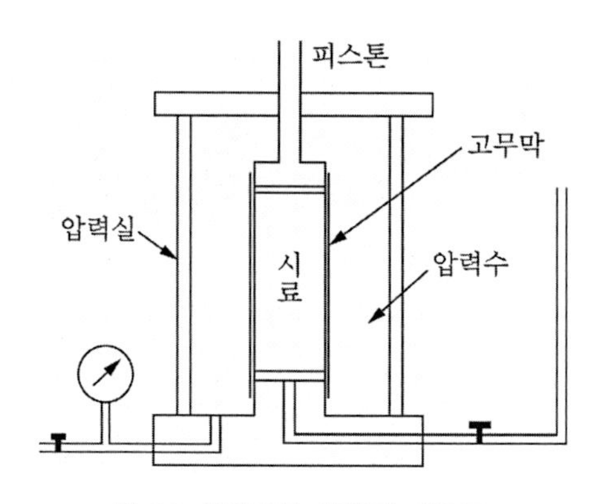

그림 8.9 삼축압축 시험기 개요도

삼축압축 시험은 일반적으로 압력실에 유체를 소정의 압력(액압, 측압, σ_3) 에 도달할 때까지 강제로 주입한 후, 외부에 나와 있는 피스톤 축을 통하여 압력(축차응력, deviator stress, $\Delta\sigma$)을 파괴가 일어날 때까지 가한다. 이때 가해지는 액압은 공시체의 모든 방향에 동일하게 작용하므로 등방압축이라 한다. 이 압축에 의해 공시체는 체적이 감소하려고 하며, 간극수에 압력이 생긴다. 간극수가 배출되면 체적이 감소하고, 배출되지 않으면 간극수압이 생긴다. 또한 축차응력이 작용할 때도 같은 현상이 생긴다. 공시체에 가해지는 압력은 그림 8.10과 같다. 간극수 배출을 허용하며 하는 시험을 배수 시험(D Test)이라 하고, 이때는 체적 변화가 일어난다. 간극수배출을 허용하지 않고 하는 시험을 비배수 시험(U test)이라 하며, 이때는 간극수압이 생긴다. 이 과정에서 시료에 나타나는 변화양상을 나타낸 것이 그림 8.11이다.

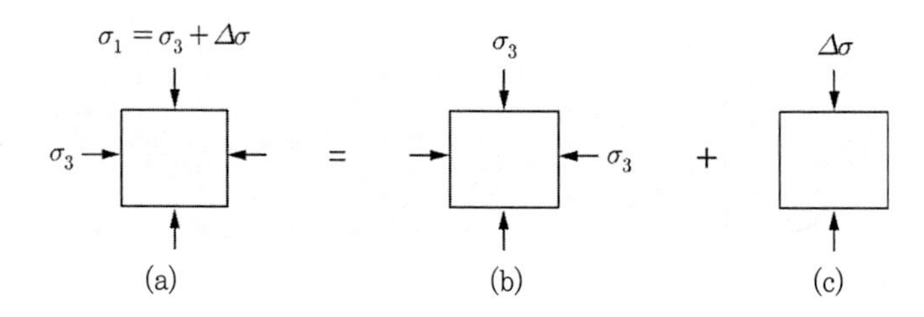

그림 8.10 공시체에 가해지는 압력

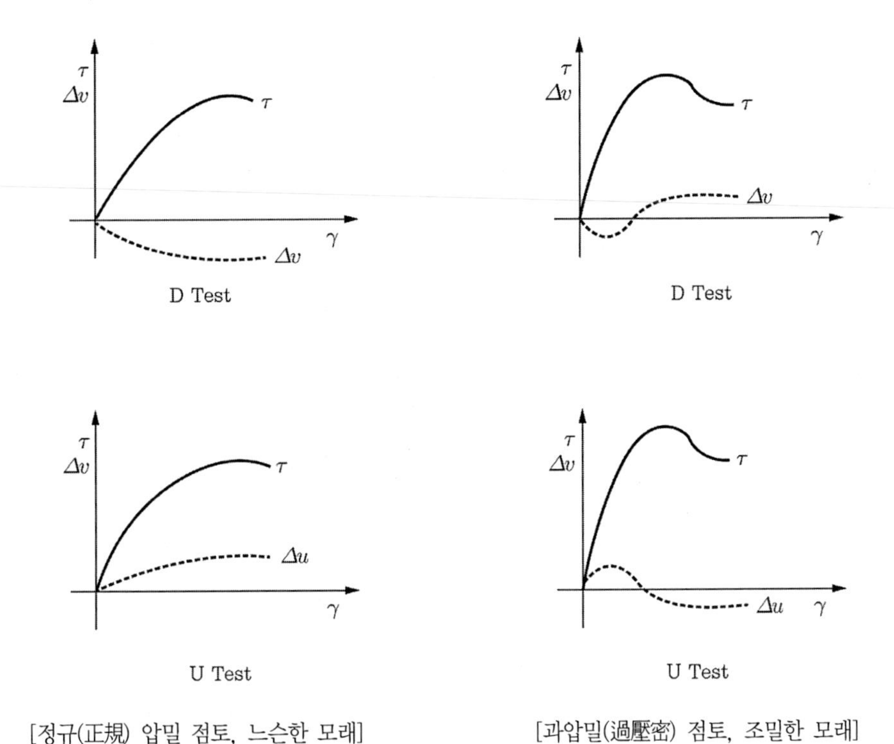

그림 8.11 배수 시험과 비배수 시험

삼축압축 시험 시 액압, 차응력 등을 작용할 때 각각에 대하여 공시체 내의 간극수의 배출 유무에 따라 시험을 분류하면 다음과 같다. 비압밀 비배수 시험(UU, Unconsolidated-Undrained Test), 압밀 비배수 시험(CU, Consolidated-Undrained Test), 압밀 배수 시험(CD, Consolidated-Drained Test)이 있다.

삼축압축 시험 결과 축방향 응력은 최대 주응력이 되며, 다음과 같이 계산된다.

$$\sigma_1 = Q/A + \sigma_3 \tag{8.10}$$

여기서 Q는 피스톤을 통하여 가해진 압력이다. 축차응력은 다음과 같이 구할 수 있다.

$$\Delta\sigma = \sigma_1 - \sigma_3 = \frac{Q}{A} \tag{8.11}$$

여기서 A는 파괴 때의 공시체의 평균 단면적이다. 평균 단면적은 시험의 종류에 따라 산정되는 방법이 다르다. 비배수 비압밀인 경우는 다음과 같이 산정된다.

$$A = \frac{A_0}{1-\epsilon} \tag{8.12}$$

여기서 A_0는 파괴 전 공시체의 단면적이고, ϵ은 시료의 압축변형률이다.

삼축압축 시험에서는 액압의 크기에 따라 파괴 때의 축차응력의 크기가 달라진다. 각 파괴 때의 액압(최소 주응력) 크기에 따른 최대 주응력을 산정한다. 각각의 파괴 때, 파괴면의 응력을 보면, 즉 파괴면의 수직응력과 전단응력은 각각의 Mohr 응력원의 한 점이고, 또한 Mohr-Coulomb의 파괴규준선 위의 한 점이다. 따라서 파괴 때의 Mohr 응력원은 Mohr- Coulomb의 파괴규준선에 접해야 한다. 동일한 시료에 대하여 몇 번의 시험을 행하여 얻은 파괴 때의 Mohr 응력원들은 모두 Mohr-Coulomb의 파괴규준선에 접해야 한다. 바꾸어 말하면 이들 Mohr 응력원의 공통 외접선이 Mohr-Coulomb의 파괴규준선이 된다. 이 파괴규준선에서 절편이 점착력의 크기가 되고, 기울기의 각도가 내부 마찰각이 된다.

측압 σ_3 작용 시 파괴 때의 축방향 응력 σ_1일 때 응력 관계는 그림 8.12와 같다.

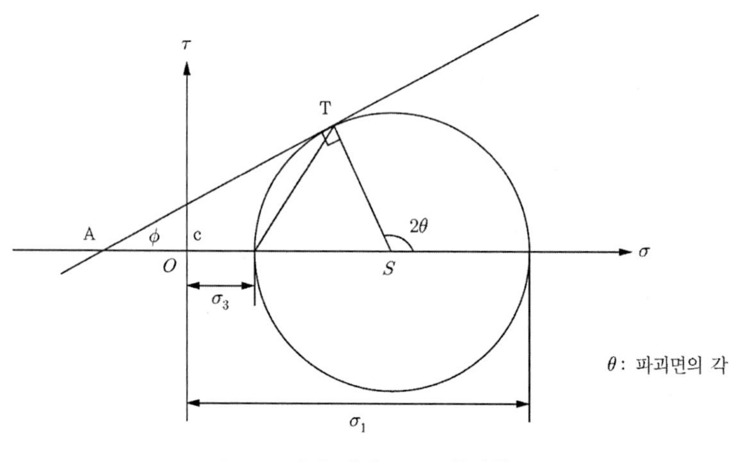

그림 8.12 파괴 때의 Mohr 응력원

그림 8.12의 응력원에서 다음과 같은 관계를 구할 수 있다.

$$\sin\phi = \frac{\overline{ST}}{\overline{AS}} = \frac{\frac{\sigma_1 - \sigma_3}{2}}{\frac{\sigma_1 + \sigma_3}{2} + c\cot\phi} \tag{8.13}$$

$$\begin{aligned} c &= \frac{\sigma_1(1-\sin\phi) - \sigma_3(1+\sin\phi)}{2\cos\phi} \\ &= \frac{1}{2}\left[\sigma_1\tan\left(45 - \frac{\phi}{2}\right) - \sigma_3\tan\left(45 + \frac{\phi}{2}\right)\right] \end{aligned} \tag{8.14}$$

$$\sigma_1 = \sigma_3\tan^2\left(45 + \frac{\phi}{2}\right) + 2c\tan\left(45 + \frac{\phi}{2}\right) \tag{8.15}$$

$$\text{파괴면 } \theta = 45 + \frac{\phi}{2},\ \phi = 2\theta - 90° \tag{8.16}$$

1) 비압밀 비배수 시험(UU Test, Unconsolidated Undrained Test)

삼축압축 시험기에 액압(측압, 구속압)을 가할 때에 간극수가 배출되지 않게 하므로 간극수압(Δu_c)이 생긴다. 또 피스톤을 통해 압력을 가할 때도 역시 간극수가 배출되지 않게 하므로 간극수압(Δu)이 생긴다. 따라서 이 경우는 간극수가 배출되지 않으므로 체적 변화는 생기지 않고 간극수압이 생긴다. 공시체에 가해지는 전응력(σ)은 토입자 간에 발생하는 유효응력(σ')과 간극수에 생기는 간극수압(u)의 합과 같다.

$$\sigma = \sigma' + u \tag{8.17}$$

UU Test에서는, 액압(σ_c)에 의한 등방압밀 시 공시체 내에 간극수압(Δu_c)이 생기고, 피스톤을 통한 축차응력($\Delta\sigma$)이 작용할 때도 간극수압(Δu)이 생긴다. 공시체가 포화상태일 때에는, 등방압밀 시에 작용하는 액압은 전부 간극수압 상승으로 이루어진다. 최대 축압인 최대 주응력과 측압인 최소 주응력 및 공시체 내부에 생긴 간극수압(u)은 다음과 같다.

$$\sigma_1 = \sigma_c + \Delta\sigma \tag{8.18}$$

$$\sigma_3 = \sigma_c$$

$$u = \Delta u_c + \Delta u$$

공시체에 가해지는 단계별 전응력과 유효응력의 변화와 발생한 간극수압의 크기는 표 8.1과 같다.

UU Test의 결과에 의해 각 단계 파괴 시의 Mohr 응력원을 나타낸 것이 그림 8.13이다. 결과적으로 포화상태일 때는 가해지는 모든 크기의 액압은 간극수압의 증가를 일으키고, 유효응력의 변화는 주지 못한다. 따라서 모든 경우의 Mohr 응력원의 크기는 같다. 그러므로 공통 외접선은 수평선이 된다. 비배수 시 내부 마찰각 $\phi_u = 0$가 된다. 비배수 전단강도는 비배수 점착력과 같고, 그 크기는 다음과 같다.

표 8.1 비압밀 비배수 시험의 응력 변화

		등방압밀 시 응력	차응력 재하 시 응력	파괴 시 응력
구속압력 작용 시	측압(σ_c)	σ_c	σ_c	σ_c
	간극수압(Δu_c)	σ_c	σ_c	σ_c
차응력 작용 시	차응력($\Delta\sigma$)	0	$\Delta\sigma$	$\Delta\sigma_f$
	간극수압(Δu)	0	Δu	Δu_f
전응력	축압(σ_1)	σ_c	$\sigma_c + \Delta\sigma$	$\sigma_c + \Delta\sigma_f$
	측압(σ_3)	σ_c	σ_c	σ_c
전 간극수압(u)		σ_c	$\sigma_c + \Delta u$	$\sigma_c + \Delta u_f$
유효응력 (σ')	유효축압($\sigma_1{}'$)	$\sigma_1 - u =$ $\sigma_c - \sigma_c = 0$	$\sigma_c + \Delta\sigma - \sigma_c - \Delta u$ $= \Delta\sigma - \Delta u$	$\sigma_c + \Delta\sigma_f - \sigma_c - \Delta u_f$ $= \Delta\sigma_f - \Delta u_f$
	유효측압($\sigma_3{}'$)	$\sigma_3 - u =$ $\sigma_c - \sigma_c = 0$	$\sigma_c - \sigma_c - \Delta u$ $= -\Delta u$	$\sigma_c - \sigma_c - \Delta u_f$ $= -\Delta u_f$
결과		σ_c (상), σ_c (측) $\Delta u_c = \sigma_c$	$\sigma_c + \Delta\sigma_c$ (상), σ_c (측) $\Delta u_c + \Delta u$	$\sigma_c + \Delta\sigma_f$ (상), σ_c (측) $\Delta u_c + \Delta u_f$

$$\tau_f = c_u = \frac{\sigma_1 - \sigma_3}{2} \tag{8.19}$$

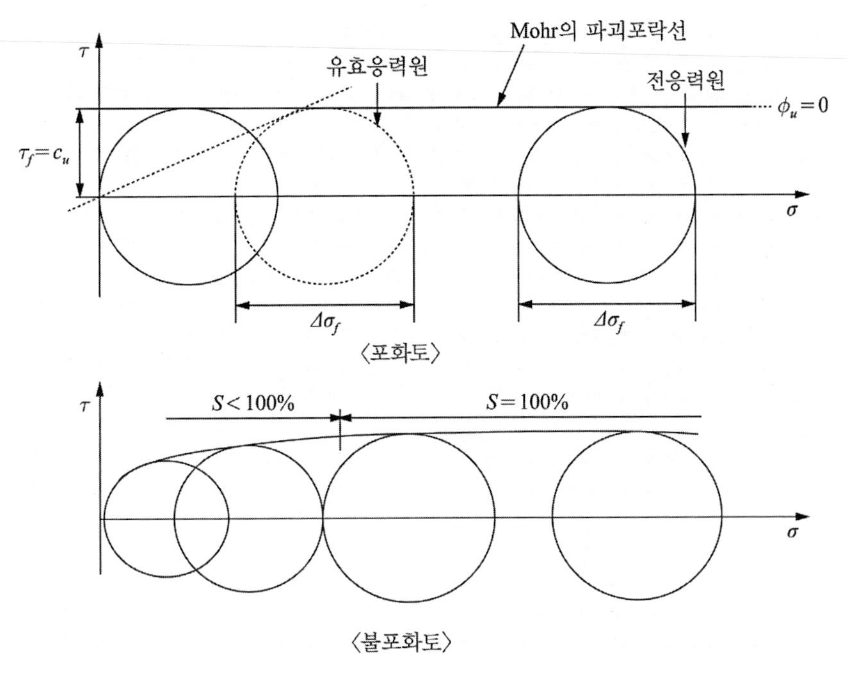

그림 8.13 비압밀 비배수 시험의 Mohr 응력원과 파괴포락선

비배수 강도는 지반 내에 과잉간극수압이 존재하고 있을 때, 즉 시공 속도가 빨라 지반 내의 간극수압이 다 소산되기 전이나, 시공 직후의 안정해석에 적용된다. 이 같은 해석을 $\phi_u = 0$ 해석법이라 한다.

2) 압밀 비배수 시험(CU Test, Consolidated Undrained Test)

압밀 비배수 시험은 일반적으로 많이 이용하는 시험이다. 삼축 시험기에 액압을 가할 때에는 간극수가 배출이 되게 밸브를 열어둔다. 따라서 이때는 간극수압은 생기지 않고, 간극수가 배출된 만큼 체적 변화(Δv)가 생긴다. 다음으로 피스톤을 통해 차응력($\Delta\sigma$)을 가할 때에는 간극수가 배출되지 않게 밸브를 잠근다. 따라서 공시체 내에 간극수압(Δu)이 발생한다. 결과적으로 시험 종료 시 공시체 내에서는 간극수압이 존재한다. 그러므로 공시체 내부에서는 토입자간에 작용하는 유효응력과 간극수에 나타나는 간극수압이 생긴다.

지반 내에서나 공시체 내에서 체적이 압축될 때에는 간극수가 압력이 생겨 밖으로 분출된다. 즉, 정(+) 간극수압이 생긴다. 반대로 팽창될 때에는 물이 흡입된다. 따라서 부(-) 간극수압이 생긴다. 실제 지반에서나 공시체 내에서 생기는 전단은 토입자 간에 작용하는 유효응력의 작용에 의한 입자결합의 이완, 이동에 의한 것이다. 흙의 강도정수 해석에서 토입자 간에 실제 작용하는 유효응력에 의해 해석하는 것을 유효응력 해석이라 하고, 외부에서 작용된 전응력에 의해 해석하는 것을 전응력 해석이라 한다. 압밀 비배수 시험의 각 재하 단계별 공시체의 응력 변화는 표 8.2와 같다.

표 8.2 압밀 비배수 시험의 응력 변화

		등방압밀 시 응력	차응력 재하 시 응력	파괴 시 응력
구속압력 작용 시	측압(σ_c)	σ_c	σ_c	σ_c
	간극수압(Δu_c)	0	0	0
차응력 작용 시	차응력($\Delta\sigma$)	0	$\Delta\sigma$	$\Delta\sigma_f$
	간극수압(Δu)	0	Δu	Δu_f
전응력	축압(σ_1)	σ_c	$\sigma_c+\Delta\sigma$	$\sigma_c+\Delta\sigma_f$
	측압(σ_3)	σ_c	σ_c	σ_c
전 간극수압(u)		0	Δu	Δu_f
유효응력 (σ')	유효축압(σ_1')	$\sigma_1-u=$ $\sigma_c-0\ =\sigma_c$	$\sigma_c+\Delta\sigma-\Delta u$	$\sigma_c+\Delta\sigma_f-\Delta u_f$
	유효측압(σ_3')	$\sigma_3-u=$ $\sigma_c-0=\sigma_c$	$\sigma_c-\Delta u$	$\sigma_c-\Delta u_f$
결과		σ_c (축방향), σ_c (측방향), 0	$\sigma_c+\Delta\sigma_c$ (축방향), σ_c (측방향), Δu	$\sigma_c+\Delta\sigma_f$ (축방향), σ_c (측방향), Δu_f

강도해석 시 이용되는 유효응력과 전응력원의 관계를 보면, 정(+) 간극수압이 생길 때는 유효응력원이 전응력원의 왼쪽에 위치하고, 부(-) 간극수압이 생길 때에는 유효응력원은 전응력원의 오른쪽에 위치한다. 정규압밀 상태에서는 파괴포락선이 원점을 지나나, 과압밀 상태에서는 절편, 즉 점착력(c_{cu})이 생긴다. 압밀 비배수 시험의 Mohr 응력원과 파괴포락선은 그림 8.14와 같다.

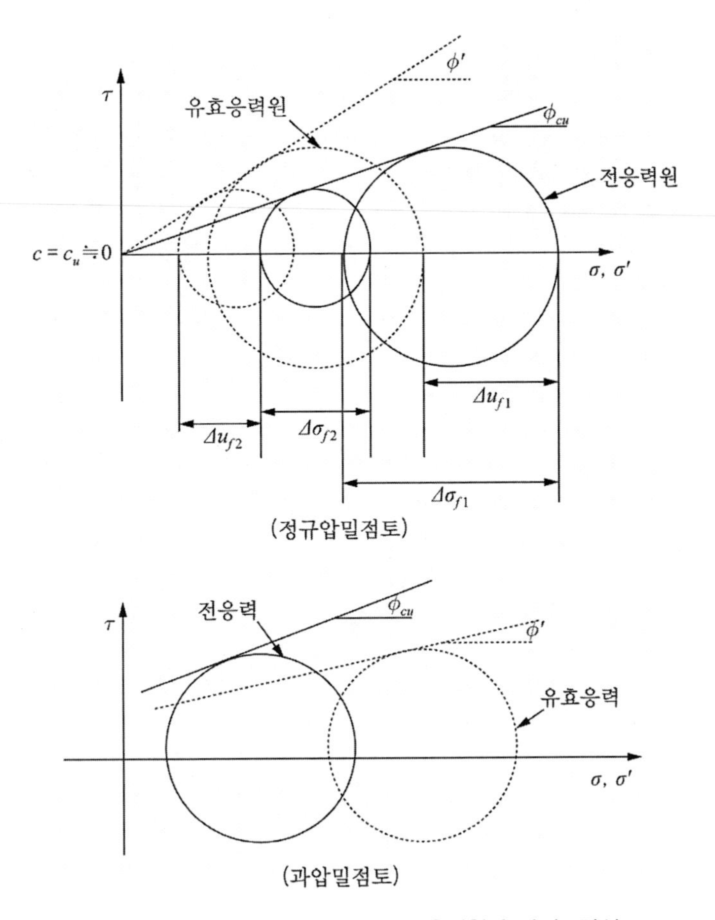

그림 8.14 압밀 비배수 시험의 Mohr 응력원과 파괴포락선

지반에 구조물이 건설된 다음 오랜 시간이 흐른 후, 즉 지반에 발생된 간극수압이 모두 소산된 다음에 추가 공사를 실시할 때, 이런 지반의 안정 해석에 전응력 강도정수를 이용한다.

[예 8.6] 포화 점토에 대하여 압밀 비배수 삼축 시험을 한 결과는 다음 표와 같다. 유효응력에 대한 강도정수를 구하시오.

번호	측압(σ_3, kgf/cm^2)	파괴 때 피스톤 의한 수직응력(σ_p, kgf/cm^2)	파괴 때의 간극수압(u, kgf/cm^2)
1	0.3	0.66	0.01
2	0.6	0.82	0.008
3	0.9	0.98	0.01

[풀이] 유효응력은 다음 표와 같다.

번호	전응력(kgf/cm²)		유효응력(kgf/cm²)	
	σ_3	$\sigma_1=\sigma_3+\sigma_p$	$\sigma_3{}'=\sigma_3-u$	$\sigma_1{}'=\sigma_1-u$
1	0.3	0.96	0.29	0.95
2	0.6	1.42	0.592	1.412
3	0.9	1.88	0.89	1.87

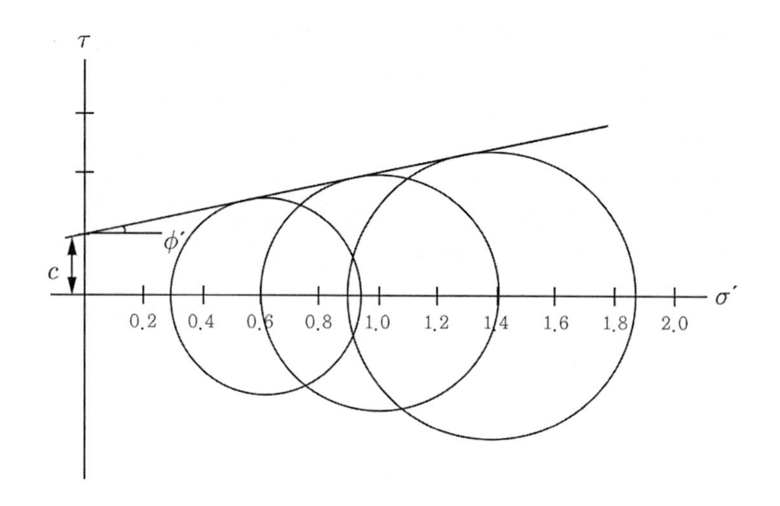

그림에서 $\phi'=12.2°$, $c=0.2\text{kgf/cm}^2$

3) 압밀 배수 시험(CD Test, Consolidated Drained Test)

압밀 배수 시험은 압력실에 모든 압력을 가할 때, 즉 액압과 차응력을 가할 때에 공시체의 간극수 배출을 허용하기 위해 밸브를 열어 두어, 간극수압이 생기지 않는다. 이때에는 간극수 배출을 위해 밸브를 열어 두지만 간극수압이 생기지 않도록 재하 속도도 매우 느려진다. 그러므로 압밀 배수 시험은 시험이 매우 오랜 시간을 요한다. 그러나 간극수가 배출되므로 체적 변화는 배출된 간극수의 양만큼 일어난다. 또한 간극수압이 생기지 않으므로 전응력이나 유효응력의 크기는 같다. 각 단계별 공시체에 발생하는 응력의 크기는 표 8.3과 같다.

표 8.3 압밀 배수 시험의 응력 변화

		등방압밀 시 응력	차응력 재하 시 응력	파괴 시 응력
구속압력 작용 시	측압(σ_c)	σ_c	σ_c	σ_c
	간극수압(Δu_c)	0	0	0
차응력 작용 시	차응력($\Delta\sigma$)	0	$\Delta\sigma$	$\Delta\sigma_f$
	간극수압(Δu)	0	0	0
전응력	축압(σ_1)	σ_c	$\sigma_c+\Delta\sigma$	$\sigma_c+\Delta\sigma_f$
	측압(σ_3)	σ_c	σ_c	σ_c
전 간극수압(u)		0	0	0
유효응력 (σ')	유효축압($\sigma_1{}'$)	$\sigma_1-u=$ $\sigma_c-0\ =\sigma_c$	$\sigma_c+\Delta\sigma$	$\sigma_c+\Delta\sigma_f$
	유효측압($\sigma_3{}'$)	$\sigma_3-u=$ $\sigma_c-0=\sigma_c$	σ_c	σ_c
결과		σ_c (상하), σ_c (좌우), 0	$\sigma_c+\Delta\sigma_c$ (상하), σ_c (좌우), 0	$\sigma_c+\Delta\sigma_f$ (상하), σ_c (좌우), 0

압밀 배수 시험의 강도정수 해석은 압밀 비배수 시험에서 유효응력 해석의 강도정수 해석과 같다.

8.3.3 점성토의 일축압축 시험(Unconfined Compression Test)

일축압축 시험은 단순압축 시험으로, 삼축압축 시험의 측압이 영인 경우이다. 따라서 측압, 즉 구속압이 없기 때문에 시료가 점성이 있어야 성형이 가능하다. 그러므로 비점성토인 모래질 토는 단순 일축압축 시험은 불가능하다. 단순 일축압축 시험기는 그림 8.15와 같다.

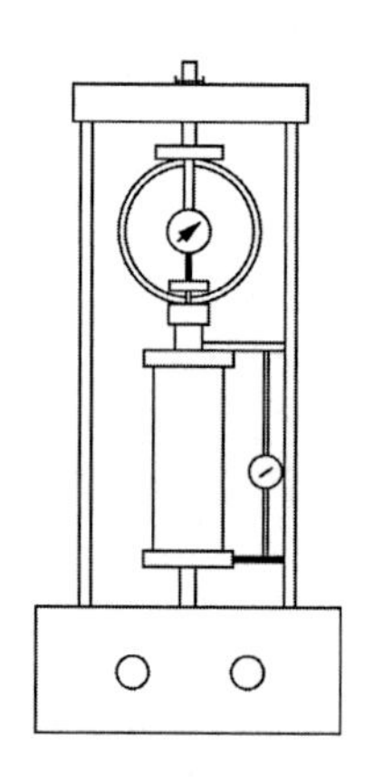

그림 8.15 일축압축강도 시험기

단순 일축압축 시험은 원통형의 공시체를 이용한다. 이 공시체에 수직방향으로 힘을 가하여 파괴를 시킨다. 파괴는 경사로 전단파괴가 일어난다. 파괴 때의 축방향 압축력 Q_f와 수평면과 파괴면의 경사각 θ, 압축된 길이 Δl을 측정한다. 파괴압축력을 평균 단면적으로 나눈 값이 최대 축방향 압축력이 되며, 이 값을 일축압축강도(q_u)라 한다. 그 결과는 다음과 같다.

$$q_u = \sigma_1 = \frac{Q_f}{A} = \frac{Q_f}{A_0}(1-\epsilon),\ A = \frac{A_0}{1-\epsilon} \tag{8.20}$$

여기서 q_u는 일축압축강도, A_0는 초기 공시체의 단면적, A는 파괴의 평균 단면적, $\epsilon = \dfrac{\Delta l}{l}$ 이고, Δl은 압축된 길이, l은 공시체의 원길이이다.

일축압축 시험의 결과에 의해 Mohr 응력원과 파괴포락선은 그림 8.16과 같다.

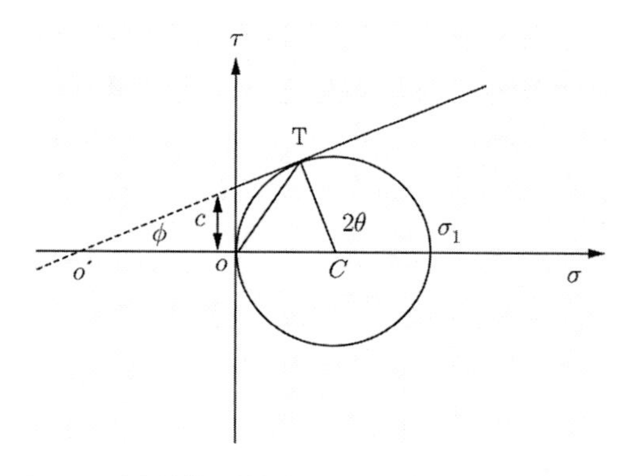

그림 8.16 단순압축 시험의 Mohr 응력원과 파괴포락선

그림 8.16에 의해 점착력과 내부 마찰각의 관계는 다음과 같다.

$$\sin\phi = \frac{CT}{O'C} = \frac{\frac{\sigma_1}{2}}{\frac{\sigma_1}{2} + c\cot\phi} = \frac{\sigma_1}{\sigma_1 + 2c\cot\phi} \tag{8.21}$$

$$c = \frac{\sigma_1(1-\sin\phi)}{2\cos\phi} = \frac{\sigma_1}{2}\frac{1}{\tan\left(45+\frac{\phi}{2}\right)} = \frac{1}{2}q_u\tan\left(45-\frac{\phi}{2}\right) \tag{8.22}$$

$$2\theta = 90+\phi,\ \theta = 45+\frac{\phi}{2} \tag{8.23}$$

만약 $\phi \fallingdotseq 0$인 점토에서는 점착력은 다음과 같다.

$$c = \frac{\sigma_1}{2} = \frac{q_u}{2} \tag{8.24}$$

식 (8.23)에서 파괴면과 최대 주응력 면의 경사각은 45°이다.

점성토의 시료를 교란시키면 자연 상태보다 강도가 감소한다. 이것은 점성토의 조직 구성이 이완 또는 파괴되어 강도가 감소하는 것이다. 자연 상태의 시료를 공시체로 다듬어서 일축압축강도 시험을 하였을 때의 일축압축강도와 교란시킨 시료를 재성형하여 일축압축 시험을 했을 때의 일축압축강도와의 비를 예민비(Sensitivity Ratio)라 한다. 특히 교란시료에 대한 일축압축강도 시험에서는 강도의 첨단(peak)의 값이 나타나지 않는 경우가 대부분이다. 이때에는 변형률의 15~20%에 해당하는 강도 값을 이용한다. 그림 8.17은 자연상태 시료에 대한 일축압축강도 시험의 결과와 교란된 재성형 시료에 대한 일축압축강도 시험의 결과를 나타낸 것이다.

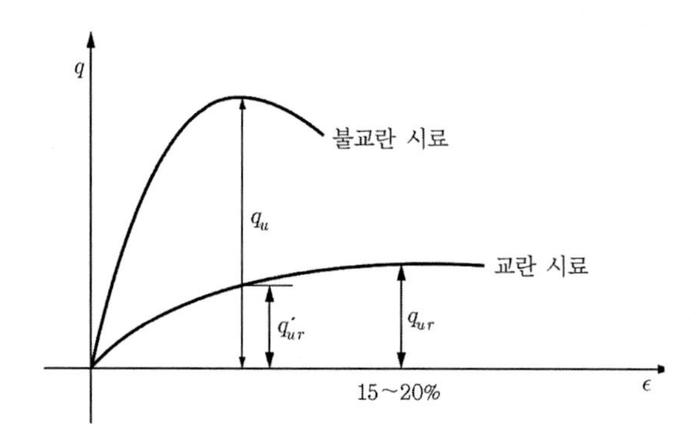

그림 8.17 일축압축강도 시험

점토의 예민비는 다음과 같다.

$$\text{Terzaghi} : S_t = \frac{q_u}{q_{ur}} \tag{8.25}$$

$$\text{Tschebotarioff} : S_t = \frac{q_u}{q_{ur}'} \tag{8.26}$$

예민비 값이 크게 나타나는 점토는 교란이 되면 강도 값이 크게 떨어지는 성질을 나타낸다. 이런 지반에 대해서는 설계 시, 시공 시에 매우 주의를 요한다. 점성토의 예민비에 따라 흙을 Rosenqvist(1953)는 다음 표 8.4와 같이 분류하였다. 또한 예민비의 정도에 따라 설계 시 전단강도의 안전율을 다르게 사용한다. 예민비와 전단강도의 안전율 관계는 표 8.5와 같다.

표 8.4 예민비에 따른 점토분류

예민비	분류
≤ 1	비예민성 점토
1~8	예민성 점토
8~64	quick clay
> 64	extra quick clay

표 8.5 전단강도에 대한 안전율

예민비	안전율	
	영구 구조물	일시적 구조물
≥ 4	3.0	2.5
2~4	2.7	2.0
1~2	2.5	1.8
≤ 1	2.2	1.6

교란된 시료도 시간이 지남에 따라 강도는 회복된다. 이러한 현상을 틱소트로피(Thixotropy) 현상이라 한다. 현장에서는 지반 교란이 일어났을 때는 지반이 안정화된 후, 즉 강도 회복기간 2~3주 지난 뒤에 다음 시공이 이루어지는 것이 바람직하다. 교란된 재성형 시료의 강도회복을 나타낸 것이 그림 8.18이다.

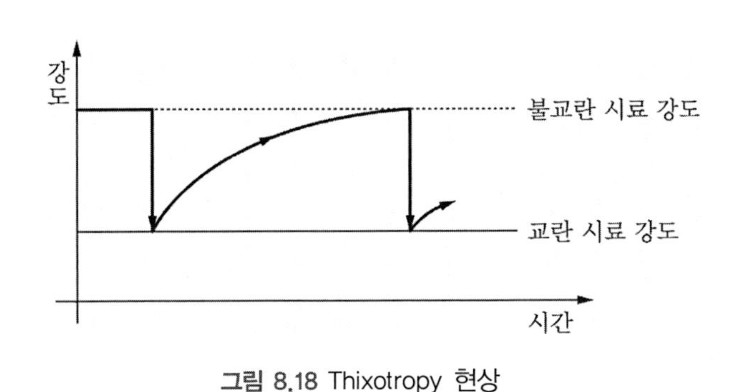

그림 8.18 Thixotropy 현상

[예 8.7] 어느 공시체에 대한 일축압축 시험 결과는 다음과 같았다. 일축압축강도 $q_u = 3.6\text{kgf/cm}^2$, 파괴면의 각도 $\theta = 54°$이 흙의 점착력과 내부 마찰각을 구하시오.

[풀이] $\theta = 45 + \dfrac{\phi}{2}$, $\phi = 2\theta - 90° = 2 \times 54 - 90 = 18°$

$$c = \frac{q_u}{2}\tan(45 - \phi/2) = 1.31\text{kgf/cm}^2$$

[예 8.8] 어느 시료에 대하여 삼축압축 시험의 결과는 다음 표와 같다. 흙의 강도정수를 구하시오.

액압(σ_3, kgf/cm²)	0.8	3.2
축압(σ_1, kgf/cm²)	3.4	7.8

[풀이] 파괴 때의 최대 주응력과 최소 주응력과의 관계는 다음과 같다.

$$\sigma_1 = \sigma_3 \tan^2(45 + \phi/2) + 2c\tan(45 + \phi/2)$$

실험한 두 경우에 대하여

① $3.4 = 0.8\tan^2(45+\phi/2) + 2c\tan(45+\phi/2)$

② $7.8 = 3.2\tan^2(45+\phi/2) + 2c\tan(45+\phi/2)$

②–① : $4.4 = 2.4\tan^2(45+\phi/2) \Rightarrow \phi = 17.10°$

$$c = \frac{\sigma_1 - \sigma_3\tan^2(45+\phi/2)}{2\tan(45+\phi/2)} = \frac{3.4 - 0.8\tan^2(45+17.10/2)}{2\tan(45+17.10/2)}$$

$$= 0.71\text{kgf/cm}^2$$

[예 8.9] 내부 마찰각이 $\phi=0$인 흙의 일축압축강도 시험 결과에 의하여 점착력과 파괴면의 각도 θ를 구하시오.

[풀이] 일축압축 시험 결과, 압축강도가 q_u 이면 Mohr 응력원은 그림과 같다. 그림에서 $\phi=0$ 이므로 Mohr–Coulomb의 파괴포락선은 수평선이 된다.

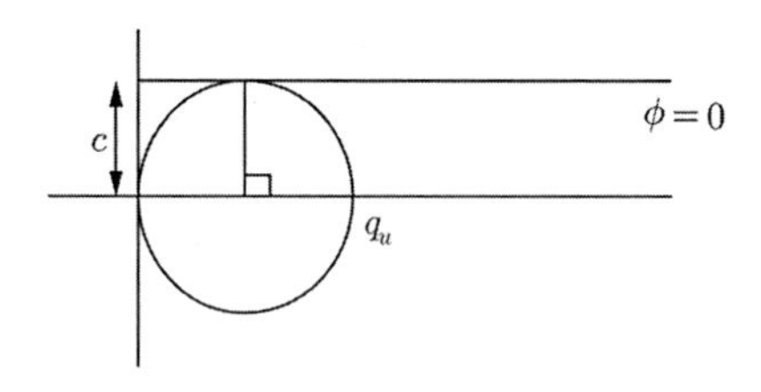

점착력은 응력원의 반지름과 같다.

$$c = \frac{q_u}{2}$$

파괴면의 각도는 그림에서 $2\theta=90°$이므로 $\theta=45°$이다.

[예 8.10] 삼축압축 시험에서 흙의 내부 마찰각이 ϕ인 흙의 파괴 때 이루는 각도가 θ이었다. ϕ와 θ의 관계를 구하시오.

[풀이] Mohr의 응력원은 다음과 같다.

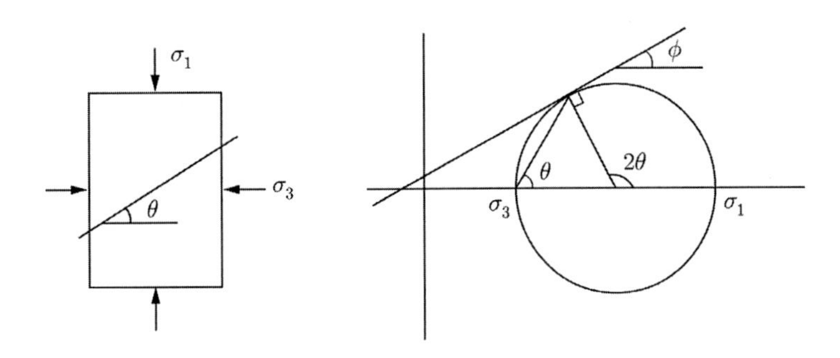

Mohr 응력원에서

$2\theta = \phi + 90°$이다. $\theta = 45 + \dfrac{\phi}{2}$

따라서 σ_3가 최소 주응력일 때, 파괴면의 각도는 σ_3 작용방향과 $(45 + \dfrac{\phi}{2})$이다.

[예 8.11] 다음 흙 시료에 대한 CU 시험의 결과이다. 전응력과 유효응력에 대한 흙의 강도정수를 구하시오.

액압(σ_3, kfg/cm^2)	수직응력(σ_1, kfg/cm^2)	간극수압(u, kfg/cm^2)
2.0	6.34	0.24
6.0	14.81	1.78

[풀이] 전응력에 대하여

파괴 시의 최대 주응력과 최소 주응력의 관계에서

$$\sigma_1 = \sigma_3 \tan^2(45 + \phi/2) + 2c\tan(45 + \phi/2)$$

① $6.34 = 2\tan^2(45 + \phi/2) + 2c\tan(45 + \phi/2)$

② $14.81 = 6\tan^2(45 + \phi/2) + 2c\tan(45 + \phi/2)$

②-① : $8.47 = 4\tan^2(45 + \phi/2) \Rightarrow \phi = 21°$

$$c = \frac{\sigma_1 - \sigma_3\tan^2(45 + \phi/2)}{2\tan(45 + \phi/2)} = \frac{14.81 - 6\tan^2(45 + 21/2)}{2\tan(45 + \phi/2)}$$

$$= 0.73\text{kgf/cm}^2$$

유효응력에 대하여

$$\sigma'_{11} = 6.34 - 0.24 = 6.10\text{kgf/cm}^2,\ \sigma'_{31} = 2 - 0.24 = 1.76\text{kgf/cm}^2$$

$$\sigma'_{12} = 14.81 - 1.78 = 13.03\text{kgf/cm}^2,\ \sigma'_{32} = 6 - 1.78 = 4.22\text{kgf/cm}^2$$

$$\sigma_1' = \sigma_3'\tan^2(45 + \phi/2) + 2c\tan(45 + \phi/2)$$

① $6.10 = 1.76\tan^2(45 + \phi/2) + 2c\tan(45 + \phi/2)$

② $13.03 = 4.22\tan^2(45 + \phi/2) + 2c\tan(45 + \phi/2)$

②-① : $6.93 = 2.46\tan^2(45 + \phi/2) \Rightarrow \phi' = 28.43°$

$$c = \frac{\sigma_1' - \sigma_3'\tan^2(45 + \phi'/2)}{2\tan(45 + \phi'/2)} = \frac{13.03 - 4.22\tan^2(45 + 28.43/2)}{2\tan(45 + 28.43/2)}$$

$$= 0.34\text{kgf/cm}^2$$

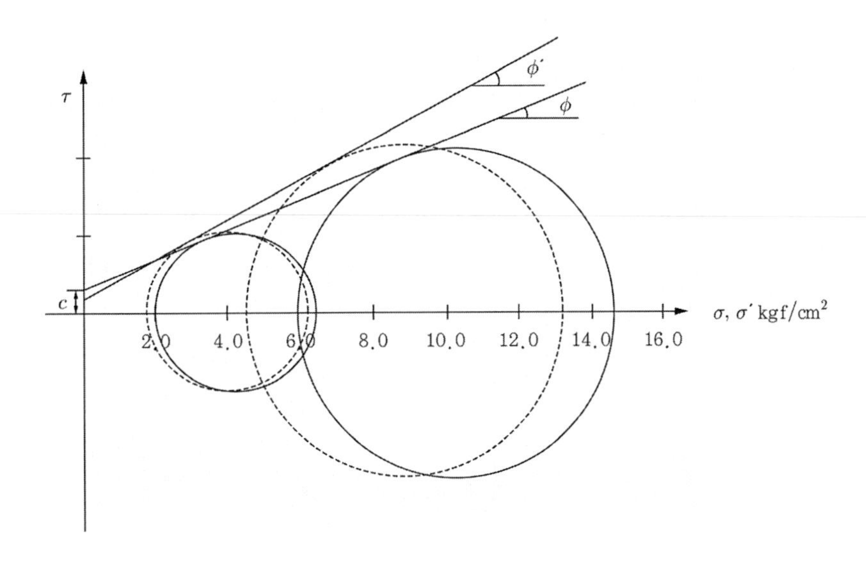

8.4 현장 전단 시험

흙의 물리적·역학적 특성을 파악하기 위하여 현장에서 시료를 채취한 후 실험실에서 여러 시험을 실시한다. 실험실에 옮겨지기까지 여러 요인에 의해 흙의 구조적 조직이나 함수비 및 역학적 여건들이 많이 변한다. 흙의 물리적 특성 중 일부는 교란된 시료를 사용해 시험을 해도 좋으나, 역학적 특성을 파악하기 위한 시험은 현장의 여건과 다른 상태의 시료로 시험을 하여서 얻어진 자료를 현장의 특성치로 사용할 수 없다. 또한 비점착 성토를 교란되지 않게 시료를 채취하기가 매우 어렵다. 따라서 이런 문제점들을 줄일 수 있는 방법 중의 하나가 원위치 시험을 시행하는 것이다. 이런 원위치 시험은 로드 끝에 저항체를 연결하여 관입, 회전, 인발 등을 시행할 때에 나타나는 저항력으로 간접적으로 추정하는 경우가 많다.

8.4.1 베인 시험(Vane Test)

베인 시험은 현장 베인 시험과 실내 베인 시험이 있다. 현장에서 주로 연약토의 비배수 전단강도를 구하기 위하여 행하는 시험이다.

현장 베인 시험은 원위치 시험의 하나로, 그림 8.19와 같이 로드 끝에 4날개의 저항체를 연결하여 지반 내에 삽입하여 회전시켜 원통형의 주면을 따라 흙을 전단시킨다. 파괴 때의 최대 회전 모멘트는 파괴체인 원통형의 상하면과 주면에 나타나는 최대 전단저항력(전단강도)에 의한 저항 모멘트와 같다.

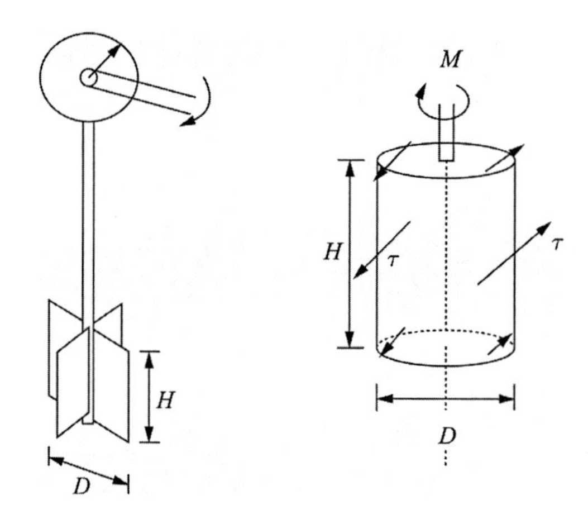

그림 8.19 베인 시험

$$M_{\max} = \tau\left(\pi DH\frac{D}{2} + 2\int_0^{\frac{D}{2}} 2\pi r^2 dr\right) \tag{8.27}$$

$$= \tau\left(\frac{\pi D^2 H}{2} + \frac{\pi D^3}{6}\right)$$

$$\tau = \frac{M_{\max}}{\frac{\pi D^2 H}{2} + \frac{\pi D^3}{6}} \tag{8.28}$$

점착성 흙은 다음과 같다.

$$c = \tau = \frac{M_{\max}}{\frac{\pi D^2 H}{2} + \frac{\pi D^3}{6}} = \frac{M_{\max}}{A} \tag{8.29}$$

$$A = \frac{\pi D^2 H}{2} + \frac{\pi D^3}{6} \quad : \ auger\ const.$$

현장에서 베인 시험과 같이 로드에 저항체를 연결하여 지반 내에 관입, 인발, 회전 등을 시킬 때, 저항력을 측정하여 역학적 성질을 조사하는 원위치 시험을 사운딩(sounding)이라 한다.

사운딩에는 베인 시험, 정적 콘 관입 시험, 동적 콘 관입 시험, 표준 관입 시험 등이 있다.

[예 8.12] 어느 점토지반에 대하여 베인 테스트를 하였다. 최대 회전모멘트는 $M_{max}=162\text{kgf·cm}$이었다. 이 흙의 점착력을 구하시오($D=6\text{cm}$, $H=10\text{cm}$).

[풀이] $$\tau=\frac{M_{max}}{\pi D^2\left(\frac{H}{2}+\frac{D}{6}\right)}=\frac{162}{3.14\times6^2\times(10/2+6/6)}$$

$$=0.24\text{kgf/cm}^2$$

점토지반이므로 $\phi=0$이면 $\tau=c+\sigma\tan\phi$는 $\tau=c$이다. 따라서 점착력은 $c=0.24\text{kgf/cm}^2$이다.

8.4.2 표준 관입 시험(SPT, Standard Penetration Test)

표준 관입 시험은 시추공 속에 스플릿 스푼(split spoon)이라는 샘플러(sampler)를 15cm 정도 관입시킨 후, 63.5kgf의 추를 76cm 높이에서 자유낙하시켜 샘플러를 타격 후 관입시킨다. 이때 샘플러를 30cm 관입시키는 데 필요한 낙하 횟수를 표준 관입 시험치 또는 N치라 한다. 표준 스플릿 스푼 샘플러는 그림 8.20과 같다.

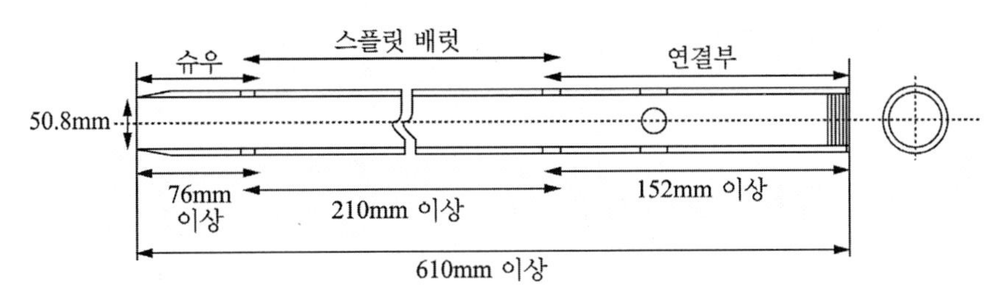

그림 8.20 스플릿 배럴 샘플러

스플릿 배럴 샘플러는 선단부에 슈우가 결합되어 있고 상단에는 드릴 로드(drill rod)와 연결되어 있다. 이 샘플러는 교란시료 채취도 가능하다. 이렇게 채취된 시료는 흙의 물리적 특성, 즉 비중, 입도, Atterberg Limit 등의 측정에 이용된다.

N치의 값은 샘플러에 연결된 로드의 길이, 토질, 지반위의 과재하중 등에 영향을 받는다. N치와 모래의 상대밀도와의 관계는 표 8.6, 점성토 지반의 연경도와 일축압축강도의 관계는 표 8.7과 같다.

표 8.6 N치-모래의 상대밀도 관계

N 값	조밀 정도	상대밀도(%)
0~4	매우 느슨함	15
4~10	느슨함	15~35
10~30	중간	35~65
30~50	치밀	65~85
50 이상	매우 치밀	85~100

표 8.7 N치-연경도, 일축압축강도 관계

N 값	연경도	일축압축강도(kgf/cm²)
<2	대단히 연약	<0.25
2~4	연약	0.25~0.5
4~8	중간	0.5~1.0
8~15	견고	1.0~2.0
15~30	대단히 견고	2.0~4.0
>30	고결	>4.0

Peck(1953)은 모래에 대해서 N 값과 내부 마찰각과의 관계를 식 (8.30)과 같이 제안하였다.

$$\phi = 0.3N + 27 \tag{8.30}$$

Dunham(1954)은 다음과 같은 관계를 제안하였다.

$$\left.\begin{array}{ll} \text{입자가 둥글고 입경이 균일한 모래} & \phi = \sqrt{12N} + 15 \\ \text{입자가 둥글고 입도분포가 좋은 모래} & \phi = \sqrt{12N} + 20 \\ \text{입자가 모나고 입경이 균일한 모래} & \phi = \sqrt{12N} + 20 \\ \text{입자가 모나고 입도분포가 좋은 모래} & \phi = \sqrt{12N} + 25 \end{array}\right\} \tag{8.31}$$

Schmertmann(1978)은 N 값-변형계수(E_0) 관계를 표 8.8과 같이 제안하였다.

표 8.8 N 값-변형계수(E_0)

흙의 종류	E_0/N(kgf/cm^2)
실트, 모래질 실트	4
가는~중간 모래	7
굵은 모래	10
모래질 자갈, 자갈	12~15

Hukuoka 등(1959)은 수평 지반 반력계수 $k_h(\text{kgf/cm}^2)$를 식 (8.32)와 같이 제안하였다.

$$k_h = 0.69N^{0.406} \tag{8.32}$$

8.4.3 콘 관입 시험(CPT, Cone Penetration Test)

콘 관입 시험기는 로드 끝에 원추형의 콘을 연결하여 지반에 관입시킬 때에 나타나는 저항력을 측정하는 것이다. 관입시킬 때에 정하중을 사용하면 정적 콘 관입 시험, 동하중을 사용하면 동적 콘 관입 시험이라 한다. 시험기는 네덜란드식 콘 관입 시험 장치(Duch cone)와 스웨덴식 콘 관입 시험 장치(Swedish cone) 등 여러 시험 장치가 많이 사용되고 있다. 가장 많이 사용되고 있는 것은 네덜란드식 콘 관입 시험 장치로 그림 8.21과 같다. 더치콘 시험은 철제 로드 끝에 직경 3.6cm, 단면적 10cm^2, 꼭지각이 60°인 콘을 1~2cm/s의 속도로 지반에 5cm 관입시킬 때의 저항력을 측정한다. 이 저항력을 콘 관입 저항력(q_c)이라 한다.

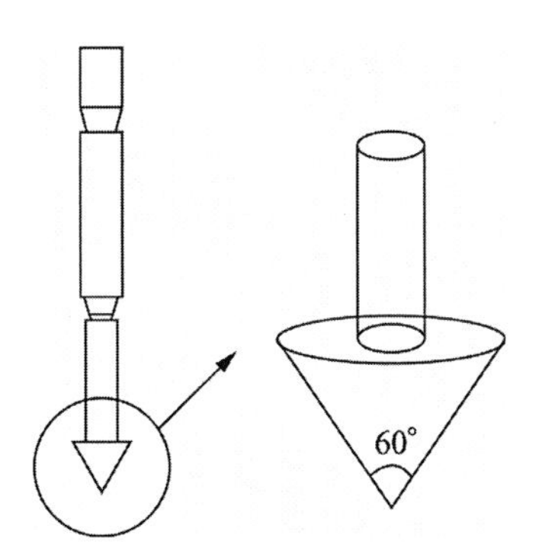

그림 8.21 콘 관입 시험기

8.4.4 공내 재하 시험

공내 재하 시험은 시추공 내에 프레서미터(pressuremeter)를 삽입하는 현장 재하 시험의 일종이다. 시추공 내에 실린더(cylinder)를 팽창시켜 공벽이 이 팽창압력에 저항한다는 공동확장이론(cavity expansion theory)에 근거한 것이다(Lame, 1852; palmer, 1972),

8.5 모래의 전단강도

건조된 모래는 점성을 가지고 있지 않다. 그러므로 성형을 할 수 없다. 자연 상태 그대로 시료를 채취하기가 매우 어렵다. 또한 채취된 시료를 시험하기 위해 시험기에 투입하는 방법에 따라 상태 변화가 크게 일어난다. 모래의 전단력에 대한 저항력은 모래 입자 간에 일어나는 고체 마찰에 의한 내부 마찰력과 구조적인 저항력으로 이루어진다. 모래의 전단에 대한 저항의 구조적 형태는 그림 8.22와 같다.

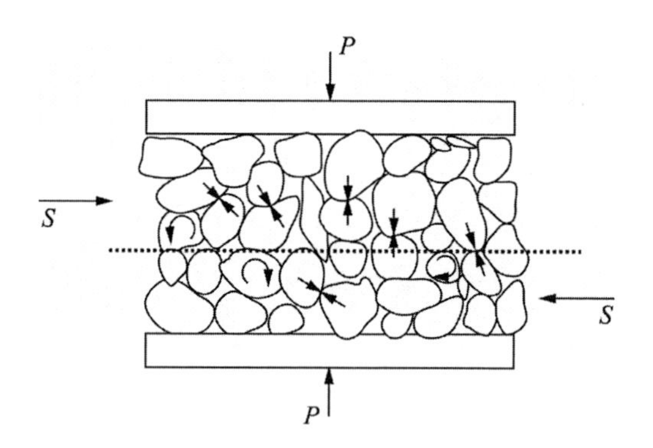

그림 8.22 모래의 전단저항 구조적 형태

구조적인 저항력은 모래 입자의 전단면에서의 배열에 의한 엇물림의 저항이다. 모래의 전단저항력은 고체 마찰에 의한 것이나 구조적인 저항력 모두 수직력 크기에 영향을 받는다.

모래는 전단 시험기에 시료를 투입하는 방법에 따라 밀도가 달라진다. 모래의 조밀 정도에 따라 전단에 대한 거동도 매우 다르다. 느슨한 모래는 전단에 따라 체적감소 현상이 계속되며, 저항력의 증가는 완만한 속도로 나타나고, 강도의 첨단(peak)이 잘 나타나지 않는다. 반면에 조밀한 모래는 전단에 따라 저항력이 급격하게 증가하고, 전단이 진행됨에 따라 구조적인 조직이 흩어져 체적이 증가하는 현상이 나타난다. 이 같은 전단변형에 의해 일어나는 체적 변화를 다이러턴시(dilatancy)라 한다. 모래 전단에 대한 거동을 나타낸 것이 그림 8.23이다.

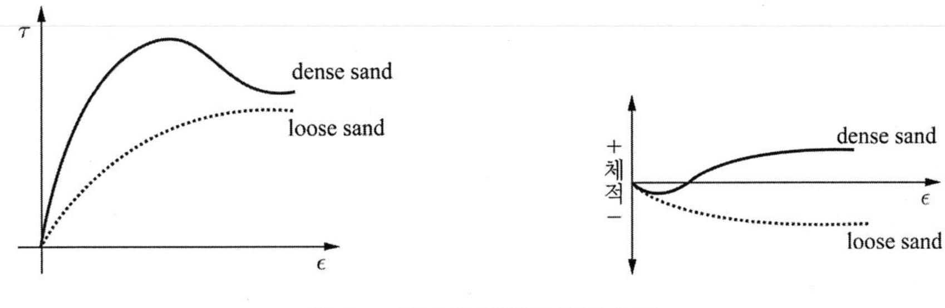

그림 8.23 모래의 전단에 대한 거동

상대밀도가 다른 동일한 두 모래에 전단변형률을 계속 증대시키면, 두 모래에서 전단저항력이 같은 크기로 일정하게 되는 상태에 도달한다. 이 상태의 간극비를 한계간극비(critical void ratio)라 하고, 이때의 밀도를 한계밀도(critical density)라 하며, 이때는 체적 변화도 일어나지 않는다.

완전한 포화상태의 모래에 대한 비압밀 비배수 시험은 점토에 대한 경우와 같이 $\phi=0$인 거동을 나타낸다.

모래의 전단강도는 상대밀도, 입형, 입도, 간극비, 입자의 거칠기, 함수량, 구속압력 등에 영향을 받는다.

포화되고 느슨한 가는 모래에 충격이 가해지면 일시적으로 간극수압이 크게 상승하여, 유효응력이 거의 없어지며, 따라서 전단저항력도 거의 없어진다. 이 상태를 액상화 현상(liquefaction)이라 한다. 이러한 현상이 현장에서 일어나면 지반이 상부 구조물을 지탱하지 못한다. 이러한 현상은 느슨한 가는 모래 지반에서 잘 발생하므로, 이런 현상을 예방하려면 첫째로 상대밀도가 높아 간극비가 한계간극비보다 적어야 잘 일어나지 않는다. 액상화 현상이 잘 일어나는 조건은 입자의 형태가 둥글고, 실트 크기 입자를 약간 포함하고, 유효경이 0.1mm보다 적으며, 균등계수가 5 이하이고, 간극률은 44% 이상이어야 한다(김상규, 2004).

8.6 간극수압

투수계수가 적은 점토에 외력이 작용하면 내부에 과잉간극수압이 발생한다. 그러나 시간이 지남에 따라 간극수가 서서히 배출되면서 수압은 감소하여 오랜 시간 후에는 모든 과잉간극수압이 소산되어 없어진다. 간극수가 배출되지 않으면 과잉간극수압은 존재한다. 이 과잉간극수압은 전단강도에 영향을 주어 강도를 떨어뜨린다. 즉, 유효응력이 적어져 강도가 감소하게 되는 것이다. 그러므로 외력이 작용했을 때, 내부에 발생하는 과잉간극수압의 크기를 알아야 유효응력을 알 수 있다.

일반적인 삼축압축 시험 때의 공시체에 작용되는 응력 상태는 그림 8.10과 같다. 액압이 가해지는 등방압축일 때와 다음 단계인 축차응력 작용 시의 일축압축일 때의 결합으로 이루어진다. 등방압축일 때와 일축압축일 때를 나누어 고려해본다.

8.6.1 등방압축상태일 때 발생하는 간극수압

시료에 등방압력($\Delta\sigma_3$)이 작용하면, 시료 내부에 이 압력에 의해 간극수압(Δu_c)이 발생한다. 등방압축 상태에서의 응력 상태는 그림 8.24와 같다.

이때의 모든 축방향의 전응력은 $\Delta\sigma_3$, 간극수압은 Δu_c, 유효응력은 $\Delta\sigma'_3$이다. 압력을 받았을 때, 체적 변화를 살펴보면 공시체의 체적 변화는 간극 속의 유체 변화와 같다. 공시체의 체적 변화(ΔV_{vc})는 다음과 같다.

$$\Delta V_{vc} = m_v V_0 \Delta\sigma'_3 = m_v V_0 (\Delta\sigma_3 - \Delta u_c) \tag{8.33}$$

여기서 m_v는 흙의 체적 변화계수이고, V_0는 최초의 흙 체적이다.

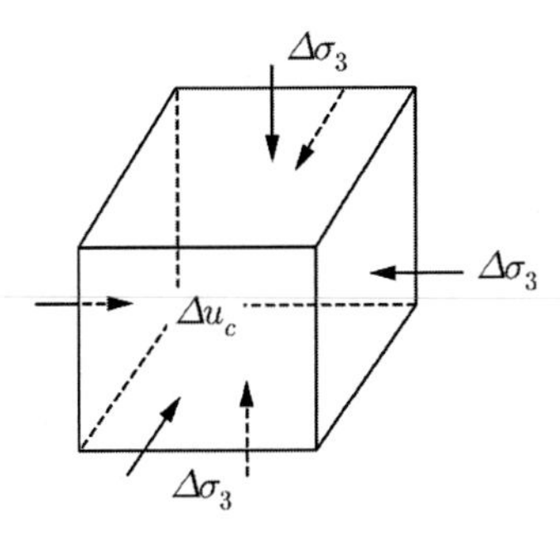

그림 8.24 등방압축상태의 응력

또한 간극 속의 유체의 체적 변화(ΔV_{fvc})는 다음과 같다.

$$\Delta V_{fvc} = m_f V_v \Delta u_c = m_f n V_0 \Delta u_c \tag{8.34}$$

여기서 m_f는 유체의 체적 변화계수이고, V_v는 간극의 체적, n은 간극률이다. 결과적으로 식 (8.33)과 식 (8.34)는 같다.

$$m_v V_0 (\Delta\sigma_3 - \Delta u_c) = m_f n V_0 \Delta u_c \tag{8.35}$$

$$\Delta u_c = \frac{m_v}{m_v + n m_f}\Delta\sigma_3 = \frac{1}{1 + n\dfrac{m_f}{m_v}}\Delta\sigma_3 = B\Delta\sigma_3 \tag{8.36}$$

$$B = \frac{1}{1 + n\dfrac{m_f}{m_v}} \tag{8.37}$$

시료가 물로 포화되어 있고, 물의 압축을 무시하면, $m_f = 0$이므로, $B = 1$이 된다. 불포화 상태에서는 공기가 있으므로 $m_f \neq 0$이다. 따라서 $B < 1$이 된다. 여기서 B를 등방압축 때의 간극수압계수라 한다.

간극수압계수(B)는 포화된 연약한 흙일 때에는 1에 가까운 값이며, 포화된 단단한 흙일 때에는 1보다 작거나 비슷하다. Black와 Lee(1973)는 완전한 포화상태의 흙에 대하여 표 8.9와 같이 제시하였다.

표 8.9 이론적인 B 값

흙의 종류	B 값
연약한 정규압밀 점토	0.9998
약간 과압밀된 연약한 점토와 실트	0.9988
과압밀된 단단한 점토와 모래	0.9877
높은 구속압을 받는 조밀한 모래와 매우 단단한 점토	0.9130

8.6.2 일축압축일 때 발생하는 간극수압

일반적인 삼축압축 시험에서 피스톤을 통하여 축차응력($\Delta\sigma$)을 작용할 때와 같은 상태이다. 그때의 응력 상태는 그림 8.25와 같다.

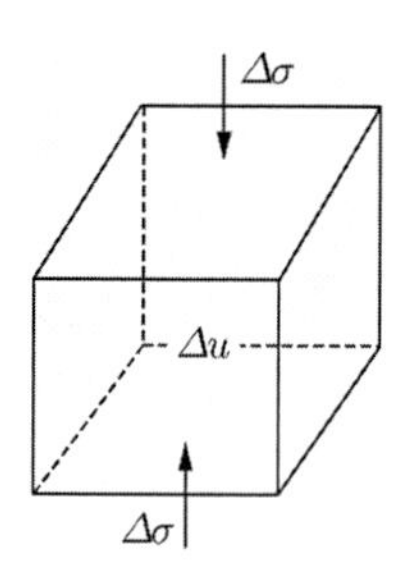

그림 8.25 일축압축 때의 응력

흙 시료에 축방향으로 $\Delta\sigma$을 작용하면 측방향으로의 구속압이 없기 때문에 축방으로는 압축이 일어나고 측방향으로는 팽창이 일어난다. 따라서 3축의 유효응력은 다음과 같다.

$$\Delta\sigma'_1 = \Delta\sigma - \Delta u \tag{8.38}$$

$$\Delta\sigma'_2 = 0 - \Delta u = -\Delta u$$

$$\Delta\sigma'_3 = 0 - \Delta u = -\Delta u$$

시료의 축방 압축량과 양측 방향 팽창량은 다음과 같다.

$$\Delta v_1 = m_v V_0 \Delta\sigma'_1 = m_v V_0 (\Delta\sigma - \Delta u) \tag{8.39}$$

$$\Delta v_2 = \Delta v_3 = m_e V_0 \Delta\sigma'_2 = m_e V_0 (-\Delta u)$$

여기서 m_e는 팽창계수이다. 유체의 체적 변화량은 다음과 같다.

$$\Delta v_v = n V_0 m_f \Delta u \tag{8.40}$$

식 (8.39)와 식 (8.40)에서 다음과 같은 관계가 이루어진다.

$$m_v V_0 (\Delta\sigma - \Delta u) + 2 m_e V_0 (-\Delta u) = n V_0 m_f \Delta u$$

$$\Delta u = \frac{1}{1 + 2\frac{m_e}{m_v} + n\frac{m_f}{m_v}} \Delta\sigma = \overline{A}\Delta\sigma \tag{8.41}$$

$\overline{A}$는 일축압축상태일 때의 간극수압계수이다.

8.6.3 삼축압축일 때의 간극수압계수

그림 8.10과 같이 삼축압축일 때는 등방압축과 일축압축이 동시에 일어나는 경우와 같다. 따라서 측압($\Delta\sigma_3$)과 축차응력($\Delta\sigma$)이 작용하여 발생하는 간극수압의 크기는 등방압축일 때 발생하는 간극수압의 크기 Δu_c와 일축압축일 때 생기는 간극수압의 크기 Δu의 합과 같다. 그러므로 간극수압(u)의 크기는 식 (8.42)와 같다.

$$u = \Delta u_c + \Delta u = B\Delta\sigma_3 + \overline{A}\Delta\sigma$$

$$= B\Delta\sigma_3 + \overline{A}(\Delta\sigma_1 - \Delta\sigma_3)$$

$$u = B[\Delta\sigma_3 + A(\Delta\sigma_1 - \Delta\sigma_3)] \tag{8.42}$$

포화 때에는 $B=1$이 된다. Skempton(1954)의 실험결과에 의하면 파괴 때의 간극수압계수 A는 표 8.10과 같다.

표 8.10 간극수압계수

점토의 종류	A 값(파괴 시)
정규압밀 점토	0.5 ~1.0
다진모래질 점토	0.25~0.75
약간 과압밀된 점토	0~0.5
다진 점토질 자갈	-0.25~0.25
매우 과압밀된 점토	-0.5~0

[예 8.13] 다음은 CU 시험의 결과에 의해 얻어진 강도정수이다. 간극수압계수 A를 구하시오.

- $\phi' = 24°$, $c' = 1.02\text{kgf/cm}^2$
- 액압$(\sigma_3) = 6.0\text{kgf/cm}^2$, 축차응력$(\Delta\sigma) = 8.0\text{kgf/cm}^2$

[풀이] 위의 관계를 그림으로 나타내면 다음과 같다.

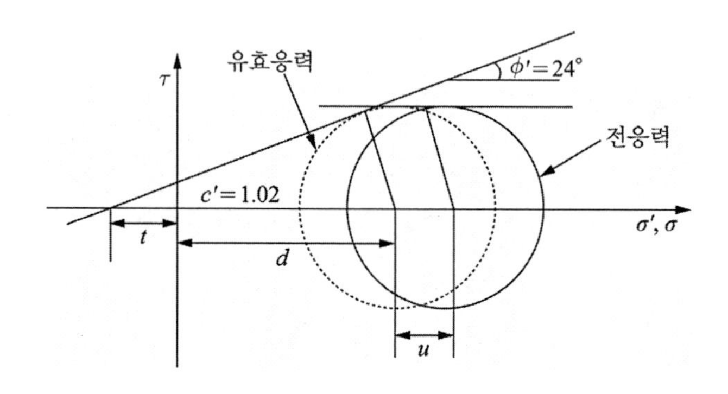

전응력에 대한 최대 주응력 $\sigma_1 = 8.0 + 6.0 = 14.0\text{kgf/cm}^2$

최소 주응력 $\sigma_3 = 6.0\text{kgf/cm}^2$

전응력에 대한 응력원이나 유효응력에 대한 응력원의 반지름 $r = (14.0 - 6.0)/2 = 4.0$

그림에서 $t = c'\cot\phi' = 1.02 \times \cot 24° = 2.29$

$$(t+d)\sin\phi' = r \Rightarrow d = \frac{r}{\sin\phi'} - t = \frac{4}{\sin 24} - 2.29 = 7.54$$

간극수압의 크기 u는 전응력원의 중심에서 d를 뺀 값이다.

$$u = \frac{14+6}{2} - 7.54 = 2.46(\text{kgf/cm}^2)$$

이 간극수압은 축차응력이 작용할 때에 발생한 것이다.

$$A = \frac{u}{\Delta\sigma} = \frac{2.46}{8.0} = 0.31$$

8.7 응력 경로

응력 경로(Stress Path)는 주로 전단과정에서 전응력 또는 유효응력 상태의 변화를 응력 평면(Stress Plane) 위에 점의 궤적으로 표시한 것을 말한다. 일반적인 삼축압축 시험의 과정에서, 등방압축, 즉 액압($\Delta\sigma_3$)을 작용한 후, 축차응력($\Delta\sigma$)을 작용해 파괴가 일어날 때까지의 응력 변화를 나타내는 것이다. 축차응력의 파괴 때의 응력을 $\Delta\sigma_f$라 하면, 축차응력은 영에서 $\Delta\sigma_f$까지 변하는 것이다. 이 과정에서 순간순간 시료 내의 임의 단면에서 발생하는 응력을 나타내는 Mohr 응력원을 그릴 수 있다. 이 응력원을 그릴 수 있는 방법은 여러 가지가 있을 수 있다. 즉, 응력원의 중심점 좌표와 반경의 크기나, 임의 두 단면의 응력 크기나, 최대 주응력과 최소 주응력의 크기나, 응력원 정점의 좌표 등의 어느 것이나 알면 그에 대한 응력원을 그릴 수 있다. 매 순간 응력원의 정점의 좌표 변화를 연속으로 나타낸 방법이 Lambe(1964)가 제안한 응력 경로 작성법이다. Mohr 응력원의 정점의 좌표를(p', q')로 나타내며, 그 크기는 다음과 같다.

$$p' = \frac{{\sigma_1}' + {\sigma_3}'}{2}, \; q' = \frac{{\sigma_1}' - {\sigma_3}'}{2} \tag{8.43}$$

8.7.1 압밀 배수 시험(CD Test)

압밀 배수 시험은 액압과 축차응력 모든 압력이 작용할 때, 배수 밸브를 열어두고 시험을 하기 때문에 간극수압이 생기지 않는다. 그러므로 작용하는 전응력과 유효응력의 크기는 같다. 따라서 전응력에 의한 Mohr 응력원이나 유효응력에 의한 응력원이나 같은 것이다.

액압 작용 후, 즉 등방압밀이 완료된 후의 응력점 I는 $(p', q') = (\Delta\sigma_3, 0)$ 이고, 차응력이 작용하는 과정 중의 한 응력원의 지름은 차응력의 크기가 지름이 되므로 정점 D'는 $(p', q') = \left(\Delta\sigma_3 + \frac{\Delta\sigma}{2}, \frac{\Delta\sigma}{2}\right)$이고, 파괴 때의 Mohr 응력원의 정점 D는 $(p', q') = \left(\Delta\sigma_3 + \frac{\Delta\sigma_f}{2}, \frac{\Delta\sigma_f}{2}\right)$이다. 이 과정을 나타낸 응력 경로 $ID'D$는 그림 8.26과 같다.

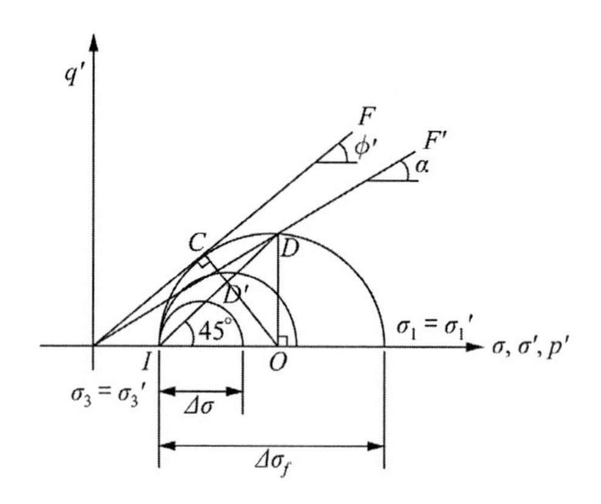

그림 8.26 압밀 배수 시험의 응력 경로(정규압밀 점토)

정점 D인 Mohr 응력원은 파괴 때의 응력원이므로 Mohr–Coulomb의 파괴포락선 F에 접해야 한다. 파괴 때의 응력원 정점을 연결한 F'선을 수정 파괴포락선이라 한다.

$$F\text{선} : \tau = \sigma' \tan\phi' \tag{8.44}$$

$$F'\text{선}: q' = p'\tan\alpha \tag{8.45}$$

식 (8.44)와 (8.45)는 그림 8.26의 도형에서 다음과 같은 관계를 맺는다.

$$\sin\phi' = \tan\alpha \tag{8.46}$$

8.7.2 압밀 비배수 시험(CU Test)

압밀 비배수 시험은 축차응력 작용 때에 간극수가 배출되지 못하도록 밸브를 잠그고 시험을 한다. 따라서 축차응력($\Delta\sigma$) 작용 때에 간극수압(Δu)이 발생한다. 파괴 때의 축차응력을 $\Delta\sigma_f$라 하고, 그때 발생한 간극수압을 Δu_f라 한다. 역시 압밀 배수 시험과 같이 등방압밀 완료 때의 점 I는 같다.

축차응력 작용 중의 한 점 U'는 $(p', q') = \left(\Delta\sigma_3 + \frac{\Delta\sigma}{2} - \Delta u,\ \frac{\Delta\sigma}{2}\right)$, 파괴 때의 Mohr 응력원의 정점 U는 $(p', q') = \left(\Delta\sigma_3 + \frac{\Delta\sigma_f}{2} - \Delta u_f,\ \frac{\Delta\sigma_f}{2}\right)$이다. 이 과정을 나타낸 응력 경로 $IU'U$는 그림 8.27과 같다.

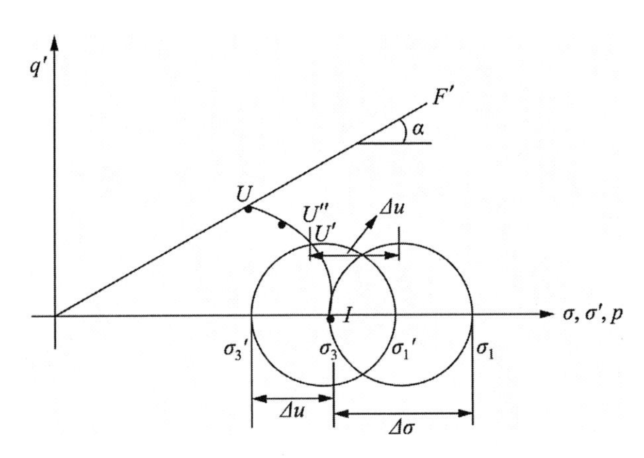

그림 8.27 압밀 비배수 시험 응력 경로(정규압밀 점토)

연습문제

1. 보통 흙의 전단강도를 흙의 강도라 한다. 그 이유는 무엇인가?

2. 흙의 전단강도는 어떻게 이루어지는가?

3. 균일한 토층의 흙의 단위 중량이 1.83kgf/cm^3이고, 내부 마찰각이 28°이고, 점착력은 0 이다. 지표에서 4.5m 깊이의 전단강도는 얼마인가?

4. 주응력 σ_1, σ_3이 작용할 때의 Mohr의 응력원은 어떻게 나타내는가?

5. 다음은 직접 전단 시험의 결과이다. 흙의 내부 마찰각, 점착력을 구하시오. 시료의 단면적은 28cm^2이다.

번호	수직하중(kgf)	전단력(kgf)
1	20	15.5
2	30	23.0
3	40	31.0
4	50	38.5

6. 모래에 대한 전단 시험을 통하여 전단강도는 $\tau = \sigma' \tan 32°$로 표현하였다. CD Test에서 액압 7.0kgf/cm^2이 작용할 때 축차응력 얼마를 작용하면 파괴가 일어나겠는가?

7. $\phi' = 30°$인 모래에 대하여 CD Test를 할 때에 축차응력 7.0kgf/cm^2이 작용할 때에 파괴가 일어났다. 이때 구속압은 얼마인가?

8. 다음은 압밀 배수 삼축압축 시험의 결과이다. 이 흙의 강도정수를 구하시오.

번호	측압(σ_3, kgf/cm²)	파괴 시 축차응력($\Delta\sigma$, kgf/cm²)
1	10	22.58
2	16	33.27

9. 정규압밀 점토에 대하여 압밀 비배수 시험(CU Test)의 결과이다. 전응력에 대한 것과 유효응력에 대한 내부 마찰각을 구하시오.

액압(kgf/cm²)	파괴 시 축차응력(kgf/cm²)	파괴 시 간극수압(kgf/cm²)
10	7.64	5.02

10. 정규압밀 점토의 압밀 비배수 시험에서 유효응력에 의한 내부 마찰각 30°를 얻었다. 액압은 1.26kgf/cm², 파괴 시 축차응력은 1.02kgf/cm²이었다. 전응력에 대한 내부 마찰각과 파괴 시 발생한 간극수압을 구하시오.

11. 다음은 흙의 압밀 비배수 시험의 결과이다. 흙의 강도정수를 구하시오.

번호	측압(kgf/cm²)	파괴 시 축차응력(kgf/cm²)	파괴 시 간극수압(kgf/cm²)
1	1.0	0.68	0.51
2	2.0	1.38	0.96
3	3.0	2.08	1.41

12. 문제 8의 파괴포락선을 수정파괴포락선 $q' = m + p'\tan\alpha$ 으로 나타내면 어떻게 되는가?

13. 삼축압축 시험을 하여 축차응력을 계산할 때 시료의 단면적을 알아야 한다. UU, CU, CD시험에서 평균 단면적을 구하시오.

14. 건조밀도가 1.68gf/cm³인 소성이 낮은 점토시료에 대하여 압밀 비배수 시험을 행하였다. 시료는 8m 깊이에서 채취하였다. 점토의 간극률은 0.36이다. 시험의 결과 강도정수는 $\phi_{cu} = 14°$, $c_{cu} = 1.23$kgf/cm²이다. 일축압축강도를 구하시오($S = 100\%$일 때).

〈참고문헌〉

강예묵, 박춘수, 유능환, 이달원(2010), 『신제 토질역학』, 형설출판사, 7장.

김상규(2010), 『토질역학-개정판』, 청문각, 9장.

Black, D. K. and Lee, K .L.(1973), *Sturating laboratory Samples by Back Pressure*, Joural of the Soil Mechanics and Foundations Division, ASCE, Vol.99, No.SM1, pp.75~93.

Coulomb, C. A.(1976), *Essai sur une application des regles de Maximums es Minimis a quelques Promlemes de Statique*, relatifs a l Architecture, Memoires de mathematique et de Physique, Presentes, a l' Academic Royale des Sciences, Paris, Vol.3, 38.

Dunham, J. W.(1954), *Pile Foundation for Building*, Proc. JSMFED, ASCE. Vol.80, No.385(ch7).

Lambe, T. W.(1964), *Methods of Estimating Settlement*, Joural of the Soil mechanics and Foundation Division, ASCE, Vol.90, No.SM5, pp.47~74.

Lame, G.(1852), *Lecons sur la theorie mathematique delasticite des corps solides*, Bachelier, Paris, France(ch7).

Mohr, O.(1900), *Welche Umstande Bedingen die Elastizitatsgrenze und den Bruch eines Materiales?*, Zeitschrift des Vereines deutscher ngenieure, Vol.44, pp.1,524~1,530, 1,572~1,577.

Pllmer, A. C.(1972), *Undrained Plane Strain Expansion of a Cylindrical cavity in Clay*, -a Simple Interpretation of the Pressuremeter Test, Geotechnique, Vol.22, pp.451~457.

Rosenqvist, I. TH.(1953), *Considerations on the Sensitivity of Norwegian Quick Clays*, Geotechnique, Vol.3, No.5, pp.195~200.

Schmertmann, J. H.(1978), *Guidelines for Cone Penetration Test*, Performance and Degine, Fed, Hwy, Adm, Publ, FHWA-TS-78-209, Washington, D.C.(ch7, 12).

Skempton, A. W.(1954), *The Pore-Pressure Coefficient A and b*, Geotchnique, Vol.4, pp.143~147.

Terzaghi, K.(1944), *Ends and means in Soil Mechanics*, J. of the Enrineering Inst of Canada, December(ch.8).

Tschebotarioff, G. P.(1948), *The Determination of the Shearing Strength of Varved Clays and of their Sensitivity to Remolding*, 2nd ICSMFE, Vol.1, pp.203~207.

09 토압

09 토 압

지반 내부에서 자중이나 외부의 하중 등에 의해 생기는 응력과 흙과 구조물 사이의 접촉면에서 생기는 모든 힘을 토압(earth pressure)이라 한다. 옹벽, 지중의 벽체, 지중 구조물, 흙막이 벽체 등과 같이 흙의 연직 하중이나 횡방향으로 작용하는 힘을 말한다. 이런 힘 중에 횡방향으로 작용하는 힘을 횡방향 토압, 수평토압이라 한다. 일반적으로 토압이라 하면 횡방향 토압(lateral eath pressure)을 말한다.

횡방향 토압이 작용하는 대표적인 구조물에는 옹벽이 있다. 사면을 평지로 만들어 토지의 활용도를 높이기 위한 경우를 살펴보자. 이 경우에는 사면을 평지로 굴착하거나, 성토하여 평지로 만들어야 한다. 굴착하는 경우에는 평지를 넓히기 위해 굴착단면을 수직에 가깝게 하는 것이 좋으나, 이 경우에는 굴착면이 높으면 붕괴가 생긴다. 이 붕괴를 막기 위해 구조물이 필요하다. 또한 성토를 하는 경우에도 성토 끝 단면을 수직으로 하는 것이 넓은 평지를 얻을 수 있다. 이렇게 하기 위해서는 또한 구조물이 필요하다. 이 구조물의 대표적인 것이 옹벽이다. 시공된 이런 옹벽이 외측(뒤채움이 없는 쪽)으로 이동(변위)이 진행되어 어느 값 이상이 되면, 뒤채움 흙은 외측으로 변위가 생기다가 결국 붕괴가 일어난다. 이때 뒤채움 흙이 옹벽에 가하는 토압을 주동토압(active earth pressure)이라 한다. 또는 자연토압이라고도 한다. 이런 옹벽을 반력 구조물로 사용하는 경우를 살펴보자. 옹벽에 힘을 내측(뒤채움 흙이 있는 쪽)으로 가하면, 옹벽이 내측으로 이동(변위)이 진행되어 어느 값 이상이 되면, 뒤채움 흙은 내측으로 변위가 생기다가 결국 붕괴가 일어난다. 이때 뒤채움 흙이 옹벽에 가하는 힘을 수동토압(passive earth pressure) 또는 저항토압이라 한다.

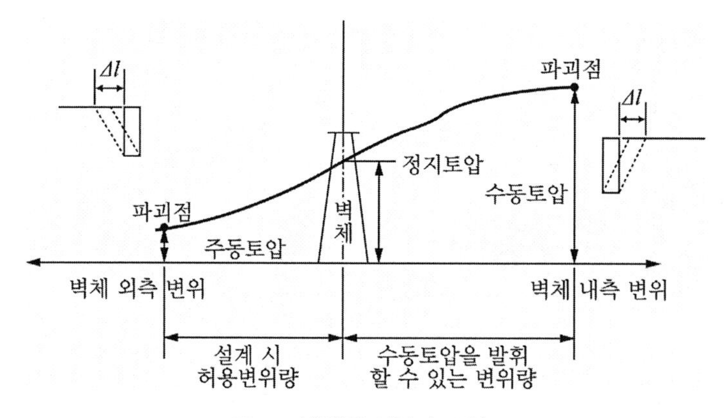

그림 9.1 벽체의 이동과 토압

이에 반하여 지중벽체나 지중구조물은 내외 측으로 이동 없이 흙을 지지하고 있다. 이때 구조물에 가해지는 토압을 정지토압(earth pressure at rest)이라 한다. 벽체의 이동 상태와 이때 가해지는 토압의 크기를 나타낸 것이 그림 9.1이다.

토압을 구하는 이론은 여러 가지가 있으나 주류를 이루는 이론은 랜킨(Rankine) 토압론과 쿨롱(Coulomb) 토압론이다.

9.1 정지토압

정지토압은 벽체의 이동이 없고, 안정적인 힘의 평형상태를 이루고 있을 때에 구조물에 작용하는 힘 또는 응력을 말하며, 그림 9.2와 같은 경우의 구조물에 작용하는 수평력을 말한다. 그림 9.2에서 수평방향으로 변위가 없으므로 이 흙은 탄성평형 상태에 있다.

그림 9.2에서 수평방향으로 작용하는 토압은 연직으로 작용하는 힘의 비로 식 (9.1)과 같다.

$$\sigma_o = K_0 \sigma_v \tag{9.1}$$

여기서 σ_0는 수평응력(수평토압), σ_v는 연직응력(연직토압)이라 하고, K_0를 정지토압계수라 한다. 연직토압의 크기는 그 위치 상부의 흙의 무게에 해당하므로 식 (9.2)와 같다.

$$\sigma_v = \gamma z \tag{9.2}$$

여기서 γ는 흙의 단위 중량이고, z는 그 위치의 흙 두께이다. 따라서 식 (9.1)은 다음과 같다.

$$\sigma_0 = K_0 \gamma z \tag{9.3}$$

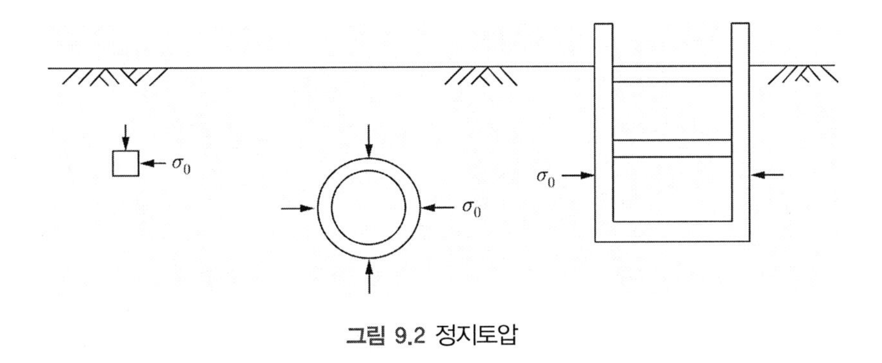

그림 9.2 정지토압

Jaky(1944)에 의해 사질토의 정지토압계수는 다음과 같이 제안되고 있다.

$$K_0 = 1 - \sin\phi \tag{9.4}$$

Sherif, Fang & Sherif(1984) 등은 Jaky 공식에서 뒤채움 흙이 느슨한 모래인 경우에는 경험식과 유사하나, 조밀한 모래인 경우에는 다짐의 영향 때문에 실제보다 작게 계산됨을 실험을 통해 입증함으로써 다음 식 (9.5)과 같이 수정 제안하였다.

$$K_0 = (1 - \sin\phi) + \left[\frac{\gamma_d}{\gamma_{d(\min)}} - 1 \right] \times 5.5 \tag{9.5}$$

Brooker & Ireland(1955)는 정규압밀 점토와 과압밀 점토에 대한 정지토압계수를 다음과 같이 제안하였다.

$$K_0 = 0.95 - \sin\phi \tag{9.6}$$

$$K_0 = (0.95 - \sin\phi)\sqrt{OCR} \tag{9.7}$$

여기서 $\sqrt{OCR}$은 과압밀 비이다.

정지토압계수 K_0는 지반의 강도가 증가하면 횡방향의 변위가 적으므로 감소한다. 지반을 선형탄성체로 가정하면 K_0는 다음과 같다.

$$K_0 = \nu/(1-\nu) \tag{9.8}$$

여기서 ν는 흙의 포아송비이다.

Hunt(1986)는 흙의 종류에 따라 포아송비를 표 9.1과 같이 제시하였다.

표 9.1 흙의 종류에 따른 포아송비

흙의 종류	포아송비
점토	0.4~0.5(비배수 상태)
실트	0.3~0.35
가는 모래	0.25
느슨한 모래	0.2~0.35
조밀한 모래	0.3~0.4
암석	0.25~0.33

Massarsch(1979)는 정규압밀 점토의 세립토에 대한 정지토압계수를 다음과 같이 제안하였다.

$$K_0 = 0.44 + 0.42\left[\frac{PI(\%)}{100}\right] \tag{9.9}$$

일반적으로 정지토압계수는 0.4~0.5의 값을 사용한다.

9.1.1 정지토압의 크기

그림 9.3과 같은 경우에 구조물 벽에 작용하는 정지토압의 크기는 다음과 같다.

$$\text{깊이 } z\text{에서의 토압} : \sigma_{0z} = K_0 \gamma z \tag{9.10}$$

벽의 높이가 H 일 때 벽에 작용하는 전 정지토압은 다음과 같다.

$$P_0 = \int_0^H \sigma_{0z} dz = \int_0^H K_0 \gamma z dz = \frac{1}{2}\gamma H^2 K_0 \tag{9.11}$$

토압의 분포는 그림 9.3과 같다.

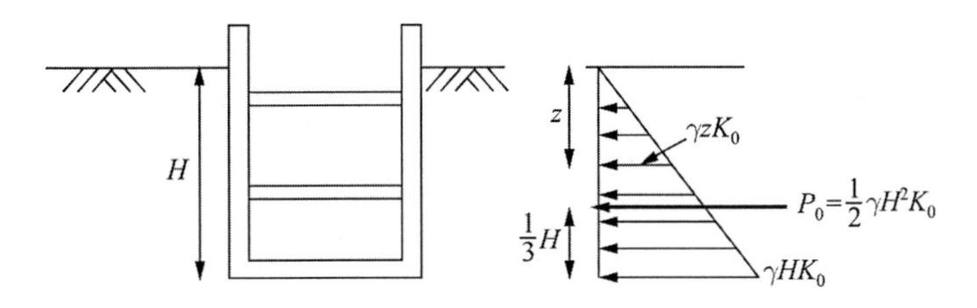

그림 9.3 균일지반 정지토압분포

토압의 분포는 삼각형이므로 벽 전체에 작용하는 전 토압 P_0는 삼각형의 도심에 작용한다. 그러므로 아래쪽에서 1/3 높이에 작용한다.

$$y = \frac{1}{3}H \tag{9.12}$$

[예 9.1] 높이 4.8m의 연직옹벽이 있다. 배면토는 수평이고, 이 흙의 단위 중량은 1.78tf/m^{3}이다. 정지토압의 크기와 작용 위치를 구하시오.

[풀이] 식 (9.11)에서 정지토압계수는 0.4로 하면 크기는 다음과 같다.

$$P_0 = \frac{1}{2}\gamma H^2 K_0 = \frac{1}{2} \times 1.78 \times 4.8^2 \times 0.4 = 8.20\text{tf/m}$$

$$y = \frac{1}{3}H = 4.8 \times \frac{1}{3} = 1.6\text{m}$$

옹벽저면에서 1.6m 높이에서 작용한다.

9.1.2 지표에 등분포 하중 작용 시 정지토압

지표에 상재하중이 작용하고 있을 때, 즉 그림 9.4(a)와 같은 경우, 지표에 등분포 하중이 작용할 때 토압 크기는 다음과 같다.

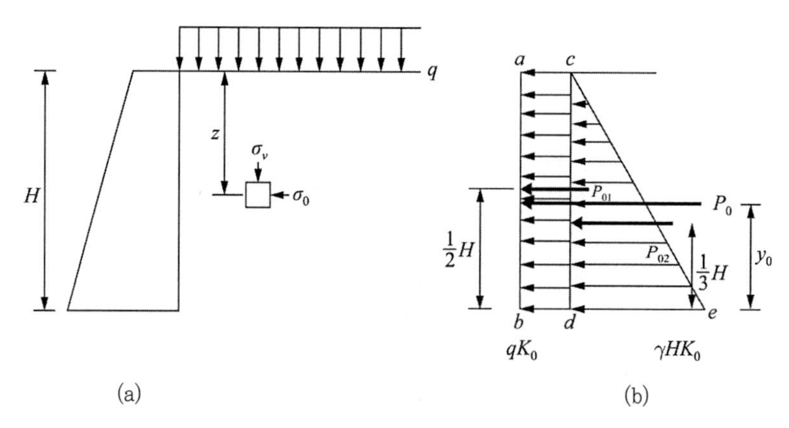

그림 9.4 지표에 등분포 하중의 작용 시 정지토압

깊이 z에서의 연직압력은 다음과 같다.

$$\sigma_v = \gamma z + q \tag{9.13}$$

식 (9.13)에서 보면, 어느 깊이에서나 연직압력의 증가는 q만큼 일어난다.
따라서 어느 깊이에서나 횡방향 토압의 증가량은 $K_0 q$만큼 일어난다.

$$P_0 = \int_0^H \sigma_v K_0 dz = \int_0^H (\gamma z + q) K_0 dz \tag{9.14}$$

$$= \int_0^H \gamma z K_0 dz + \int_0^H q K_{0dz}$$

$$= \frac{1}{2}\gamma H^2 K_0 + qHK_0 = P_{02} + P_{01}$$

전 토압(P_0)은 지표에 등분포 하중이 작용하고 있지 않을 때의 토압(P_{02})에 등분포 하중에 의해 증가된 토압(P_{01})을 더하면 된다. 토압의 분포는 그림 9.4(b)와 같다. 전 토압(P_0)이 작용하는 위치 y_0는 다음과 같다.

$$P_0 \times y_0 = P_{02} \times \frac{1}{3}H + P_{01} \times \frac{1}{2}H$$

$$y_0 = \frac{\left(P_{02} \times \frac{1}{3}H + P_{01} \times \frac{1}{2}H\right)}{P_0} \tag{9.15}$$

9.1.3 뒤채움 흙에 지하수가 존재하는 경우의 정지토압

그림 9.5(a)와 같이 뒤채움 쪽에 지하수가 존재하고 있을 때에는 지하수위 위쪽과 아래쪽의 흙의 상태가 다르다. 위쪽은 흙이 대개 불포화 습윤상태이고, 물은 독립적으로 수압으로 작용한다. 지하수위 위쪽의 토층은 지하수위 아래쪽에 등분포 하중으로 작용한다.

그림 9.5(b)에서 응력 분포 abd의 크기는 지하수위 위층, I층의 정지토압 분포이고, 합력은 P_{01}이며, 작용점(y_1)은 삼각형 abd의 도심을 지난다. 응력 분포 $bced$는 상층의 흙 무게에 해당하는 등분포 하중에 의한 토압분포이며, 합력은 P_{02}이며, 작용점(y_2)은 사각형 $bced$의 도심에 작용한다. 응력 분포 def는 지하수위 아래 흙의 수중무게에 의한 정지토압 분포이며, 합력은 P_{03}이고, 작용점(y_3)은 삼각형의 도심에 작용한다. 응력 분포 ghi는 물에 의한 수압분포이다. 합력은 P_{04}이고, 작용점(y_4)은 삼각형의 도심에 작용한다. 각각의 합력과 작용점의 위치는 다음과 같다.

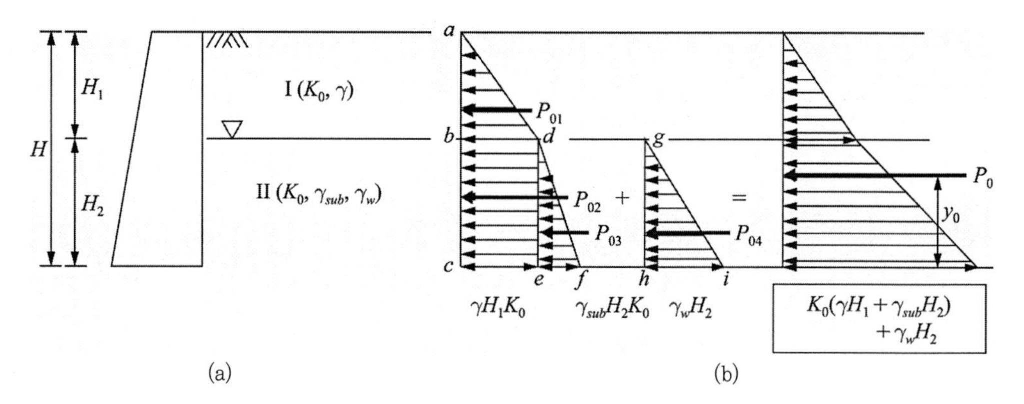

그림 9.5 지하수가 존재하는 경우의 정지토압

$$P_{01} = \frac{1}{2}\gamma H_1^2 K_0, \quad y_1 = H_2 + \frac{1}{3}H_1 \tag{9.16}$$

$$P_{02} = \gamma H_1 H_2 K_0, \quad y_2 = \frac{1}{2}H_2 \tag{9.17}$$

$$P_{03} = \frac{1}{2}\gamma_{sub} H_2^2 K_0, \quad y_3 = \frac{1}{3}H_2 \tag{9.18}$$

$$P_{04} = \frac{1}{2}\gamma_w H_2^2, \quad y_4 = \frac{1}{3}H_2 \tag{9.19}$$

전토압은 식 (9.20), 작용점은 식 (9.21)과 같다.

$$\begin{aligned} P_0 &= P_{01} + P_{02} + P_{03} + P_{04} \\ &= \frac{1}{2}\gamma H_1^2 K_0 + \gamma H_1 H_2 K_0 + \frac{1}{2}\gamma_{sub} H_2^2 K_0 + \frac{1}{2}\gamma_w H_2^2 \end{aligned} \tag{9.20}$$

$$y_0 = \frac{P_{01}y_1 + P_{02}y_2 + P_{03}y_3 + P_{04}y_4}{P_0} \tag{9.21}$$

[예 9.2] 다음 그림과 같은 옹벽에 작용하는 정지토압의 크기와 작용위치를 구하시오.

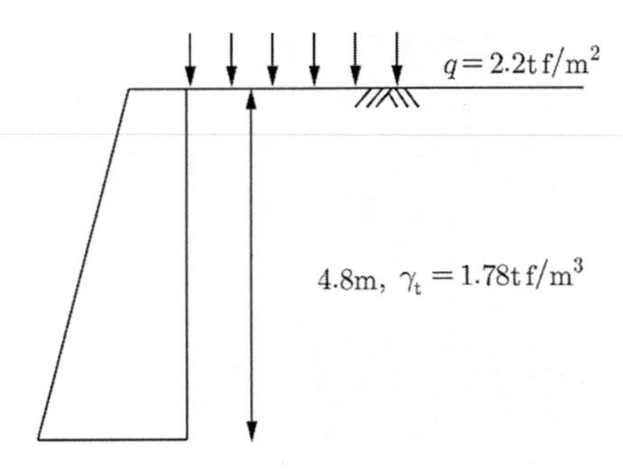

[풀이] 정지토압계수를 0.4로 하면 다음과 같다.

$$P_0 = \frac{1}{2}\gamma_t H^2 K_0 + qHK_0$$

$$= \left(\frac{1}{2} \times 1.78 \times 4.8^2 + 2.2 \times 4.8\right) \times 0.4 = 12.42\text{tf/m}$$

$$y_0 = \frac{P_{02} \times (1/3)H + P_{01} \times (1/2)H}{P_0} = \frac{8.20 \times \dfrac{4.8}{3} + 4.22 \times \dfrac{4.8}{2}}{12.42}$$

$$= 1.87\text{m}$$

[예 9.3] 다음 그림과 같은 옹벽에 작용하는 정지토압의 크기와 작용 위치를 구하시오(정지토압계수는 0.4로 한다).

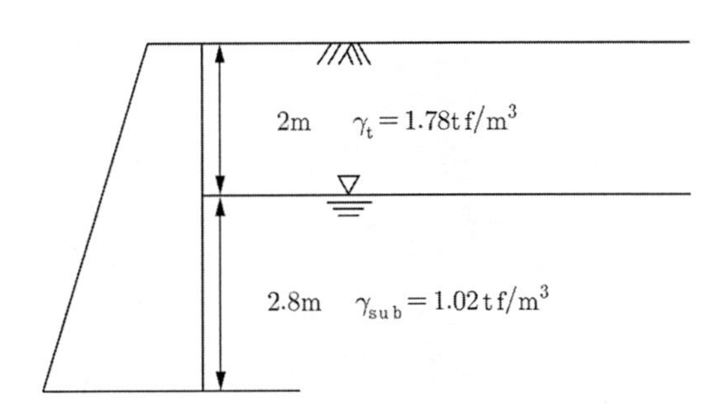

[풀이] 그림 9.5를 참조하여 계산한다.

$$P_0 = P_{01} + P_{02} + P_{03} + P_{04}$$

$$= \frac{1}{2}\gamma_t H_1^2 K_0 + \gamma_t H_1 H_2 K_0 + \frac{1}{2}\gamma_{sub} H_2^2 K_0 + \frac{1}{2}\gamma_w H_2^2$$

$$= \frac{1}{2}\times 1.78\times 2^2\times 0.4 + 1.78\times 2\times 2.8\times 0.4 + \frac{1}{2}\times 1.02\times 2.8^2\times 0.4$$

$$+ \frac{1}{2}\times 1\times 2.8^2 = 1.42 + 3.99 + 1.60 + 3.92 = 10.93\text{tf/m}$$

$$y_0 = \frac{1.42\times(2.8+2/3) + 3.99\times 2.8/2 + 1.60\times 2.8/3 + 3.9\times 2.8/3}{10.93}$$

$$= \frac{15.66}{10.93} = 1.43\text{m}$$

9.1.4 뒤채움 흙이 2층일 경우의 정지토압

그림 9.6(a)은 뒤채움이 서로 다른 흙으로 층을 이루고 있는 경우이다. 이 경우도 지하수가 있는 경우와 같이 상층부의 연직토압은 하층부에 대해 등분포 하중으로 작용하는 것과 같다.

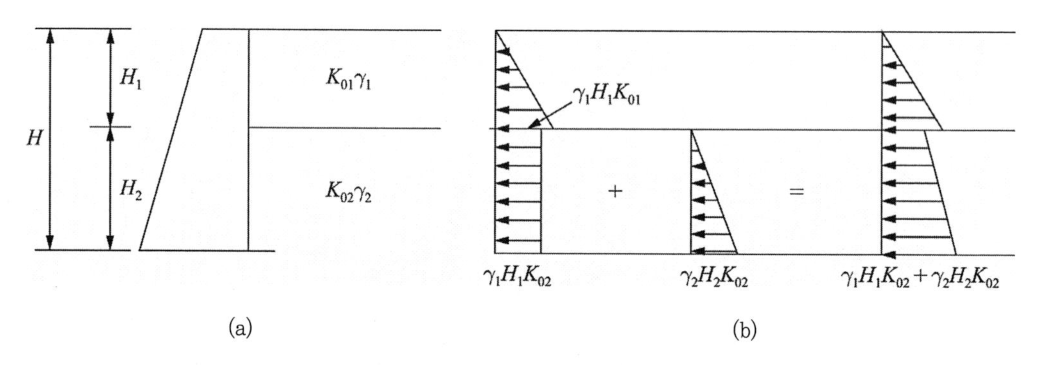

그림 9.6 뒤채움이 2층으로 되어 있는 경우의 정지토압

[예 9.4] 다음 같은 옹벽에 작용하는 정지토압의 크기와 작용위치를 구하시오(정지토압계수는 0.4로 한다).

옹벽의 높이는 4.8m, 배면토는 두 종류의 흙으로 되어 있다.

위층의 두께는 2m, 단위 중량은 1.78tf/m^{3}이고, 아래층의 두께는 2.8m이고 단위 중량은 1.82tf/m^{3}이다.

[풀이] 토압의 분포는 그림과 같다.

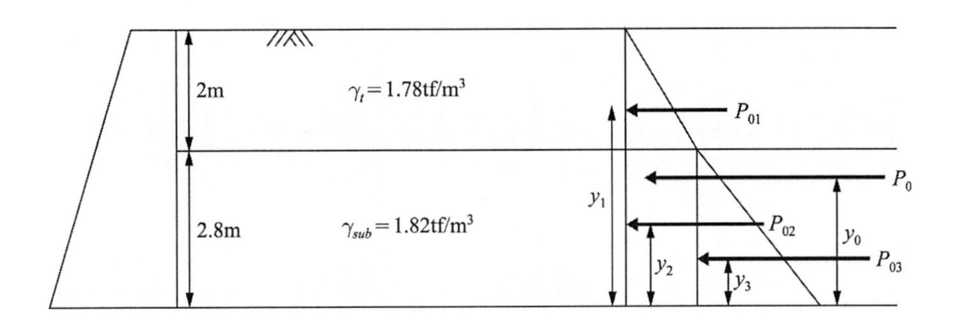

[풀이]

$$P_0 = P_{01} + P_{02} + P_{03}$$

$$= \frac{1}{2} \times 1.78 \times 2^2 \times 0.4 + 1.78 \times 2 \times 2.8 \times 0.4 + \frac{1}{2} \times 1.82 \times 2.8^2 \times 0.4$$

$$= 1.42 + 3.99 + 2.85 = 8.26\text{tf/m}$$

$$y_0 = \frac{P_{01} \times y_1 + P_{02} \times y_2 + P_{03} \times y_3}{P_0}$$

$$= \frac{1.42 \times (2.8 + 2/3) + 3.99 \times 2.8/2 + 2.85 \times 2.8/3}{8.26}$$

$$= \frac{13.17}{8.26} = 1.59\text{m}$$

9.2 랜킨(Rankine) 토압론

Rankine(1857)의 토압론은 흙 내부의 모든 점에서 파괴에 놓인, 즉 소성평형 상태의 응력을 고려하여 해석한다. 벽체 뒤채움 흙의 모든 점에서 정지 평형을 이루다, 벽체가 외측으로 이동 또는 변위가 생기면 지반 내에서 수평방향 구속력의 감소가 일어나며, 변위가 어느 값 이상이 되면 뒤채움은 파괴가 일어난다. 이때의 상태를 주동상태라 하며, 이때의 Mohr 응력원은 파괴 시 응력원이므로 Mohr-Coulomb 파괴포락선에 접해야 한다. 반대로 벽체가 내측으로 이동 또는 변위가 생기면 지반 내에서 수평방향 구속력의 증가가 일어나며, 변위가 어느 값 이상이 되면 뒤채움은 파괴가 일어난다. 이때의 상태를 수동상태라 하며, 이때의 응력 상태를 나타내는 Mohr 응력원은 또한 파괴 시 응력원이므로 Mohr-Coulomb 파괴포락선에 접해야 한다. 즉, 주동상태까지 응력의 변화를 응력원으로 나타내면 정지상태의 응력원의 최소 응력이 감소하므로 왼쪽으로 응력원의 지름이 증대되어 가다 파괴포락선에 접한다. 수동상태는 반대의 현상을 나타낸다. 그림 9.7은 이러한 상태변화를 나타낸 것이다.

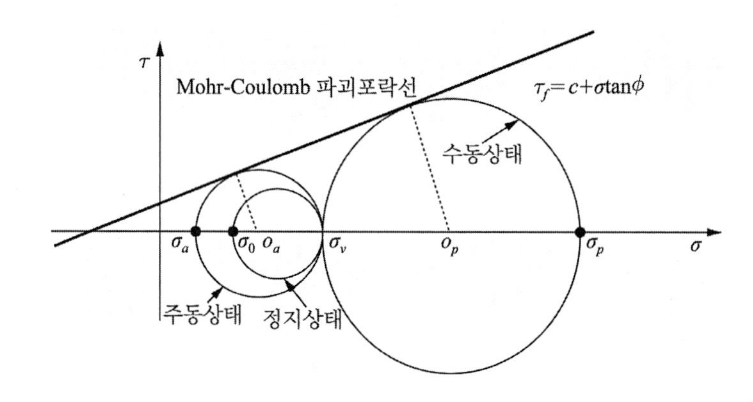

그림 9.7 벽체 이동에 따른 소성평형

Rankine 토압론에 의한 해석 시 일반적으로 벽체 뒷면은 수직이고, 벽체와 뒤채움 흙과의 마찰력 및 점착력은 고려하지 않으며, 토압은 지표면과 나란하게 작용하는 것으로 가정한다.

9.2.1 지표가 수평인 경우의 Rankine 토압

1) Rankine의 주동토압

그림 9.8에서 벽체 뒤채움 지반이 힘의 평형상태를 이루고 있을 때 수평토압 (σ_0)의 크기는 식 (9.22)와 같다.

$$\sigma_0 = \sigma_v K_0 = \gamma z K_0 \qquad (9.22)$$

벽체가 외측으로 이동하면 뒤채움 지반은 횡방향으로 팽창한다. 따라서 이 수평토압은 점차 감소하여 그 크기가 σ_{az}에 도달하여 지반이 파괴된다. 이 상태를 주동상태라 한다. 이때의 연직응력, 수평응력 σ_v, σ_{az}는 최대, 최소 주응력이 된다. 주동상태의 수평토압의 크기는 식 (9.23)과 같다.

$$\sigma_{az} = \sigma_v K_a = \gamma z K_a \tag{9.23}$$

여기서 K_a를 Rankine 주동토압계수라 한다.

그림 9.8(b)에서 연직응력과 수평응력의 관계는 다음과 같다.

$$\sin\phi = - \tag{9.24}$$

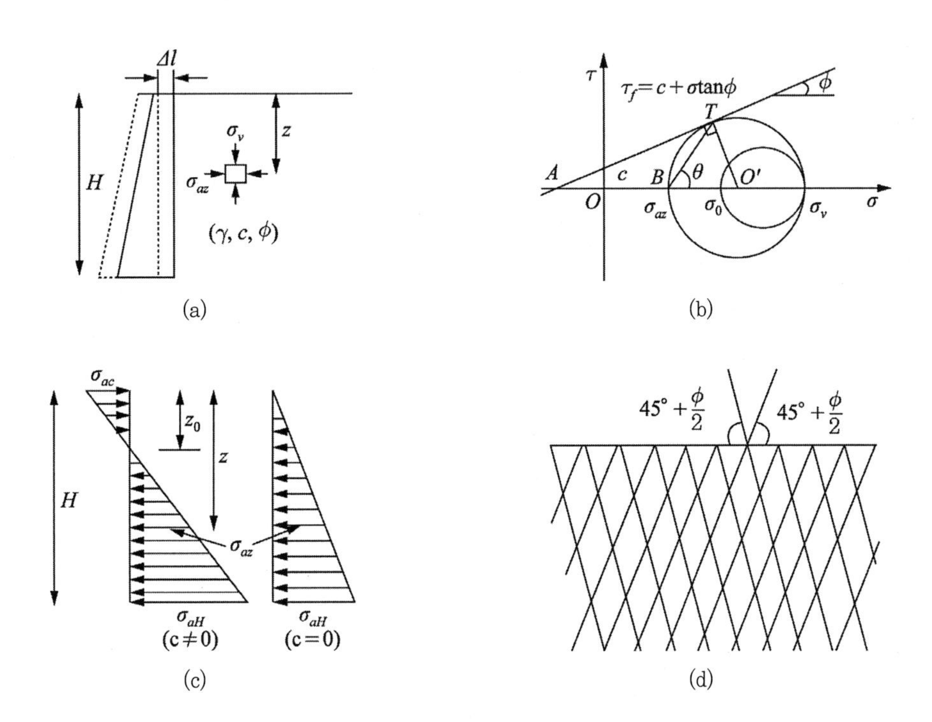

그림 9.8 지표가 수평일 때 Rankine의 주동상태

식 (9.24)에서 수평응력을 구하면 식 (9.25)와 같다.

$$\sigma_{az} = \sigma_v \frac{(1-\sin\phi)}{(1+\sin\phi)} - 2c\frac{\cos\phi}{(1+\sin\phi)} \tag{9.25}$$

식 (9.25)를 다시 정리하면 식 (9.26)과 같다.

$$\sigma_{az} = \gamma z \tan^2\left(45 - \frac{\phi}{2}\right) - 2c\tan\left(45 - \frac{\phi}{2}\right) \tag{9.26}$$

식 (9.26)을 지표가 수평일 때, z 깊이에서 Rankine 주동토압 강도라 한다.
점착력이 없을 때($c=0$)에는 다음과 같다.

$$\sigma_{az} = \gamma z K_a \tag{9.27}$$

$$K_a = \tan^2\left(45 - \frac{\phi}{2}\right) \tag{9.28}$$

여기서 K_a를 Rankine의 주동토압계수라 한다.

식 (9.26)에 의하면 지표($z=0$)에서의 토압은 그림 9.8(c)의 $c \neq 0$인 경우 다음과 같다.

$$\sigma_{ac} = -2c\ \tan\left(45 - \frac{\phi}{2}\right) \tag{9.29}$$

식 (9.26)에서 토압의 크기가 영(zero)인 깊이는 다음과 같다.

$$z = z_0 = \frac{2c}{\gamma}\tan\left(45 + \frac{\phi}{2}\right) \tag{9.30}$$

특히 식 (9.30)의 깊이는 점착고 또는 인장균열 깊이라 한다.
점착력이 있는 경우의 전주동토압의 크기는 다음과 같다.

$$P_a = \int_0^H \sigma_z dz = \int_0^H \left[\gamma z tan^2\left(45 - \frac{\phi}{2}\right) - 2c\tan\left(45 - \frac{\phi}{2}\right)\right] dz \tag{9.31}$$

$$= \frac{1}{2}\gamma H^2 \tan^2\left(45 - \frac{\phi}{2}\right) - 2cH\tan\left(45 - \frac{\phi}{2}\right)$$

$$= \frac{1}{2}\gamma H^2 K_a - 2cH\sqrt{K_a}$$

식 (9.31)에서 $P_a = 0$되는 위치는 식 (9.32)와 같다.

$$H = H_0 = \frac{4c}{\gamma}\tan\left(45 + \frac{\phi}{2}\right) \tag{9.32}$$

이론적으로 벽체에 토압이 작용하지 않는 깊이를 나타내며, 한계고라 한다.

그림 9.8(b)에서 수평토압이 작용하는 방향과 BT가 이루는 각도가 파괴각을 나타내며, 그림 (d)는 토체 내부의 가상 파괴면을 나타낸 것이다. 그림 9.8(b)에서 파괴면의 각은 다음과 같다.

$$2\theta = 90° + \phi \tag{9.33}$$

$$\theta = 45° + \frac{\phi}{2}$$

[예 9.5] 다음 그림과 같은 옹벽에 작용하는 주동토압의 크기를 구하시오.

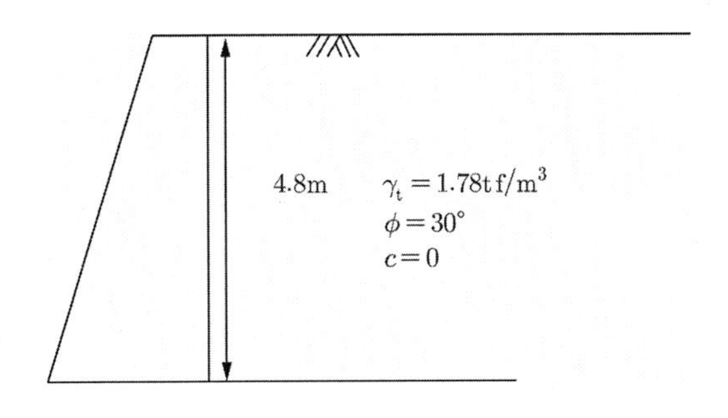

[풀이] 주동토압계수 $K_a = \tan^2(45-\phi/2) = \tan^2(45-30/2) = 0.33$

주동토압 $P_a = \dfrac{1}{2}\gamma_t H^2 K_a = \dfrac{1}{2}\times 1.78\times 4.8^2\times 0.33 = 6.77\text{tf/m}$

[예 9.6] 예 9.5의 경우에서 점착력 $c=0.76\text{tf/m}^2$이 있을 경우, 주동토압의 크기와 점착고, 한계고를 구하시오.

[풀이] 주동토압의 크기는 식 (9.31)에서 다음과 같다.

$$
\begin{aligned}
P_a &= \frac{1}{2}\gamma_t H^2 K_a - 2cH\sqrt{K_a} \\
&= \frac{1}{2}\times 1.7\times 4.8^2\times 0.33 - 2\times 0.76\times 4.8\times \sqrt{0.33} \\
&= 2.58\text{tf/m}
\end{aligned}
$$

점착고 $z_0 = \dfrac{2c}{\gamma_t}\tan(45+\phi/2) = \dfrac{2\times 0.76}{1.78}\tan(45+30/2)$

$= 1.48\text{m}$

한계고 $H_0 = 2z_0 = 1.48\times 2 = 2.96\text{m}$

2) Rankine의 수동토압

그림 9.9에서 벽체 뒤채움 지반이 힘의 평형상태를 이루고 있을 때 수평토압(σ_0)의 크기는 식 (9.22)와 같다.

$$\sigma_0 = \sigma_v K_0 = \gamma z K_0 \tag{9.22}$$

벽체가 내측으로 이동하면 뒤채움 지반은 횡방향으로 압축한다. 따라서 이 수평토압은 점차 증가하여 그 크기가 σ_{pz}에 도달하여 지반이 파괴된다. 이 상태를 수동상태라 한다. 이때의 연직응력, 수평응력 σ_v, σ_{pz}는 최소, 최대 주응력이 된다. 수동상태의 수평토압의 크기는 식

(9.34)와 같다.

$$\sigma_{pz} = \sigma_v K_p = \gamma z K_p \tag{9.34}$$

여기서 K_p를 Rankine 수동토압계수라 한다.

그림 9.9(b)에서 연직응력과 수평응력의 관계는 다음과 같다.

$$\sin\phi = \frac{\overline{TO'}}{\overline{AO} + \overline{OO'}} = \frac{\dfrac{(\sigma_{pz} - \sigma_v)}{2}}{c\cot\phi + \dfrac{(\sigma_{pz} + \sigma_v)}{2}} \tag{9.35}$$

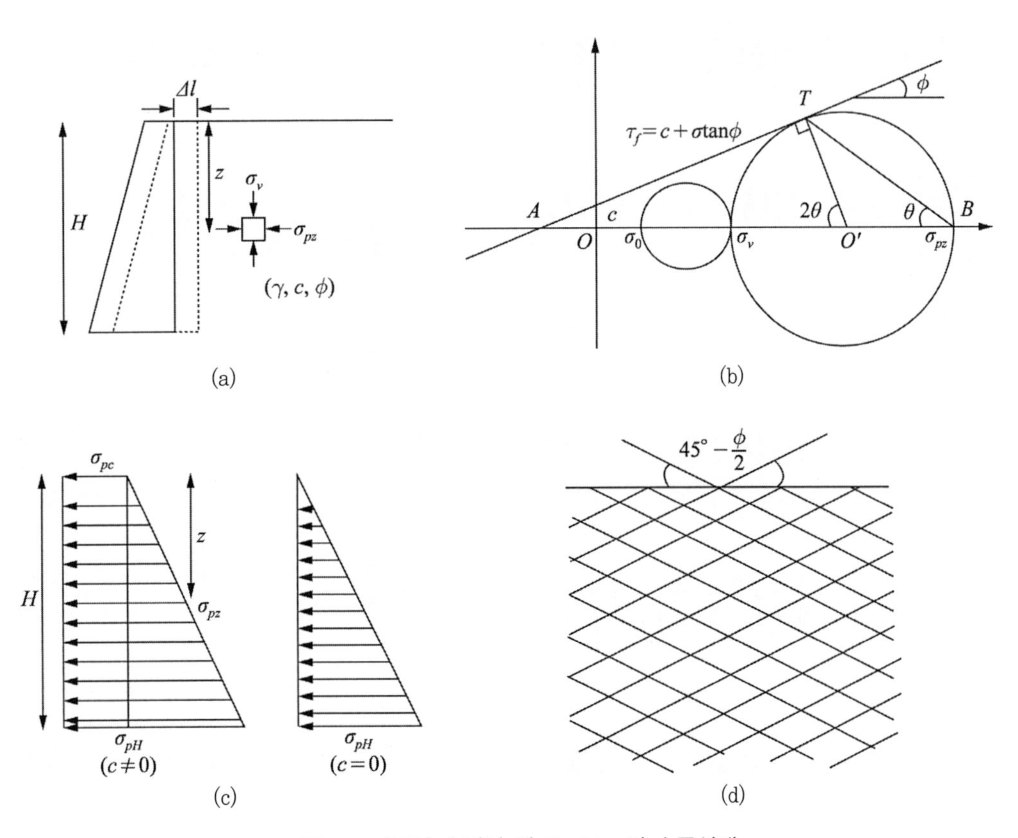

그림 9.9 지표가 수평일 때 Rankine의 수동상태

식 (9.35)에서 수평응력을 구하면 식 (9.36)과 같다.

$$\sigma_{pz} = \sigma_v \frac{(1+\sin\phi)}{(1-\sin\phi)} + 2c\frac{\cos\phi}{(1-\sin\phi)} \tag{9.36}$$

식 (9.36)을 다시 정리하면 식 (9.37)과 같다.

$$\sigma_{pz} = \gamma z \tan^2\left(45+\frac{\phi}{2}\right) + 2c\tan\left(45+\frac{\phi}{2}\right) \tag{9.37}$$

식 (9.37)을 지표가 수평일 때, z 깊이에서 Rankine 수동토압 강도라 한다.
점착력이 없을 때($c=0$)에는 다음과 같다.

$$\sigma_{pz} = \gamma z K_p \tag{9.38}$$

$$K_p = \tan^2\left(45+\frac{\phi}{2}\right) \tag{9.39}$$

여기서 K_p를 Rankine의 수동토압계수라 한다.
식 (9.37)에 의하면 지표($z=0$)에서의 토압은 그림 9.9(c)의 $c \neq 0$인 경우 다음과 같다.

$$\sigma_{pc} = 2c\ \tan\left(45+\frac{\phi}{2}\right) \tag{9.40}$$

점착력이 있는 경우의 전주동토압의 크기는 다음과 같다.

$$\begin{aligned} P_p &= \int_0^H \sigma_{pz} dz = \int_0^H \left[\gamma z \tan^2\left(45+\frac{\phi}{2}\right) + 2c\tan\left(45+\frac{\phi}{2}\right)\right] dz \\ &= \frac{1}{2}\gamma H^2 \tan^2\left(45+\frac{\phi}{2}\right) + 2cH\tan\left(45+\frac{\phi}{2}\right) \\ &= \frac{1}{2}\gamma H^2 K_p + 2cH\sqrt{K_p} \end{aligned} \tag{9.41}$$

그림 9.9(b)에서 수평토압이 작용하는 방향과 BT가 이루는 각도가 파괴각을 나타내며, (d) 그림은 토체 내부의 가상 파괴면을 나타낸 것이다. 그림 9.9(b)에서 파괴면의 각은 다음과 같다.

$$2\theta = 90° - \phi \tag{9.42}$$

$$\theta = 45° - \frac{\phi}{2}$$

그림 9.1에서 주동상태 또는 수동상태의 뒤채움 흙이 소성평형 상태에 도달하는 데 필요한 옹벽의 최대 변위값(옹벽 상위 변위/옹벽 높이= $\Delta l/H$)은 표 9.2와 같다.

표 9.2 Rankine 상태의 옹벽변위(Das, 2001)

흙의 종류	주동상태	수동상태
느슨한 모래	0.001~0.002	0.01
조밀한 모래	0.0005~0.001	0.005
연약한 점토	0.02	0.04
단단한 점토	0.01	0.02

[예 9.7] 예 9.5의 경우에 대하여 수동토압의 크기를 구하시오.

[풀이] 수동토압계수 $K_p = \tan^2\left(45 + \frac{\phi}{2}\right) = \tan^2(45 + 30/2) = 3$

수동토압의 크기 $P_p = \frac{1}{2}\gamma_t H^2 K_p$

$= \frac{1}{2} \times 1.78 \times 4.8^2 \times 3 = 61.52\text{tf/m}$

[예 9.8] 예 9.6의 경우에 대하여 수동토압의 크기를 구하시오.

[풀이] $P_p = \frac{1}{2}\gamma_t H^2 K_p + 2cH\sqrt{K_p}$

$$= \frac{1}{2} \times 1.78 \times 4.8^2 \times \tan^2(45+30/2) + 2 \times 0.76 \times 4.8 \times \tan(45+30/2)$$

$$= 74.15\text{tf/m}$$

9.2.2 지표가 경사져 있을 경우의 Rankine 토압

벽체 뒤채움 부분이 수평이 아니고 경사져 있을 경우도 지표가 수평인 경우와 유사하게 해석되므로 다른 경우는 생략하고, 간단한 상태의 주동, 수동토압을 구하는 경우만 고려한다. 주동, 수동토압은 지표와 나란하게 작용한다고 가정한다.

그림 9.10과 같이 뒤채움 부분이 i각도로 경사져 있고, z 깊이의 미소 요소가 소성평형 상태에 놓였을 때의 응력 상태를 고려해보자.

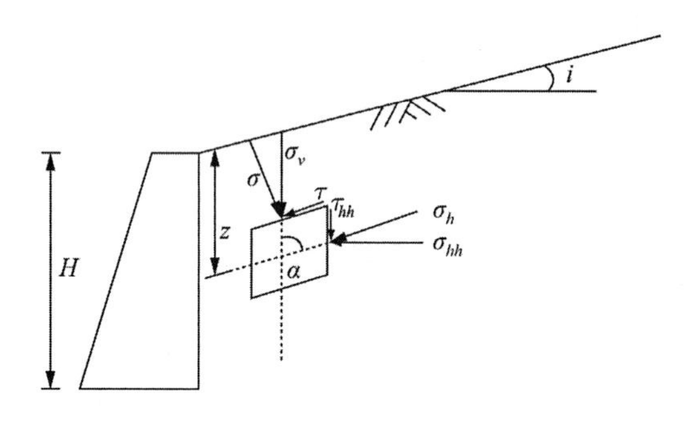

그림 9.10 흙 요소의 소성평형 상태의 응력

그림 9.10에서 미소 요소의 연직응력과 그 면에 수직 및 전단응력은 다음과 같다.

$$\sigma_v = \gamma z \cos i \tag{9.43}$$

$$\sigma = \sigma_v \cos i = \gamma z \cos^2 i$$

$$\tau = \sigma_v \sin i = \gamma z \sin i \cos i$$

그림 9.10에서 지표면과 나란하게 작용하는 응력(σ_h)이 수평토압이 된다. 이 응력(σ_h)과 연직응력(σ_v)과의 관계에서 보면 응력원의 성질에서 서로 공액관계에 있다. 또한 서로 교차 각도는 다음과 같다.

$$\alpha = 90° - i \tag{9.44}$$

1) 주동토압

그림 9.10에서 $\sigma_v > \sigma_h$ 인 관계가 주동상태이다. 주동상태일 때의 Mohr 응력원은 그림 9.11과 같다.

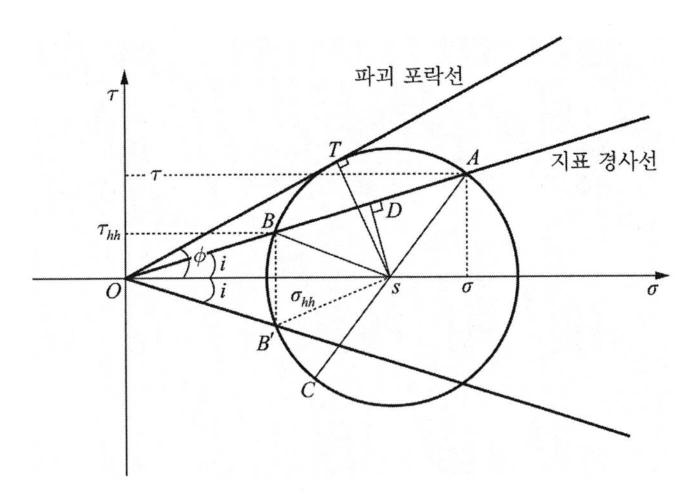

그림 9.11 주동상태의 Mohr 응력원

그림 9.11에서 원점에서 지표 경사선 위에 A점의 크기는 다음과 같으며, 그 좌표는 식(9.43)과 같다.

$$OA = \sigma_v = \gamma z \cos i \tag{9.45}$$

그림 9.11에서 B'점은 A점의 공액관계에 있는 응력점으로 OB'의 크기가 지표와 나란히 작용하는 토압(σ_h)이 된다. 그림 9.10에서 연직응력과 지표 와 나란히 작용하는 응력의 교차각 α는 응력원에서는 두 응력이 응력원의 중심과 이루는 각도는 2α가 된다. 그림 9.11에서 $\angle AsB'$를 구해보면 다음과 같다.

$$\angle AsB' = 180° + \angle CsB' \tag{9.46}$$
$$= 180° + \angle OsC - \angle OsB'$$
$$= 180° + (i + \angle OAC) - (\angle sBA - i)$$
$$= 180° + 2i$$
$$[= 360° - (180° + 2i) = 180° - 2i = 2\alpha]$$

지표와 나란히 작용하는 토압의 크기는 다음과 같다.

$$\frac{\sigma_h}{\sigma_v} = \frac{\overline{OB'}}{\overline{OA}} = \frac{\overline{OB}}{\overline{OA}} = \frac{\overline{OD} - \overline{DA}}{\overline{OD} + \overline{DB}} = \frac{\overline{OD} - \overline{DA}}{\overline{OD} + \overline{DA}} \tag{9.47}$$

$$\overline{OD} = \overline{Os} \cos i \tag{9.48}$$

$$\overline{DA} = \sqrt{\overline{SA}^2 - \overline{sD}^2} = \sqrt{\overline{sT}^2 - \overline{sD}^2} = \sqrt{(\overline{Os} \sin\phi)^2 - (\overline{Os} \sin i)^2}$$
$$= \overline{Os} \sqrt{\sin^2\phi - \sin^2 i} = \overline{Os} \sqrt{\cos^2 i - \cos^2\phi}$$

$$\frac{\sigma_h}{\sigma_v} = \frac{\cos i - \sqrt{\cos^2 i - \cos^2\phi}}{\cos i + \sqrt{\cos^2 i - \cos^2\phi}} \tag{9.49}$$

$$\sigma_h = \gamma z \cos i \frac{\cos i - \sqrt{\cos^2 i - \cos^2\phi}}{\cos i + \sqrt{\cos^2 i - \cos^2\phi}} = \gamma z K_a \tag{9.50}$$

$$K_a = \cos i \frac{\cos i - \sqrt{\cos^2 i - \cos^2\phi}}{\cos i + \sqrt{\cos^2 i - \cos^2\phi}} \tag{9.51}$$

여기서 K_a를 지표가 경사져 있을 때의 Rankine의 주동토압계수라 한다. 지표가 경사져 있을 때의 주동토압계수는 표 9.3과 같다.

표 9.3 Rankine의 주동토압계수

i	ϕ						
	28	30	32	34	36	38	40
0	0.361	0.333	0.307	0.283	0.260	0.238	0.217
5	0.366	0.337	0.311	0.286	0.262	0.240	0.219
10	0.380	0.350	0.321	0.294	0.270	0.246	0.225
15	0.409	0.373	0.341	0.311	0.283	0.258	0.235
20	0.461	0.414	0.374	0.338	0.306	0.277	0.250
25	0.573	0.494	0.434	0.385	0.343	0.307	0.275

[예 9.9] 다음 그림과 같은 경우의 옹벽에 작용하는 주동토압의 크기를 구하시오.

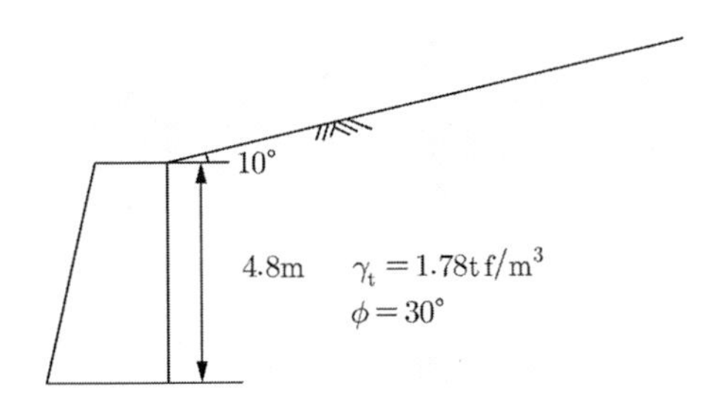

[풀이] 지표가 경사져 있을 경우 주동토압계수 K_a는 표 9.3에서 0.35이다. 또한 식 (9.51)에서 다음과 같다.

$$K_a = \cos i \frac{\cos i - \sqrt{\cos^2 i - \cos^2\phi}}{\cos i + \sqrt{\cos^2 i - \cos^2\phi}} = \cos 10 \frac{\cos 10 - \sqrt{\cos^2 10 - \cos^2 30}}{\cos 10 + \sqrt{\cos^2 10 - \cos^2 30}}$$

$$= 0.9848 \frac{0.9848 - \sqrt{0.9848^2 - 0.8660^2}}{0.9848 + \sqrt{0.9848^2 - 0.8660^2}} = 0.35$$

주동토압의 크기

$$P_a = \frac{1}{2}\gamma_t H^2 K_a$$

$$= \frac{1}{2} \times 1.78 \times 4.8^2 \times 0.35 = 7.18\text{tf/m}$$

2) 수동토압

그림 9.10에서 $\sigma_h > \sigma_v$인 상태가 수동상태이다. 수동상태일 때의 Mohr 응력원은 그림 9.12와 같다. 수동일 때는 그림 9.12에서 OA가 연직응력이 되고, OB가 지표에 나란하게 작용하는 토압이 된다.

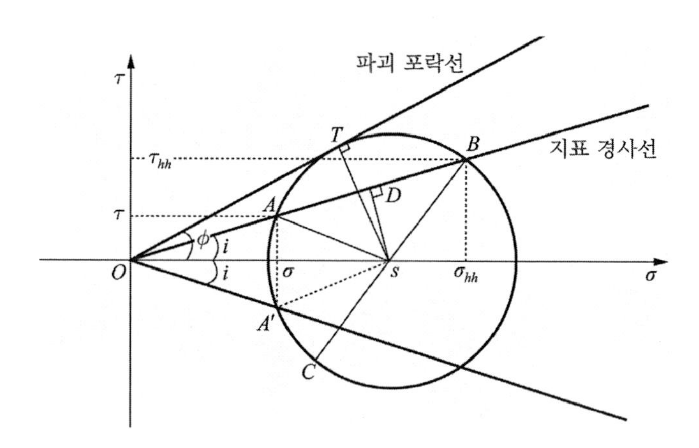

그림 9.12 수동상태의 Mohr 응력원

$$\overline{OA} = \sigma_v = \gamma z \cos i \tag{9.45}$$

$$\overline{OB} = \sigma_h \tag{9.52}$$

토압의 크기는 다음과 같다.

$$\frac{\sigma_h}{\sigma_v} = \frac{\overline{OD} + \overline{DA}}{\overline{OD} - \overline{DA}} = \frac{\cos i + \sqrt{\cos^2 i - \cos^2 \phi}}{\cos i - \sqrt{\cos^2 i - \cos^2 \phi}} \tag{9.53}$$

$$\sigma_h = \gamma z \cos i \frac{\cos i + \sqrt{\cos^2 i - \cos^2 \phi}}{\cos i - \sqrt{\cos^2 i - \cos^2 \phi}} = \gamma z K_p \tag{9.54}$$

$$K_p = \cos i \frac{\cos i + \sqrt{\cos^2 i - \cos^2 \phi}}{\cos i - \sqrt{\cos^2 i - \cos^2 \phi}} \tag{9.55}$$

여기서 K_p를 지표가 경사져 있을 때의 수동토압계수라 한다.

[예 9.10] 예 9.9의 경우에 대하여 수동토압의 크기를 구하시오.

[풀이] 표 9.4에서 수동토압계수 2.775이다. 수동토압의 크기는 다음과 같다.

$$P_p = \frac{1}{2}\gamma_t H^2 K_p$$

$$= \frac{1}{2} \times 1.78 \times 4.8^2 \times 2.775 = 56.90\text{tf/m}$$

식 (9.55)의 지표가 경사져 있을 경우, 수동토압계수의 이론 계산 값을 나타낸 것이 표 9.4이다.

표 9.4 Rankine의 수동토압계수

i	ϕ						
	28	30	32	34	36	38	40
0	2.770	3.000	3.255	3.537	3.852	4.204	4.599
5	2.715	2.943	3.196	3.476	3.788	4.136	4.527
10	2.551	2.775	3.022	3.295	3.598	3.937	4.316
15	2.284	2.502	2.740	3.003	3.293	3.615	3.977
20	1.918	2.132	2.362	2.612	2.886	3.189	3.526
25	1.434	1.664	1.894	2.135	2.394	2.676	2.987

9.2.3 지표에 등분포 하중이 작용할 때 Rankine 토압

지표에 등분포 하중이 작용하고 있을 때의 소성평형 상태를 나타낸 것이 그림 9.13이다

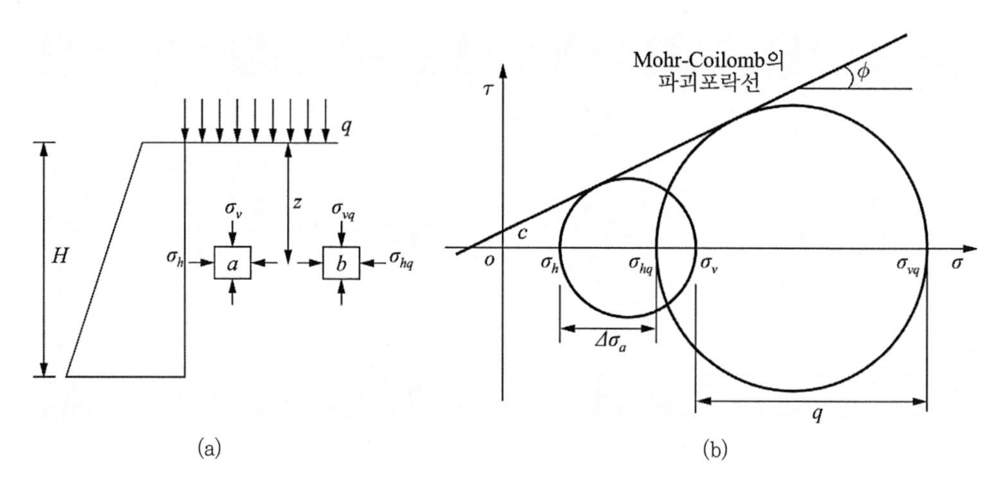

그림 9.13 등분포 하중이 작용할 때의 소성평형 상태

그림 9.13(a)에서 미소 요소 a는 등분포 하중이 작용하지 않을 때, b는 등분포 하중이 작용할 때의 크기를 나타낸 것이다.

$$\sigma_v = \gamma z, \ \sigma_h = K_a \sigma_v = \gamma z K_a \tag{9.56}$$

$$\sigma_{vq} = \gamma z + q, \ \sigma_{hq} = \sigma_{vq} K_a = (\gamma z + q) K_a \tag{9.57}$$

식 (9.56)과 식 (9.57) 두 식을 비교해보면 토압은 다음과 같은 증가를 가진다.

$$\Delta\sigma_a = \sigma_{hq} - \sigma_h = (\gamma z + q) K_a - \gamma z K_a = q K_a \tag{9.58}$$

이 증가량이 등분포 하중에 의한 수평방향의 토압증가량이다. 그림 9.14는 토압의 분포를 나타낸 것이다.

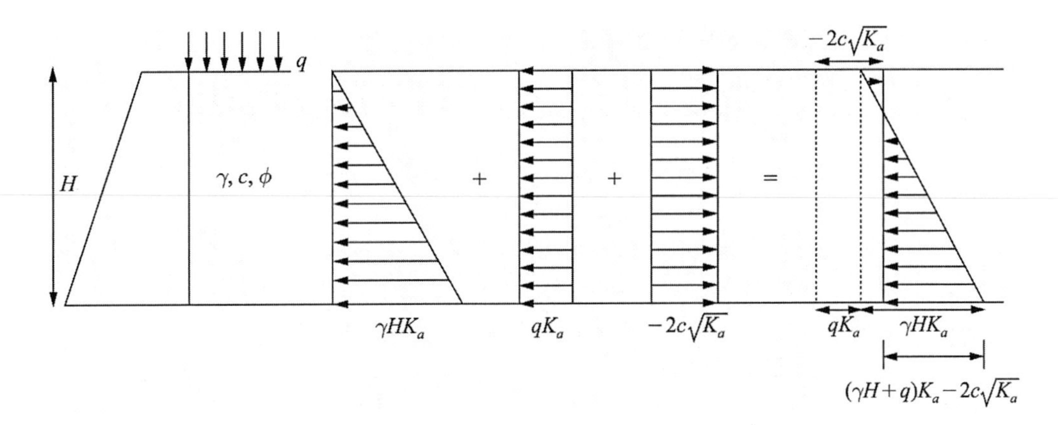

그림 9.14 등분포 하중 작용 시 토압분포

[예 9.11] 다음과 같은 옹벽에 작용하는 주동토압의 크기를 구하시오.

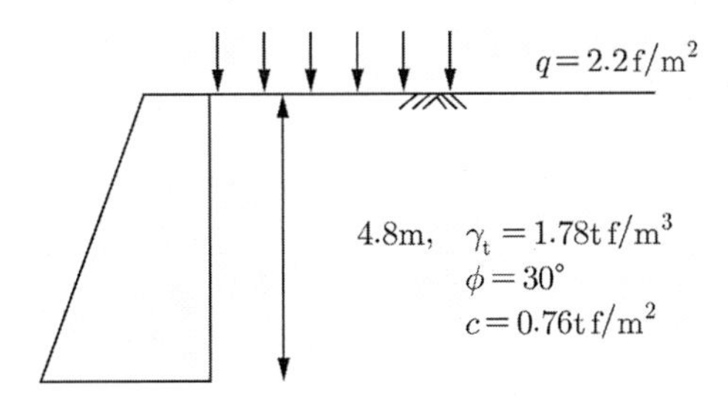

[풀이] 그림 9.14와 같이 해석한다.

주동토압계수 $K_a = \tan^2\left(45 - \dfrac{\phi}{2}\right) = \tan^2(45 - 30/2) = 0.33$

$$
\begin{aligned}
P_a &= P_{a\gamma} + P_{aq} + P_{ac} \\
&= \frac{1}{2}\gamma_t H^2 K_a + qHK_a - 2cH\sqrt{K_a} \\
&= \frac{1}{2} \times 1.78 \times 4.8^2 \times 0.33 + 2.2 \times 4.8 \times 0.33 - 2 \times 0.76 \times 4.8 \times \sqrt{0.33} \\
&= 6.06\text{tf/m}
\end{aligned}
$$

9.2.4 뒤채움 지반에 지하수가 존재할 때 Rankine 토압

점착력이 없는 뒤채움 지반에 지하수가 존재할 때의 토압 산정은 그림 9.5에서 토압계수가 정지토압계수에서 Rankine의 주동토압계수로 바뀌는 경우인 그림 9.15와 같다.

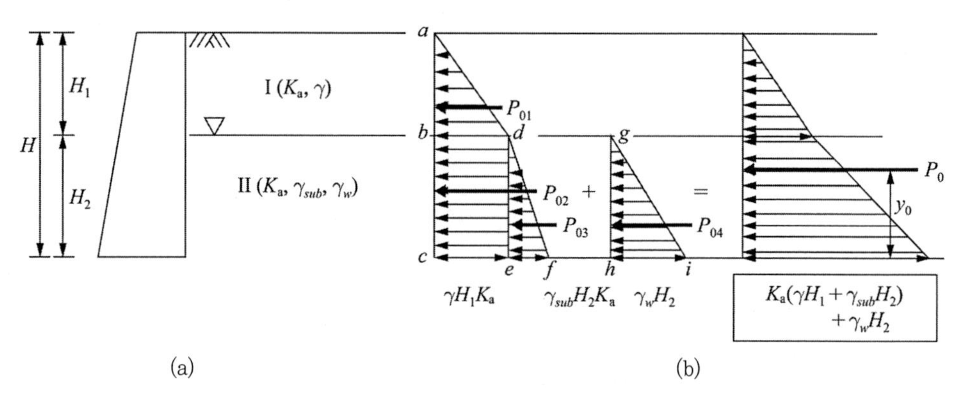

그림 9.15 지하수가 있을 때의 Rankine의 주동토압

9.2.5 인장균열 발생의 경우 Rankine 토압

뒤채움 지반에 인장균열이 발생하면, 벽체와 지반은 인장균열 깊이만큼 분리된다. 따라서 이 깊이까지의 인장력은 무시하고 나머지 부분의 토압분포의 합으로 전토압을 구한다. 이 인장균열의 깊이는 점착고와 같은 크기이다. 강우 등에 의하여 인장균열에 물이 가득차면, 이 깊이까지 정수압이 작용한다. 인장균열 발생 때의 토압분포는 그림 9.16과 같다.

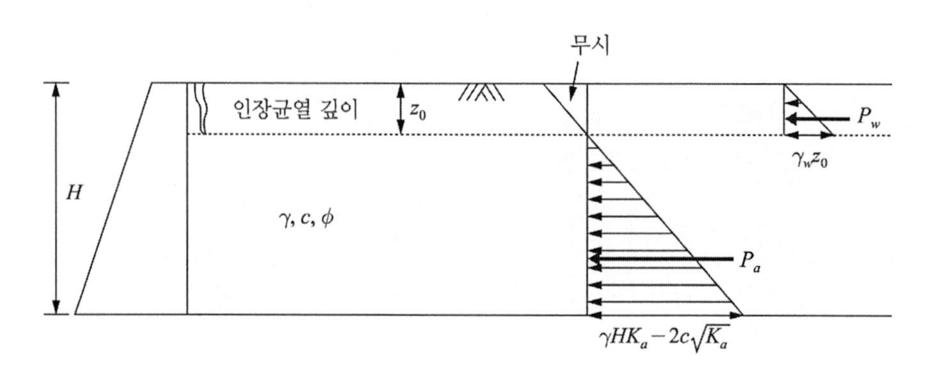

그림 9.16 인장균열 때의 주동토압

토압의 크기는 다음과 같다.

$$z_0 = \frac{2c}{\gamma}\tan\left(45+\frac{\phi}{2}\right) = \frac{2c}{\gamma\sqrt{K_a}} \tag{9.59}$$

$$P_a = \frac{1}{2}(\gamma H K_a - 2c\sqrt{K_a})(H - z_0) = \frac{1}{2}\gamma H^2 K_a - 2c\sqrt{K_a}H + \frac{2c^2}{\gamma} \tag{9.60}$$

인장균열에 물이 가득 찼을 때에는 식 (9.60)에 P_w가 증가한다.

[예 9.12] 다음과 같은 옹벽의 배면토에 인장균열이 발생하였을 때의 주동토압 크기를 구하시오. 그리고 이와 같은 상태에 비가 내려 빗물이 인장균열에 가득 찼을 때 토압을 구하시오.

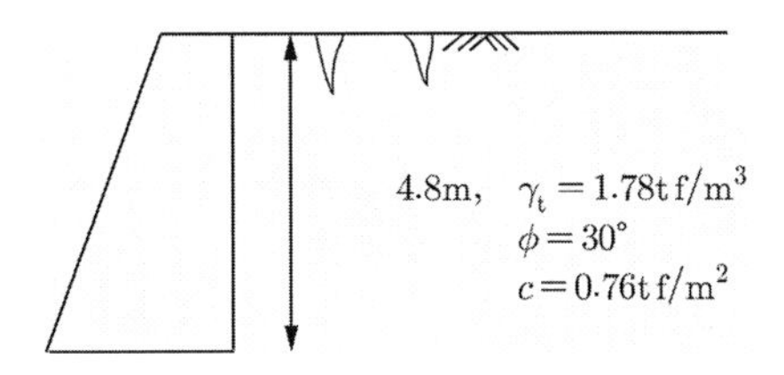

[풀이] 인장균열 깊이

$$z_0 = \frac{2c}{\gamma_t}\tan\left(45+\frac{\phi}{2}\right) = \frac{2\times 0.76}{1.78}\times \tan(45+30/2)$$
$$= 1.48\text{m}$$

주동토압계수 $K_a = \tan^2\left(45-\frac{\phi}{2}\right) = \tan^2(45-30/2) = 0.33$

식 (9.60)에서

$$P_a = \frac{1}{2}\gamma_t H^2 K_a - 2cH\sqrt{K_a} + \frac{2c^2}{\gamma_t}$$

$$= \frac{1}{2} \times 1.78 \times 4.8^2 \times 0.33 - 2 \times 0.76 \times 4.8 \times \sqrt{0.33} + \frac{2 \times 0.76^2}{1.78}$$

$$= 3.22\text{tf/m}$$

빗물이 찼을 때

$$P_{aw} = P_a + P_w = 3.22 + \frac{1}{2} \times 1 \times 1.48^2 = 4.32\text{tf/m}$$

9.2.6 지표에 선하중이 작용할 경우의 Rankine 토압

뒤채움 흙의 지표에 선하중이 작용할 때는 선하중의 위치에 영향을 받는다.

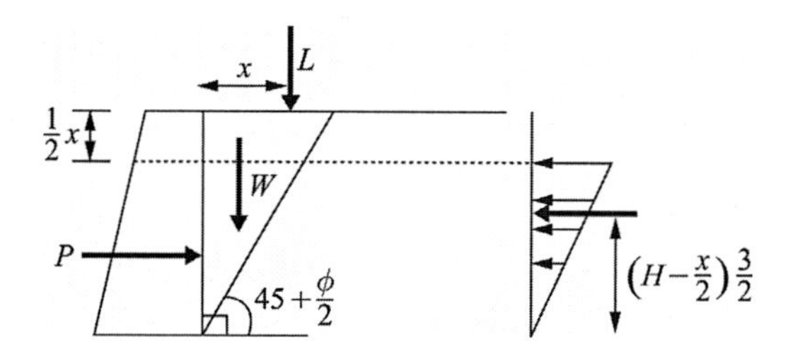

그림 9.17 선하중이 작용할 경우의 토압 증가

선하중이 뒤채움 흙의 파괴 영역 내에 있을 때에만 영향을 받고, 영역 외에 작용하고 있을 때에는 토압 증가에 영향을 주지 않는다. 지표에서 선하중이 작용하는 거리의 1/2 깊이까지는 토압증가가 없다고 Boussinesq는 가정하고 있다. 그림 9.17은 선하중이 작용할 경우의 토압증가 상태를 나타낸 것이다. 토압은 파괴면 내의 흙의 중량과 선하중의 합에 비례한다.

$$\frac{P}{P_1} = \frac{W + L}{W} \tag{9.61}$$

$$P = P_1 \frac{W+L}{W} = P_1\left(1+\frac{L}{W}\right) \tag{9.62}$$

$$W = \frac{1}{2}\gamma H^2 \tan\left(45-\frac{\phi}{2}\right) \tag{9.63}$$

$$P_1 = \frac{1}{2}\gamma H^2 \tan^2\left(45-\frac{\phi}{2}\right) = W\tan\left(45-\frac{\phi}{2}\right) \tag{9.64}$$

$$P_a = \frac{1}{2}\gamma H^2 \tan^2\left(45-\frac{\phi}{2}\right) + L\tan\left(45-\frac{\phi}{2}\right) \tag{9.65}$$

$$P_p = \frac{1}{2}\gamma H^2 \tan^2\left(45+\frac{\phi}{2}\right) + L\tan\left(45+\frac{\phi}{2}\right) \tag{9.66}$$

9.3 Coulomb의 토압론

Coulomb(1776)의 토압론은 흙쐐기 이론이다. 벽체의 뒤채움이 주동, 수동 상태에 의해 파괴에 도달했을 때, 파괴된 흙덩이를 쐐기로 보고 해석한 것이다. 따라서 벽체와 뒤채움 흙과의 반력 및 마찰 저항력, 뒤채움 흙의 파괴면에서의 마찰 저항력과 반력, 파괴 흙덩이의 중량으로 힘의 평형을 이룬다고 보는 것이다. Coulomb 토압론에서는 흙과 벽면 사이의 점착력, 흙의 점착력은 고려되지 않는다. 또한 흙의 파괴면은 평면으로 가정한다.

9.3.1 Coulomb의 주동토압

그림 9.18(a)와 같이 벽체의 내측이 경사져 있을 때, 주동상태의 파괴면을 $\overline{BC}$로 가정하면, 벽면의 반력(P_a)은 마찰 저항력 때문에 벽체면의 수직에서 아래쪽으로 마찰각(δ)만큼 회전하고, 흙의 파괴면 $\overline{BC}$에서도 마찰 저항력 때문에 마찰각(ϕ)만큼 아래쪽으로 회전하여 반력(Q)이 작용한다.

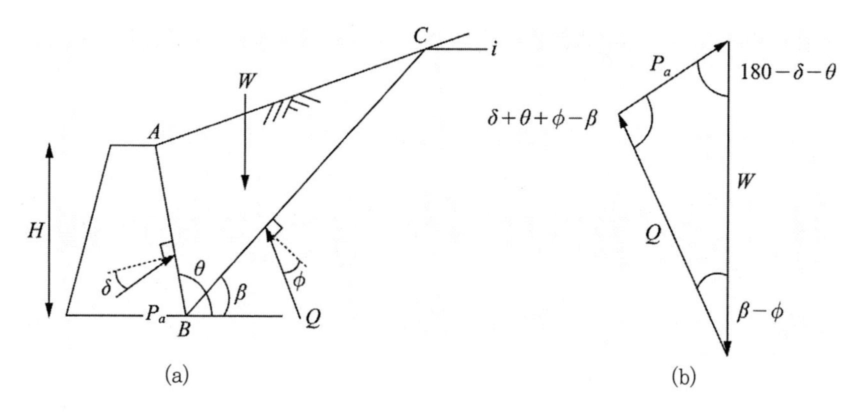

그림 9.18 Coulomb의 주동토압

그림 9.18(a)에서 나타낸 힘은 다음과 같다.

$W=\triangle ABC\times\gamma$: 파괴 흙덩이 중량

δ : 흙과 벽체 사이의 마찰각

ϕ : 흙의 내부 마찰각, i : 지표의 경사각

P_a : 토압, 벽체의 반력, Q : 파괴면의 반력

그림 9.18(a)에서 W, P_a, Q의 세 힘은 평형을 이루어야 한다. (b)는 세 힘의 다각형을 그린 것이다. 힘 다각형에서 다음과 같은 관계가 성립한다.

$$\frac{P_a}{\sin(\beta-\phi)}=\frac{W}{\sin(\phi+\delta+\theta-\beta)} \tag{9.67}$$

$$\therefore P_a=\frac{\sin(\beta-\phi)}{\sin(\phi+\delta+\theta-\beta)}W$$

파괴 흙의 덩어리 중량은 다음과 같다.

$$W=\frac{1}{2}\overline{AB}\,\overline{BC}\ \sin(\theta-\beta)\gamma \tag{9.68}$$

$$\overline{AB} = \frac{1}{\cos(\theta - 90)} H = \frac{1}{\sin\theta} H \tag{9.69}$$

ΔABC에서 sine 법칙

$$\frac{\overline{AB}}{\sin(\beta - i)} = \frac{\overline{BC}}{\sin(180 + i - \theta)} \tag{9.70}$$

$$\overline{BC} = \frac{\sin(i - \theta)}{\sin(\beta - i)} \overline{AB} = \frac{\sin(i - \theta)}{\sin(\beta - i)\sin\theta} H$$

파괴 흙덩어리 중량은 식 (9.68)~(9.70)에 의해 다음과 같다.

$$\therefore W = \frac{1}{2} \frac{1}{\sin\theta} H \frac{\sin(i - \theta)}{\sin(\beta - i)\sin\theta} H \sin(\theta - \beta)\gamma \tag{9.71}$$

$$= \frac{1}{2}\gamma H^2 \frac{\sin(i - \theta)\sin(\theta - \beta)}{\sin^2\theta \sin(\beta - i)}$$

따라서 토압은 식 (9.72)과 같다.

$$P_a = \frac{1}{2}\gamma H^2 \frac{\sin(i - \theta)\sin(\theta - \beta)\sin(\beta - \phi)}{\sin^2\theta \sin(\beta - i)\sin(\phi + \delta + \theta - \beta)} \tag{9.72}$$

식 (9.72)은 활동면을 $\overline{BC}$로 가정하였을 때의 벽체에 작용하는 토압의 크기다. 식에서 지표 경사각(i), 벽체의 경사각(θ), 흙의 내부 마찰각(ϕ), 벽체와 흙 사이의 마찰각(δ)은 주어지는 값이나, 파괴면의 각(β)은 가정으로 변수된다. 따라서 식 (9.72)은 β의 함수이다. 이 각도가 달라지면 토압의 크기도 달라진다는 것이다. 그리고 이 토압은 주동토압, 즉 자연토압으로 그중에서 가장 큰 값을 설계 값으로 사용해야 한다. 그러므로 식 (9.72)의 최댓값을 구해야 한다.

$$\frac{dP_a}{d\beta}=0 \tag{9.73}$$

$$\frac{d}{d\beta}\left[\frac{\sin(\theta-\beta)\sin(\beta-\phi)}{\sin(\beta-i)\sin(\phi+\delta+\theta-\beta)}\right]=0 \tag{9.74}$$

즉, 식 (9.74)를 만족하는 β 값에서 최대가 된다.

$$\therefore P_a = P_{amax} = \frac{1}{2}C_a\gamma H^2 \tag{9.75}$$

$$C_a = \frac{\sin^2(\theta-\phi)}{\sin^2\theta\sin(\theta+\delta)}\left[1+\sqrt{\frac{\sin(\phi+\delta)\sin(\phi-i)}{\sin(\theta+\delta)\ \sin(\theta-i)}}\right]^{-2}$$

여기서 C_a를 Coulomb의 주동토압계수라 한다.

표 9.5 Coulomb의 주동토압계수($\theta=90°$, $i=0°$)

ϕ	δ					
	0	5	10	15	20	25
28	0.3610	0.3448	0.3330	0.3251	0.3203	0.3186
30	0.3333	0.3189	0.3085	0.3014	0.2973	0.2956
32	0.3073	0.2945	0.2853	0.2791	0.2755	0.2745
34	0.2827	0.2714	0.2633	0.2579	0.2549	0.2542
36	0.2596	0.2479	0.2426	0.2379	0.2354	0.2350
38	0.2379	0.2292	0.2230	0.2190	0.2169	0.2167
40	0.2174	0.2089	0.2045	0.2011	0.1994	0.1995
42	0.1982	0.1916	0.1870	0.1841	0.1828	0.1831

Coulomb의 토압계수에서 Rankine의 조건과 같아지면, 즉 $\theta=90°$, $i=0°$, $\delta=0°$이면 $C_a=K_a$가 된다.

[예 9.13] 다음 그림과 같은 옹벽에 작용하는 주동토압을 구하시오.

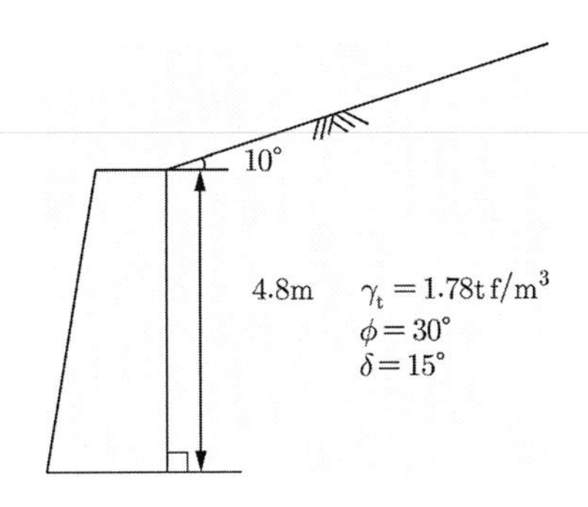

[풀이] 식 (9.75)에서 $i=10°$, $\theta=90°$, $\phi=30°$, $\delta=15°$이다. Coulomb의 주동토압계수

$$C_a = \frac{\sin^2(\theta-\phi)}{\sin^2\theta \sin(\theta+\delta)}\left[1+\sqrt{\frac{\sin(\phi+\delta)\sin(\phi-i)}{\sin(\theta+\delta)\sin(\theta-i)}}\right]^{-2}$$

$$= \frac{\sin^2(90-30)}{\sin^2 90 \ \sin(90+15)}\left[1+\sqrt{\frac{\sin(30+15)\ \sin(30-10)}{\sin(90+15)\ \sin(90-10)}}\right]^{-2}$$

$$= 0.34$$

$$P_a = \frac{1}{2}\gamma_t H^2 C_a = \frac{1}{2}\times 1.78\times 4.8^2\times 0.34 = 6.97\text{tf/m}$$

9.3.2 Coulomb의 수동토압

그림 9.19(a)와 같이 벽체의 내측이 경사져 있을 때, 수동상태의 파괴면을 $\overline{BC}$로 가정하면, 벽면의 반력(P_p)은 마찰 저항력 때문에 벽체면의 수직에서 위쪽으로 마찰각(δ)만큼 회전하게 되고, 흙의 파괴면 $\overline{BC}$에서도 마찰 저항력 때문에 마찰각(ϕ)만큼 위쪽으로 회전하여 반력(Q)이 작용한다.

주동상태일 때와 같이 그림 9.19(a)에서 W, P_p, Q 세 힘은 평형을 이루어야 한다. 따라서 (b)와 같이 힘 다각형이 형성된다.

$$\therefore P_p = P_{pmin} = \frac{1}{2} C_p \gamma H^2 \tag{9.76}$$

$$C_p = \frac{\sin^2(\theta+\phi)}{\sin^2\theta \ \sin(\theta-\delta)}\left[1-\sqrt{\frac{\sin(\phi+\delta)\sin(\phi+i)}{\sin(\theta-\delta)\sin(\theta-i)}}\right]^{-2}$$

여기서 C_p를 Coulomb의 수동토압계수라 한다.

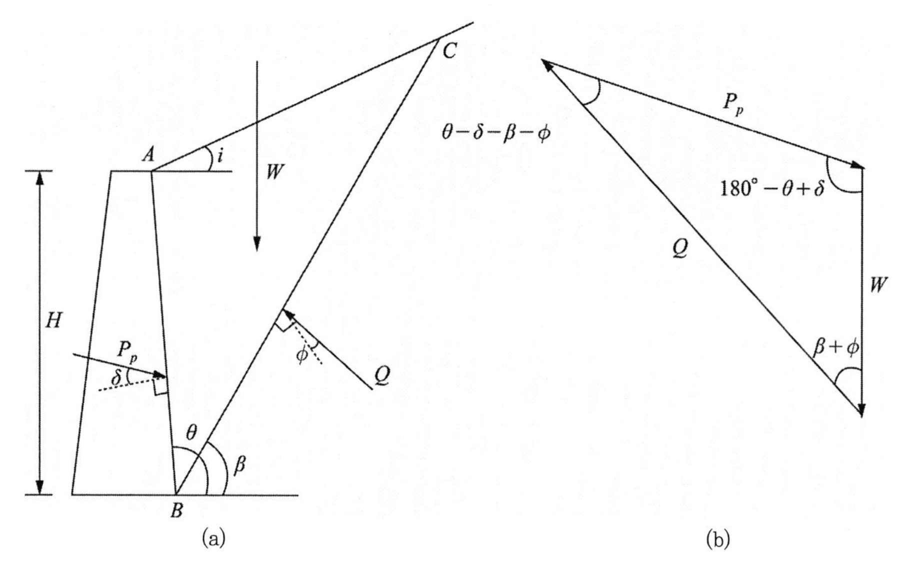

그림 9.19 Coulomb의 수동토압

벽체가 콘크리트일 경우, 벽체와 뒤채움 흙과의 마찰각은 보통 다음의 값을 사용한다.

$$\frac{1}{2}\phi \le \delta \le \frac{2}{3}\phi \tag{9.77}$$

벽체가 수직이고, 지표가 수평이며 벽체와 뒤채움 흙과의 마찰각을 무시하면 Coulomb의 수동토압계수와 Rankine의 수동토압계수도 같아진다.

표 9.6 Coulomb의 수동토압계수($\theta=90°$, $i=0°$)

ϕ	δ				
	0	5	10	15	20
15	1.698	1.900	2.130	2.405	2.735
20	2.040	2.313	2.636	3.030	3.525
25	2.464	2.830	3.286	3.855	4.597
30	3.000	3.506	4.143	4.977	6.105
35	3.690	4.390	5.310	6.854	8.324
40	4.600	5.590	6.946	8.870	11.772

[예 9.14] 예 9.13의 경우 수동토압의 크기를 구하시오.

[풀이] 식 (9.76)에서 Coulomb의 수동토압계수

$$C_p=\frac{\sin^2(\theta+\phi)}{\sin^2\theta\sin(\theta-\delta)}\left[1-\sqrt{\frac{\sin(\phi+\delta)\sin(\phi+i)}{\sin(\theta-\delta)\sin(\theta-i)}}\right]^{-2}$$

$$=\frac{\sin^2(90+30)}{\sin^2 90\ \sin(90-15)}\left[1-\sqrt{\frac{\sin(30+15)\sin(30+10)}{\sin(90-15)\sin(90-10)}}\right]^{-2}$$

$$=7.07$$

$$P_p=\frac{1}{2}\gamma_t H^2 C_p=\frac{1}{2}\times1.78\times4.8^2\times7.07=144.97\text{tf/m}$$

9.4 Coulomb 토압의 도해법

Culman(1875)은 Coulomb의 토압론을 도해법으로 해석하는 것을 제시하였다. Coulomb의 토압론은 쐐기 이론에 기초를 하고 있기 때문에 흙 쐐기의 무게, 벽체와 흙과의 반력, 흙의 파괴면의 반력이 평형을 이루어 폐합하는 힘다각형이 만들어진다. 또한 이 도해법은 상재하중의 유무와 관계없이, 점착력의 유무와 상관없이 모든 토류 구조물에 적용이 가능하다.

9.4.1 사질토에 대한 Culman의 도해법

1) 주동토압의 도해법

그림 9.20에서와 같이 뒤채움 흙의 파괴면 $\overline{AC}$를 가정한다. 이 파괴면을 연속으로 가정한다. 즉, 가정 파괴면 $\overline{AC_1}$, $\overline{AC_2}$, $\overline{AC_3}$ …로 가정한다. 각각 가정된 파괴 흙덩어리에 대한 벽체와의 반력 P_{a1}, P_{a2}, P_{a3} …, 흙의 파괴면에 대한 반력 Q_1, Q_2, Q_3 …, 파괴 흙덩이 무게 W_1, W_2, W_3 … 이들이 각각 힘다각형을 이룬다. 도해법의 순서는 다음과 같다.

각 힘 중에서 P_{a1}, P_{a2}, P_{a3} …는 힘의 작용점과 작용 방향을 알고 있다. 또한 W_1, W_2, W_3 …는 작용 방향은 연직이고 작용점은 각 파괴 흙덩이의 도심에 작용하고, Q_1, Q_2, Q_3 …는 작용 방향을 알고 있다.

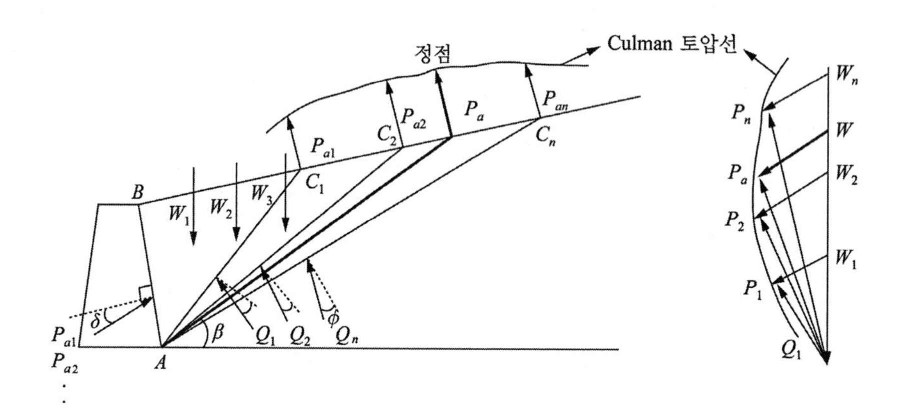

그림 9.20 주동토압의 Culman 도해법

① 활동면 AC_1 가정한다.

② 파괴 흙덩이 ABC_1에서 P_{a1}, W_1, Q_1 힘 다각형을 작도한다.

③ 활동면 AC_2, AC_3, … AC_n을 연속으로 가정한다.

④ 파괴 흙덩이 ABC_2, ABC_3,… ABC_n에서 (P_{a2}, W_2, Q_2), (P_{a3}, W_3, Q_3)… (P_{an}, W_n, Q_n) 힘다각형을 W선이 겹치게 하여 연속으로 작도한다.

⑤ P_{a1}, P_{a2},… P_{an}의 연결선 : Culmann 토압선이라 한다.

⑥ 토압선의 정점에서 P_{a1}, P_{a2} …선에 나란하게 그은 선과 W선과 만나는 선분이 P_a 값이 된다.

주동토압은 자연토압으로 그림의 정점에서 구하면 가장 큰 값이 된다.

2) 수동토압의 도해법

수동토압에 대한 Culman의 도해법은 주동토압의 경우와 같다. 그림 9.21은 그 과정의 결과를 나타낸 것이다.

수동토압은 저항토압으로 그림의 정점에서 구하면 가장 적은 값이 된다.

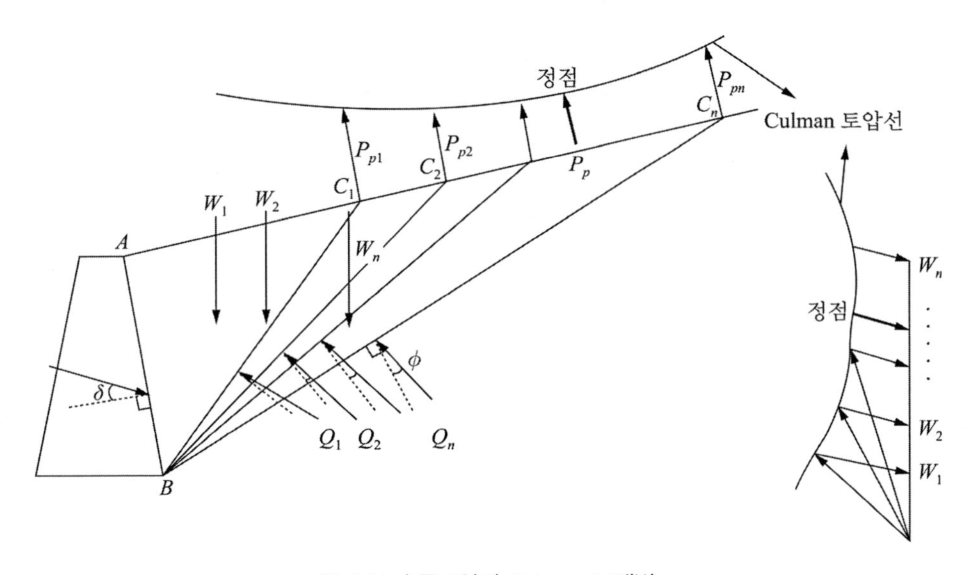

그림 9.21 수동토압의 Culman 도해법

9.4.2 점성토에 대한 Culman의 도해법

Coulomb의 토압론에서는 흙의 점성을 고려하지 않지만, Culman의 도해법에서는 점성을 고려해 해석할 수 있다. 점성은 벽체와 뒤채움 흙 사이에 발생하는 점착력과 뒤채움 흙의 고유점착력이 있다. 따라서 파괴 흙덩이의 무게, 벽체에 생기는 반력, 파괴면에 생기는 반력, 벽체와 뒤채움 흙 사이에 생기는 점착력의 합, 흙 파괴면에 나타나는 점착력의 합이 평형을 이룬다. 이런 경우의 한 가정된 파괴면에 대하여 나타낸 것이 그림 9.22이다.

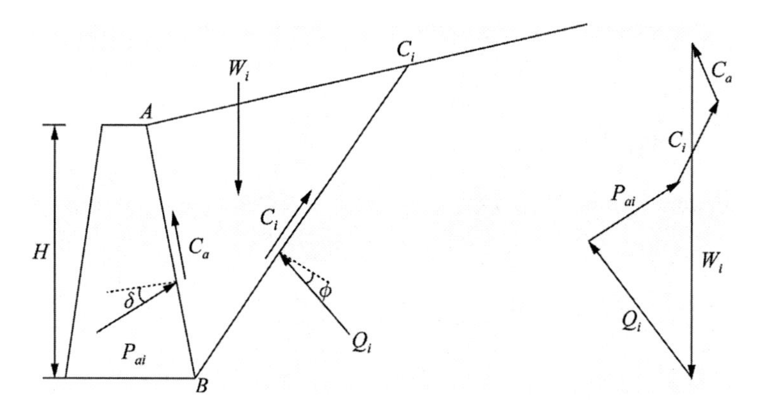

그림 9.22 점착력을 고려한 주동토압의 Culman 도해법

벽면 $\overline{AB}$, 파괴면 $\overline{BC}$에 작용하는 점착력 합의 크기는 다음과 같다.

$$C_a = c_a \times \overline{AB} \tag{9.78}$$

$$C_i = c \times \overline{BC_i} \tag{9.79}$$

여기서 c_a는 벽체와 뒤채움 흙 사이에 작용하는 점착력, c는 흙의 점착력이다. 수동토압의 경우도 같은 방법으로 해석이 가능하다.

9.5 뒤채움 지반의 파괴면의 형상

절토, 성토 단면이나 옹벽 뒤채움 지반의 붕괴가 일어났을 때의 파괴면의 형상은 대개 대수나선 꼴에 가깝다. 그러나 대개 파괴면에서 하부 부분은 소성상태에 놓여 대수나선 꼴에 가까우나, 상부 부분은 평면 꼴을 이루고 있다. 또한 대수나선 꼴은 해석 상 다루기가 어려워 대개 원형으로 가정한다. 그림 9.23은 옹벽의 뒤채움 지반의 파괴 양상을 나타낸 것이다.

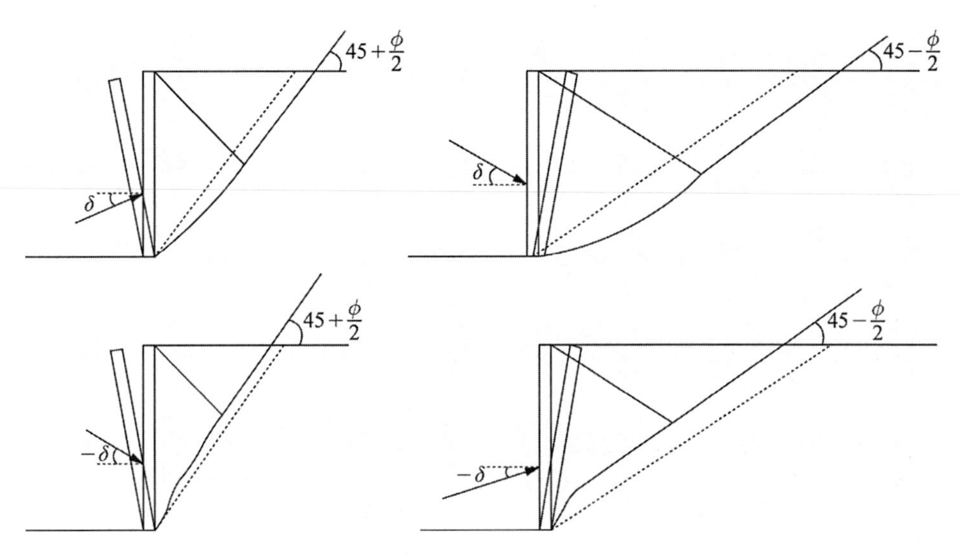

그림 9.23 뒤채움 지반의 파괴면의 형상

그림 9.23에서 보면 실제 파괴를 가정한 면과 Coulomb이나 Rankine 토압론에서 가정한 평면과는 차이가 난다. 주동상태에서는 차이가 크지 않으나, 수동상태에서는 차이가 많이 난다. 일반적인 경우인 벽면과 흙과의 마찰각이 양(+)인 경우, 수동일 때는 토압이 저항력이므로 설계시 보다는 안전 측이다.

9.6 벽체의 변위 양상에 따른 토압작용점의 이동

벽체의 변위상태를 보면 그림 9.24와 같이 앞으로 전도되거나 평행하게 앞으로 밀려나온다. 정지토압 상태일 때의 토압분포를 보면 삼각형 분포이고, 합력의 작용점은 삼각형의 도심인 1/3H 위치에 작용한다. 정지토압은 주동토압과 수동토압 사이의 토압 크기이다.

그림 9.24(b)와 같이 벽체가 회전변위를 나타낼 때, 벽체 깊이 방향으로 지반의 변형률이 동일하므로 정지상태의 지반의 응력 감소율과 동일하다. 따라서 토압분포는 역시 정지토압분포와 같이 삼각형 분포를 이루고, 합력이 작용하는 위치는 정지토압의 경우와 같다. 벽체가 평행하게 앞으로 이동하는 변위를 일으키면, 벽체의 깊이 방향으로의 지반 변형량은 동일하므로 깊은 위치의 지반응력의 감소율이 크다. 그러므로 그림 9.24(c)와 같은 분포를 나타내며, 합력의 위치는 상부로 올라간다.

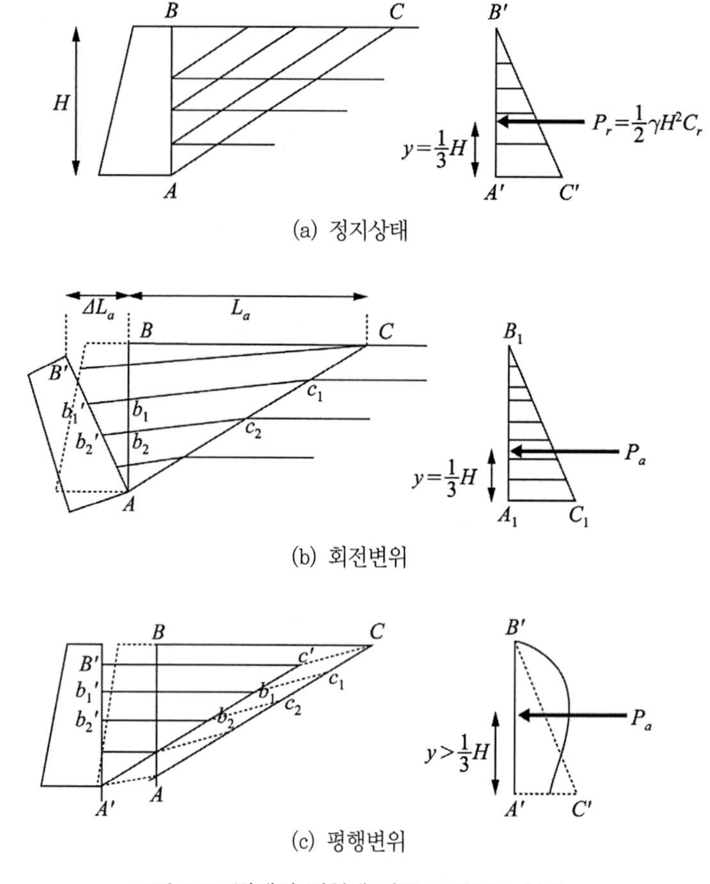

그림 9.24 벽체의 변위에 따른 토압분포 형태

9.7 토류구조물

9.7.1 중력식 옹벽의 안정

옹벽은 토류 구조물 중의 대표적 구조물이다. 옹벽은 중력식, 부벽식, 역 T형, L형, 보강토 등이 있다.

옹벽의 설계 시에 핵심이 되는 힘은 토압이라 할 수 있다. 토압은 벽체의 변위를 가상으로 하여 해석된다. 토압은 주로 주동토압이 이용되나, 주동토압은 토압 중에 가장 적은 것으로, 정지토압 상태에서 주동토압으로 변하는 것이다.

옹벽의 토압에 의한 전도, 활동과 기초 지반의 지지력, 옹벽 재료, 외적으로 사면의 활동 등에 대하여 안정하여야 한다. 옹벽의 재료적인 문제와 사면의 활동에 대한 것은 제외하고, 전도,

활동, 지지력에 대한 안정만 고려한다. 그림 9.25와 같은 중력식 옹벽에 대한 안전 설계를 검토해본다. 전도와 활동에 대한 안전율은 대개 1.5~2.0 정도의 값을 사용한다.

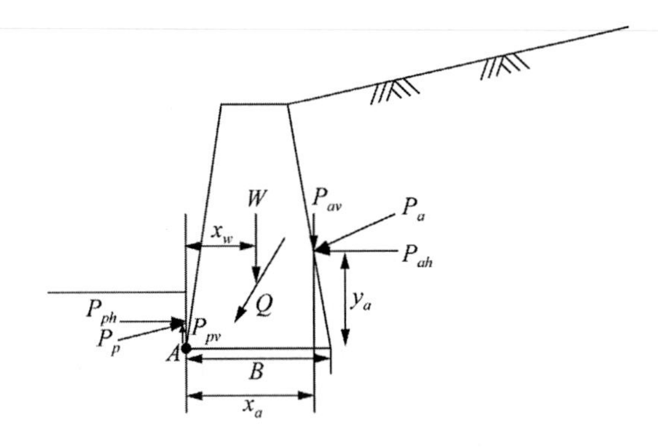

그림 9.25 중력식 옹벽의 토압

1) 외력 계산

W : 옹벽의 무게

$$P_a \text{ : 주동토압} \begin{cases} P_{ah} \text{ : 주동토압의 수평분력} \\ P_{av} \text{ : 주동토압의 수직분력} \end{cases}$$

$$P_p \text{ : 수동토압} \begin{cases} P_{ph} \text{ : 수동토압의 수평분력} \\ P_{pv} \text{ : 수동토압의 수직분력} \end{cases}$$

$$Q \text{ : 모든 힘의 합력} = \sqrt{Q_h^2 + Q_v^2} \begin{cases} Q_h = P_{ah} + P_{ph} \\ Q_v = W + P_{av} + P_{pv} \end{cases} \tag{9.80}$$

2) 전도에 대한 안정계산

전도에 대한 안전은 그림 9.25에서 A점을 중심점으로 해서 옹벽이 외측으로 전도시키려는 모멘트와 반대로 저항하려는 모멘트의 비교로 계산한다.

$$F_s = \frac{M_r}{M_o} \geq 1.5 \sim 2.0 \tag{9.81}$$

여기서 M_r은 저항 모멘트이고, M_0는 전도 모멘트이다.

$$M_r = W \times x + P_{av} \times x_a + P_{ph} \times y_p \tag{9.82}$$

y_p : 수동토압의 수평분력의 그림 9.25의 A점에서의 거리

$$M_o = P_{ah} \times y_a \tag{9.83}$$

옹벽의 설계 시에는 수동토압을 무시하는 경우가 많다.

$$M_r = W \times x \tag{9.84}$$

$$M_o = P_{ah} \times y_a - P_{av} \times x_a \tag{9.85}$$

또는

$$M_r = W \times x + P_{av} \times x_a \tag{9.86}$$

$$M_o = P_{ah} \times y_a \tag{9.87}$$

따라서 안전율은 다음과 같다.

$$F_s = \frac{W \times x}{P_{ah} \times y_a - P_{av} \times x_a} \text{ 또는 } \frac{W \times x + P_{av} \times x_a}{P_{ah} \times y_a} \tag{9.88}$$

합력의 작용선이 옹벽저판의 가운데 1/3 내를 통과하면 전도에 대해서는 검토하지 않아도 된다.

3) 활동에 대한 안정계산

옹벽의 설계 시는 옹벽의 앞부분의 수동토압을 무시하는 것이 보다 안전하므로 대개 고려하지 않는다. 활동에 대한 안전율은 다음과 같다.

$$F_s = \frac{\text{저항력}}{\text{활동력}} = \frac{Q_v \tan\phi'}{Q_{ah}} \geq 1.5 \sim 2.0 \qquad (9.89)$$

4) 기초 지반의 지지력에 대한 안정계산

옹벽에 작용하는 모든 힘은 옹벽저판을 통해 지반에 전달된다. 이 힘의 각 위치에 작용하는 단위 면적당의 힘을 접지압이라 하며, 이 접지압은 그 위치의 지반을 전단파괴시키지 않아야 한다. 전단파괴를 시키는 최소의 연직압력을 극한지지력이라 한다. 극한지지력에 안전율을 고려한 값을 허용지지력이라 한다. 즉, 접지압이 허용지지력보다 적어야 한다.

① 연직합력이 옹벽저판의 가운데 1/3 이내를 통과할 때

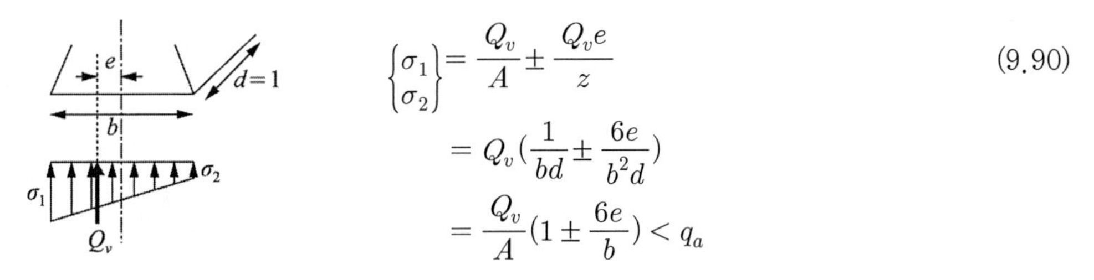

$$\begin{Bmatrix}\sigma_1\\ \sigma_2\end{Bmatrix} = \frac{Q_v}{A} \pm \frac{Q_v e}{z} \qquad (9.90)$$

$$= Q_v\left(\frac{1}{bd} \pm \frac{6e}{b^2 d}\right)$$

$$= \frac{Q_v}{A}\left(1 \pm \frac{6e}{b}\right) < q_a$$

그림 9.26(a) 접지압(1)

A : 옹벽저면적

e : 합력작용점의 편심거리

② 연직합력이 옹벽저판의 가운데 1/3 밖을 통과할 때

인장응력이 발생하여 지반과 분리되려고 하는 부분은 무시한다.

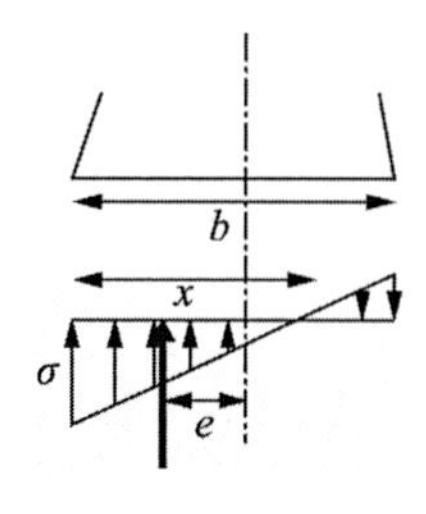

그림 9.26(b) 접지압(2)

압축응력이 작용하는 유효 폭은 다음과 같다.

$$\frac{x}{3} = \frac{b}{2} - e$$

$$x = 3\left(\frac{b}{2} - e\right)$$

$$\frac{\sigma \times x}{2} = Q_v \rightarrow \sigma = \frac{2Q_v}{x}$$

$$\sigma = \frac{2Q_v}{3\left(\frac{b}{2} - e\right)} = \frac{2}{3}\frac{Q_v}{\left(\frac{b}{2} - e\right)} = \frac{4}{3}\frac{Q_v}{(b-2e)} < q_a \tag{9.91}$$

[예 9.15] 다음과 같은 콘크리트 중력식 옹벽에 대하여 안정을 검토하시오.

- 흙의 단위 중량 : $\gamma_t = 1.78\text{tf/m}^3$, 흙의 내부 마찰각 : $\phi = 30°$
- 흙과 콘크리트의 마찰각 : $\delta = 30°$,
- 콘크리트 단위 중량 : $W_c = 2.3\text{tf/m}^3$
- 옹벽저면과 흙의 마찰계수 : $f = 0.3$,
- 지반의 허용지지력 : $q_a = 30\text{tf/m}^2$

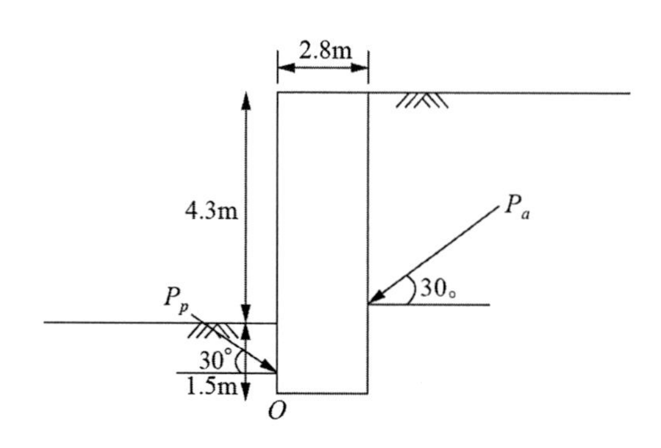

[풀이] 옹벽 중량 : $W = 5.8 \times 2.8 \times 2.3 = 37.352\text{tf/m}$

주동토압 : $P_a = (1/2)\gamma_t H^2 K_a = (1/2) \times 1.78 \times 5.8^2 \times 0.33 = 9.88\text{tf/m}$

수동토압 : $P_p = (1/2)\gamma H^2 K_p = (1/2) \times 1.78 \times 1.5^2 \times 3 = 6.01\text{tf/m}$

① 활동에 대한 안정 검토

$$\sum H = P_a \cos 30° - P_p \cos 30° = (9.88 - 6.01)\cos 30° = 3.35\text{tf/m}$$

$$\sum V = W + (P_a + P_p)\sin 30° = 37.35 + (9.88 + 6.01)\sin 30° = 45.30\text{tf/m}$$

$$F_s = \frac{(\sum V)f}{\sum H} = \frac{45.30 \times 0.3}{3.35} = 4.06 > 2 \text{ : 안전}$$

② 전도에 대한 안정 검토

O점에 대한 모멘트

$$\text{전도 모멘트}(M_m) = P_a \times \cos 30° \times \frac{1}{3} \times 5.8$$

$$= 9.88 \times \cos 30° \times \frac{1}{3} \times 5.8 = 16.54\text{tfm/m}$$

$$\text{저항 모멘트 }(M_r) = W \times \frac{2.8}{2} + P_a \times \sin 30° \times 2.8 + P_p \times \cos 30° \times \frac{1.5}{3}$$

$$= 37.35 \times \frac{2.8}{2} + 9.88 \times \sin 30° \times 2.8 + 6.01 \times \cos 30° \times \frac{1.5}{3}$$

$$= 68.72\text{tfm/m}$$

$$\text{안전율 } F_s = \frac{M_r}{M_m} = \frac{68.72}{16.54} = 4.15 > 2 \text{ : 안전}$$

③ 수직방향 합력의 작용위치(O점에서)

$$x = \frac{M_r - M_m}{\sum V} = \frac{68.72 - 16.54}{45.30} = 1.15\text{m}$$

$$e = \frac{B}{2} - x = \frac{2.8}{2} - 1.15 = 0.25 < \frac{2.8}{6} = 0.47$$

: 핵 안에 연직 합력이 작용함

$$\sigma_{\max} = \frac{\sum V}{B}\left(1 + \frac{6e}{B}\right) = \frac{45.3}{2.8}\left(1 + \frac{6 \times 0.25}{2.8}\right)$$

$$= 24.85 < 30 : \text{안정}$$

9.7.2 흙막이 벽

흙막이 벽은 지반을 굴착할 때에 측방향의 흙이 붕괴되는 것을 막기 위해 설치되는 가설구조물이다. 이 같은 벽체는 지반 변형을 억제하거나 지하수위의 변화 방지 및 차수를 위하여 설치되므로 그 목적에 따라 여러 종류가 있다. 널말뚝(Sheet Pile)식 흙막이 벽, 엄지말뚝식 흙막이 벽, 주열식 흙막이 벽 및 지하 연속벽 등이 있다. 이들 구조물은 토압을 지지해주는 흙막이 벽체와 이 벽체를 지지해주는 지보재로 구성된다.

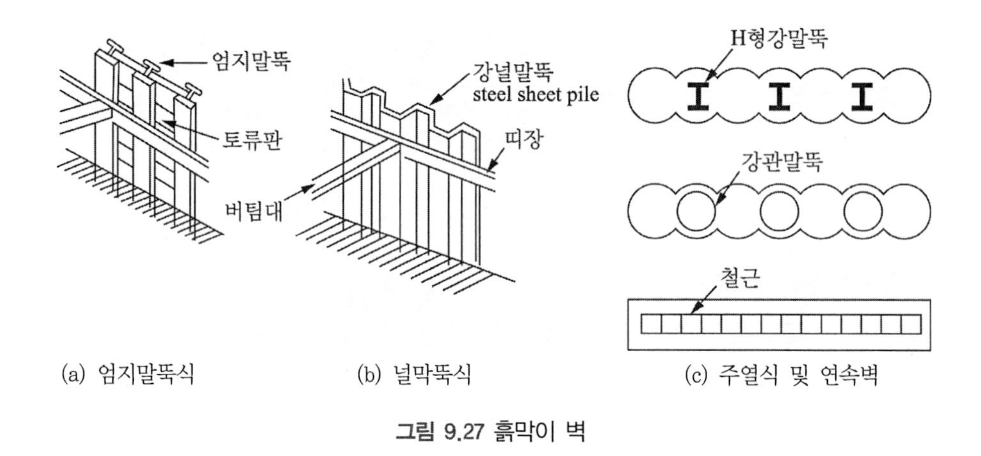

그림 9.27 흙막이 벽

흙막이 벽 중에 엄지말뚝식은 굴착저면 상부의 토압은 굴착단면 전면에 작용하며, 굴착저면 하부의 토압은 엄지말뚝 폭에만 작용한다. 다른 형식은 대부분 토압에 대한 해석은 동일하다. 흙막이 벽의 종류는 그림 9.27과 같은 종류들이 있다.

흙막이 벽에 작용하는 토압과 옹벽에 작용하는 토압의 형태는 다르다. 옹벽에서 뒤채움 흙의 파괴는 하나의 파괴형으로 일어나지만 굴착단면의 측면 보호를 위해 설치되는 흙막이 벽은 한 지점 또는 그 이상의 버팀대들이 동시에 파괴되는 점진적 파괴가 일어난다.

흙막이 벽에 작용하는 토압의 분포는 실제로는 곡선분포이나 편의상 제형 분포로 가정해 사용한다. Peck(1969)은 수평토압의 분포를 실험을 통하여 그림 9.28과 같이 제안하였다.

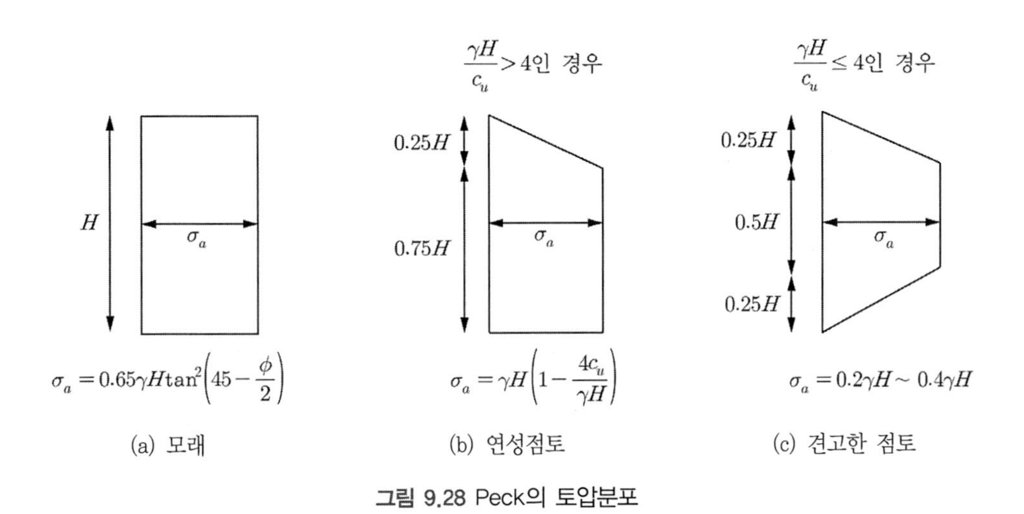

그림 9.28 Peck의 토압분포

널말뚝식 흙막이 벽의 각 부재에 작용하는 토압산정에 대하여 간단히 설펴보자. 굴착 깊이가 비교적 얕은 경우에는 자립형인 켄티레버식으로 가능하나, 굴착 깊이가 깊어지면 버팀대나 앵커 등의 지지구조가 필요하다.

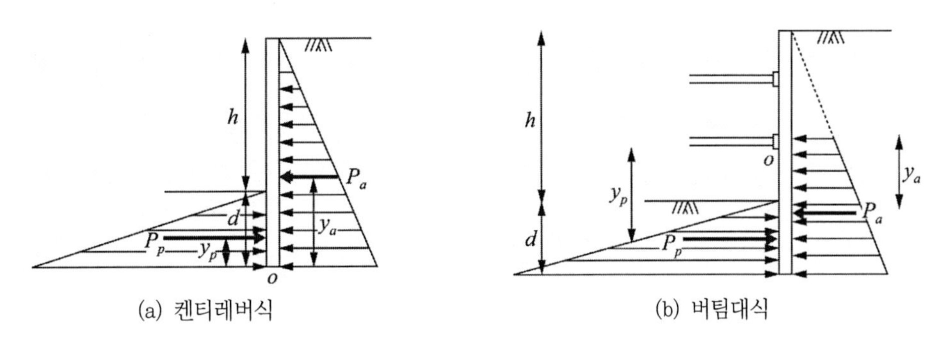

그림 9.29 근입깊이 결정에 사용하는 토압

널말뚝의 근입깊이는 켄터레버식은 그림 9.29(a)와 같이 널말뚝의 하단 끝을 중심으로 하여 주동토압과 수동토압의 모멘트 평형으로 결정한다. 그러나 버팀대식 흙막이 벽일 때에는 그림 9.29(b)와 같이 제일 하단의 버팀대 위치를 회전 중심으로 하여 이 회전 중심 아랫부분의 좌우 주동토압과 수동토압의 모멘트 평형으로 근입깊이를 결정한다. 근입깊이를 결정하기 위한 토압은 일반적으로 Rankine 토압을 이용한다. 근입깊이는 다음과 같이 결정된다.

$$F_s = \frac{M_p}{M_a} = \frac{P_p \times y_p}{P_a \times y_a} \geq 1.2 \tag{9.92}$$

버팀대, 띠장, 널말뚝 등의 단면을 결정하기 위해서 그림 9.28의 토압분포를 이용한다. 토압의 전달구조를 보면 널말뚝에 작용하는 토압을 띠장이 분담하여 받고, 띠장에 작용하는 토압을 버팀대가 지지해준다. 단위 폭당을 고려해보면 최상하단의 띠장을 제외하고 다른 띠장 위치에 힌지로 연결되었다고 가정한다.

띠장에 작용하는 토압은 그림 9.30과 같다.

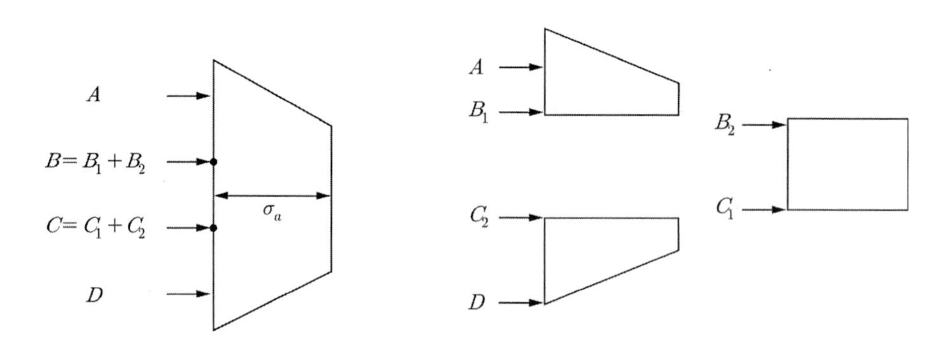

그림 9.30 띠장에 작용하는 토압 산출

버팀대에 작용하는 토압은 그림 9.30에서 구해진 하중이 각 위치의 띠장에 등분포 하중으로 작용하고, 각 띠장에 지지되고 있는 버팀대의 위치를 또한 힌지로 보고 간편하게 계산하여 그 반력이 된다.

연약지반점토 중에 도랑을 파면 그림 9.31과 같이 도랑 밑의 지반이 솟아오르는 현상이 일어날 수 있다. 이 현상을 히빙(heaving)이라 한다. 히빙현상은 굴착저면 위치의 지지력이 부족하여 측벽이 붕괴하는 현상이다. Terzaghi & Peck(1948, 1967)은 내부 마찰각($\phi_u = 0$)이 없는 점토지반에 대하여 그림 9.31과 같이 그 영역을 가정하여 해석하는 것을 제안하였다. 붕괴되는 부분은 굴착 폭의 양 끝에서 45°의 선을 그어 만나서 이루어지는 직각이등변 삼각형의 한 변, 즉 0.7B의 폭만큼 붕괴를 일으켜 내려앉는다. 이 현상에 대한 안전은 다음과 같이 해석된다.

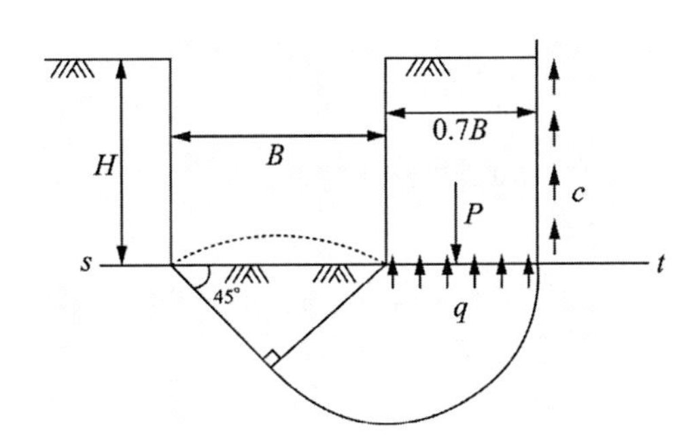

그림 9.31 히빙(heaving) 현상

$$P = \gamma 0.7BH - cH \tag{9.93}$$

단위 면적당의 압력은 다음과 같다.

$$p = \frac{P}{0.7B} = \gamma H - \frac{cH}{0.7B} \tag{9.94}$$

이면의 지지력 $q = 5.14c$로 주어지면, 도랑 밑 붕괴에 대한 안전율은 다음과 같다.

$$SF = \frac{5.14c}{\gamma H - \frac{cH}{0.7B}} \geq 1.5 \tag{9.95}$$

[예 9.16] 다음 그림과 같이 굴착할 때, 굴착저면의 솟아오름에 대하여 안전율을 구하시오.

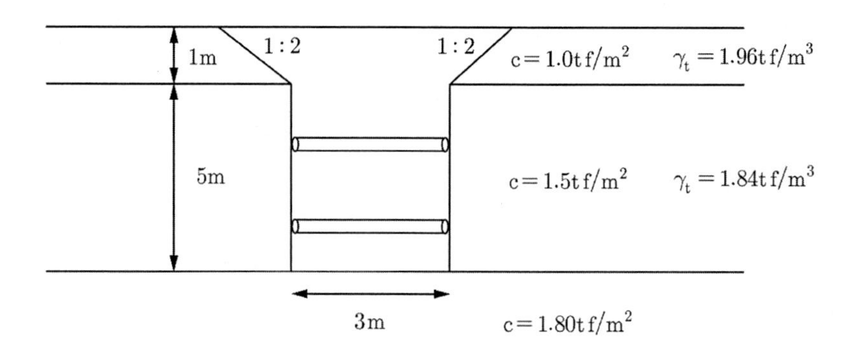

[풀이] 솟아오름에 영향을 주는 측벽의 범위

$$x = 0.7B = 0.7 \times 3 = 2.1\text{m}$$

$$\begin{aligned} P &= (0.7B)\gamma_t H - cH \\ &= [\frac{1}{2} \times (2.1 + 0.1) \times 1 \times 1.96] + [2.1 \times 5 \times 1.84] - [1 \times 1 + 1.5 \times 5] \\ &= 12.98\text{tf/m} \end{aligned}$$

$$p = \frac{P}{0.7B} = \frac{12.98}{2.1} = 6.18\text{tf/m}^2$$

$$\text{안전율 } SF = \frac{5.14c}{p} = \frac{5.14 \times 1.80}{6.18} = 1.50 : \text{안정}$$

9.8 지진 시 토압

옹벽에 작용하는 Coulomb의 토압 해법을 지진시에까지 쉽게 확장할 수 있다.

그림 9.32(a)와 같이 높이 H이고 경사지고 뒤채움된 옹벽이 있다. 뒤채움 흙의 단위 중량 γ, 흙의 내부 마찰각 ϕ, 벽체와 뒤채움 흙 사이의 마찰각 δ이다. 수직, 수평진도를 k_v, k_h라

한다. 활동면을 $\overline{BC}$로 가정하고, 활동토괴의 중량을 W라 가정하면 그 크기와 관성력은 다음과 같다.

$$W = \Delta ABC \times \gamma \tag{9.96}$$

$$\text{수평관성력} = W \times k_h \tag{9.97}$$

$$\text{수직관성력} = W \times k_v \tag{9.98}$$

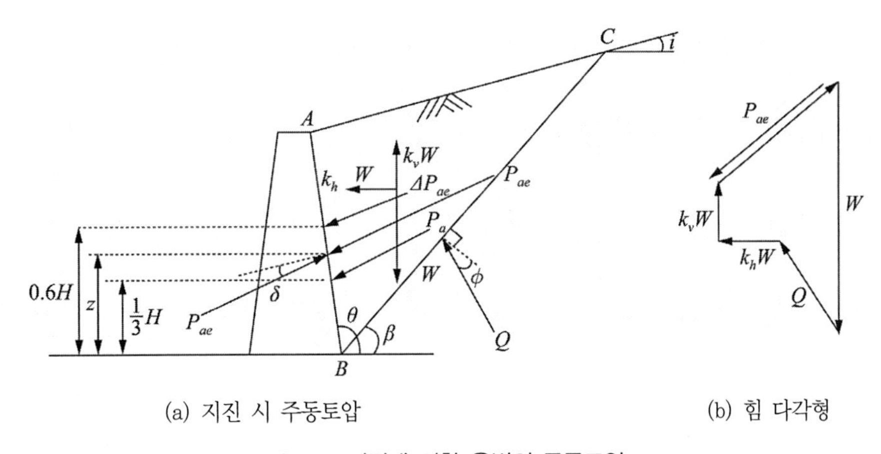

(a) 지진 시 주동토압 (b) 힘 다각형

그림 9.32 지진에 의한 옹벽의 주동토압

Culmann의 도해법과 같이 힘의 다각형을 그리면 그림 9.32(b)와 같다. 지진에 의한 옹벽에 작용하는 주동토압은 다음과 같이 표현된다.

$$P_{ae} = \frac{1}{2}\gamma H^2(1-k_v)K_a'' \tag{9.99}$$

여기서 K_a''는 지진 시의 주동토압 계수이며 다음과 같다.

$$K_a'' = \frac{\sin^2(\theta-\eta+\phi)}{\cos\eta\sin^2\theta\sin(\theta-\eta-\delta)[1+\sqrt{\frac{\sin(\phi+\delta)\sin(\phi-\eta-i)}{\sin(\theta-\eta-\delta)\sin(\theta+i)}}]^2} \tag{9.100}$$

또한

$$\eta = \tan^{-1}\left(\frac{k_h}{1-k_v}\right) \tag{9.101}$$

지진에 의한 관성력이 없으면 $\eta = 0$이고, Coulomb의 주동토압계수와 같아진다. 식 (9.99)와 식 (9.100)을 Mononobe-Okabe 식이라 한다.

Seed와 Whitman(1970)은 지진 발생 시의 토압은 다음과 같고, 평상시 토압에 지진에 의한 증가분의 토압을 더해준다.

$$P_{ae} = P_a + \Delta P_e \tag{9.102}$$

평상시의 토압 P_a는 옹벽 높이의 (1/3)H에 작용하고, 지진에 의한 증가 토압 ΔP_e는 대개 0.6H에 작용하는 것으로 제안하고 있다. 따라서 지진 시 토압 P_{ae}의 작용 위치는 다음과 같다.

$$z = \frac{P_a \times \frac{H}{3} + \Delta P_e \times (0.6H)}{P_{ae}} \tag{9.103}$$

연습문제

1. 주동토압, 수동토압, 정지토압에 대하여 설명하고, 크기를 비교하시오.

2. 지표가 수평이고 뒷면이 연직인 옹벽이 있다. 이 옹벽에 작용하는 주동, 수동 토압을 구하시오. 단 옹벽 높이는 4m이고, 배면토는 건조 모래로 단위 중량은 1.83tf/m^3, 내부 마찰각은 34°이다.

3. 문제 2의 경우에 수위가 지표 1m 위치에 있을 때의 주동, 수동 토압을 구하시오. 단, 모래 지반의 간극률이 0.3이었다.

4. 옹벽 배면토 지표의 경사각이 10°이고, 옹벽 뒷면은 연직이다. 흙의 단위 중량은 1.76tf/m^3, 내부 마찰각은 30°, 벽면과 흙의 마찰각은 18°이다. 주동토압을 구하시오($H=4\text{m}$).

5. 다음 그림과 같은 옹벽에 작용하는 주동토압의 크기와 작용위치를 구하시오.

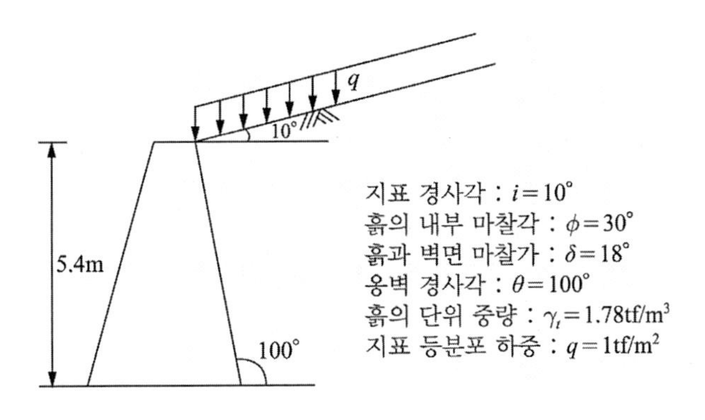

6. 옹벽 뒷면이 연직이고 배면토가 수평으로 되어 있다. 지표에 등분포 하중 $q=1.6\text{tf/m}^2$이 작용하고 있다. 옹벽의 높이는 6m이고, 내부 마찰각은 34°이고, 단위 중량은 1.78tf/m^3이다. 옹벽에 작용하는 주동토압의 크기와 작용하는 위치를 구하시오.

7. 다음 그림과 같은 옹벽에 작용하는 주동토압의 크기와 작용하는 위치를 구하시오.

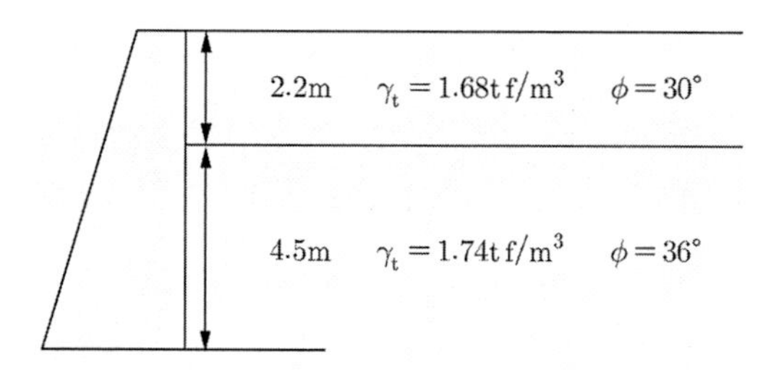

8. 다음 그림과 같은 옹벽에 작용하는 주동토압의 크기와 작용하는 위치를 구하시오.

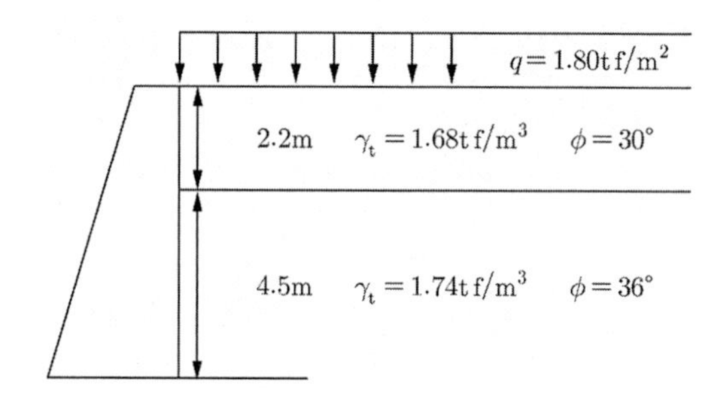

9. 문제 8에서 수위가 지표에서 2.2m 위치에 있을 때의 토압을 구하시오. 단, 아래 토층의 토질은 비중이 2.64, 간극비 0.54이다.

10. 다음 그림과 같은 옹벽에 작용하는 주동토압의 크기를 구하시오.

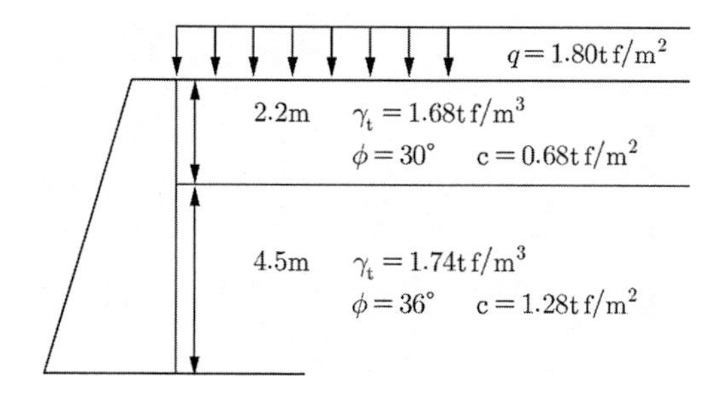

〈참고문헌〉

Brooker, E. W. and Ireland, H.O.(1965), *Earth Pressure at Rest related to Stress History*, Canadian Geotechnical Journal, Vol.2, No.1, pp.1~15.

Coulomb, C. A.(1776), *Essai sur une Application des Regles de Maximis et Minimis a quelques Problems de Statique*, relatifs a l'Architecture, Mem. Roy. des Science, Paris, Vol.3, p.38.

Culmann, C.(1875), *Die Graghische Statik*, Meyer and Zeller, Zurich.

Das, B. M.(2000), *Fundamentals of Geotechnical Engineering*, Brooks/Cole, ch.9.

Hunt, R. E.(1986), *Geotechnical Engineering Techniques and Practics*, McGraw-Hill Book Company, New York.

Jaky, J.(1944), *The Coefficient of earth Pressure at Rest*, Journal of the Society of Hungarian Architects and Engineers, Vol.7 pp.355~358.

Massarsch, K. R.(1979), *Lateral Earth Pressure in Normally Consolidated Clay*, Proceedings of the Seventh European Conference on Soil Mechnics and Foundation Engineering, Brighton, England, Vol.2, pp.245~250.

Peck, R. B.(1969), *Deep Excavation and Tunneling in Soft Ground*, Proceedings, 7th International Conference on Soil Mechnics and Foundation Engineering, Mexico city. State-of-the art Vol., pp.225~290.

Rankine, W. M. J.(1857), *On Stability on Loose Earth*, Philosophic Transactions of Royal Society, London, Part 1, pp.9~27.

Seed, H. B. and Whitman, R. V.(1970), *Design of earth Retaining Structures for Dynamic Loads*, Proceedings, Specialty Conference on Lateral stresses in the Ground and Design of Earth Retaining Structures, ASCE. pp.103~147.

Sherief, M. A., Fang, Y. S. and Sherif, R. I.(1984), K_A and K_0 *Behind Rotating and Non-Yielding Walls*, Journal of Geotechnical Engineering, ASCE, Vol.110, No.GT1, pp.41~56.

Terzaghi, K. and Peck, R. B.(1948), *Soil Mechnics in Engineering Practice*, John Wiley and Sons, pp.196~198.

Terzaghi, K. and Peck, R .B.(1967), *Soil Mechnics in Engineering Practice*, 2nd, John Wiley and Sons, New York, p.572.

10 사면의 안정

······ 10 사면의 안정

지반이 수직이 아니고 어느 정도의 각도를 가지고 있는 지표면을 사면 또는 비탈면이라 한다. 이러한 사면은 자연으로 형성된 자연사면과 성토 또는 절토에 의한 인공사면이 있다. 사면은 지반의 조건 변화나 외력에 의하여 안정을 유지한 사면이 붕괴가 일어나는 경우가 있다. 이러한 경우는 경사면 흙의 자중이나 외력의 증가에 의해 아래 방향으로 움직이려는 힘이 흙의 전단강도로 발휘되는 저항력을 초과함으로써 일어나는 현상이다.

사면의 파괴가 일어나는 면을 파괴면(failure surface) 또는 활동면(sliding plane)이라 한다. 붕괴는 여러 형태가 있을 수 있다. Cruden과 Varnes(1996)는 사면의 파괴를 그림 10.1과 같이 5가지로 구분하였다.

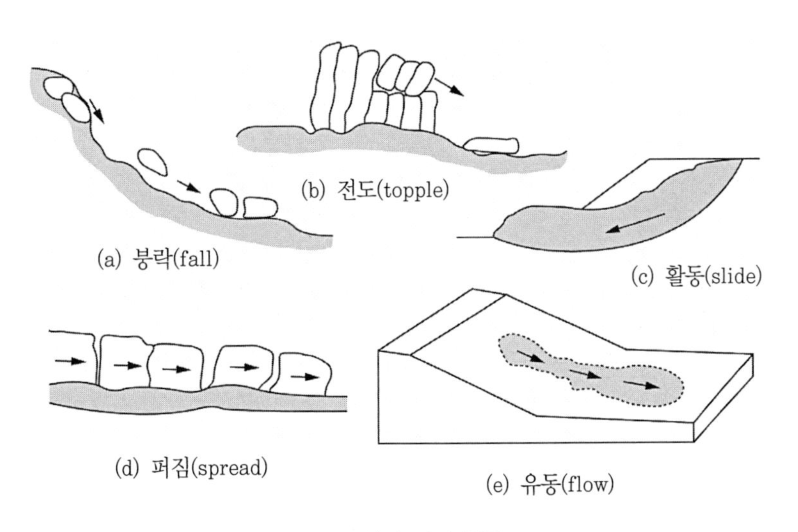

그림 10.1 사면 파괴 종류

일반적으로, 현장에서는 자연사면, 인공사면 등의 안정을 검토해야 할 경우가 많다. 토질역학에서 사면안정 검토의 대상은 주로 그림 10.1(c)와 같은 사면 파괴를 다룬다. 이런 경우 흙의 전단강도와 가상파괴면을 따라 발생하는 전단응력을 구하여 비교, 판단한다. 이 과정을 사면안정 해석이라 한다.

사면의 파괴가 일어나는 경우는 전단응력이 전단강도를 초과할 때이다. 전단응력이 증가하는 경우는 외력의 증가, 흙의 일부 제거에 의한 저항력 감소, 우수 등에 의한 흙의 단위 중량 증가, 진동 등이 있을 수 있고, 전단강도 감소를 일으키는 경우는 함수비 증가에 의한 팽창, 간극수압의 증가, 흙 속에 발생하는 미세한 균열, 동상 후의 지반 연화, 흙입자 결합력의 감소 등이 있다.

사면의 안정해석은 토층의 성상과 현장 지반의 토질 정수에 대한 정도, 사면 내의 침투, 가상파괴면의 추정 등 복잡한 요인들이 많다. 이런 요인들 중에 사면 내의 침투는 이미 기지의 조건으로 보거나, 가상파괴면은 자연 상태에서는 대수나선 곡선에 가까우나 원형이나, 평면으로 가정하여 해석한다. 가정한 파괴면에 대한 안전검토 후 가장 안전율이 적은 면을 임계활동면이라 한다.

10.1 사면의 종류와 사면 활동 형태

사면을 공학적으로 나누면 일반적으로 사면의 깊이에 비하여 길이가 긴 사면을 무한사면(infinite slope)이라 하고, 깊이는 깊고 길이는 비교적 짧은 사면을 유한사면(finite slope)이라 한다. 사면활동의 형태는 그림 10.2와 같다.

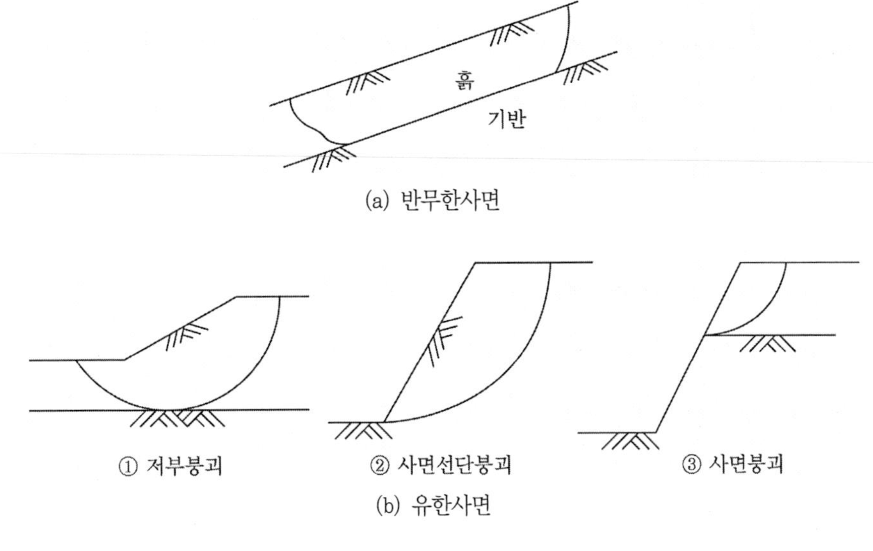

그림 10.2 사면 종류와 활동 형태

무한사면은 반무한사면을 말하며, 파괴면은 얕으며 사면과 평행하게 일어난다. 파괴는 경사면의 높이, 경사, 토질 등에 따라 다르다. 유한사면은 저부붕괴(base failure), 사면선단붕괴(toe failure), 사면붕괴(slope failure) 등이 있다. 저부붕괴는 토질이 연약하고, 사면이 비교적 완만한 경우에 일어나기 쉽고, 활동면의 깊이가 깊다. 사면선단붕괴는 점성토 지반에서 경사가 급한 경우에 발생한다. 사면붕괴는 사면의 토질이 2층으로 이루어져 있고 하부층이 단단한 경우에 상층부에서 활동이 일어난다. 유한사면의 활동은 토질, 사면의 경사, 높이, 비교적 단단한 기초 지반의 깊이 등에 영향을 받는다.

10.2 사면의 안전율

사면의 안전율을 구하기 위해서는 일반적으로 사면을 구성하고 있는 토질은 균질하고, 지하수의 상태와 침투압의 크기는 미리 알고 있는 것으로 하며, 전단강도는 Mohr-Coulomb의 파괴규준을 따른다.

사면의 안정 계산은 사면의 활동면을 어떻게 가정하느냐에 따라 다르다. 보통 활동면을 곡면(원형) 또는 평면으로 가정하고, 반복 계산으로 안전율이 가장 적게 나오는 단면을 임계면으로 하고, 그 안전율을 사면의 안전율로 한다.

1) 활동면이 곡면일 때

$$F_s = \frac{\text{활동에 대한 저항모멘트}}{\text{활동력의 모멘트}} \tag{10.1}$$

2) 활동면이 직선일 때

$$F_s = \frac{\text{저항력}}{\text{활동력}} \tag{10.2}$$

3) 점토사면일 때(by Taylor)

$$F_s = \frac{\text{고유 점착력}}{\text{안정에 필요한 점착력}} \tag{10.3}$$

또한 Fellenius(1927)는 점착성토($c-\phi$ 흙)에 대한 안전율 구하는 방법을 제안하였다. 사면의 안전에 필요한 점착력 c_d, 마찰각 ϕ_d라 하고, 사면 흙의 고유의 점착력c_e, 마찰각 ϕ_e라 하면 다음과 같다.

$$F_c = \frac{c_e}{c_d},\ F_\phi = \frac{\tan\phi_e}{\tan\phi_d} \tag{10.4}$$

활동면의 전단응력의 크기는 다음과 같다.

$$\tau = c_d + \sigma' \tan\phi_d \tag{10.5}$$

활동면의 파괴 때의 전단강도는 다음과 같다.

$$\tau_a = c_e + \sigma' \tan\phi_e \tag{10.6}$$

따라서 안전율은 다음과 같다.

$$F_s = \frac{\tau_a}{\tau} = \frac{c_e + \sigma' \tan\phi_e}{c_d + \sigma' \tan\phi_d} \tag{10.7}$$

일반적으로 $F_c = F_\phi = F_s$가 되도록 설계함이 가장 합리적이다.

$$F_s = \frac{c_e}{c_d} = \frac{\tan\phi_e}{\tan\phi_d} \tag{10.8}$$

$F_s = 1$일 때 사면은 파괴 순간의 상태에 있다고 할 수 있다. 보통 설계 시 안전율은 1.2~1.5를 필요로 한다. 이상적인 안전율을 구하기 위해서 먼저 ϕ_d를 가정하여 이에 알맞은 c_d를 구하여 이로부터 F_ϕ에 대한 F_c를 구한다.

이를 반복하여 각각의 F_ϕ에 대한 F_c를 구하여 그림 10.3과 같이 그래프를 그려, 45° 선과의 교점에 해당하는 안전율이 $F_c = F_\phi = F_s$이 된다.

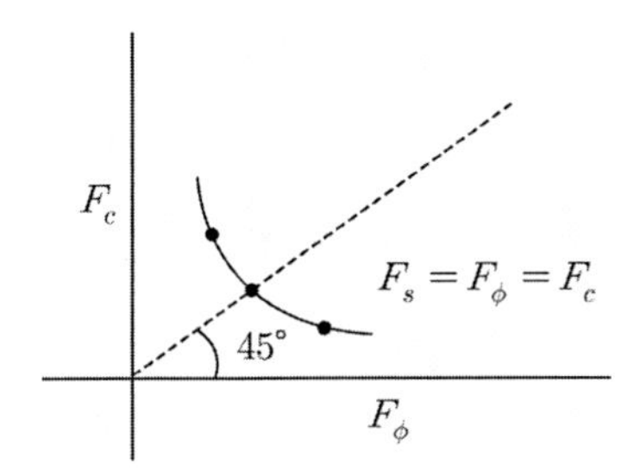

그림 10.3 안전율 구하기

10.3 무한사면의 안정

무한사면은 활동면이 비교적 얕고, 지표면과 나란하게 일어나며, 병진 활동을 하는 것으로 가정한다. 그림 10.4와 같이 지하수위는 지표면과 평행하다.

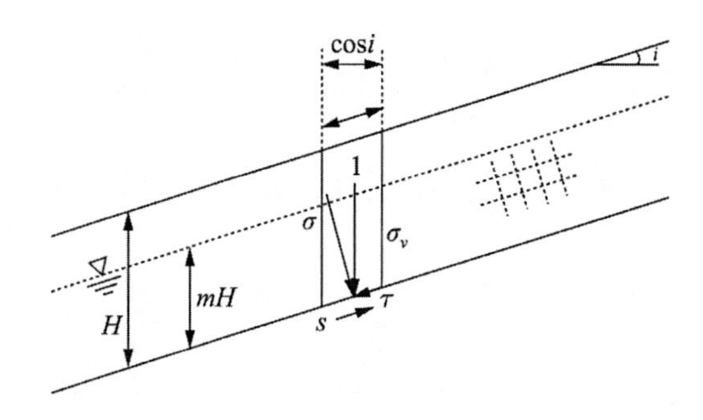

그림 10.4 무한사면의 활동

그림 10.4에서 비탈면의 단위 폭당 활동면에 일어나는 연직응력(σ_v), 수직 응력(σ), 전단응력(τ), 간극수압(u)의 크기는 다음과 같다.

$$\begin{aligned}\sigma_v &= \{(1-m)\ H\gamma + mH\gamma_{sat}\}\cos i \\ &= \{(1-m)\gamma + m\gamma_{sat}\}H\cos i\end{aligned} \tag{10.9}$$

$$\begin{aligned}\sigma &= \sigma_v \cos i \\ &= \{(1-m)\gamma + m\gamma_{sat}\}H\cos^2 i\end{aligned} \tag{10.10}$$

$$\begin{aligned}\tau &= \sigma_v \sin i \\ &= \{(1-m)\gamma + m\gamma_{sat}\}H\sin i\cos i\end{aligned} \tag{10.11}$$

$$u = mH\gamma_w \cos^2 i \tag{10.12}$$

유효응력(σ')은 다음과 같다.

$$\sigma' = \sigma - u \tag{10.13}$$
$$= \{(1-m)\gamma + m\gamma_{sat}\}H\cos^2 i - mH\gamma_w \cos^2 i$$

활동면에서 발휘되는 전단강도는 다음과 같다.

$$\tau_a = c + \sigma' \tan\phi = c + (\sigma - u)\tan\phi \tag{10.14}$$
$$= c + [\{(1-m)\gamma + m\gamma_{sat}\}H\cos^2 i - mH\gamma_w \cos^2 i]\tan\phi$$

식 (10.11)과 식 (10.14)에서 안전율은 다음과 같다.

$$F_s = \frac{\tau_a}{\tau} = \frac{c + [\{(1-m)\gamma + m\gamma_{sat}\}H\cos^2 i - mH\gamma_w \cos^2 i]\tan\phi}{\{(1-m)\gamma + m\gamma_{sat}\}H\sin i\cos i} \tag{10.15}$$

지표면이 점착력이 없는 흙이고 지하수위를 고려하지 않을 때에는 다음과 같다. 식 (10.15)에서 $c=0$, $m=0$인 경우이다.

$$F_s = \frac{\tan\phi}{\tan i} > 1 \qquad \tan\phi > \tan i \tag{10.16}$$

따라서 다음과 같으면 안전하다.

$$\phi > i \tag{10.17}$$

즉, 사면의 경사각도가 흙의 내부 마찰각보다 적으면 안전하다.

흙이 점착력이 없고, 지하수위가 지표면과 일치할 때에는 다음과 같다. 식 (10.15)에서 $c=0$, $m=1$인 경우이다.

$$F_s = \frac{(\gamma_{sat} - \gamma_w)H\cos^2 i\tan\phi}{\gamma_{sat}H\sin i\cos i} = \frac{\gamma_{sub}}{\gamma_{sat}}\frac{\tan\phi}{\tan i} \tag{10.18}$$

흙이 점착력이 있고, 지하수위를 고려하지 않을 때에는 다음과 같다. 식 (10.15)에서 $c \neq 0$, $m=0$인 경우이다.

$$F_s = \frac{c}{\gamma H \cos^2 i \tan i} + \frac{\tan\phi}{\tan i} \tag{10.19}$$

식 (10.19)에서 사면의 한계 높이를 구해보면 다음과 같다. 즉, $F_s=1$일 경우의 $H=H_{cr}$를 구한다.

$$H_{cr} = \frac{c}{\gamma \cos^2 i (\tan i - \tan\phi)} \tag{10.20}$$

흙이 점착력이 있고, 지하수위가 지표면과 일치할 때에는 다음과 같다. 식 (10.15)에서 $c \neq 0$, $m=1$인 경우이다.

$$F_s = \frac{c}{\gamma_{sat} H \cos^2 i \tan i} + \frac{\gamma_{sub}}{\gamma_{sat}} \frac{\tan\phi}{\tan i} \tag{10.21}$$

[예 10.1] 다음 그림과 같은 무한사면이 있다. 지하수위가 지표면과 일치할 때 안전율을 구하시오.

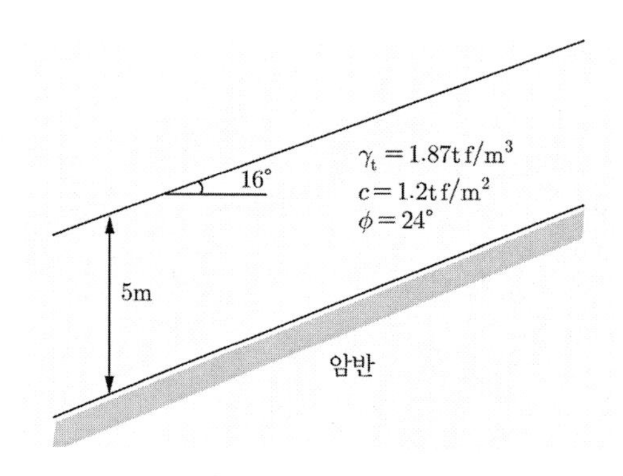

[풀이] $c \neq 0$, $m=1$인 경우인 식 (10.21)에서 안전율은 다음과 같다.

$$F_s = \frac{c}{\gamma_{sat} H \cos^2 i \tan i} + \frac{\gamma_{sub} \tan\phi}{\gamma_{sat} \tan i}$$

$$\gamma_{sub} = \gamma_{sat} - 1 = 1.87 - 1 = 0.87 \text{tf/m}^3$$

$$F_s = \frac{1.2}{1.87 \times 5 \times \cos^2 \times 16 \tan 16} + \frac{0.87}{1.87} \frac{\tan 24}{\tan 16} = 1.21$$

[예 10.2] 예 10.1 그림에서 비탈면의 경사각도가 20°이면 안전율은 얼마인가? 또 안전율이 1이 되는 높이를 구하시오.

[풀이] $F_s = \frac{1.2}{1.87 \times 5 \times \cos^2 20 \times \tan 20} + \frac{0.87}{1.87} \frac{\tan 24}{\tan 20} = 0.97$

$$F_s = 1 = \frac{1.2}{1.87 \times H \times \cos^2 20 \times \tan 20} + \frac{0.87}{1.87} \frac{\tan 24}{\tan 20}$$

위 식에서 H를 구하면 $H = 4.65$m이다.

[예 10.3] 다음 그림과 같은 사면에 지하수위가 지표에서 2m 깊이에 지표와 나란하다. 안전율을 구하시오.

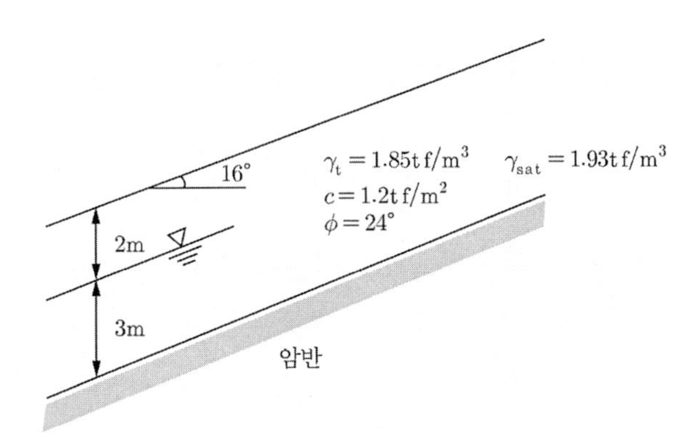

[풀이] 그림에서 m = 3/5 = 0.6이고, 식 (10.15)에서

$$F_s = \frac{\tau_a}{\tau} = \frac{c + [\{(1-m)\gamma + m\gamma_{sat}\}Hcos^2 i - mH\gamma_w \cos^2 i]\tan\phi}{\{(1-m)\gamma + m\gamma_{sat}\}H\sin i \cos i}$$

$$= \frac{1.2 + [\{(1-0.6)\times 1.85 + 0.6\times 1.93\}\times 5\times \cos^2 16 - 0.6\times 5\times \cos^2 16 \tan 24}{\{(1-0.6)\times 1.85 + 0.6\times 1.93\}\times 5\times \sin 16\times \cos 16}$$

$$= 1.52$$

[예 10.4] 예 10.3 그림에서 지하수위를 고려하지 않을 때 안전율을 구하시오.

[풀이] $c \neq 0$, m = 0인 경우, 식 (10.19)에서

$$F_s = \frac{c}{\gamma H \cos^2 i \tan i} + \frac{\tan\phi}{\tan i}$$

$$= \frac{1.2}{1.85\times 5\times \cos^2 16\times \tan 16} + \frac{\tan 24}{\tan 16}$$

$$= \frac{1.2}{2.45} + \frac{0.445}{0.287} = 2.04$$

10.4 유한사면의 안정

굴착한계고 H_{cr}이 사면의 높이와 비슷하면 유한사면으로 본다. 유한사면은 일반적으로 파괴면이 곡선으로 일어나나, Culmann(1975)은 파괴면을 평면으로 가정하였다. Culmann의 가정에 의한 안전율은 거의 연직사면에 대해서 만족할 만한 결과를 나타내었다. 스웨덴 지반위원회(Swedish Geotechnical Commission)는 1920년대 사면파괴에 대하여 광범위하게 조사한 후 실제 파괴면은 원형에 가깝다고 발표하였다.

대부분 고전적인 사면안정해석은 가상파괴면을 평면 또는 원형으로 가정하여 수행하고 있다.

10.4.1 평면파괴면

활동면을 평면파괴로 가정하였을 때에는 활동이 일어나게 하는 힘, 즉 활동력과 이에 저항하려는 저항력의 비교로 안전을 판단한다. 단위 면적당의 힘으로 비교하면 전단응력과 전단강도의 비로 안전율을 나타낸다.

그림 10.5와 같이 평면활동으로 가정하고, 활동면을 $\overline{AC}$로 가정하면, 활동토괴의 중량(W)과 활동면에 작용하는 수직력(N)과 활동력(S)은 다음과 같다.

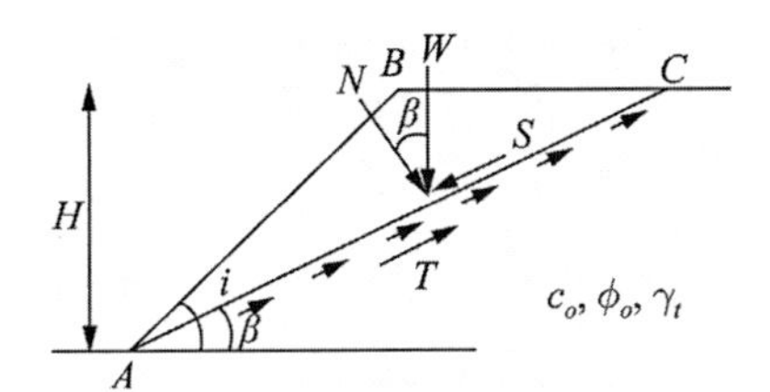

그림 10.5 유한사면의 평면파괴 형태

$$W = \frac{\gamma_t H}{2} \frac{\sin(i-\beta)}{\sin i} \overline{AC} \tag{10.22}$$

$$N = W\cos\beta = \frac{\gamma_t H}{2} \frac{\sin(i-\beta)\cos\beta}{\sin i} \overline{AC} \tag{10.23}$$

$$S = W\sin\beta = \frac{\gamma_t H}{2} \frac{\sin(i-\beta)\sin\beta}{\sin i} \overline{AC} \tag{10.24}$$

식 (10.24)의 힘에 의해 아래로 활동하려고 한다. 이에 대항해 저항하는 저항력은 활동면에서 발휘되는 전단저항력의 합이다. 전단저항력의 합(T)은 다음과 같다.

$$T = \tau \times \overline{AC} = (c + \sigma\tan\phi)\overline{AC} \tag{10.25}$$

식 (10.25)는 활동력에 대항하는 저항력의 크기로 이것은 점착력과 마찰력의 합으로 이루어지는데, 먼저 마찰력 부분은 흙의 고유치를 모두 발휘하고 나머지 부족한 힘을 점착력으로 보충하는 형태로 생각해보자. 그러면 식 (10.25)는 다음과 같이 다시 표현할 수 있다.

$$T = \tau_a \times \overline{AC} = (c + \sigma \tan\phi_o)\overline{AC} \tag{10.26}$$

$\overline{AC}$면으로 활동이 일어나지 않고 평형을 이룬다면 식 (10.24)과 식 (10.26)은 같아야 한다.

$$S = T = \tau_a \overline{AC} \tag{10.27}$$

$$\begin{aligned}\frac{\gamma_t H}{2}\frac{\sin(i-\beta)\sin\beta}{\sin i}\overline{AC} &= (c + \sigma\tan\phi_o)\overline{AC} \\ &= c\overline{AC} + \sigma\overline{AC}\tan\phi_o = c\overline{AC} + N\tan\phi_o \\ &= c\overline{AC} + \frac{\gamma_t H}{2}\frac{\sin(i-\beta)\cos\beta}{\sin i}\overline{AC}\tan\phi_o\end{aligned} \tag{10.28}$$

활동면 $\overline{AC}$가 활동이 일어나지 않고 평형을 이루는 데 필요한 점착력(c)을 식 (10.28)에서 구하면 다음과 같다.

$$\begin{aligned}c &= \frac{\gamma_t H}{2}\frac{\sin(i-\beta)}{\sin i}[\sin\beta - \cos\beta\tan\phi_o] \\ &= \frac{\gamma_t H}{2}\frac{\sin(i-\beta)\sin(\beta-\phi_o)}{\sin i\cos\phi_o}\end{aligned} \tag{10.29}$$

식 (10.29)은 활동면 $\overline{AC}$를 가정하였을 때, 즉 활동면의 각도 β에 대한 점착력의 값이다. 따라서 활동면을 여러 면으로 가정하면 각 가정된 활동면 안전에 필요한 점착력을 식 (10.29)에서 구할 수 있다. 가장 큰 값을 요구하는 면이 가장 불안한 단면이 될 것이다. 따라서 최대 요구 점착력 c_{max} 크기는 위 식을 β로 미분하여 영이 되는 β 값에서 생긴다.

$$\frac{dc}{d\beta} = \frac{\gamma_t H}{2}\frac{1}{\sin i\cos\phi_o}\frac{d}{d\beta}[\sin(i-\beta)\sin(\beta-\phi_o)] = 0 \tag{10.30}$$

$$\sin(i-\beta)\cos(\beta-\phi_o)-\cos(i-\beta)\sin(\beta-\phi_o)=0 \quad (10.31)$$

$$\sin(i-\beta-\beta+\phi_o)=0 \quad (10.32)$$

따라서 다음과 같은 값에서 최대가 된다.

$$\beta=\frac{i+\phi_o}{2} \quad (10.33)$$

안정에 필요한 최대 점착력은 다음과 같고, 그 크기는 흙의 점착력보다 적어야 한다.

$$c_{\max}=\frac{\gamma_t H}{2}\frac{\sin^2\left(\frac{i-\phi_o}{2}\right)}{\sin i\cos\phi_o}\leq c_0 \quad (10.34)$$

그러므로 안전율은 다음과 같다.

$$F_c=\frac{c_o}{c_{\max}} \quad (10.35)$$

흙이 최대 전단강도를 발휘할 때, 즉 $c\rightarrow c_o$, $\phi\rightarrow\phi_o$를 발휘할 때, 사면 경사각 i에 대한 사면 한계고 H_{cr}은 다음과 같다.

$$H_{cr}=\frac{2c_o}{\gamma_t}\frac{\sin i\cos\phi_o}{\sin^2\left(\frac{i-\phi_o}{2}\right)} \quad (10.36)$$

경사면이 수직일 때, 즉 식 (10.36)에서 $i=90°$일 때는 다음과 같다.

$$H_{cr} = \frac{4c_o}{\gamma_t}\frac{\cos\phi_o}{1-\sin\phi_o} = \frac{4c_o}{\gamma_t}\tan\left(45+\frac{\phi_o}{2}\right) \tag{10.37}$$

연약한 점토일 때, 즉 $\phi_o = 0$일 때는 다음과 같다.

$$H_{cr} = \frac{4c_o}{\gamma_t}\cot\frac{i}{2} \tag{10.38}$$

또한 연직일 때, 즉 $i = 90°$, $\phi_o = 0$일 때는 다음과 같다.

$$H_{cr} = \frac{4c_o}{\gamma_t} \tag{10.39}$$

[예 10.5] 지반의 밀도가 1.78tf/m^3, 점착력이 1.84tf/m^2, 내부 마찰각이 22°이다. 이 지반을 굴착하는 데 경사각은 60°이고 안전율은 3이다. 얼마의 깊이까지 굴착할 수 있는가?

[풀이] 안전율이 3이므로 $F_s = F_c = F_\phi = 3$이다.

설계에 사용하는 점착력 $c = \frac{c_0}{F_c} = \frac{1.84}{3} = 0.61\text{tf/m}^2$

내부 마찰각 $\phi = \tan^{-1}\left(\frac{\tan\phi}{F_\phi}\right) = 7.67°$ (10.36)

$$H_c = \frac{2c}{\gamma_t}\frac{\sin i\cos\phi}{\sin^2\left(\frac{i-\phi}{2}\right)} = \frac{2\times0.61}{1.78}\frac{\sin60\cos7.67}{\sin^2\left(\frac{60-7.67}{2}\right)} = 3.03\text{m}$$

[예 10.6] 예 10.5에서 4.0m까지 굴착을 하려면 사면의 각도를 얼마로 해야 안전한가?

[풀이] 식 (10.36)에서 $H_c = \dfrac{2c}{\gamma_t}\dfrac{\sin i \cos\phi}{\sin^2\left(\dfrac{i-\phi}{2}\right)}$

$$H_c\gamma_t \sin^2\left(\frac{i-\phi}{2}\right) = 2c\sin i\cos\phi$$

이 식을 다시 정리하면

$\sin i = 5.88\sin^2\left(\dfrac{i-7.67}{2}\right)$이다.

$i=50°$일 때 $\sin 50 = 0.7660 < 5.88\sin^2\left(\dfrac{50-7.67}{2}\right) = 0.7665$

$i=49°$일 때 $\sin 49 = 0.7547 > 5.88\sin^2\left(\dfrac{49-7.67}{2}\right) = 0.7322$

따라서 경사각 $i=49°$ 정도이면 안전하다.

$i=49°$일 때의 한계고는 $H_{cr}=4.12$m이다.

[예 10.7] 직립사면의 단위 중량이 1.64tf/m^{3}이고, 점착력이 3.8tf/m^2, 흙의 내부 마찰각이 22°이다. 이 직립사면의 한계고를 구하시오(단, 안전율은 2이다).

[풀이] 식 (10.37)에서 $H_{cr} = \dfrac{4c}{\gamma_t}\tan\left(45+\dfrac{\phi}{2}\right)$, $F_s = F_c = F_\phi = 2$이므로

$$c = \frac{c_o}{F_c} = \frac{3.8}{2} = 1.9\text{tf/m}^2$$

$$\phi = \tan^{-1}\left(\frac{\tan\phi_o}{F_\phi}\right) = \tan^{-1}\left(\frac{\tan 22}{2}\right) = 11.42°$$

$$H_{cr} = \frac{4\times 1.9}{1.64}\tan(45+11.42/2) = 5.66\text{m}$$

[예 10.8] 단위 중량이 1.64tf/m^{3}이고, 내부 마찰각이 22°인 지반을 7m까지 연직 굴착하여도 안전하려면 점착력이 어느 정도 이상이어야 하는가?(단, 안전율은 2로 한다)

[풀이] 식 (10.37)에서

$$c = \frac{H_{cr}\gamma_t}{4}\tan(45 - \phi/2) = \frac{7 \times 1.64}{4}\tan(45 - 11.42/2) = 2.35\text{tf/m}^2$$

안전율이 2이므로 흙의 점착력은

$$c_0 = 2c = 2 \times 2.35 = 4.70\text{tf/m}^2 \text{ 이상}$$

10.4.2 원호파괴면

유한사면에서 원호파괴면 가정시 활동면의 위치에 따라 활동 형태는 사면선 파괴, 사면파괴, 저부파괴 등이 있으며, 안정해석 방법으로는 파괴 토괴 전부를 균질로 보고, 또한 일체로 취급하는 질량법(mass procedure)과 파괴 토괴를 여러 개의 연직 절편으로 나누어 각각의 안전성을 계산하는 절편법이 있다. 이 방법은 불균질 흙이나 간극수압을 고려할 경우 유용한 방법이다.

1) 질량법

그림 10.6은 비배수 전단강도가 c_u 인 균질인 점토로 이루어진 사면이다. 가상 활동면 $\widehat{AED}$ 를 따라 파괴가 일어난다. 활동 모멘트는 다음과 같다.

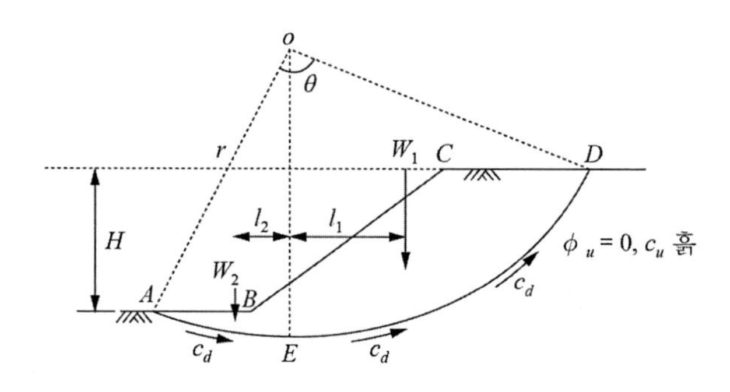

그림 10.6 사면안정해석(ϕ_u = 0 흙)

$$M_d = W_1 l_1 - W_2 l_2 \tag{10.40}$$

활동면의 점착력에 의한 저항 모멘트는 다음과 같다.

$$M_r = c_d \times (\widehat{AED}) \times r = c_d r^2 \ \theta \tag{10.41}$$

평형을 이루어야 하므로 식 (10.40)과 식 (10.41)은 같다.

$$M_d = M_r \tag{10.42}$$

$$W_1 l_1 - W_2 l_2 = c_d r^2 \theta \tag{10.43}$$

$$c_d = \frac{W_1 l_1 - W_2 l_2}{r^2 \theta} \tag{10.44}$$

활동에 대한 안전율은 다음과 같다.

$$F_s = \frac{c_u}{c_d} \tag{10.45}$$

활동원호 $\widehat{AED}$는 가상 활동원호 중의 하나이다. 그러므로 활동원호의 중심(o), 반경(r)을 바꾸어 각각 가상 활동원호에 대한 안전율을 구하여 안전율이 가장 적게 나오는 가상활동원호를 찾는다. 이 원호를 임계원(critical circle)이라 한다.

이런 임계원을 찾기 위해서는 반복계산에 소요되는 시간이 오래 걸린다. 이에 Taylor(1937)가 균질한 토질로 이루어진 단순한 사면에 적용할 수 있는 안정 해석 도표를 제안하였다. 임계원에 대해 평형을 이루는 데 필요한 점착력은 다음과 같다.

$$c_d = \gamma H m \tag{10.46}$$

$$m = \frac{c_d}{\gamma H} \tag{10.47}$$

식 (10.47)의 m을 안정수(stability number)라 하고, 심도계수(depth factor, n_d)와 안정수와의 관계 도표를 표현하였으나, 이후 Terzaghi & Peck(1967)은 그 역수를 안정계수(stability factor, N_s)라 하여 사면경사각과 안정계수와의 도표로 수정하여 나타내었다. 심도계수는 사면 높이에 대한 사면 아래 단단한 층까지의 깊이 비를 말한다.

$$N_s = \frac{\gamma H}{c_d} \tag{10.48}$$

$$n_d = \frac{H_o}{H} \tag{10.49}$$

여기서 H_o는 사면 아래 단단한 층까지의 깊이, H는 사면 높이이다.

식 (10.48)에서 사면의 흙이 비배수 전단강도 $c_d = c_u$일 때의 높이가 한계고(H_{cr})이다.

$$H_{cr} = N_s \frac{c_u}{\gamma} \tag{10.50}$$

그림 10.7에서 사면의 경사각(β)이 53° 이상이면 사면선 붕괴를 일으키고, 53° 이하이면 심도계수(n_d)에 의해 붕괴 형태가 달라짐을 알 수 있다.

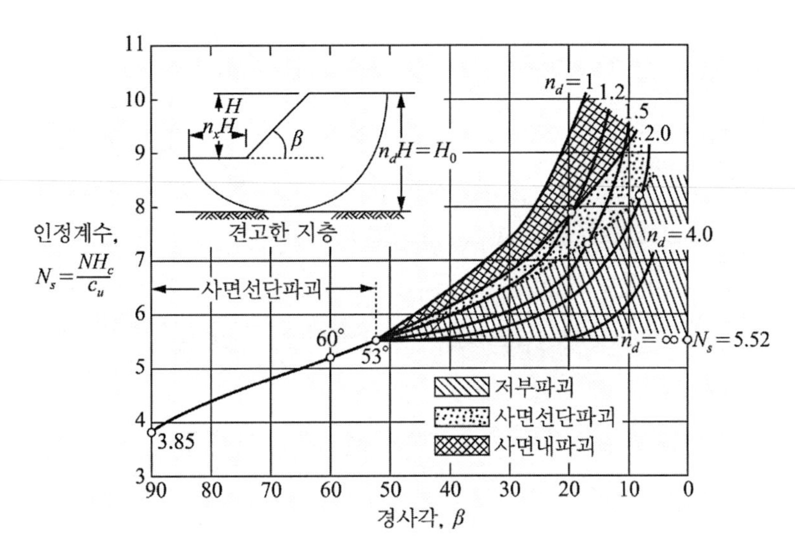

그림 10.7 사면각에 대한 안정계수 그래프($\phi_u=0$ Taylor, 1948)

그림 10.8은 사면선단 파괴 시의 임계원을 찾는 도표이다. 그림 10.9는 저부파괴 때의 임계원을 찾는 도표이다.

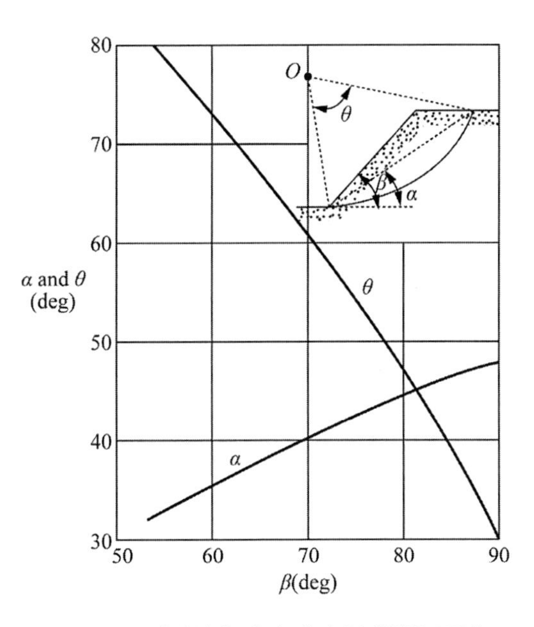

그림 10.8 사면선단 파괴 때의 임계원을 구하는 도표

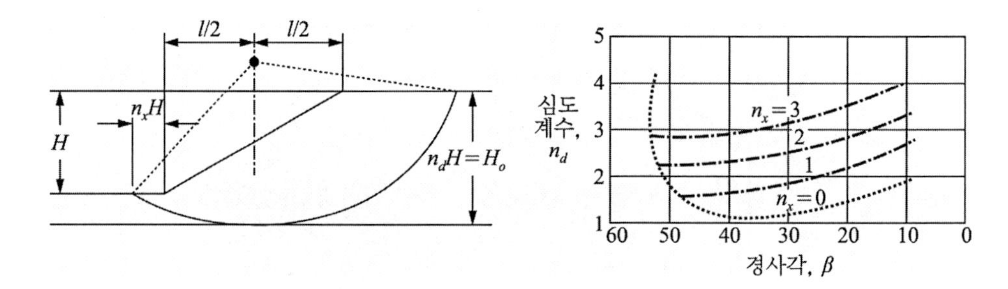

그림 10.9 저부붕괴 때의 임계원을 구하는 도표

[예 10.9] 다음 그림과 같은 사면의 파괴 종류와 한계고를 구하시오.

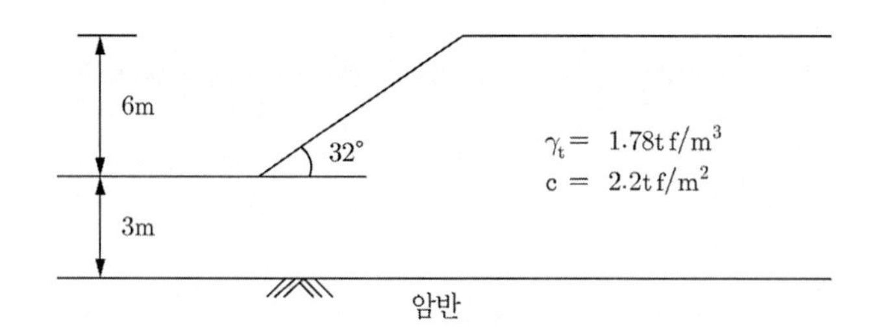

[풀이] 심도계수 $n_d = 9/6 = 1.5$이고, 경사각 $\beta = 32°$이므로 그림 10.7에서 $N_s = 6.0$이다.

파괴형태는 저부파괴이고, 한계고는 다음과 같다.

$$H_{cr} = N_s \frac{c}{\gamma} = 6.0 \times \frac{2.2}{1.78} = 7.42\text{m}$$

[예 10.10] 다졌을 때의 단위 중량이 1.78tf/m^{3}이고, 점착력이 2.2tf/m^{2}인 흙을 65° 경사로 쌓을 때의 한계고를 구하시오.

[풀이] 그림 10.7에서 사면의 경사각 $\beta = 65°$에서 안정계수 $N_s = 5.0$이다.

$$H_{cr} = N_s \frac{c}{\gamma} = 5.0 \times \frac{2.2}{1.78} = 6.18\text{m}$$

그림 10.10과 같이 균질한 일반 흙으로 이루어진 사면에 대해서도 Taylor (1937)는 안전해석 도표를 작성하였다.

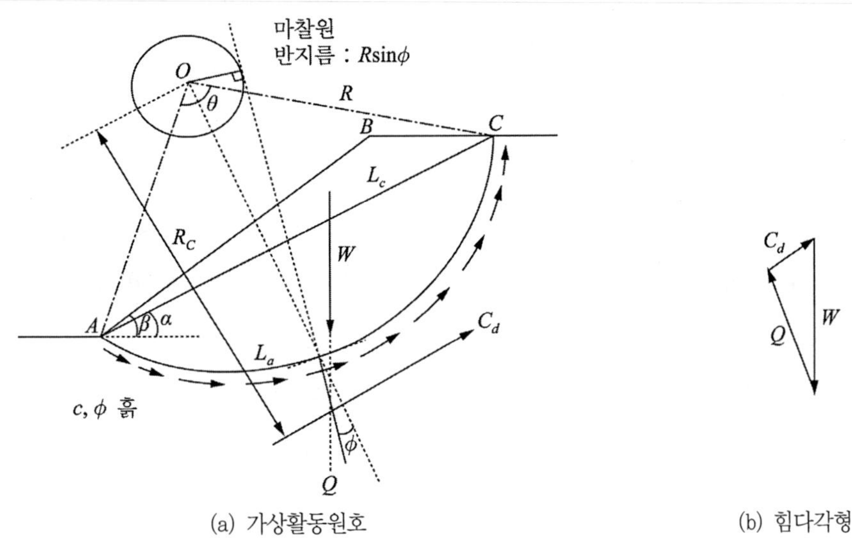

(a) 가상활동원호 (b) 힘다각형

그림 10.10 균질한 점토사면의 안정해석($\phi > 0$)

간극수압은 영(zero)이라 가정하고, 흙의 전단강도는 다음과 같다.

$$\tau = c + \sigma \tan\phi \tag{10.51}$$

활동하는 토괴의 중량(W)은 다음과 같다.

$$W = (\text{활동 원호로 이루어진 } ABC\text{의 면적}) \times \gamma \tag{10.52}$$

가상활동면 $\widehat{AC}$의 점착력의 합(C_d)은 다음과 같다.

$$C_d = c_d \overline{AC} \tag{10.53}$$

여기서 c_d는 가상활동면 $\widehat{AC}$가 안정을 이루는 데 필요한 점착력이고, $\overline{AC}$는 원호의 현 길이이다. 점착력의 합력이 작용하는 위치는 다음과 같다.

$$C_d R_c = c L_a R = c L_c R_c \tag{10.54}$$

$$R_c = \frac{L_a}{L_c} R \tag{10.55}$$

가상활동면 $\widehat{AC}$에 생기는 법선력과 마찰력의 합인 반력(Q)은 법선과 흙의 마찰각(ϕ) 크기만큼 경사지고, 가상활동원과 동심원인 작은 원(반경 $R\sin\phi$)에 접한다. 이 작은 원을 마찰원(friction circle)이라 한다. 토괴 중량(W), 가상활동 원호 $\widehat{AC}$ 에 발휘되는 점착력(C_d)과 반력(Q)이 평형을 이루어야 사면이 안정하다. 그러므로 이 세 힘은 힘 다각형을 그렸을 때, 그림과 같이 폐합되어야 한다. 이러한 방법을 마찰원법이라 한다. 그림 10.10(b)에서 점착력의 합을 구한다. 단위 면적당 점착력은 다음과 같다.

$$c_d = \frac{C_d}{\overline{AC}} \tag{10.56}$$

이 값은 가상활동면에 필요한 점착력의 크기이고, 가장 크게 요구되는 임계원을 구하기 위해서는 이 방법을 반복해야 한다. 임계원에 생기는 최대 점착력은 다음과 같다.

$$c_d = \gamma H[f(\alpha,\ \beta,\ \theta,\ \phi)] \tag{10.57}$$

임계원에서 $F_c = F_\phi = F_s = 1$일 때 식 (10.57)에서 $H = H_{cr}$, $c_d = c$를 대입하면 다음과 같이 정리된다.

$$c = \gamma H_{cr}[f(\alpha,\ \beta,\ \theta,\ \phi)] \tag{10.58}$$

$$\frac{c}{\gamma H_{cr}} = f(\alpha,\ \beta,\ \theta,\ \phi) = m \tag{10.59}$$

흙의 내부 마찰각(ϕ)과 사면 경사각(β)에 대한 안정수(m)의 그래프는 그림 10.11과 같다.

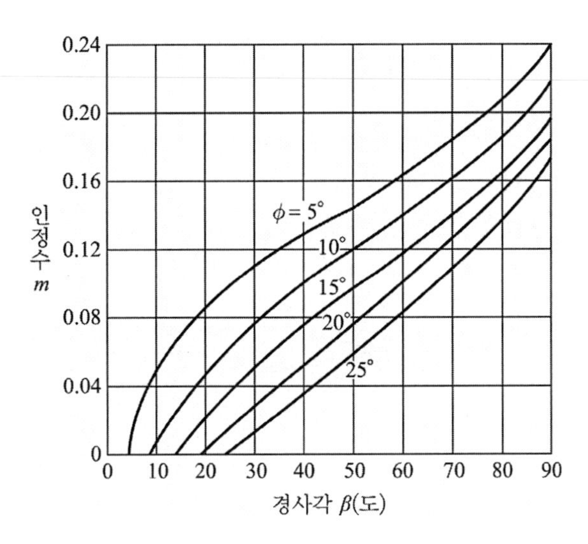

그림 10.11 사면 경사각과 안정수($\phi > 0,\ c > 0$인 흙, Taylor 1937)

[예 10.11] 다졌을 때의 단위 중량이 1.78tf/m^{3}이고, 점착력이 2.2tf/m^{2}이고 내부 마찰각 10° 인 흙이라면 성토 높이는 어느 정도 가능한가(사면경사각 $\beta=65°$)?

[풀이] $\phi>0,\ c>0$인 흙에 대하여 그림 10.11에서 안정수 $m=0.15$이다.

식 (10.59)에서 $m=\dfrac{c}{\gamma H}$이므로

$$H=\frac{c}{m\gamma}=\frac{2.2}{0.15\times1.78}=8.24\text{m}$$

[예 10.12] 단위 중량이 1.78tf/m^{3}이고, 점착력이 2.2tf/m^{2}인 점성토를 경사 각 60°로 굴착할 때의 한계깊이를 구하시오.

[풀이] 그림 10.7에서 경사각이 60°이므로 이 사면의 파괴는 사면선단 파괴를 일으킨다.

① 파괴면을 원호활동면으로 가정한 경우

그림 10.7에서 $N_s = 5.2$ 정도이다.

$$H_c = N_s \frac{c}{\gamma} = 5.2 \times \frac{2.2}{1.78} = 6.43\text{m}$$

② 파괴면을 평면활동면으로 가정한 경우

식 (10.38)에서

$$H_c = \frac{4c}{\gamma}\cot\left(\frac{i}{2}\right) = \frac{4 \times 2.2}{1.78}\cot\left(\frac{60}{2}\right) = 8.56\text{m}$$

2) 일반적인 절편법

절편법의 해석과정은 그림 10.12와 같다. 그림 10.12(a)에서 원호 $\widehat{ef}$는 가상파괴면으로 가상파괴면상의 토괴를 여러 개의 수직 절편으로 나눈다. 그림 10.12(a)에서 요소 $abcd$에 발생하는 힘은 다음과 같다.

- W : 요소 $abcd$의 중량
- $E_l,\ E_r,\ U_l,\ U_r$: 단면 ad, bc에 발생하는 토압과 간극수압
- $E_b,\ U_b$: 활동면 ab에 나타나는 반력과 간극수압

이들 힘 중에 $E_l,\ E_r,\ U_l,\ U_r$는 $E_r \fallingdotseq E_l,\ U_r \fallingdotseq U_l$로 서로 상쇄시켜 간편화한다.

요소 $abcd$의 중량(W)은 다음과 같다.

$$W = \text{요소 } abcd \text{ 면적} \times \gamma_t = A \times \gamma_t \tag{10.60}$$

$$W_s = W\sin\theta,\ W_n = W\cos\theta \tag{10.61}$$

원호 $\widehat{ab}$를 따라 활동하려는 활동력(W_s)의 원호 중심점에 대한 활동 모멘트와 저항력(T)에 대한 저항 모멘트를 전 요소에 대하여 구하여 합하면 다음과 같다.

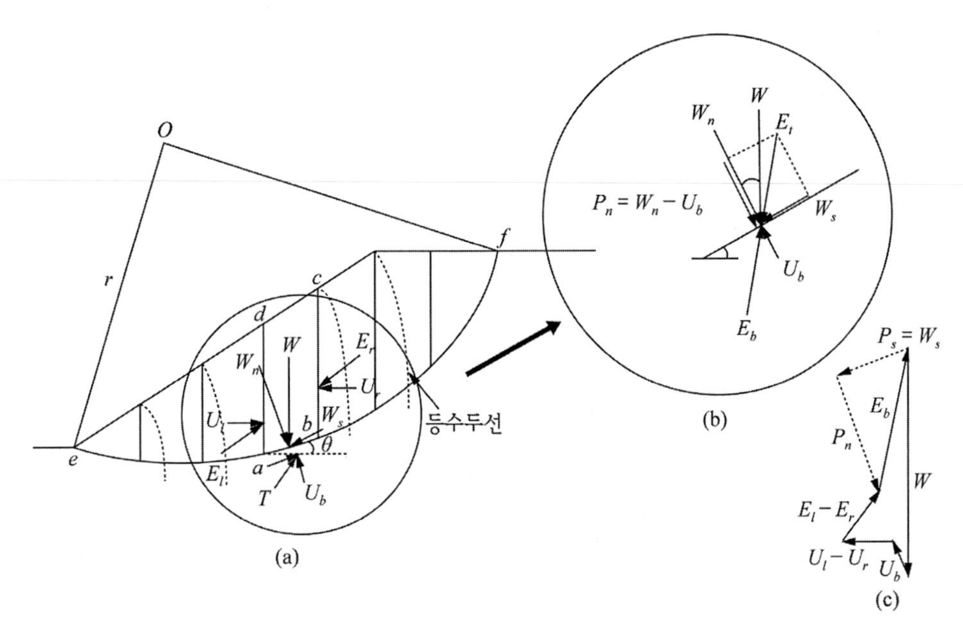

그림 10.12 절편법의 사면안정해석

$$M_f = \Sigma W_s r = r\Sigma(W\sin\theta) = r\Sigma(\gamma_t A\sin\theta) \tag{10.62}$$

$$\begin{aligned} M_r &= \Sigma Tr = \Sigma[(c+\sigma'\tan\phi)dLr] = \Sigma(cdLr) + \Sigma(\sigma' dL\tan\phi r) \\ &= cr\Sigma dL + r\tan\phi\Sigma(\sigma' dL) = rcL_a + r\tan\phi\Sigma P_n \\ &= rcL_a + r\tan\phi\Sigma(W_n - U_b) \end{aligned} \tag{10.63}$$

안전율 계산은 다음과 같다.

$$F_s = \frac{M_r}{M_f} = \frac{rcL_a + r\tan\phi\Sigma(W_n - U_b)}{r\Sigma W_s} \tag{10.64a}$$

$$\begin{aligned} F_s &= \frac{\tan\phi\Sigma(W_n - U_b) + cL_a}{\Sigma W_s} \\ &= \frac{\tan\phi\Sigma(\gamma_t A\cos\theta - u) + cL_a}{\Sigma\gamma_t A\sin\theta} \end{aligned} \tag{10.64b}$$

[예 10.13] 다음 그림과 같은 사면의 임계원을 그리고 임계원에 대한 안전율을 구하시오.

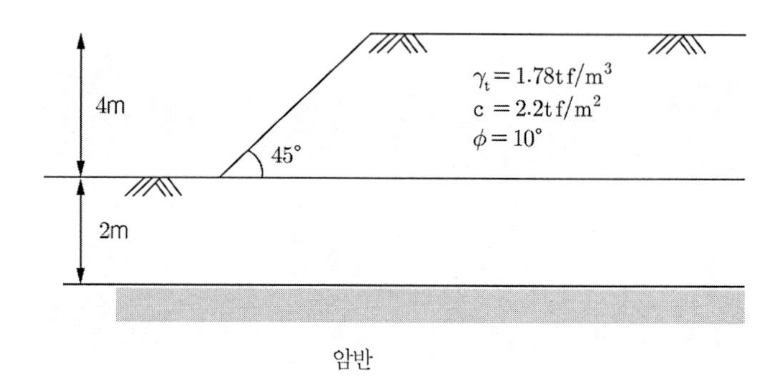

[풀이] 사면의 경사각 $\beta = 45°$, 심도계수 $n_d = 6/4 = 1.5$이다. 그림 10.7에서 이 사면의 파괴 형태는 저부파괴 형태이다. 따라서 그림 10.9에 의해 $n_x = 0.9$ 정도이다. 임계원을 그려보면 그림과 같다. 임계원의 중심은 사면 한 가운데 연직선 위에 있어야 하고, $OC = OD = OE$가 되어야 한다. CA 연장선과 OD선의 교점을 F라 하면 $\overline{OC}^2 = \overline{CF}^2 + \overline{OF}^2$이다. $OC = x$라 하면, $CF = 5.6\mathrm{m}$, $OF = (x-2)\mathrm{m}$이다. 따라서 다음과 같은 관계가 맺어진다.

$$x^2 = 5.6^2 + (x-2)^2$$
$$x = 8.84\mathrm{m}$$

임계활동원의 반지름 $R = 8.84\mathrm{m}$이다.

$$\alpha = \cos^{-1}(6.84/8.84) \fallingdotseq 39°, \ \beta = \cos^{-1}(2.84/8.84) \fallingdotseq 71°$$
$$\theta = \alpha + \beta = 39° + 91° = 110°$$

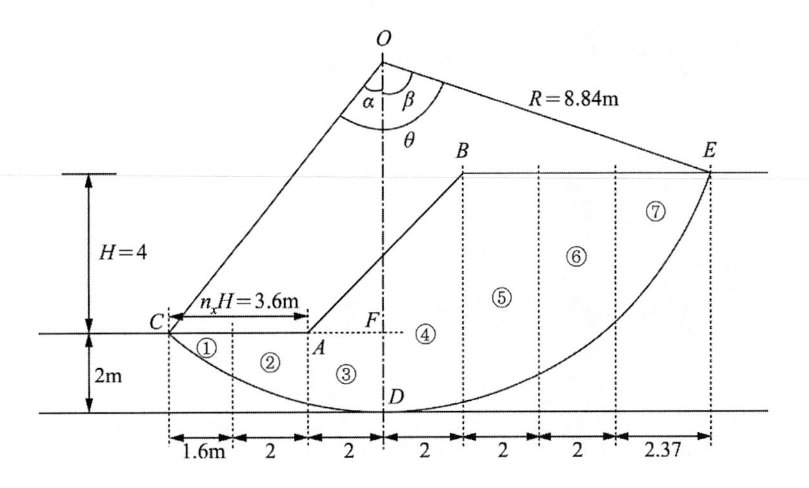

식 (10.64)에 의하여 안전율을 구한다.

세편	체적 (A_n, m³)	중량 ($W_n = \gamma_t A_n$, tf/m³)	각도 (θ_n)	$\sin\theta_n$	$\cos\theta_n$	$W_n\cos\theta_n$	$W_n\sin\theta_n$
①	1.0	1.78	−35	−0.5736	0.8192	1.4582	−1.0210
②	3.0	5.34	−19	−0.3256	0.9455	5.0490	−1.7387
③	6.0	10.68	−6	−0.1045	0.9945	10.6213	−1.1161
④	10.0	17.80	6	0.1045	0.9945	17.7021	1.8601
⑤	11.1	19.76	19	0.3256	0.9455	18.6831	6.4339
⑥	9.0	16.02	35	0.5736	0.8192	13.1236	9.1891
⑦	5.1	9.08	58	0.8480	0.5299	4.8115	7.6998
계		80.46				71.4488	21.3072

$$cL_a = c \times 2R \times \pi \times \frac{\theta}{360} = 2.2 \times 2 \times 8.84 \times 3.14 \times \frac{110}{360}$$

$$= 37.32\text{tf/m}$$

$$F_s = \frac{\tan\phi \Sigma(\gamma_t A_n \cos\theta_n) + cL_a}{\Sigma \gamma_t A_n \sin\theta_n} = \frac{71.4488 \times \tan 10 + 37.32}{21.3072}$$

$$= 2.35$$

10.4.3 Fellenius 방법

Fellenius 방법은 고전적 절편법(ordinary slice method), 스웨덴법(Swedish method)이라고도 한다. 그림 10.13과 같이 가상파괴면 위의 토괴를 여러 개의 절편으로 나눈다. 활동하려는 힘의 모멘트를 요소의 질량으로 나타낸다.

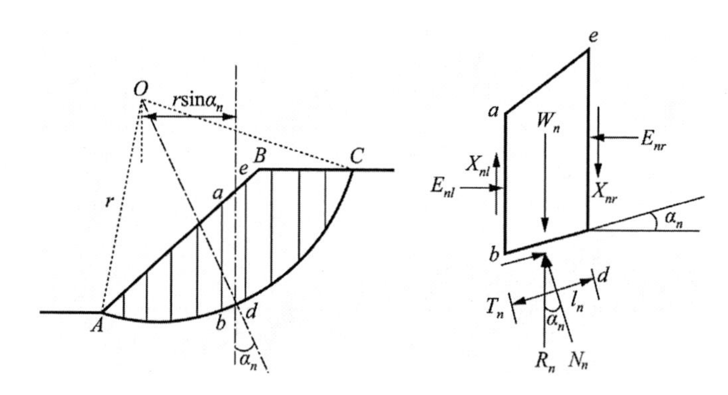

그림 10.13 절편법 해석(Fellenius 방법)

n번째 요소 양쪽에 작용하는 힘의 합력을 영으로 가정한다. 즉,

$$E_{nl} - E_{nr} = 0, \ X_{nl} - X_{nr} = 0$$

평형상태를 고려하면 다음과 같다.

$$R_n = W_n \tag{10.65}$$

$$N_n = R_n \cos\alpha_n = W_n \cos\alpha_n \tag{10.66}$$

$$T_n = (c + \sigma_n \tan\phi) l_n = c l_n + N_n \tan\phi \tag{10.67}$$

활동원호의 중심 O점에 대한 활동 모멘트(M_d)와 저항 모멘트(M_r)는 다음과 같다.

$$M_d = \Sigma W_n \times (r \sin\alpha_n) \tag{10.68}$$

$$M_r = \sum T_n \times r = r\sum(cl_n + N_n\tan\phi) \qquad (10.69)$$

안전율은 다음과 같다.

$$F_s = \frac{M_r}{M_d} = \frac{r\sum(cl_n + N_n\tan\phi)}{\sum W_n r\sin\alpha_n} \qquad (10.70)$$

$$= \frac{\sum(cl_n + W_n\cos\alpha_n\tan\phi)}{\sum W_n\sin\alpha_n}$$

식 (10.70)에서 α의 값은 (+) 또는 (−)일 수 있다. 원호의 기울기가 사면과 같은 방향이면 (+), 반대 방향이면 (−)이다. 이 같은 방법은 다층토 사면까지 확장할 수 있다. 이때에는 토층마다 점착력의 크기, 내부 마찰각의 크기가 다름을 잊어서는 안 된다.

[예 10.14] 예 10.13의 경우를 Fellenius 방법에 의하여 안정해석을 한 결과와 비교해보시오.

[풀이] 일반적인 절편법과 Fellenius 방법을 비교해보면 식의 전개 과정은 차이가 있으나 안전율 계산의 최종식인 식 (10.64)와 (10.70)은 같다.

[예 10.15] 예 10.13의 경우를 마찰원 법에 의해 안정해석을 구하시오.

[풀이] 예 10.13의 풀이에서 임계원의

현 $\overline{CE} = L = 2R\sin\frac{\theta}{2} = 2\times 8.84\sin 55 = 14.48\text{m}$

호 $\widehat{CE} = S = 2\pi R\frac{\theta}{360} = 2\times 8.84\times 3.14\times\frac{110}{360} = 16.97\text{m}$

• 활동면의 점착력의 합력이 작용하는 위치 :

$a = \frac{S}{L}R = \frac{16.97}{14.48}\times 8.84 = 10.36\text{m}$ 의 위치에 현 $\overline{CE}$와 나란하게 작용한다.

• 마찰원의 반경 : $r = R\sin\phi = 8.84 \times \sin 10 = 1.54\text{m}$

• 활동토괴의 총중량 : $W = 80.46\text{tf/m}$

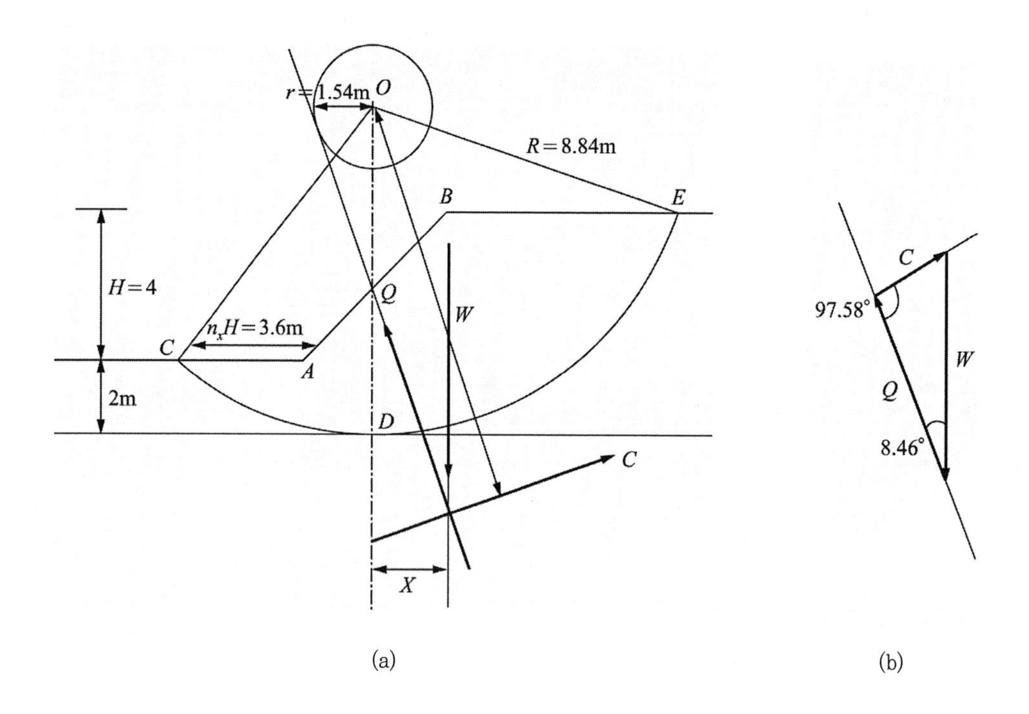

(a) (b)

총 중량의 작용선의 위치는 활동원 중심의 연직선에서 거리로 나타내면 다음과 같다. 각 세편의 모양을 ①, ⑦ 요소는 삼각형, 나머지는 사다리꼴로 보고 다음과 같이 구한다. 그림(b)에서 C를 구한다.

활동토괴 총중량의 작용선 $X = \dfrac{180.83}{80.46} = 2.25\text{m}$ 이다.

$$\frac{C}{\sin 8.46°} = \frac{W}{\sin 97.58°} = \frac{80.46}{\sin 97.58°}$$

따라서 $C = 11.94\text{tf/m}$ 이다. $C = cL_a$이므로 $c = \dfrac{C}{L_a} = \dfrac{11.94}{14.48} = 0.82\text{tf/m}^2$이다.

안전율 $F_c = \dfrac{c_0}{c} = \dfrac{2.2}{0.82} = 2.68$

세편	중량(W_n)	도심과의 거리(x)	$W_n x$
①	1.78	$-(4+1.6/3)=-4.53$	-8.06
②	5.34	$-\{2+(2/3)(2\times11+18)/(11+18)\}=-2.92$	-15.59
③	10.68	$-\{(2/3)(39+18\times2)/(18+39)\}=-0.88$	-9.40
④	17.80	$(2/3)(39+58\times2)/(39+58)=1.07$	19.05
⑤	19.76	$2+(2/3)(58+51\times2)/(58+51)=2.98$	53.88
⑥	16.02	$4+(2/3)(51+37\times2)/(51+37)=4.95$	79.30
⑦	9.08	$6+2.37/3=6.79$	61.65
계	80.46		180.83

10.4.4 Bishop의 간편법

Bishop(1955)은 앞의 Fellenius 방법에서 요소 양측에서 발휘되는 힘을 서로 같게 가정하여 상쇄시키지 않고 그 차를 어느 정도 고려하여 보다 엄밀하게 해석하였다. 즉, 다음과 같이 고려하였다.

$$E_{nr}-E_{nl}=\Delta E_n,\ X_{nr}-X_{nl}=\Delta X_n \tag{10.71}$$

그림 10.13의 한 요소를 나타낸 것이 그림 10.14이다. 활동면의 전단에 대한 저항력(T_n)은 다음과 같다.

$$T_n=N_n\tan\phi_d+c_d l_n=\frac{N_n\tan\phi}{F_s}+\frac{cl_n}{F_s} \tag{10.72}$$

요소 $abde$ 에서 $\Sigma V=0$ 에서 다음과 같은 관계가 맺어진다.

$$W_n+\Delta X_n=N_n\ \cos\alpha_n+\left[\frac{N_n\tan\phi}{F_s}+\frac{cl_n}{F_s}\right]\sin\alpha_n \tag{10.73}$$

$$N_n = \frac{W_n + \Delta X_n - \dfrac{cl_n}{F_s}\sin\alpha_n}{\cos\alpha_n + \dfrac{\tan\phi \sin\alpha_n}{F_s}} \tag{10.74}$$

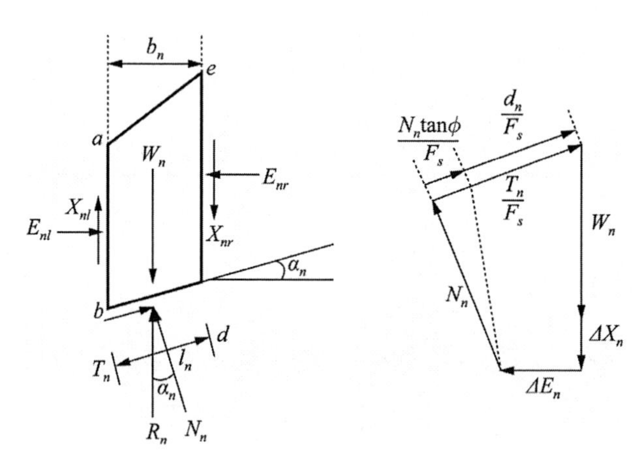

그림 10.14 Bishop의 간편법

그림 10.13의 활동토괴 ABC의 힘의 평형을 고려하여 원호활동 중심점에 대한 모멘트를 취하면 다음과 같다.

$$\Sigma W_n r \sin\alpha_n = \Sigma T_n r \tag{10.75}$$

여기서

$$T_n = \frac{1}{F_s}(c + \sigma_n \tan\phi) l_n = \frac{1}{F_s}(cl_n + N_n \tan\phi) \tag{10.76}$$

식 (10.74)과 식 (10.76)을 식 (10.75)에 대입하면 다음과 같이 정리된다.

$$F_s = \frac{\Sigma(cb_n + W_n \tan\phi + \Delta X_n \tan\phi)\dfrac{1}{m_{\alpha(n)}}}{\Sigma W_n \sin\alpha_n} \tag{10.77}$$

식 (10.77)에서 $m_{\alpha(n)}$은 다음과 같다.

$$m_{\alpha(n)} = \cos\alpha_n + \frac{\tan\phi \sin\alpha_n}{F_s} \tag{10.78}$$

그림 10.15는 α_n과 $m_{\alpha(n)}$의 관계를 나타낸 것이다.

식 (10.77)에서 간편하게 하기 위하여 $\Delta X_n = 0$로 두면 식 (10.79)와 같다. 이를 Bishop의 간편법이라 한다.

$$F_s = \frac{\Sigma (cb_n + W_n \tan\phi) \dfrac{1}{m_{\alpha(n)}}}{\Sigma W_n \sin\alpha_n} \tag{10.79}$$

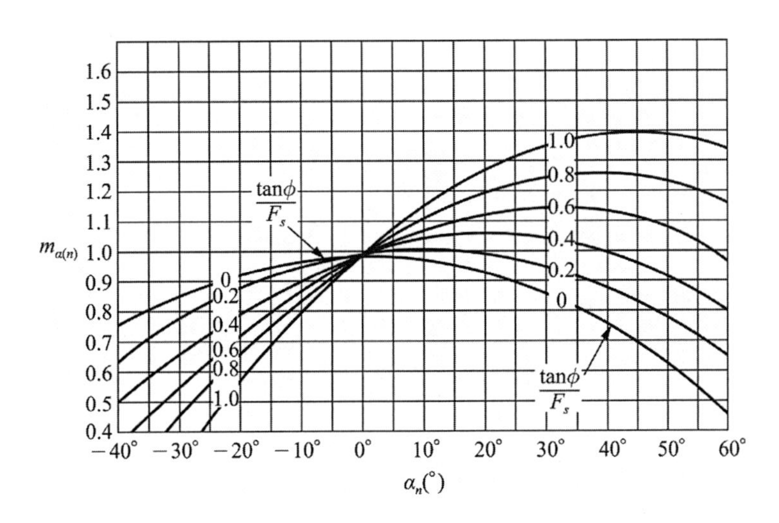

그림 10.15 α_n − $m_{\alpha(n)}$ 관계

위 식은 좌우 양편에 F_s를 가지고 있으므로 쉽게 계산되지 않는다. 따라서 시행착오법으로 안전율을 구한다.

10.5 Janbu의 간편법

Janbu 등(1956)은 한계평형이론에 근거한 분할법으로 Bishop의 해석방법을 그림 10.16과 같이 비원형 활동면까지 확장시켰다. 사면의 안정해석은 원호 활동으로 가정할 때에는 원호의 중심점에 대한 모멘트로 해석하나, 원호가 아닐 때에는 모멘트 평형으로 안전을 구하기가 어렵다. 비원호 단면에서 힘의 평형으로 안전을 해석한다.

요소의 양쪽에 생기는 내부 전단력 X_r 와 X_l는 Bishop의 간편법과 같게 영으로 가정한다. 그러나 이런 가정된 힘의 보완으로 보정계수를 사용한다. 활동면에 발휘되는 전단강도는 다음과 같다.

$$\tau_a = \frac{1}{F_s}\{c' + (\sigma - u)\tan\phi'\} \tag{10.80}$$

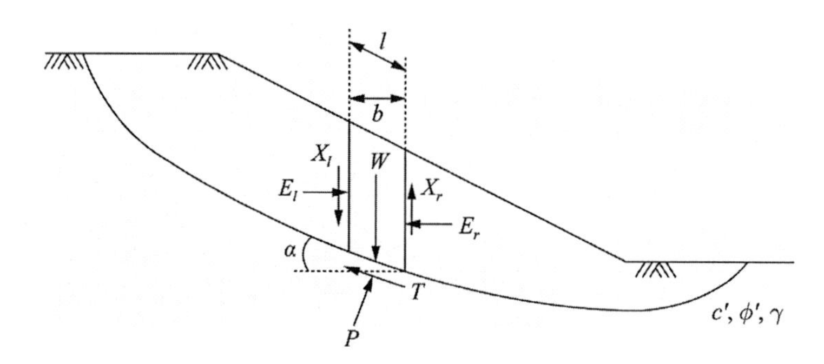

그림 10.16 Janbu의 간편법

활동면에 생기는 전 저항력은 다음과 같다.

$$T = \tau_a l = \frac{1}{F_s}\{c'l + (P - ul)\tan\phi'\} \tag{10.81}$$

힘의 평형조건에서 수직방향의 평형을 고려하면 다음과 같다.

$$P\cos\alpha + T\sin\alpha = W - (X_r - X_l) \tag{10.82}$$

식 (10.82)에 $X_r - X_l = 0$로 두고, T 값을 대입하면, 활동면의 수직 반력은 다음과 같이 정리된다.

$$P = \frac{W - \frac{1}{F_s}(c'l\sin\alpha - ul\tan\phi'\sin\alpha)}{m_\alpha} \tag{10.83}$$

$$m_a = \cos\alpha\left(1 + \tan\alpha\frac{\tan\phi'}{F_s}\right) \tag{10.84}$$

활동면에 연한 방향의 힘 평형을 고려하면 다음과 같다.

$$T + (E_r - E_l)\cos\alpha = \{W - (X_r - X_l)\}\sin\alpha \tag{10.85}$$

식 (10.85)에서 $X_r - X_l = 0$로 두고, T 값을 대입하면 다음과 같다.

$$E_r - E_l = W\tan\alpha - \frac{1}{F_s}\{c'l + (P - ul)\tan\phi'\}\sec\alpha \tag{10.86}$$

지표면에 하중이 없다면 전체 힘의 평형을 고려하면 다음과 같아야 한다.

$$\Sigma(E_r - E_l) = 0 \tag{10.87}$$

$$\Sigma(E_r - E_l) = \Sigma\left[W\tan\alpha - \frac{1}{F_s}\{c'l + (P - ul)\tan\phi'\}\sec\alpha\right] = 0 \tag{10.88}$$

$$F_s = \frac{\Sigma\{c'l + (P - ul)\tan\phi'\}\sec\alpha}{\Sigma W\tan\alpha} \tag{10.89}$$

식 (10.87)에서 $P = W\cos\alpha$, $l\sec\alpha = b$의 관계를 대입하여 다시 정리하면 식 (10.90)과 같다.

$$F_s = f_o \frac{\sum\{c'b + (W - ub)\tan\phi'\}}{\sum W\tan\alpha} \frac{1}{n_d} \tag{10.90}$$

$$n_d = \frac{1}{\cos^2\alpha + \dfrac{\tan\phi'\sin\alpha\cos\alpha}{F_s}}$$

식 (10.90)에서 f_o를 보정계수라 하고, 이는 위에서 절편의 내부 전단력의 무시에 대해 보완하여 오차를 줄인다.

10.6 포화점토 지반의 성토, 절토사면의 안전율

포화점토 지반 위에 성토나 절토가 이루어지면 지반 내의 전응력들이 변한다. 간극수압의 변화를 일으키고, 따라서 간극수압이 증가하면 사면의 안전율은 감소한다. 간극수압이 최대가 되면 사면은 임계상태에 놓인다.

10.6.1 절토사면의 안전율 변화

그림 10.17은 여러 종류 지반에서 절토가 이루어질 때, 절토사면 내의 한점 P에 대한 전응력과 간극수압 변화를 나타낸 것이다.

절토 중에 전응력의 감소는 흙 구조의 팽창으로 간극수압의 감소를 이룬다. 만약 굴착이 빠르게 진행되면 굴착 진행 중에는 간극수압의 재분산이 어려워진다. 간극수압 감소는 시공 완료 시 가장 커진다. 그 감소량은 흙의 종류에 따라, 특히 간극수압계수 A에 따라 다르다.

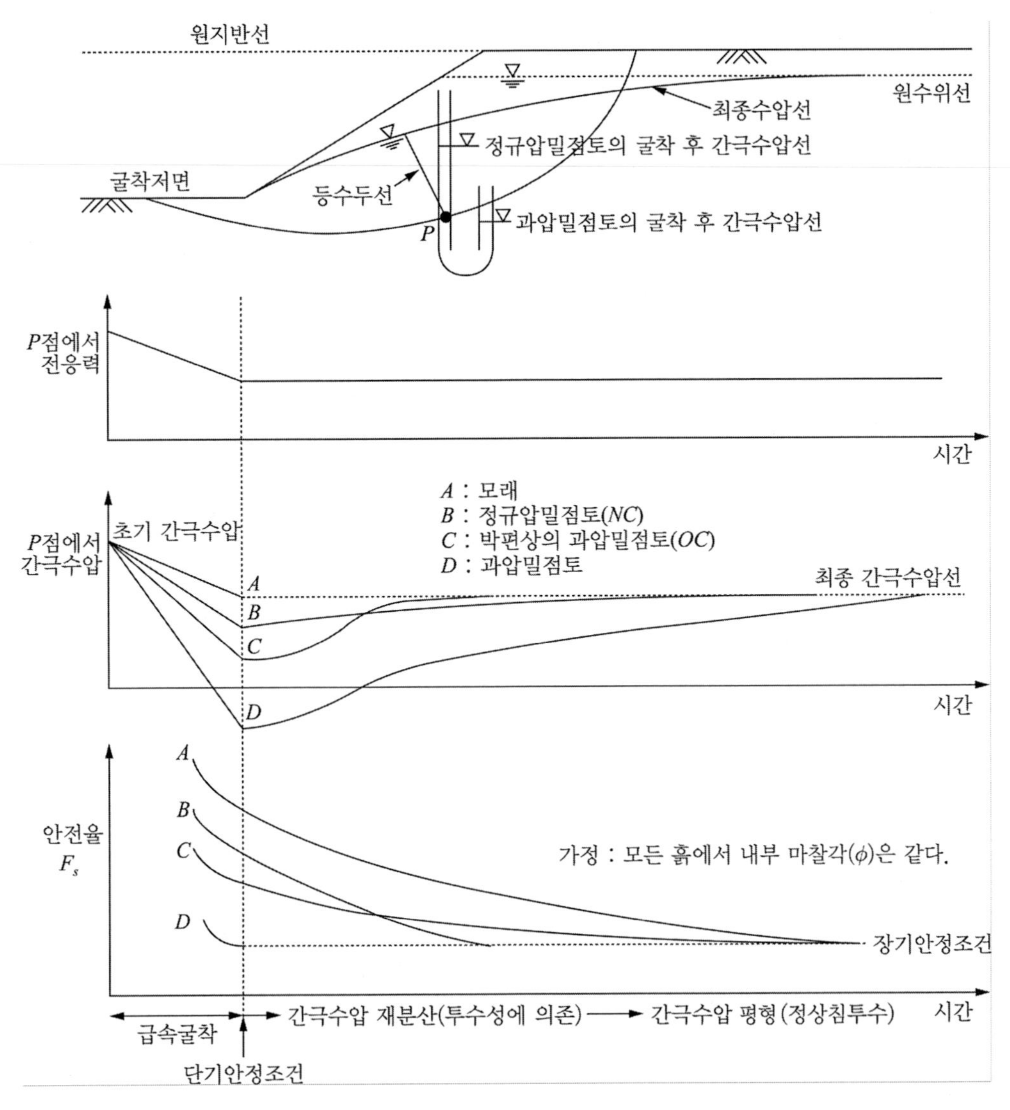

그림 10.17 절토 때 시간에 따른 안전율 변화(Bishop & Bjerrum, 1960)

시공 중에는 불안정한 간극수압은 새로운 사면에 적절한 정상침투상태(steady state seepage)로, 즉 장기적 안정조건으로 점진적으로 증가하여 조절된다. 이와 같이 조절되는데, 많은 시간이 필요하다. 모래 지반에서는 빨리 조절이 되나, 원 지반이 점토인 경우에는 수년이 걸릴 수도 있다. 절토 시 가장 낮은 안전율은 장기 안전조건에서이다. 과압밀 점토나 셰일(sheles), 특히 균열이 생긴 딱딱한 점토나 셰일 흙의 굴착 사면의 경우 점진적 파괴가 일어날 가능성이 매우 높다. 이런 흙들은 취성의 응력-변형율 관계 특성을 가지고 있으며, 수평 응력이 높다. 종종 수직응력보다 높을 때도 있다. 이런 흙층에 굴착 사면이 이루어지면 그림 10.18과 같이 굴착사면이 수평방향으로 부푼다.

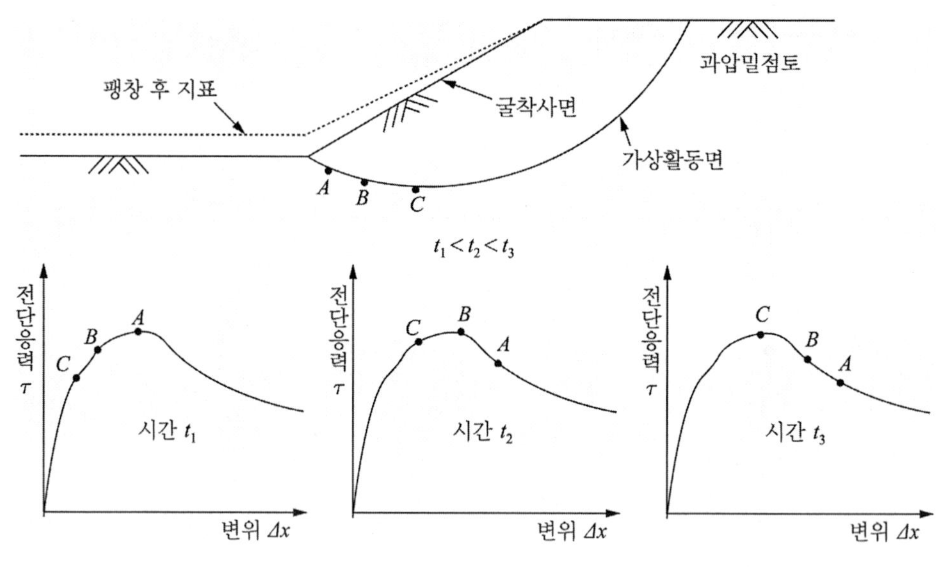

그림 10.18 과압밀 점토층의 굴착사면의 진행성 파괴

Duncan과 Dunlop(1969, 1970)에 의하면 사면파괴는 사면선단에서 시작하는 경향을 보이고, 그림과 같이 사면 아랫부분에서 뒤쪽으로 파괴가 진행된다. 사면굴착 후 바로 A점의 응력은 응력-변위 곡선의 정점에 도달하고, B, C점에서는 응력 값이 적다.

시간이 지남에 따라 굴착에 의한 하중이 제거되었으므로 이에 따른 팽창과 응력 감소에 의한 함수비 증가에 따른 점토의 팽창은 서서히 계속된다. 시간이 지남에 따라 A, B, C점의 변위는 그림과 같이 더욱 커진다. 따라서 A점의 전단응력은 정점을 넘어 감소하고, B, C점은 응력이 증가한다. 시간이 더 지나면 B점의 전단응력이 정점을 넘어 감소하므로 변위는 충분히 커진다. 이러한 과정이 점차적으로 진행되어 활동면의 모든 점에서 동시에 최대 전단강도를 발휘하지 못하지만 파괴가 활동면 전역으로 퍼진다. 진행성 파괴는 취성과 같은 성질을 가진 흙에서 일어날 수 있기 때문에 한계평형해석에서는 최대 전단강도를 사용할 수 없다.

10.6.2 성토사면의 안전율 변화

그림 10.19와 같이 성토 때, 시공 중 전응력의 증가는 기초 지반의 흙 구조가 수축되려고 함에 따라 간극수압 증가를 이룬다. 시공을 급속히 진행하면, 흙이 비배수 거동을 한다고 가정하므로, 간극수압 증가는 시공 종료 시에 최고가 된다. 최소 안전율은 단기 비배수 조건에 관련된다. 대부분 성토 파괴는 기초 지반 파괴로 시공 완료시점에 일어난다. 시공 후, 간극수압은 원수위로 평형을 이룰 때까지 기초 지반 흙을 통하여 수직과 수평으로 소산된다.

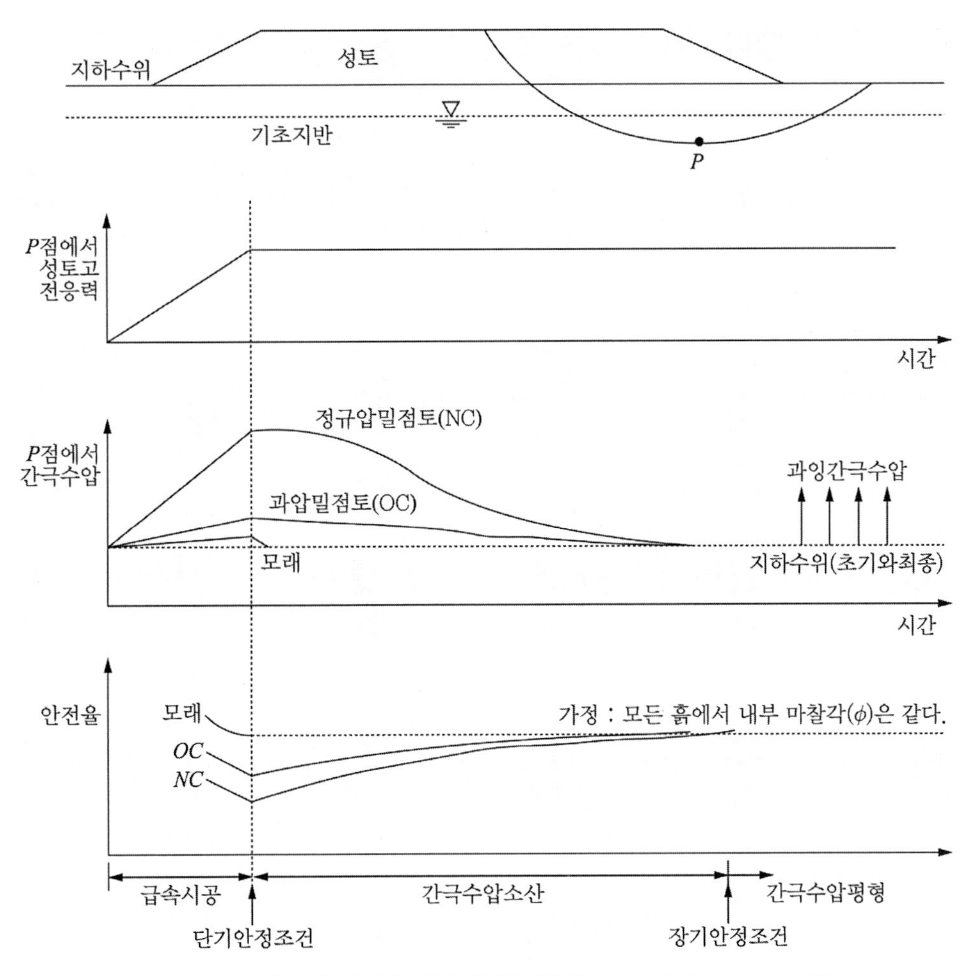

그림 10.19 성토 때 시간에 따른 안전율 변화(Bishop & Bjerrum, 1960)

10.6.3 흙댐 사면의 안전율 변화

그림 10.20은 흙댐의 축조에서부터 담수 시, 만수 시, 급방류 시, 공수 시 가상활동면 상의 P점에서의 전응력, 간극수압 및 안전율의 변화를 나타낸 것이다.

흙댐 축조 중에는 성토하중이 계속 증가되어 가므로 내부의 전단응력도 계속 증가되어 간다. 또한 성토 시에 다짐을 하므로 간극수압도 계속 증가한다. 따라서 축조 중에는 댐의 상류 쪽과

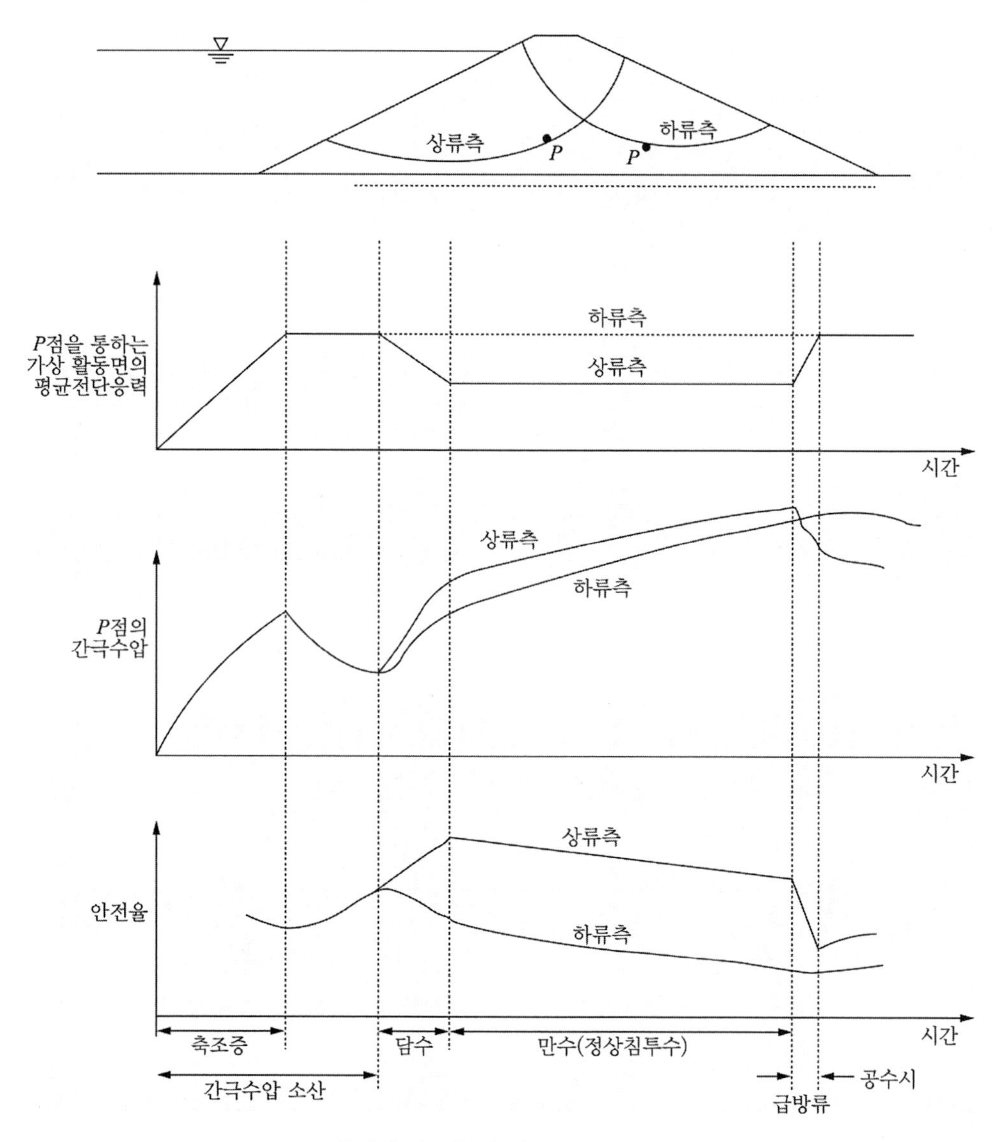

그림 10.20 흙댐의 안전율 변화(Bishop & Bjerrum, 1960)

하류 쪽 모두 안전율은 계속 감소하는 양상을 보인다. 성토 조성이 완료된 후에는 시공 중에 발생한 과잉간극수압이 서서히 소산되므로 강도도 점진적으로 증가하고, 전단응력은 그대로 유지된다고 볼 수 있으므로 안전율은 증가한다. 댐 완공 후 물을 담기 시작하면 제체 내의 간극수압은 증가한다. 또한 상류 쪽의 제체는 물에 잠기므로 흙의 단위 중량이 가벼워져 전단응력이 감소한다. 그러므로 안전율은 증가한다. 반면에 하류 쪽은 응력의 변화가 거의 없다. 담수를 시작하여 만수가 된 후에는 제체 내의 침투가 정상침투 상태(steady state seepage)가 된다. 간극수압은 상, 하류 쪽 모두 증가하고, 전단응력의 변화는 거의 없고, 전단강도는 감소하므로 안전율은 감소한다. 댐의 수위조절 필요에 따라 급하게 방류하면 상류 쪽은 제체 외부에서 가해지는 수압이 없어지므로 전단응력은 증가한다. 따라서 안전율은 감소하고, 하류 쪽은 변화가 거의 나타나지 않는다.

10.7 사면활동의 안정화 방법

사면활동을 막는 전통적인 3가지 방법은 그림 10.21과 같이 사면 최상부의 하중을 줄이는 방법, 사면 선단에 옹벽과 같은 구조물 설치하는 방법, 배수에 의한 방법 등이 있다. 재하의 효과는 절편법의 해석에서 쉽게 알 수 있다. 배수는 지표수의 물길 돌리기와 배수관을 설치하는 것이 보통이다. 웰포인트(wellpoint)나 전기삼투압(electroomosis)의 사용도 이루어진다. 후자의 2가지 이점은 침투수의 방향을 변화시키므로 활동면의 수직반력의 증가와 활동력의 감소에 매우 효과적이다. 불리한 점은 안정이 침투수 방향 변화에 의하므로 양수를 멈추면 활동이 다시 재개될 수 있다.

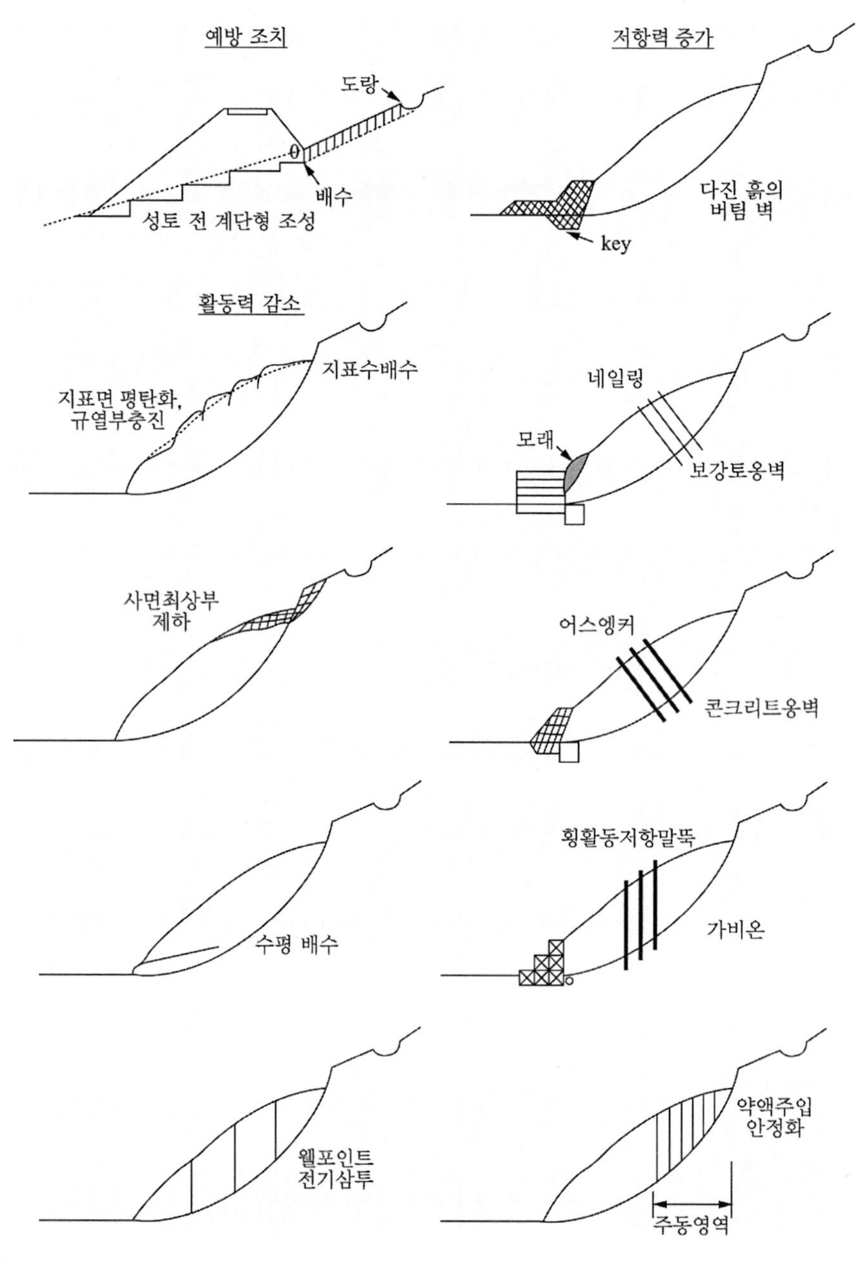

그림 10.21 활동방지의 일반적인 방법들

연습문제

1. 한계고에 대하여 설명하시오.

2. 사면을 평면 활동으로 가정하였을 때의 한계고인 다음 식을 유도하시오.

$$H_{cr} = \frac{4c}{\gamma_t}\frac{\sin\beta\cos\phi}{1-\cos(\beta-\phi)}$$

c : 점착력, ϕ : 내부 마찰각, β : 사면의 경사각, γ_t : 흙의 단위 중량

3. 활동 임계원에 대하여 설명하시오.

4. 다음 그림과 같은 무한사면의 안전을 검토하시오.

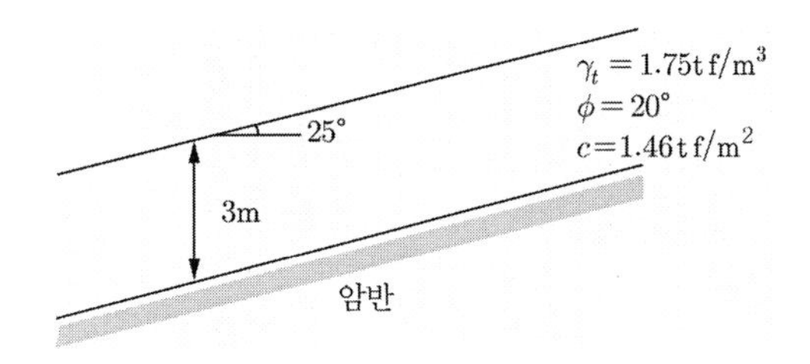

5. 다음 그림과 같은 무한사면의 안전을 검토하시오.

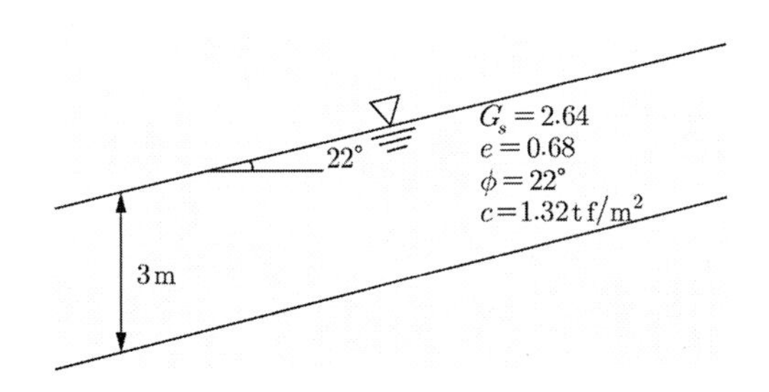

6. 사면의 높이가 3m이고, 단위 중량이 1.82tf/m^3, 내부 마찰각 16°, 점착력 0.98tf/m^2이며, 사면의 경사각이 62°이다. 활동면을 평면으로 가정할 때의 안전율을 계산하시오.

7. 점토지반에 경사 70°로 굴착하였다. 흙의 단위 중량을 1.78tf/m^3, 점착력을 3.2tf/m^2으로 가정할 때, 굴착 최대 깊이를 구하시오.

8. 다음 그림과 같은 사면의 붕괴형태를 결정하고, 임계원을 정하여 안전율을 구하시오.

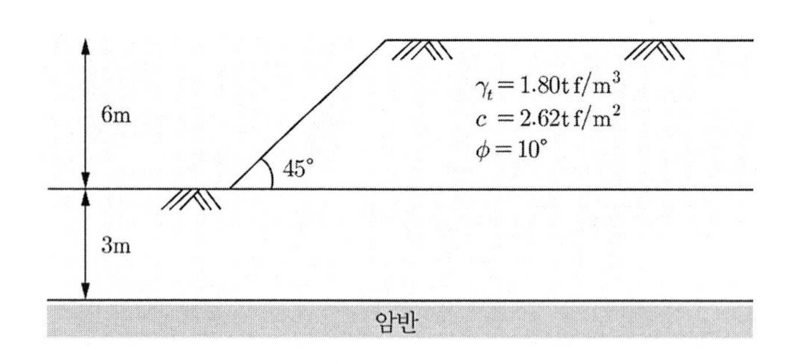

9. 문제 8번을 마찰원법을 이용해 구하시오.

10. 다음과 같은 사면의 안전율을 구하시오.

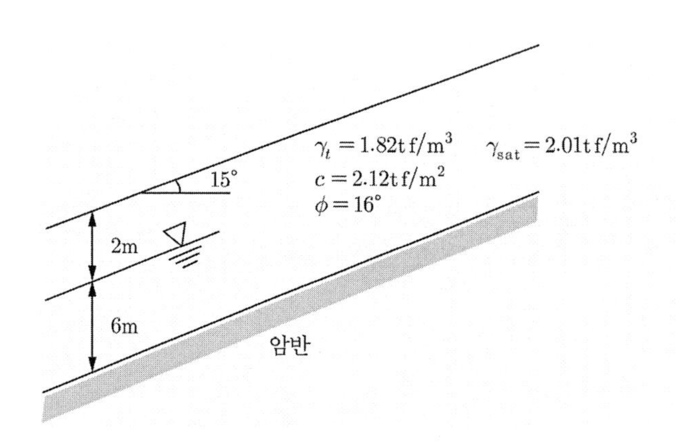

11. 일반 흙의 지반에 경사 60°로 굴착하였다. 흙의 단위 중량을 1.82tf/m^3, 점착력을 3.2tf/m^2, 내부 마찰각을 5°일 때, 굴착 최대 깊이를 구하시오(단, 안전율 $F_s = 2$이다).

〈참고문헌〉

Bishop, A. W.(1955), *The Use of Slip Circle in the Stability Analysis of earth Slopes*, Geotechnique, Vol.5., No.1, pp.7~17.

Craig, R. F.(1990), *Soil Mechanics*, 4th ed, Chapman & Hall, ch9.

Cruden, D. M. and Varnes, D. J.(1966), *Landslide Types and Processes*, Special Report 247, Transportation Research Board, pp.36~75.

Culmann, C.(1875), *Die Graphische Statik*, Meyer and Zeller, Zurich.

Das, B. M.(2000), *Fundamentals of Geotechnical Engineering*, Brooks/cole, Ch.10.

Das, B. M.(2010), *Principles of Geotechnical Engineering*, 7th ed, Cengage learning, Ch.15.

Duncan, J.M. & Dunlop, P.(1969), *Slops in stiff-fissured clays and shales*, ASCE, Journal of Soil Mechanics and Foundation Division, 95(2), pp.467~492.

Dunlop, P. & Duncan, J. M.(1970), *Development of failure around excavated slopes*, ASCE, Journal of Soil Mechanics and Foundation Division, 96(2), pp.471~493.

Fellenius, W.(1927), *Erdstatische Berechnungen*, rev. ed., W. Ernst u. Sons, Berlin.

Graham, B.(2000), *Soil Mechanics-Principles and Preactice*, Second Edition, pp.382~401.

Janbu, N.(1954), *Application of Composite Slip Surfaces for Stability Analysis*, Proc, European Conf, on Stability of Earth Slopes, Sweden, Vol.3, pp.43~49.

J. Michael Duncan & Stephen G. Wright, *Soil Strength and Slope Stability*, John Willy & Sons, Inc., 2005, pp.19~30.

Merlin, G. Spangler & Richard L. Handy, *Soil Engineering 4ed*, Harper & Row, 1982, pp.475~503.

Taylor, D.W.(1937), Stability of Earth Slopes, *Journal of the Boston Society of Civil Engineers*, Vol.24, pp.197~246.

Terzaghi, K. and Peck, R. B.(1967), *Soil Mechnics in Engineering Practice*, 2nd ed., Wiley, New York.

William, H. P. and William, B.(1976), *Soil Mechanics-Principles and Applications*, Ronald, pp.567~572.

11 기초의 지지력

11 기초의 지지력

구조물의 자중을 포함한 모든 하중을 지반에 전달하는 구조를 기초라 한다. 즉, 일반적으로 구조물의 최하부를 기초라 한다. 기초를 통하여 지반에 전달되는 단위 면적당의 힘을 접지압이라 하고, 지반 파괴를 일으키는 단위 면적당의 힘을 극한지지력이라 한다. 설계에서는 극한지지력을 안전율로 나눈 값을 허용지지력이라 한다. 따라서 접지압이 허용지지력보다 적어야 지반파괴가 일어나지 않고 상부구조물이 안전하게 지탱된다. 보통 설계 시에는 접지압이 허용지지력보다 크게 나온다. 이를 안전하게 하기 위하여 기초가 필요하다. 이 기초 공법에는 여러 가지가 있다. 대체로 접지압이 클 경우에는 접지압이 적게 나오게 하면 된다. 접지압을 적어지게 하는 방법은 기초 면적을 넓혀 하중을 분산시키거나, 상부구조물의 하중을 줄인다. 상부구조물의 하중을 줄이는 경우를 제외하고, 접지압을 줄이는 경우를 고려한다. 기초 면적을 넓혀 접지압을 줄이는 기초를 확대 기초, 직접 기초 또는 얕은 기초라 한다. 지지력이 적은 지반 위에 놓이는 직접 기초의 크기가 비현실적으로 크면 비경제적일 수 있다. 지지력이 적은 지반 위에 구조물을 설계할 때에는 지반의 지지력을 키우거나, 하부의 지지력이 큰 지층에 상부구조물의 하중을 직접 전달하거나, 기초를 깊게 하여 기초 주변의 마찰력을 이용해야 한다. 지반의 지지력을 키우는 방법에는 지반개량 공법이 있다. 하부의 지지력이 큰 지층에 직접 하중을 전달시키거나 기초 주변의 마찰력을 이용하는 기초를 깊은 기초라 한다.

11.1 직접 기초(얕은 기초)의 지지력

그림 11.1과 같이 지반 위에 직사각형의 기초에 등분포 하중을 작용하였을 때, 하중 증가와 지반의 침하관계를 나타낸 것이 그림 11.1(d)이다. 그림 11.1(d)에서 ①의 곡선은 초기에는 하중 증가에 침하량이 적다가 어느 순간 $q = q_u$일 때 주변 흙이 융기되고 갑자기 큰 침하가 발생한다. 이런 형태의 지반파괴를 전반 전단파괴(general shear failure)라 한다. 전반 전단파괴는 그림 11.1(a)와 같이 기초 침하가 일어나면 쐐기모양의 I영역은 아래로 침하하면서 옆의 영역 II와 영역 III을 압축하여 옆에서 위로 밀게 된다. 이로 인하여 지표가 부풀어 오른다. 그러나 그림 11.1(b)와 같이 밀도가 적은 느슨한 지반에서는 전반 전단파괴와 달리 쐐기 형태의 영역 I영역은 아래로 침하하지만 지반파괴면이 지표까지는 영향을 주지 않다가 작용 하중이 더 증가하여 침하가 커지면 지표가 부풀어 오르기 시작한다. 이런 지반파괴를 국부 전단파괴(local shear failure)라 한다. 지반에 가해지는 압력과 침하량의 관계는 그림 11.1(d)의 ② 곡선과 같다. 또한 그림 11.1(c)와 같이 매우 느슨한 지반에서는 지반의 파괴면은 지표까지 도달하지 않는다. 기초가 매몰되는 형상으로 나타나는 파괴를 관입 전단파괴(punching shear failure)라 한다. 압력과 침하량 관계는 ③의 곡선과 같다.

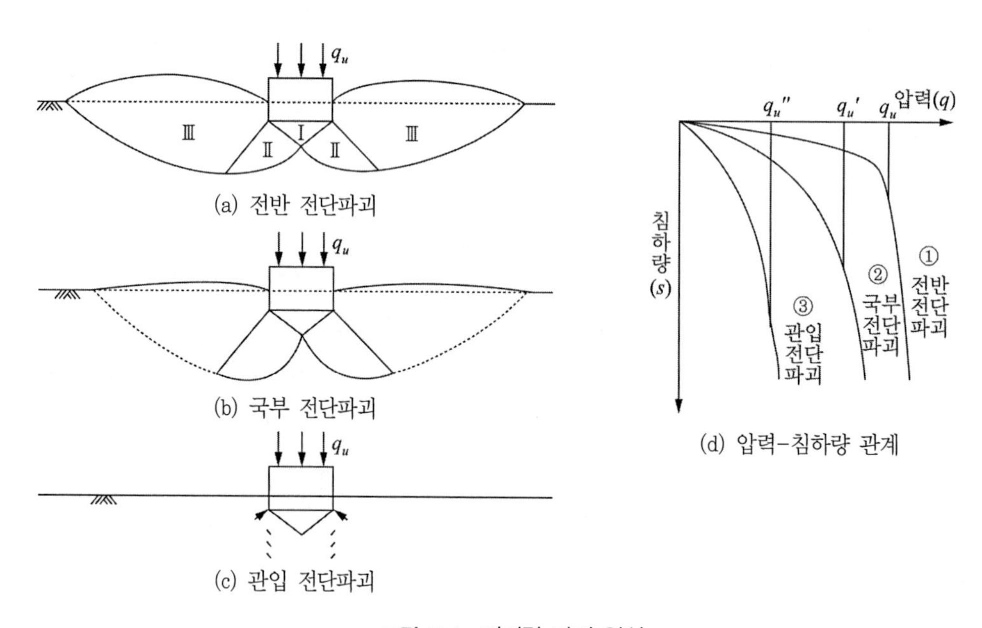

그림 11.1 지지력 파괴 양상

Vesic(1973)은 실험의 결과에 의해 모래 지반 위에 놓인 기초의 지지력의 파괴 양상을 그림 11.2와 같이 제안하였다.

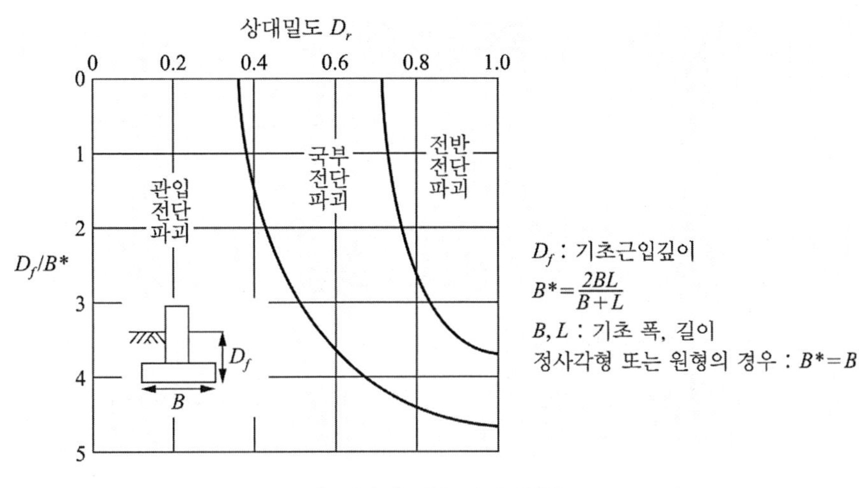

그림 11.2 모래 지반의 기초 파괴 양상(Vesic, 1973)

D_f/B^*가 적은 얕은 깊이의 기초에서, 극한하중은 기초 폭(B)의 4~10% 의 기초 침하가 일어났을 때 발생한다. 이것은 흙에 전반 전단파괴가 일어난 것이다. 국부 전단파괴나 관입 전단파괴는 기초 폭(B)의 15~25%의 침하가 일어날 때 극한하중에 달한다.

11.1.1 Terzaghi의 극한지지력

Terzaghi(1943)는 금속의 펀칭현상과 같이 강한 물체가 약한 물체에 관입될 때의 파괴 메커니즘에 관한 연구인 Prandtl(1921)의 소성파괴이론을 발전시켜 얕은 줄기초에 대한 지지력 계산을 하였다.

줄기초 아래 지반의 전반 전단파괴 시의 극한지지력 산정을 위한 파괴 형태를 그림 11.3과 같이 가정하였다. 기초 저면 윗부분의 토층 두께의 중량을 과재하중으로 생각하였다. 기초 밑 파괴면은 다음과 같이 세 부분으로 나뉜다.

- I 부분 : 흙 쐐기 영역으로 탄성 영역이다. 수평선과 이루는 각은 ϕ로 가정하였다.
- II 부분 : 대수나선원호 전단 영역이다.
- III 부분 : Rankine의 수동 영역이다.

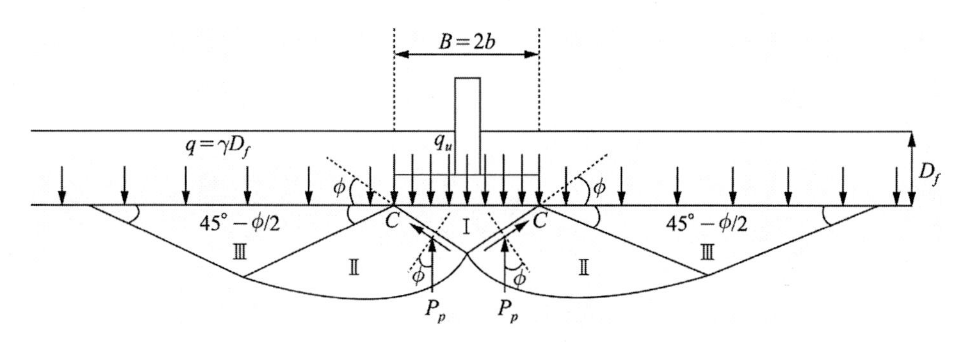

그림 11.3 Terzaghi의 극한지지력

힘의 평형조건에 의해 Terzaghi는 극한지지력을 다음과 같이 나타내었다.

I 부분 삼각형의 침하에 의해 빗변에 나타나는 저항력은 빗변에 생기는 점착력과 수동토압이다. I 부분 삼각형의 무게를 W, 빗변에 생기는 전점착력을 C라 하면 다음과 같다.

$$2bq_u - W = 2P_p + 2C\sin\phi \tag{11.1}$$

식 (11.1)에서 삼각형의 흙 무게 W는 기초 폭 B와 γ의 함수이고, 또한 수동토압 P_p는 상재하중($q = \gamma D_f$) 크기에 영향을 받는다. 식 (11.1)를 정리하면 다음과 같다.

$$\begin{aligned} q_u &= cN_c + qN_q + \frac{1}{2}\gamma BN_\gamma \\ &= q_c + q_q + q_\gamma \end{aligned} \tag{11.2}$$

여기서 c : 흙의 점착력

γ : 흙의 단위 중량

$q = \gamma D_f$

N_c, N_q, N_γ : 지지력계수

q_c는 점착력에 대한 지지력 요소, q_q는 상재하중에 대한 지지력 요소, q_γ는 흙의 단위 중량에 대한 지지력 요소를 나타낸다. 결국 기초의 지지력은 위의 3요소의 합으로 나타낸다. 지지력계수 N_c, N_q, N_γ은 흙의 내부 마찰각과 가정한 파괴 영역의 함수이고 표 11.1과 같다.

$$N_c = \cot\phi \left[\frac{e^{2(3\pi/4 - \phi/2)\tan\phi}}{2\cos^2\left(\frac{\pi}{4} + \frac{\phi}{2}\right)} - 1 \right] \qquad (11.3)$$

$$N_q = \frac{e^{2(3\pi/4 - \phi/2)\tan\phi}}{2\cos^2\left(45 + \frac{\phi}{2}\right)} \qquad (11.4)$$

$$N_r = \frac{1}{2}\left(\frac{K_{p\gamma}}{\cos^2\phi} - 1 \right)\tan\phi \qquad (11.5)$$

$K_{p\gamma}$ =수동토압계수

Terzaghi는 정사각형 기초와 원형 기초에 대한 극한지지력을 다음과 같이 제안하였다.

• 정사각형 기초 :

$$q_u = 1.3cN_c + qN_q + 0.4\gamma BN_\gamma \qquad (11.6)$$

• 원형 기초 :

$$q_u = 1.3cN_c + qN_q + 0.3\gamma BN_\gamma \qquad (11.7)$$

지반이 국부 전단파괴가 일어날 경우에는 식 (11.2)~(11.7)에서 점착력 c와 마찰계수 $\tan\phi$를 2/3만 사용한다.

$$c' = \frac{2}{3}c \qquad (11.8)$$

$$\tan\phi' = \frac{2}{3}\tan\phi \qquad (11.9)$$

표 11.1 Terzaghi의 지지력계수

ϕ	N_c	N_γ	N_q	ϕ	N_c	N_γ	N_q
0	5.7	0.00	1.00	26	27.09	11.35	14.21
2	6.30	0.18	1.20	28	31.61	15.15	17.81
4	6.97	0.38	1.49	30	37.16	19.73	22.46
6	7.73	0.62	1.81	32	44.04	27.49	28.52
8	8.60	0.91	2.21	34	52.64	36.96	36.51
10	9.61	1.25	2.69	36	63.53	51.70	47.16
12	10.76	1.70	3.29	38	77.50	73.47	61.55
14	12.11	2.23	4.02	40	95.67	100.39	81.27
16	13.68	2.94	4.92	42	119.67	165.69	108.75
18	15.52	3.87	6.04	44	151.95	248.29	147.74
20	17.69	4.97	7.44	46	196.22	426.96	204.20
22	20.27	6.61	9.19	48	258.29	742.61	287.86
24	23.36	8.58	11.40	50	347.52	1153.15	415.16

[예 11.1] 다음 그림과 같은 정사각형 기초에 가할 수 있는 총 허용하중을 구하시오(안전율 : 3).

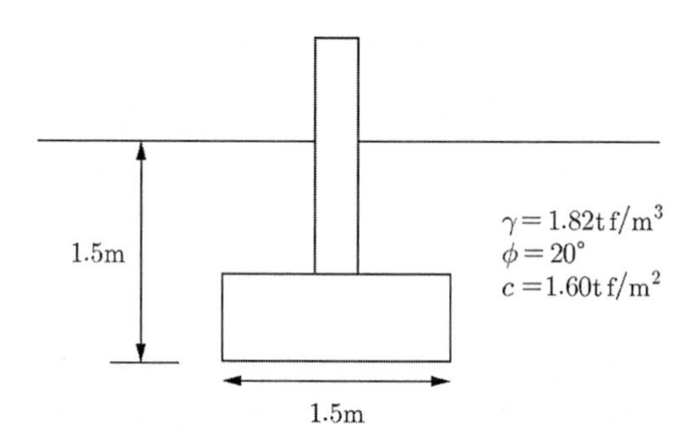

[풀이] 식 (11.6)

$$q_u = 1.3cN_c + qN_q + 0.4\gamma BN_\gamma$$

표 11.1에서 $\phi = 20°$일 때 $N_c = 17.69$, $N_q = 7.44$, $N_\gamma = 4.97$

$$q = \gamma z = 1.82 \times 1 = 1.82\text{tf/m}^2$$

$$\therefore\ q_u = 1.3 \times 1.60 \times 17.69 + 1.82 \times 7.44 + 0.4 \times 1.82 \times 1.5 \times 4.97$$
$$= 55.76\text{tf/m}^2$$

$$q_a = \frac{1}{3} \times 55.76 = 18.59\text{tf/m}^2$$

$$Q_a = q_a A = 18.59 \times 1.5^2 = 41.82\text{tf}$$

[예 11.2] 예 11.1의 경우 흙의 파괴를 국부 전단파괴로 가정하면 어떻게 되는가?

[풀이] 국부 전단파괴는 식 (11.8), (11.9)에 의해서 흙의 강도정수를 수정한다.

$$c = (2/3)c_0 = (2/3) \times 1.60 = 1.07\text{tf/m}^2$$

$$\phi = \tan^{-1}\left(\frac{2\tan 20}{3}\right) = 13.64°$$

표 11.1에서 $\phi = 13.64°$에 대한 지지력계수를 보간법에 의해 구한다.

$$N_c = 10.76 + (1.64/2)(12.11 - 10.76) = 11.87$$

$$N_r = 1.70 + (1.64/2)(2.23 - 1.70) = 2.13$$

$$N_q = 3.29 + (1.64/2)(4.02 - 3.29) = 3.89$$

식 (11.6)에서

$$q_u = 1.3cN_c + qN_q + 0.4\gamma BN_\gamma$$
$$= 1.3 \times 1.07 \times 11.87 + 1.82 \times 3.89 + 0.4 \times 1.82 \times 1.5 \times 2.13$$

$$= 25.92\text{tf/m}^2$$

$$q_a = \frac{q_u}{F_s} = \frac{25.92}{3} = 8.64\text{tf/m}^2$$

$$Q_a = q_a A = 8.64 \times 1.5^2 = 19.44\,\text{tf}$$

[예 11.3] 다음과 같은 하중을 지지하려면 기초판의 크기(정방형)는 얼마가 되어야 하는가? ($Q_a = 50\text{tf}$)

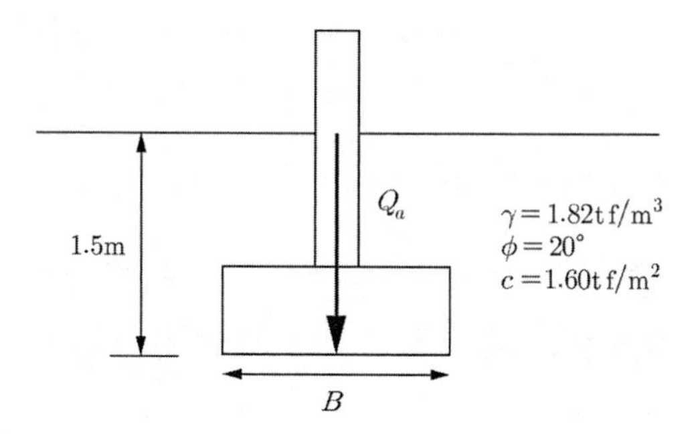

[풀이] $Q_a = q_a A = \frac{q_u}{3} A \Rightarrow q_u = \frac{3Q_a}{A} = \frac{3Q_a}{B^2}$

$\phi = 20°$일 때 $N_c = 17.69,\ N_q = 7.44,\ N_\gamma = 4.97$이다.

$$q_u = 1.3 \times 1.6 \times 17.69 + 1.5 \times 1.82 \times 7.44 + 0.4 \times 1.82 \times B \times 4.97$$
$$= 57.11 + 3.62B$$

$$\therefore q_u = \frac{3Q_a}{B^2} = 57.11 + 3.62B \Rightarrow 150 = (57.11 + 3.62B) \times B^2$$

B=1.6m일 때 좌변 150 < 우변 161.03

B=1.5m일 때 좌변 150 > 우변 140.72

$B=1.55$m일 때 좌변 150 ≒ 우변 150.68

따라서 기초 폭은 $B=1.55$m로 한다.

11.1.2 Meyerhof의 극한지지력

Terzaghi의 지지력을 구하는 방법이 발표된 이후 많은 해석법이 발표되었다. 이들 연구들의 대부분은 지지력계수를 구하는 것에 차이가 있다. 지지력계수 중에 N_c, N_q는 크게 변화시키지 않고, 흙의 내부 마찰각에 대한 N_γ의 값이 여러 학자들에 따라 매우 다르게 표현되었다. 이것은 기초 아래 흙 쐐기의 형태를 어떻게 가정했느냐에 따라 다르다.

DeBeer와 Vesic(1958)은 모형실험을 통하여 지지력 파괴 양상이 Terzaghi의 파괴와 비슷함을 보였다. Meyerhof는 기초 아래 지반의 지지력 파괴 형태는 그림 11.4와 같이 가정하였다. 근본적인 차이는 쐐기의 각도를 흙의 내부 마찰각의 약 1.2배로 보며, 또한 기초 저판 위쪽을 상재하중으로 보지 않고, 이 하중은 진행성 파괴를 일으키게 하는 경향을 나타내는 것으로 보았다.

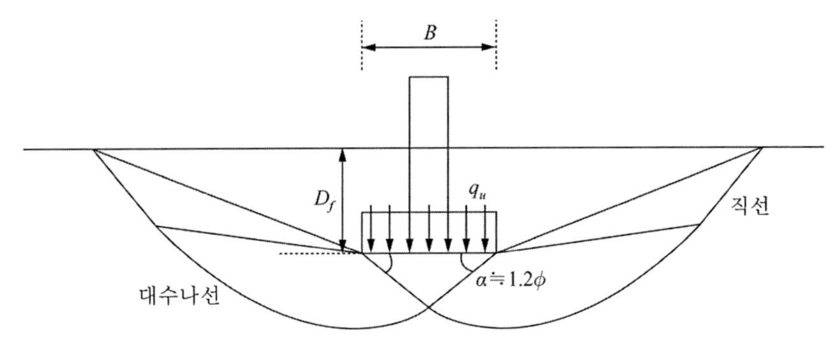

그림 11.4 Meyerhof의 극한지지력

Reissner(1924)는 상재하중에 대한 지지력 요소를 다음과 같이 제안하였다.

$$q_q = qN_q = e^{\pi \tan\phi}\tan^2\left(45+\frac{\phi}{2}\right) \tag{11.10}$$

점착력에 대한 지지력 요소는 Prandtl(1921)의 제안 값이다.

$$q_c = cN_c + (N_q - 1)\cot\phi \tag{11.11}$$

흙의 단위 중량에 대한 지지력 요소는 Meyerhof(1963)의 제안 값이다.

$$q_\gamma = \frac{1}{2}B\gamma N_\gamma = \frac{1}{2}B\gamma(N_q - 1)\tan(1.4\phi) \tag{11.12}$$

극한지지력은 각 요소의 중첩으로 나타낸다.

$$q_u = q_c + q_q + q_\gamma = cN_c + qN_q + \frac{1}{2}B\gamma N_\gamma \tag{11.13}$$

지지력계수 N_c, N_q, N_γ은 표 11.2와 같다.

표 11.2 Meyerhof의 지지력계수

ϕ	N_c	N_γ	N_q	ϕ	N_c	N_γ	N_q
0	5.14	0.00	1.00	26	22.25	8.00	11.85
2	5.63	0.01	1.20	28	25.80	11.19	14.72
4	6.19	0.04	1.43	30	30.14	15.67	18.40
6	6.81	0.11	1.72	32	35.49	22.02	23.18
8	7.53	0.22	2.06	34	42.16	31.15	29.44
10	8.34	0.37	2.47	36	50.59	44.43	37.75
12	9.28	0.60	2.97	38	61.35	64.08	48.93
14	10.37	0.92	3.59	40	75.32	93.69	64.20
16	11.63	1.37	4.34	42	93.71	139.32	85.38
18	13.10	2.00	5.26	44	118.37	211.41	115.31
20	14.83	2.87	6.40	46	152.10	329.74	158.51
22	16.88	4.07	7.82	48	199.27	526.47	222.31
24	19.32	5.72	9.60	50	266.89	873.89	319.07

줄기초에 대한 극한지지력 식 (11.13)을 다음 요소들을 고려하여 일반적인 극한지지력 식으로 수정하였다.

$$q_u = c\lambda_{cs}\lambda_{cd}\lambda_{ci}N_c \;+\; q\lambda_{qs}\lambda_{qd}\lambda_{qi}N_q + \frac{1}{2}\lambda_{\gamma c}\lambda_{\gamma d}\lambda_{\gamma i}\gamma BN_\gamma \tag{11.14}$$

여기서 $q = \gamma D_f$

λ_{cs}, λ_{qs}, $\lambda_{\gamma s}$: 형상계수

λ_{cd}, λ_{qd}, $\lambda_{\gamma d}$: 깊이계수

λ_{ci}, λ_{qi}, $\lambda_{\gamma i}$: 경사계수

이러한 형상계수, 깊이계수, 경사계수의 값들을 Meyerhof는 표 11.3과 같이 제안하였다.

표 11.3 Meyerhof의 형상, 깊이, 경사계수

형상계수	$\phi = 0$일 때 $\lambda_{cs} = 1 + 0.2\left(\frac{B}{L}\right)$ $\lambda_{qs} = \lambda_{\gamma s} = 1$ $\phi \geq 10°$일 때 $\lambda_{cs} = 1 + 0.2\left(\frac{B}{L}\right)\tan^2\left(45 + \frac{\phi}{2}\right)$ $\lambda_{qs} = \lambda_{\gamma s} = 1 + 0.1\left(\frac{B}{L}\right)\tan^2\left(45 + \frac{\phi}{2}\right)$
깊이계수	$\phi = 0$일 때 $\lambda_{cd} = 1 + 0.2\left(\frac{D_f}{B}\right)$ $\lambda_{qd} = \lambda_{\gamma d} = 1$ $\phi \geq 10°$일 때 $\lambda_{cd} = 1 + 0.2\left(\frac{D_f}{B}\right)\tan\left(45 + \frac{\phi}{2}\right)$ $\lambda_{qd} = \lambda_{\gamma d} = 1 + 0.1\left(\frac{D_f}{B}\right)\tan\left(45 + \frac{\phi}{2}\right)$
경사계수	$\lambda_{ci} = \lambda_{qi} = \left(1 - \frac{\alpha}{90^o}\right)^2$ $\lambda_{\gamma i} = \left(1 - \frac{\alpha}{\phi}\right)^2$ (α)

[예 11.4] 다음과 같은 정방형 기초에 가할 수 있는 총 하중을 Meyerhof 식에 의해 구하시오(안전율 : 3).

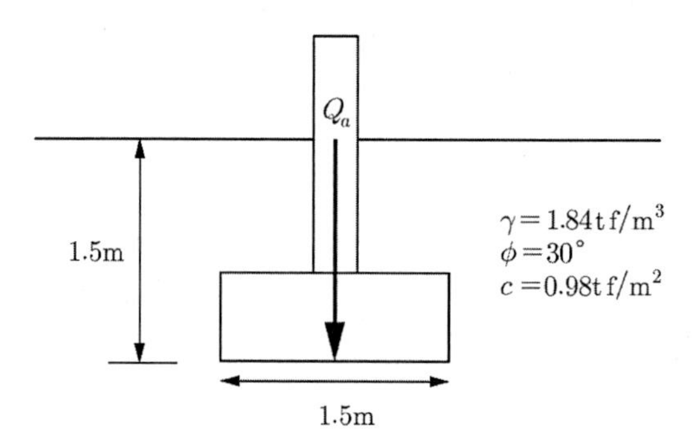

[풀이] 식 (11.14)

$$q = \gamma D_f = 1.84 \times 1.5 = 2.76\text{tf/m}^2$$

지지력계수 : $\phi = 30°$에 대하여 표 11.2에서

$$N_c = 30.14,\ N_\gamma = 15.67,\ N_q = 18.40$$

표 11.3에서

• 형상계수

$$\lambda_{cs} = 1 + 0.2\left(\frac{B}{L}\right)\tan^2\left(45 + \frac{\phi}{2}\right) = 1 + 0.2 \times \frac{1.5}{1.5}\tan^2 60 = 1.6$$

$$\lambda_{qs} = \lambda_{\gamma s} = 1 + 0.1\left(\frac{B}{L}\right)\tan^2\left(45 + \frac{\phi}{2}\right) = 1 + 0.1 \times \frac{1.5}{1.5}\tan^2 60 = 1.3$$

• 깊이계수

$$\lambda_{cd} = 1 + 0.2 \times \frac{D_f}{B} \times \tan\left(45 + \frac{\phi}{2}\right) = 1 + 0.2 \times 1 \times \tan 60 = 1.35$$

$$\lambda_{qd} = \lambda_{\gamma d} = 1 + 0.1 \times \frac{D_f}{B} \times \tan\left(45 + \frac{\phi}{2}\right) = 1.17$$

• 경사계수

경사각 $\alpha = 0$이므로

$$\lambda_{ci} = \lambda_{qi} = \lambda_{\gamma i} = 1$$

$$q_u = c\lambda_{cs}\lambda_{cd}\lambda_{ci}N_c + q\lambda_{qs}\lambda_{qd}\lambda_{qi}N_q + \frac{1}{2}\lambda_{\gamma s}\lambda_{\gamma d}\lambda_{\gamma i}\gamma BN_\gamma$$

$$= 0.98 \times 1.6 \times 1.35 \times 1 \times 30.14 + 2.76 \times 1.3 \times 1.17 \times 1 \times 18.40$$

$$+ (1/2) \times 1.3 \times 1.17 \times 1 \times 1.84 \times 1.5 \times 15.67$$

$$= 137.93\text{tf/m}^2$$

$$q_a = \frac{q_u}{F_s} = \frac{137.93}{3} = 57.98\text{tf/m}^2$$

$$Q_a = q_a A = 57.98 \times 1.5^2 = 130.45\text{tf}$$

[예 11.5] 다음과 같은 하중을 지지할 수 있도록 기초의 폭을 정하시오. 기초는 정사각형이다.

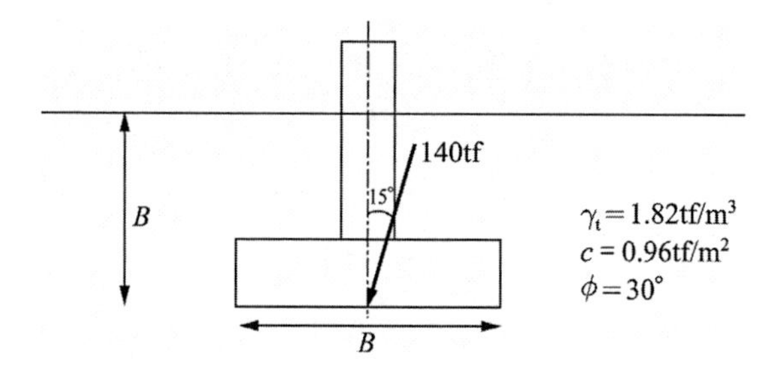

[풀이] $q = \gamma \times D_f = B \times 1.82 = 1.82B(\text{tf/m}^2)$

- 지지력계수 : 표 11.2에서

$$N_c = 30.14,\ N_\gamma = 15.67,\ N_q = 18.40$$

- 형상계수

$$\lambda_{cs} = 1 + 0.2\left(\frac{B}{L}\right)\tan^2\left(45 + \frac{\phi}{2}\right) = 1 + 0.2 \times \frac{B}{B} \times \tan^2 60 = 1.6$$

$$\lambda_{qs} = \lambda_{\gamma s} = 1 + 0.1\left(\frac{B}{L}\right)\tan^2\left(45 + \frac{\phi}{2}\right) = 1 + 0.1 \times \frac{B}{B} \times \tan^2 60 = 1.3$$

- 깊이계수

$$\lambda_{cd} = 1 + 0.2 \times \frac{D_f}{B} \times \tan\left(45 + \frac{\phi}{2}\right) = 1 + 0.2 \times 1 \times \tan 60 = 1.35$$

$$\lambda_{qd} = \lambda_{\gamma d} = 1 + 0.1 \times \frac{D_f}{B} \times \tan\left(45 + \frac{\phi}{2}\right) = 1.17$$

• 경사계수 : $\alpha = 15°$

$$\lambda_{ci} = \lambda_{qi} = \left(1 - \frac{\alpha}{90}\right)^2 = \left(1 - \frac{15}{90}\right)^2 = 0.69$$

$$\lambda_{\gamma i} = \left(1 - \frac{\alpha}{\phi}\right)^2 = \left(1 - \frac{15}{30}\right)^2 = 0.25$$

식 (11.14)에서

$$q_u = 43.12 + 35.15B + 6.37B = 43.12 + 41.52B$$

$$Q_a = q_a A = \frac{q_u}{3}B^2 = (43.12 + 41.52B)\frac{B^2}{3} = 140$$

$B = 1.8\text{m}$ 일 때 $Q_a = 127.28\text{tf} < 140$

$B = 1.85\text{m}$ 일 때 $Q_a = 136.82\text{tf} < 140$

$B = 1.90\text{m}$ 일 때 $Q_a = 146.82\text{tf} > 140$

따라서 $B = 1.90\text{m}$ 로 한다.

11.1.3 편심하중을 고려한 지지력

Meyerhof(1953)는 편심하중을 받는 직접 기초의 지반지지력을 산정하는 데 유효면적의 개념을 사용하였다. 앞 11.1.1절과 11.1.2절의 극한지지력 산정은 자중을 포함한 외력의 합력이 기초의 도심을 지날 때이다. 합력이 도심을 지나지 않고 편심이 생겼을 때에는, 합력이 작용하는 위치를 중심으로 하는 기초판의 크기가 기초로 유효하다고 보는 것이다. 그림 11.5는 직사각형의 기초에 편심하중이 작용할 때의 기초의 유효 폭과 길이를 나타낸 것이다. 유효 기초 폭과 길이는 다음과 같다.

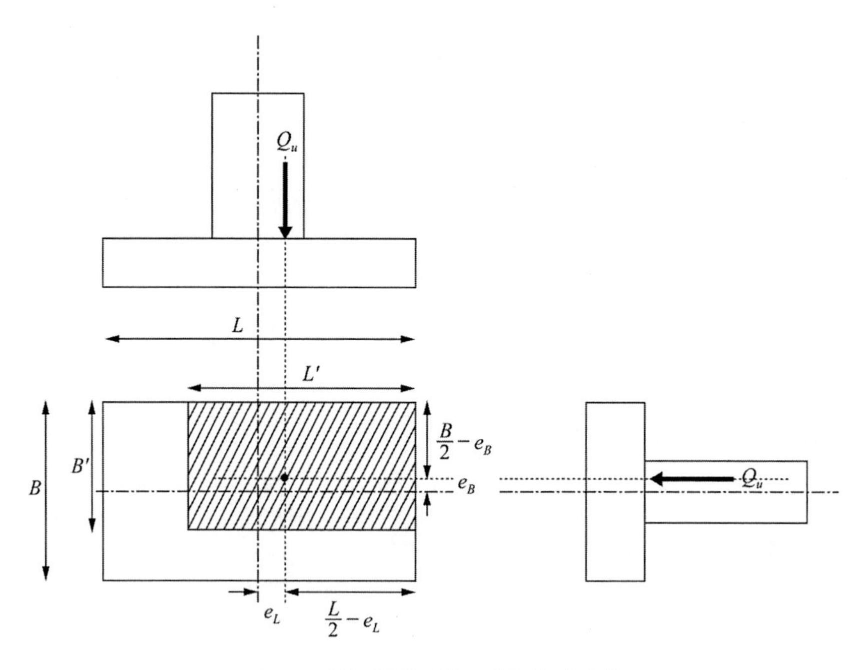

그림 11.5 편심하중을 받는 기초의 지지력

$$B' = B - 2e_B,\ L' = L - 2e_L \tag{11.15}$$

식 (11.2), (11.6), (11.7), (11.13), (11.14)에서 기초 폭 및 길이는 B', L'를 사용해 지지력을 산정한다. 기초가 받을 수 있는 극한 하중은 다음과 같다.

$$Q_u = q_u \times (B' \times L') \tag{11.16}$$

[예 11.6] 다음과 그림과 같이 편심하중을 받는 직사각형 기초가 있다. 이 기초에 작용할 수 있는 총 하중을 구하시오.

[풀이] $q = 1.78 \times 1.5 = 2.67\text{tf/m}^2$

- 지지력계수 : 표 11.2에서

$$N_c = 25.80,\quad N_\gamma = 11.19,\quad N_q = 14.72$$

• 편심에 의한 수정 기초 단면

$$B' = B - 2e_B = 1.5 - 2 \times 0.2 = 1.1$$

$$L' = L - 2e_L = 2.4 - 2 \times 0.2 = 2.0$$

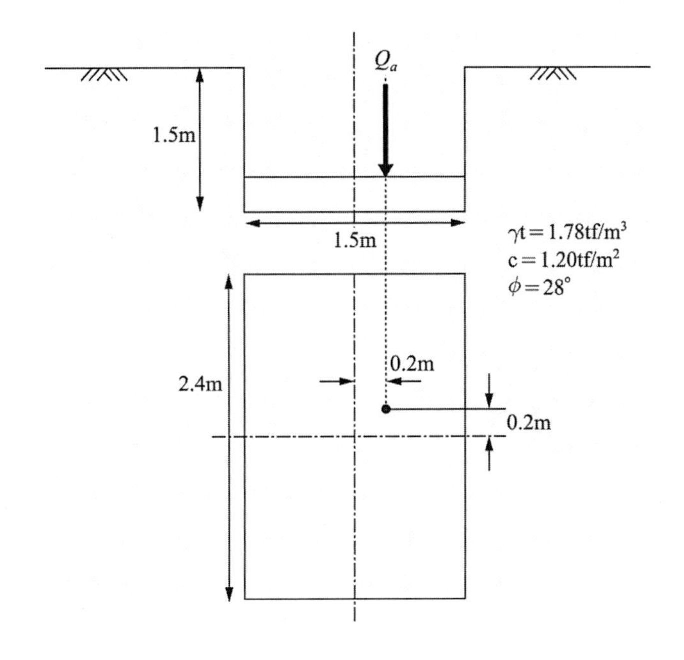

표 11.3에서

• 형상계수

$$\lambda_{cs} = 1 + 0.2\left(\frac{B}{L}\right)\tan^2\left(45 + \frac{\phi}{2}\right) = 1 + 0.2 \times \frac{1.1}{2} \times \tan^2\left(45 + \frac{28}{2}\right) = 1.30$$

$$\lambda_{qs} = \lambda_{\gamma s} = 1 + 0.1\left(\frac{B}{L}\right)\tan^2\left(45 + \frac{\phi}{2}\right) = 1 + 0.1 \times \frac{1.1}{2} \times \tan^2\left(45 + \frac{28}{2}\right) = 1.15$$

• 깊이계수

$$\lambda_{cd} = 1 + 0.2 \times \frac{D_f}{B} \times \tan\left(45 + \frac{\phi}{2}\right) = 1 + 0.2 \times \frac{1.5}{1.1} \times \tan\left(45 + \frac{28}{2}\right) = 1.45$$

$$\lambda_{qd} = \lambda_{\gamma d} = 1 + 0.1 \times \frac{D_f}{B} \times \tan\left(45 + \frac{\phi}{2}\right) = 1.23$$

• 경사계수 : $\alpha = 0$

$$\lambda_{ci} = \lambda_{qi} = \lambda_{\gamma i} = 1$$

$$q_u = c\lambda_{cs}\lambda_{cd}\lambda_{ci}N_c + q\lambda_{qs}\lambda_{qd}\lambda_{qi}N_q + \frac{1}{2}\lambda_{\gamma s}\lambda_{\gamma d}\lambda_{\gamma i}\gamma BN_\gamma$$

$$= 129.45\text{tf/m}^2$$

$$Q_u = q_u A' = q_u B'L' = 129.45 \times 1.1 \times 2.0 = 284.79\text{tf}$$

11.1.4 지하수위를 고려한 지지력

위 식들은 지하수위를 고려하지 않고 산정한 것이다. 지하수위가 기초 지반의 지지력에 영향을 줄 위치에 있으면 지지력이 약화될 것이다. 일반적으로 지하수위가 기초 저판 아래 기초 저판 폭 이상 깊은 위치에 있으면 지하수위의 영향은 받지 않는 것으로 본다.

그림 11.6과 같이 영향 범위에서도 위치에 따라 지지력 요소에 모두 영향을 미치는 것은 아니다. 지하수위가 기초 저판 아래 기초 폭만큼의 깊이 내에 있으면 지지력 요소의 상재하중에 대한 요소 q_q에는 영향을 주지 않고, 흙의 단위 중량에 대한 요소 q_γ에만 영향을 준다. 이때에는 q_γ의 요소에서 흙의 밀도를 영향 범위의 두께에 대한 평균 단위 중량을 사용한다.

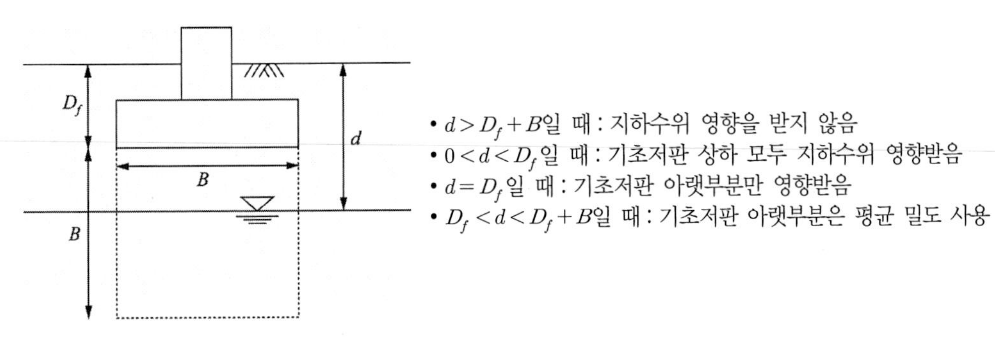

그림 11.6 지반지지력의 지하수위 영향

습윤 부분의 두께에 대한 단위 면적당의 중량과 수중 부분의 두께에 대한 수중밀도에 대한 단위 면적당의 중량의 합에 대한 두께의 평균 밀도($\bar{\gamma}$)인 식 (11.17)을 사용한다.

$$\bar{\gamma} = \{\gamma_{sub}(D_f + B - d) + \gamma(d - D_f)\}/B \quad (11.17)$$

기초 저판과 같은 위치에 지하수위가 있을 때에는 기초 저판 아랫부분, 즉 q_γ 부분만 영향을 받고, 이때의 밀도는 수중밀도를 사용하고, 저판 윗부분은 영향을 받지 않는다. 저판 위쪽에 지하수위가 있을 때에는 q_γ요소 부분은 수중밀도를, 저판 윗부분인 q_q의 q는 수중 부분은 수중 밀도에 수중 흙의 두께 곱과 습윤 부분은 습윤 밀도에 습윤 부분 두께 곱의 합인 식 (11.18)을 사용한다.

$$q \ = \ \gamma d + \gamma_{sub}(D_f - d) \quad (11.18)$$

[예 11.7] 다음과 같은 기초에서 지하수위가 지표에서 $d = 1$m, 1.5m, 4m일 때 Terzaghi 식을 이용해 극한지지력을 구하시오(기초는 정방형임).

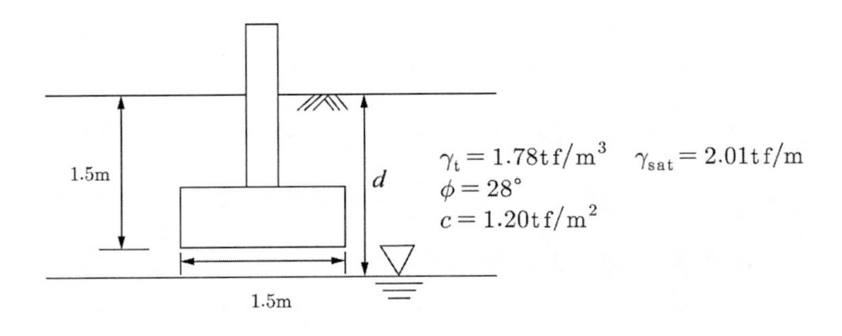

[풀이] 식 (11.6)에서

$$q_a = 1.3cN_c + qN_q + 0.4\gamma BN_\gamma$$

표 11.1에서 지지력계수

$$N_c = 31.61,\ N_\gamma = 15.15,\ N_q = 17.81$$

(1) $d=1\text{m}$일 때

기초 저판 위쪽은 습윤 상태와 수중상태의 2층을 이루고, 저판 아랫부분은 수중상태이다.

$$q = 1 \times 1.78 + 0.5 \times (2.01 - 1) = 2.285\text{tf/m}^2$$

$$q_u = 1.3 \times 1.2 \times 31.61 + 2.285 \times 17.81 + 0.4 \times (2.01 - 1) \div 2.4 \times 15.15$$

$$= 104.70\text{tf/m}^2$$

(2) $d=1.5\text{m}$일 때

기초 저판 아랫부분은 수중상태이다.

$$q_u = 1.3 \times 1.2 \times 31.61 + 1.78 \times 1.5 \times 17.81 + 0.4 \times (2.01 - 1) \times 2.4 \times 15.15$$

$$= 111.55\text{tf/m}^2$$

(3) $d=4\text{m}$일 때

지하수의 영향을 고려할 필요가 없다.

$$q_u = 1.3 \times 1.2 \times 31.61 + 1.78 \times 1.5 \times 17.81 + 0.4 \times 1.78 \times 2.4 \times 15.15$$

$$= 122.75\text{tf/m}^2$$

11.1.5 허용지지력과 지내력

지지력 산정을 위한 식들은 지반이 균질하고 등방성인 가정 아래 이루어진 것들이다. 자연 상태의 지반은 불균질하고 이방성이기 때문에 흙의 강도 산정에 불확실한 요소가 많다. 또한 구조물의 중요도, 설계에 필요한 각종 토질정수들의 정도(accuracy), 이론상의 가정 등을 고려하여 극한지지력을 안전율로 나눈 값을 허용지지력이라 한다. 이 허용지지력이 설계에 사용된다. 보통 안전율은 3을 사용한다.

$$q_a = \frac{q_u}{F_s} = \frac{q_u}{3} \tag{11.19}$$

식 (11.19)으로 기초 저판 위에 작용하는 총 허용하중을 구할 수 있다.

$$Q_a = q_a \times A(\text{기초 저면적}) \tag{11.20}$$

식 (11.20)의 값은 기초 저판 위에 가해지는 총 허용하중으로 기초 자체의 무게, 기초 위에 작용하는 흙의 무게와 기초에 작용하는 모든 외력의 합이다.

기초를 통하여 모든 하중이 지반에 전달되므로, 이 하중에 의해 지반이 침하를 일으킨다. 침하에는 탄성침하와 소성침하, 또한 기초의 균등침하와 부등침하 등이 있다. 특히 부등침하는 부재의 휨을 유발하므로 각 변형으로 나타낸다. 침하로 인한 구조물의 손상은 구조물과 지반의 강성에 따라 다르다. 표 11.4는 Bjerrum(1963)에 의해 제안된 한계각 변형을 나타낸 것이다.

구조물은 그 종류와 기능에 따라 침하량에 제한이 따른다. 이 제한된 침하량, 즉 허용침하량에 대한 지지력과 허용지지력 중에 적은 값을 허용지내력이라 한다.

표 11.4 한계각 변형(Bjerrum, 1963)

여러 구조의 위험	각 변형한계
침하에 민감한 기계의 위험	1/750
라멘 구조의 위험	1/600
균열을 허용하지 않는 구조물의 위험	1/500
판넬 벽의 첫 균열 위험	1/300
높은 크레인이 가진 어려움에 대한 위험	1/300
강성이 높은 건물의 경사가 관찰될 때의 위험	1/250
판넬과 조적벽의 균열에 대한 위험	1/150
일반구조물의 구조적 손상에 대한 위험	1/150
연성 조적벽의 안전에 대한 위험(구조물 길이/높이> 4)	1/150

Sowers(1962)는 표 11.5와 같이 각종 구조물의 허용침하량을 제시하였다.

표 11.5 각종 구조물의 허용침하량(Sowers, 1962)

침하형태	구조물 종류	허용침하량
전침하량	배수시설	150~300mm
	통로	300~600
	부등침하 가능성이 높은 구조물	
	- 조적벽 구조물	25~50
	- 뼈대 구조물	50~100
	- 굴뚝, 사이로, 매트	75~300
전도	전도에 대한 안전	무게와 높이에 영향
	- 굴뚝, 탑의 기울어짐	0.004L
	- 트럭 등의 움직임	0.01L
	- 물품 적재	0.01L
	- 면 직조기의 작동	0.003L
	- 터빈 발전기	0.0002L
	- 크레인 레일	0.003L
	- 바닥의 배수	0.01~0.02L
부등침하	높은 연속 조적벽	0.0005~0.001L
	벽체 균열	0.001~0.02L
	철근콘크리트 구조물 뼈대	0.0025~0.004L
	철근콘크리트 구조물 칸막이 벽	0.003L
	철구조 뼈대(연속)	0.002L
	단순한 철구조 뼈대	0.005L
L : 부등침하를 일으키는 두 기둥 간 거리		

11.1.6 기초의 접지압(지반반력)

구조물에 작용하는 모든 하중들이 기초 저판을 통해 지반에 작용한다. 이때에 기초 저판에 발생하는 응력 또는 반력을 접지압(Contact Pressure) 또는 지반반력이라 한다. 기초 저판에 작용하는 접지압의 분포는 균일하지 않으며, 흙의 종류와 기초의 강성에 따라 그림 11.7과 같이 다르다.

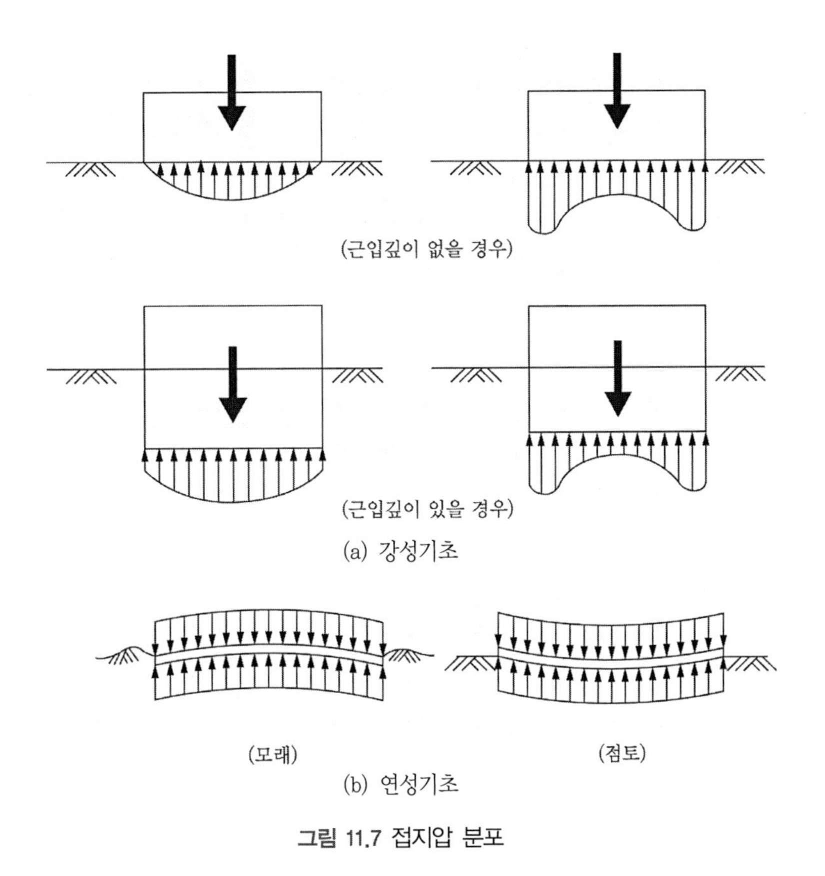

그림 11.7 접지압 분포

그림 11.7과 같이 사질지반에 설치된 강성기초의 접지압은 중앙 부분이 가장자리보다 크며, 점토지반에서는 가장자리 부분이 중앙 부분보다 크다. 연성기초의 경우에는 접지압이 기초 저면 전체에 균등하다. 기초 설계 때에는 기초 저면에 접지압은 직선으로 분포한다고 가정하는 것이 보통이다. 강성인 기초의 도심에 연직하중이 작용할 때의 접지압은 다음과 같다.

$$\sigma = \frac{\text{연직합력}}{\text{기초 저면적}} = \frac{Q}{A} \tag{11.21}$$

그림 11.8과 같이 구형기초에서, 접지압이 평면상으로 분포한다고 가정하고, 연직방향의 합력이 기초 저판의 핵(Core) 내에 작용할 때의 접지압은 다음과 같다.

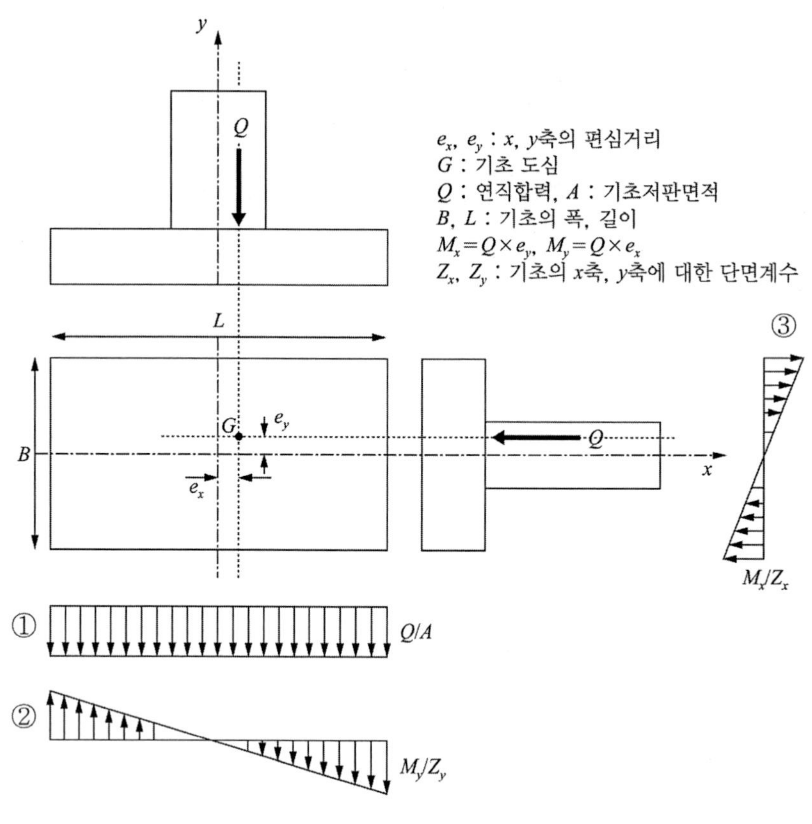

그림 11.8 2방향 편심의 구형 단면기초의 접지압

구형 단면기초의 각 위치의 접지압 크기는 각 위치에 대한 ①+②+③의 압력의 합이 된다.

$$\begin{pmatrix}\sigma_{\max} \\ \sigma_{\min}\end{pmatrix} = \frac{Q}{A} \pm \frac{M_x}{I_y}x \pm \frac{M_y}{I_x}y \tag{11.22}$$

여기서 I_x, I_y는 x, y축에 대한 단면 2차 모멘트이다.

[예 11.8] 다음과 같은 기초판의 A점에 연직하중이 작용할 때 기초 저판에 나타나는 최대 접지압을 구하시오($Q=300$tf).

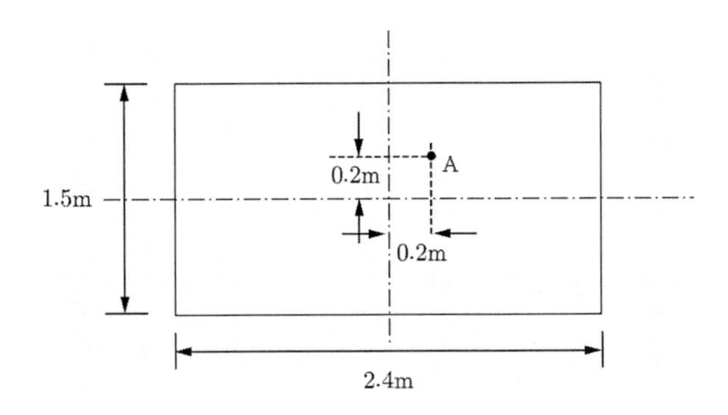

[풀이] 식 (11.22)에서

$$\begin{pmatrix}\sigma_{\max}\\ \sigma_{\min}\end{pmatrix}=\frac{Q}{A}\pm\frac{M_x}{I_y}x\pm\frac{M_y}{I_x}y$$

그림에서 가로축을 x, 세로축을 y라 하고, 접지압이 가장 큰 위치는 우측 상단 모서리 부분이다. 따라서 위 식은 다음과 같다.

$$\sigma_{\max}=\frac{Q}{A}+\frac{M_x}{z_y}+\frac{M_y}{z_x}$$

$$M_x=Q\times e_x=300\times 0.2=60\text{tfm}$$

$$M_y=Q\times e_y=300\times 0.2=60\text{tfm}$$

$$z_x=\frac{2.4\times 1.5^2}{6}=0.9\text{m}^3,\ z_y=\frac{1.5\times 2.4^2}{6}=1.44\text{m}^3$$

$$\sigma_{\max} = \frac{300}{1.5 \times 2.4} + \frac{60}{1.44} + \frac{60}{0.9}$$

$$= 191.67\text{tf/m}^2$$

11.1.7 평판재하 시험

평판재하 시험(Plate Bearing Test)은 지반의 원위치에 비교적 평활한 면을 가진 재하판에 하중을 가하여 하중–지반 변위의 관계로부터 지반의 강도를 알기 위해 시행하는 시험이다. 즉, 구조물 기초의 지지력을 구하기 위해서, 지반에 재하판을 설치하여 지반에 하중을 가하기 때문에 직접 그 지반에 대하여 시험을 한다는 이점으로 많이 행해지고 있다. 그러나 지지력 측정을 위한 기준은 제정되어 있지 않고, 도로의 평판재하 시험 방법(KS F 2310, Method of Plate Load Test on Soils for Road)에 준하여 행하고 있다. 재하판은 변형이 일어나지 않도록 두께 20mm 이상의 철판으로 크기는 30×30cm, 40×40cm, 75×75cm의 세 종류가 있다.

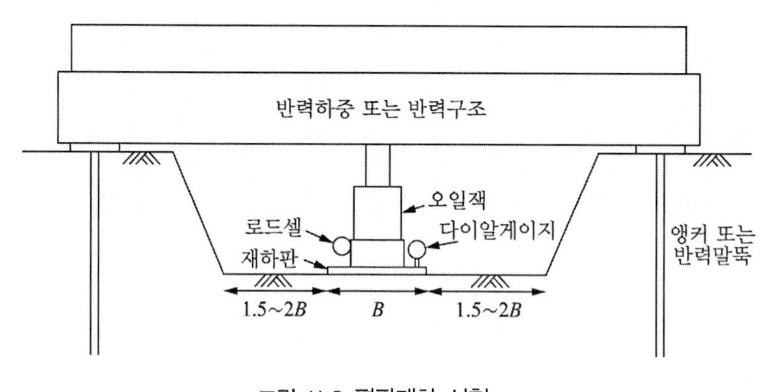

그림 11.9 평판재하 시험

재하 시험은 기초 저판이 설치되는 위치에 재하판을 놓고, 재하는 주로 잭(Jack)을 이용한다. 재하판으로부터 재하판 폭의 1.5~2배 거리 내에는 그림 11.9와 같이 상재하중이 있어서는 안 된다. 또한 재하판의 침하를 측정하기 위한 다이알게이지의 지지대의 부동위치는 지반 침하의 영향을 받지 않게 재하판 폭의 2~3배 정도 떨어져야 한다. 재하는 최대 하중을 5단계 이상으로 나누어서 한다. 각 하중 단계에서 침하량을 2, 4, 8, 15, 30, 45, 60분 이하 15분마다 침하량을 읽는다. 침하속도가 15분간 1/100mm 이하가 되면 그 하중단계에서는 침하가 끝난 것으로 보고 다음 단계의 하중을 가한다.

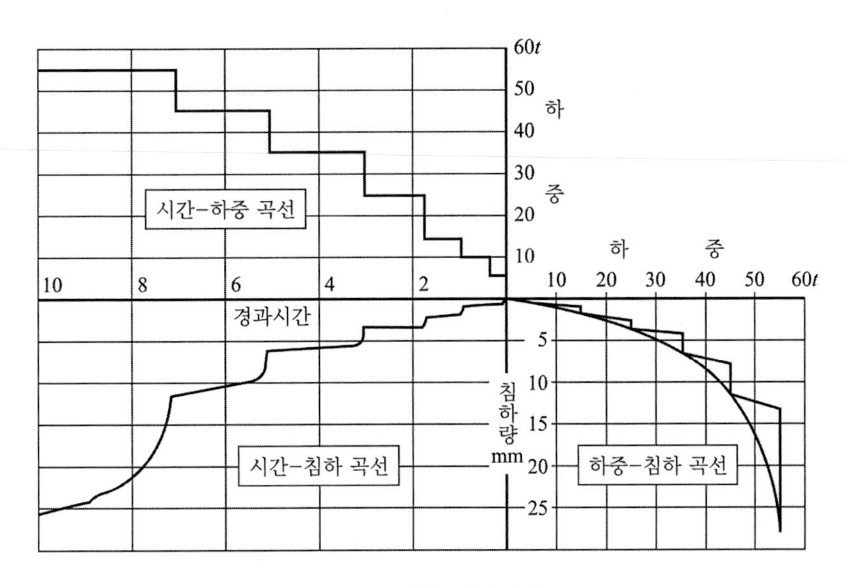

그림 11.10 재하 시험 결과

시험의 결과는 하중-침하량 관계 곡선을 그려 항복하중 또는 파괴하중을 구하여 지지력을 구한다. 항복하중의 1/2, 파괴하중일 때는 1/3을 허용지지력으로 한다. 단기일 때에는 2배의 값을 허용지지력으로 한다. 재하 시험의 결과 정리는 그림 11.10과 같다.

시험이 파괴하중까지 이루어지지 않았을 때, 항복하중을 결정하기 위한 방법은 다음과 같다. 각 방법을 종합해 결정하는 것이 좋다. 각 곡선법은 그림 11.11과 같다.

① $S-\log t$ 곡선법

② $P-ds/d(\log t)$ 곡선법

③ $\log P-\log S$ 곡선법

지반의 지지력은 기초의 근입깊이, 기초의 폭, 기초 구조의 강성, 지하수위, 기초 지반의 성질 등 여러 조건에 의해 달라진다. 따라서 재하 시험의 결과만으로 판단하는 것은 무리가 따른다. 그러므로 여러 가지를 고려하여 설계하중을 결정하지 않으면 안 된다.

실제 기초가 지지할 수 있는 극한지지력은 근사적으로 다음과 같다.

$$\text{점성토}: q_f = q_p \tag{11.23}$$

$$사질토 : q_f = q_p \frac{B_f}{B_p} \tag{11.24}$$

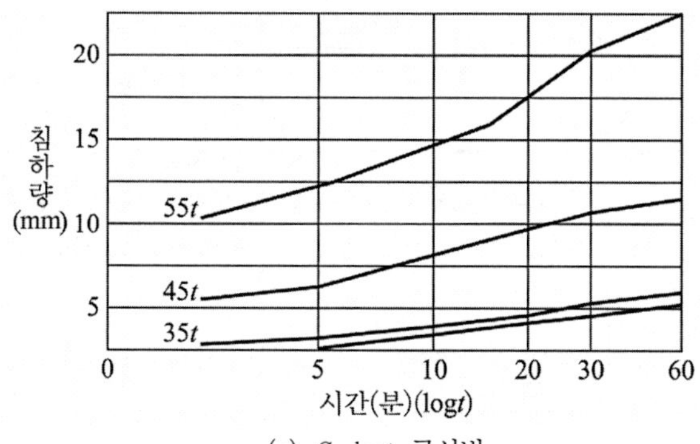

(a) $S-\log t$ 곡선법

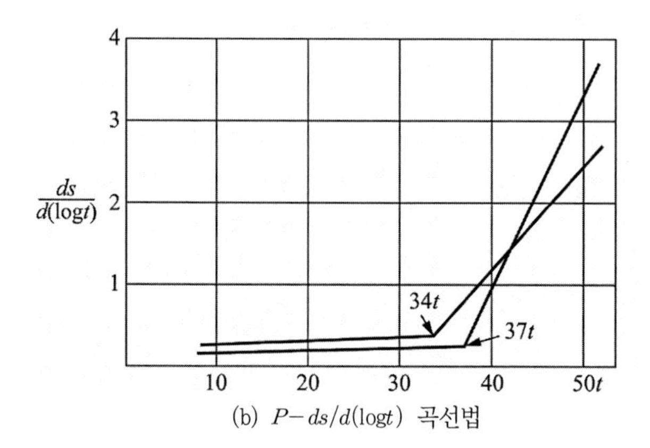

(b) $P-ds/d(\log t)$ 곡선법

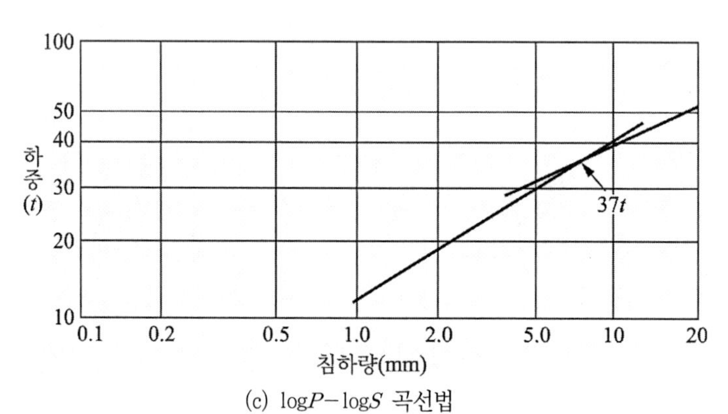

(c) $\log P-\log S$ 곡선법

그림 11.11 항복하중 결정법

동일한 압력에 대한 기초의 실제 침하량은 다음과 같이 계산할 수 있다.

$$\text{점성토 지반} : S_f = S_p \frac{B_f}{S_p} \tag{11.25}$$

$$\text{사질토 지반} : S_f = S_p \left(\frac{2B_f}{B_f + B_p} \right)^2 \tag{11.26}$$

여기서 q_f, S_f, B_f : 실제 기초의 지지력, 침하량, 기초 폭

q_p, S_p, B_p : 재하판의 지지력, 침하량, 재하판 폭

[예 11.9] 폭 45cm인 평판재하 시험의 결과 극한지지력을 32.56tf/m^{2}을 얻었다. 폭 1.2m 정방형기초의 극한지지력은 얼마나 되는가?

[풀이] 식 (11.24)에 의하여

$$q_f = q_p \frac{B_f}{B_p} = 32.56 \times \frac{1.2}{0.45} = 86.83\text{tf/m}^2$$

11.2 깊은 기초

구조물 아래 지반이 연약하여 상부구조물을 지지하지 못하는 경우, 과도한 침하가 예상되는 경우, 횡하중이 작용할 경우, 팽창성 흙과 붕괴성 흙이 지표면 아래 상당한 깊이까지 존재할 경우, 상향 인발력이 발생하는 경우, 지표면에서 흙의 침식이 발생하는 경우, 앞 11.1절의 직접기초가 비경제적일 때에는 지중 깊은 곳의 견고한 지층에 하중을 전달시켜야 할 경우 등에 사용하는 기초가 깊은 기초이다. 보통 기초의 깊이와 폭의 비가 4~5 이상인 경우가 깊은 기초에 해당한다. 깊은 기초에는 말뚝(pile) 기초, 피어(pier) 기초, 케이슨(cassion) 기초 등이 있다.

11.2.1 말뚝기초의 종류

말뚝은 비교적 가늘고 길며, 대개 공장 제품으로 지반에 타격하여 박거나, 구멍을 뚫어 심거나, 구멍을 뚫어 직접 타설하여 제작하는 현장타설 말뚝이 있다.

말뚝은 어떤 재료로 만들었느냐에 따라, 나무말뚝, 주로 사용되는 철근콘크리트말뚝, 강말뚝, 복합말뚝 등이 있다.

콘크리트말뚝은 기성말뚝(precast piles)과 현장타설말뚝(cast-in-suit piles)이 있다. 기성말뚝에는 원심력 철근콘크리트말뚝과 PC 말뚝이 있다. 현장 타설말뚝에는 케이스가 있는 경우와 케이스가 없는 경우로 나뉜다. 강말뚝에는 강관말뚝과 H형강 말뚝이 있다. 복합말뚝에는 말뚝의 상하단을 서로 다른 재료로 구성된 말뚝을 말한다. 즉, 강재와 콘크리트, 목재와 콘크리트로 구성된다. 그러나 두 가지 다른 재료의 결합이 복잡해 널리 사용되지는 않는다.

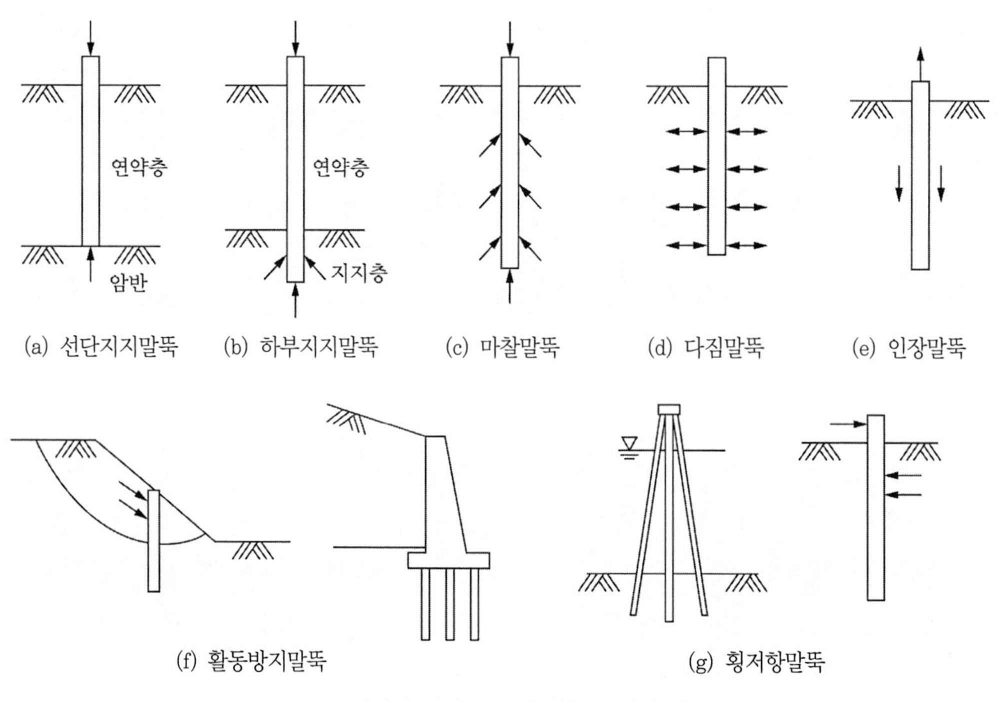

그림 11.12 지지력 전달 구조와 사용 목적에 따른 분류

말뚝은 그림 11.12와 같이 지지력의 전달 구조와 사용 목적에 따라 분류할 수 있다. 지중의 단단한 지층까지 도달시켜 주로 말뚝선단의 지지력으로 상부구조를 지지하게 하는 말뚝을 선단지지말뚝이라 한다. 또한 단단한 지층이 매우 깊어 말뚝선단이 도달하지 못하여 말뚝 주면마찰력이나 흙과의 부착력으로 상부구조를 지지하게 되는 말뚝을 마찰말뚝(friction pile)이라 한다. 지표면에 가까운 지반을 다지기 위해 사질토 지반에 말뚝을 타입하는 경우의 말뚝을 다짐말뚝(compaction pile)이라 한다. 횡저항말뚝, 활동방지말뚝, 인장말뚝 등이 있다.

말뚝은 설치 형태에 따라 연직항(vertical pile), 사항(batter pile), 조항 등이 있다. 연직항은 수평면에 대해 수직으로 시공된 말뚝, 사항은 경사로 시공된 말뚝, 조항은 연직항과 사항, 또는 사항과 사항이 조합되어 시공된 말뚝을 말한다.

말뚝머리에 하중이 작용하여 그 힘이 지반에 전달되는 형태의 말뚝을 주동말뚝, 지반의 변위에 의하여 말뚝에 변위를 유발시키려는 힘이 가해지는 형태의 말뚝을 수동말뚝이라 한다. 말뚝의 지중응력이 서로 간섭을 받지 않을 정도의 간격을 두고 설치된 말뚝을 단독말뚝 또는 단항(single pile)이라 하고, 말뚝의 간격이 좁아 서로 간섭을 받을 수 있는 무리말뚝을 군항(group pile)이라 한다.

11.2.2 말뚝의 정역학적 지지력 산정식

말뚝의 지지력 개념은 그림 11.13과 같다. 말뚝의 극한지지력은 말뚝의 극한 주면마찰력과 극한 선단지지력의 합으로 이루어지며, 식 (11.27)과 같다.

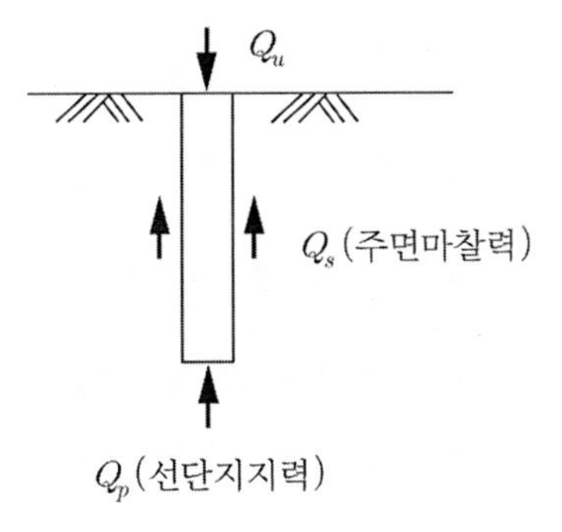

그림 11.13 말뚝의 극한 지지력

$$Q_u = Q_p + Q_s = q_p A_p + \Sigma f_s A_s \tag{11.27}$$

여기서 A_p : 말뚝선단의 단면적

q_p: 말뚝선단의 단위 면적당의 지지력

f_s : 단위 주면 마찰 저항력

A_s : 말뚝 둘레 면적

식 (11.27)에서 지지력의 대부분을 주면마찰력이 차지하면 마찰말뚝, 선단지지력이 차지하면 선단지지말뚝이라 한다.

1) 선단지지력(Q_p)

말뚝의 선단지지력은 얕은 기초의 지지력을 구하는 방법과 같은 형식으로 표현된다. Terzaghi의 얕은 기초의 지지력을 구하는 식 (11.2)와 같은 형식으로 표현하면 기초의 폭 B를 말뚝의 직경 D로 치환된다. 말뚝의 폭(D)이 비교적 적기 때문에 ($\gamma D N_\gamma$)의 항은 선단지지력에 영향을 크게 미치지 않으므로 생략하면 식 (11.28)과 같이 표현할 수 있다.

$$Q_p = q_p A_p = A_p (c N_c^* + q' N_q^*) \tag{11.28}$$

식 (11.28)에서

N_c^*, N_q^* : 말뚝의 선단지지력을 구하는 지지력계수

c : 말뚝 선단 주변 흙의 점착력

q' : 말뚝 선단에서의 연직응력

Meyerhof(1976)가 제안한 지지력계수의 최댓값은 그림 11.14와 같다. 사질토에 관입된 말뚝의 선단지지력은 식 (11.29)와 같다.

$$Q_p = A_p q' N_q^* \leq A_p (5.1 N_q^* \tan\phi) \tag{11.29}$$

비배수 상태의 포화된 점성토에 관입된 말뚝의 선단지지력은 식 (11.30)과 같다.

$$Q_p = c_u N_c^* A_p = 9c_u A_p \tag{11.30}$$

여기서 c_u는 말뚝선단 아래 흙의 비배수 점착력이다.

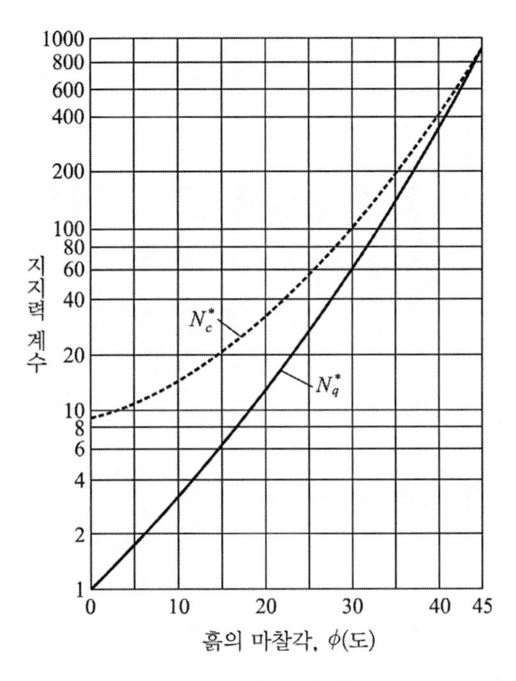

그림 11.14 내부 마찰각과 지지력계수(Meyerhof, 1976)

2) 주면마찰력(Q_s)

토질이 다른 여러 층을 관입하였을 때, 말뚝의 주면마찰력은 식 (11.31)과 같다.

$$Q_s \; = \; U \cdot L \cdot f_s \tag{11.31}$$

여기서 $f_s = c_a + K_s \sigma_v{}' \tan\delta$ (11.32)

U : 말뚝의 둘레 길이

L : 말뚝의 관입 길이

c_a : 말뚝과 흙의 부착력

K_s : 토압계수

$\sigma_v{}'$: 임의 깊이의 유효연직응력($=\gamma' z$)

δ : 흙과 말뚝의 마찰각

사질토 지반에서는 $c=0$이므로, 단위 주면 마찰 저항력은 다음과 같다.

$$f_s = K_s \sigma_v{}' \tan\delta \qquad (11.33)$$

위 식의 유효연직응력은 깊이에 따라 증가하나, 그림 11.15와 같이 말뚝 직경의 15~20배까지만 증가하는 것으로 보고 이후의 깊이에서는 일정한 것으로 본다. 평균적으로 사용하는 토압계수(K_s)와 말뚝과 흙과의 마찰각(δ)을 구조물 기초 설계기준에서는 다음과 같이 추천한다.

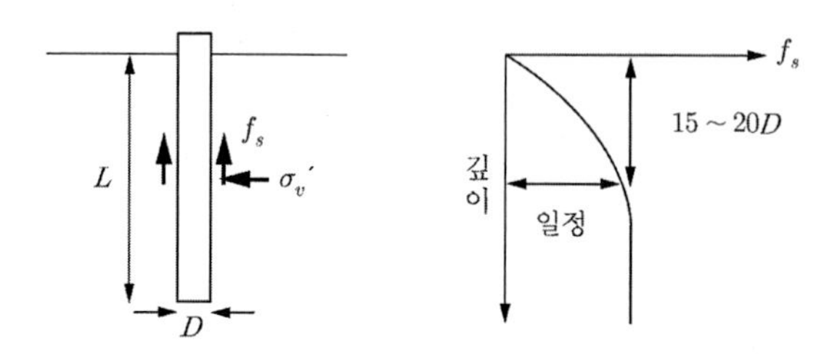

그림 11.15 사질토의 마찰지지력

표 11.6 말뚝 주면마찰력 산정을 위한 토압계수 K_s

말뚝의 형태	K_s	
	느슨한 모래	조밀한 모래
타입 H말뚝	0.5	1.0
타입 치환말뚝	1.0	1.5
타입 치환쐐기형 말뚝	1.5	2.0
타입 사수말뚝	0.4	0.9
굴착말뚝(B ≤ 1500mm)	0.7	

표 11.7 말뚝표면과 흙의 마찰각 δ(Asa, 1966)

말뚝 재료	δ
강말뚝	20°
콘크리트말뚝	$(3/4)\phi$
나무말뚝	$(3/4)\phi$

Meyerhof(1976)는 사질토 지반에 설치된 말뚝의 지지력을 표준 관입 시험의 N치를 이용한 다음 식을 제안하였다.

$$Q_u = mN'A_p + n\overline{N}A_s \tag{11.34}$$

여기서 Q_u : 말뚝의 극한지지력(ton)

A_p : 말뚝선단 단면적(m^2)

A_s : 사질지반에 묻힌 말뚝의 표면적(m^2)

$N' = C_n N$

$C_n = 0.77\log_{10}\dfrac{20}{\sigma'_v}(\sigma'_v \geq 2.5\text{t/m}^2)$

N : 말뚝선단부 부근의 N치

$\overline{N}$: 사질토 지반의 평균 N치

타입 말뚝에서는 다음과 같다.

$$m = 3 \qquad \left(\frac{L}{B}\right) \leq 30 \tag{11.35}$$

$$n = \frac{1}{5} \qquad (n\overline{N} \leq 10\text{t/m}^2) \tag{11.36}$$

Bhusan(1982)은 타입말뚝에 대하여 다음과 같은 식을 제안하였다.

$$K_s \tan\delta = 0.18 + 0.0065 D_r \qquad (11.37)$$

그리고

$$K_s = 0.5 + 0.008 D_r \qquad (11.38)$$

여기서 D_r : 상대밀도(%)

점성토 지반에서 비배수 조건이면 $\phi_u = 0$이므로 $\delta = 0$이 된다. 따라서 주면마찰력은 말뚝과 흙과의 부착력만으로 이루어진다.

$$f_s = c_a = \alpha c_u \qquad (11.39)$$

여기서 c_u : 비배수 점착력

α : 부착력계수

부착력계수(α)는 점토층의 굳기, 말뚝의 종류, 크기, 시공법, 지층상태 등에 따라 달라진다. 부착력계수-비배수 점착력($\alpha - c_u$) 관계는 그림 11.16과 같다.

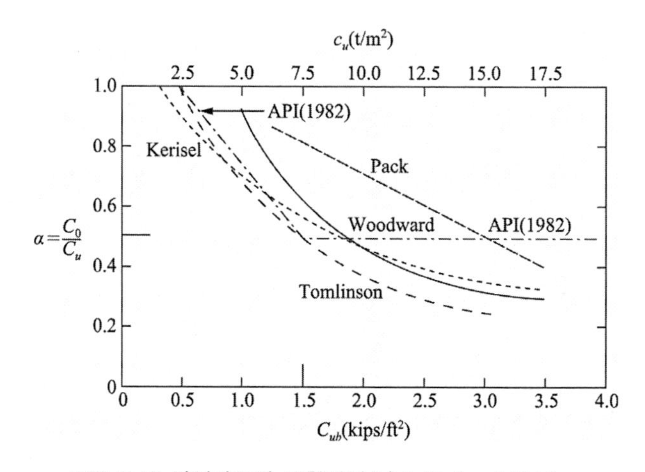

그림 11.16 타입말뚝의 부착력계수(McClelland,1974)

Hunt(1986)는 육상에서는 Woodward의 곡선, 해상 구조물에서 긴 강관말뚝에서는 API 곡선을 추천하고 있다.

말뚝 관입에 의하여 주위 지반이 교란이 일어나고, 과잉간극수압이 발생한다. 과잉간극수압 발생 후 1개월 정도 경과하면 과잉간극수압은 소산되고 지반은 재압밀된다. 그 후 하중이 다시 재하되면 말뚝주면에 발생하는 마찰력은 식 (11.40)과 같이 주변지반의 배수 전단강도로 표현된다.

$$f_s = c'_r + K_s \sigma'_v \tan\phi'_r \tag{11.40}$$

여기서 c'_r : 교란된 점토의 재압밀된 후의 점착력

ϕ'_r : 교란된 점토의 재압밀된 후의 배수전단저항각

$K_s = K_o = 1 - \sin\phi'_r$(정규압밀 점토)

$= 1 - \sin\phi'_r \sqrt{OCR}$(과압밀 점토)

OCR : 과압밀비

식 (11.40)에서 일반적으로 $c'_r = 0$이므로 다음과 같다.

$$f_s = K_s \sigma'_v \tan\phi'_r \tag{11.41}$$

$$= \beta \sigma'_v \tag{11.42}$$

여기서 $\beta = K_s \tan\phi'_r$ (11.43)

강말뚝의 선단지지 면적 및 주변장은 말뚝이 지지층에 5B(D) 이상 관입한 경우에는 그림 11.17과 같이 폐쇄면적을 취하고, 주변장은 폐쇄면적의 외주만을 취한다.

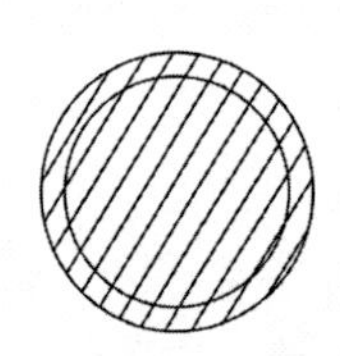
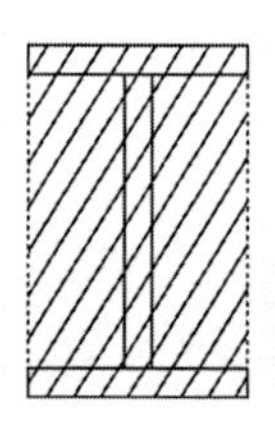

그림 11.17 강말뚝의 선단지지 면적

[예 11.10] 지름 30cm, 길이 10m인 철근콘크리트말뚝을 모래 지반에 박았다. 이 말뚝의 마찰지지력을 구하시오. 흙의 단위 중량은 $\gamma = 1.78\text{tf/m}^3$, 내부 마찰각은 $\phi = 30°$이다.

[풀이] 식 (11.31)에서 모래 지반에 대한 것은 다음과 같다.

$$Q_s = ULf_s = UL(c_a + K_s \sigma'_v \tan\delta)$$

위 식에서 $c_a = 0$이므로 $Q_s = ULK_s\sigma'_v\tan\delta$이다.

표 11.6에서

$$K_s = 1.3,\ \delta = (3/4)\phi = (3/4) \times 30 = 22.5°$$

σ'_v는 깊이에 따라 다르다. 그림 11.15에서 $L' = 15D = 5 \times 0.3 = 4.5\text{m}$ 까지는 σ'_v가 깊이에 따라 증가하다,

이후부터는 일정한 값을 가진다. 4.5m 에서의 σ'_v 값은 다음과 같다.

$$\sigma'_v = \ 4.5 \times 1.78 = 8.01\text{tf/m}^2$$

① 0~4.5m까지 마찰지지력

그림 11.15에서 상부부분을 직선변화로 가정하고 계산한다.

$$Q_{s1} = U\left(\frac{L\sigma'_{V4.5}}{2}\right)K_s \tan\delta$$
$$= 3.14 \times 0.3 \times 4.5 \times 8.01 \times 0.5 \times 1.3 \times \tan 22.5$$
$$= 9.14\text{tf}$$

② 4.5~10m까지 마찰지지력

$$Q_{s2} = UL\sigma'_{v4.5}K_s \tan\delta$$
$$= 3.14 \times 0.3 \times (10 - 4.5) \times 8.01 \times 1.3 \times \tan 22.5$$
$$= 22.3\text{tf}$$

$$Q_s = Q_{s1} + Q_{s2} = 9.14 + 22.35 = 31.49\text{tf}$$

[예 11.11] 다음과 같은 지층에 직경 50cm, 길이 15m의 말뚝을 박고자 한다. 극한지지력을 구하시오.

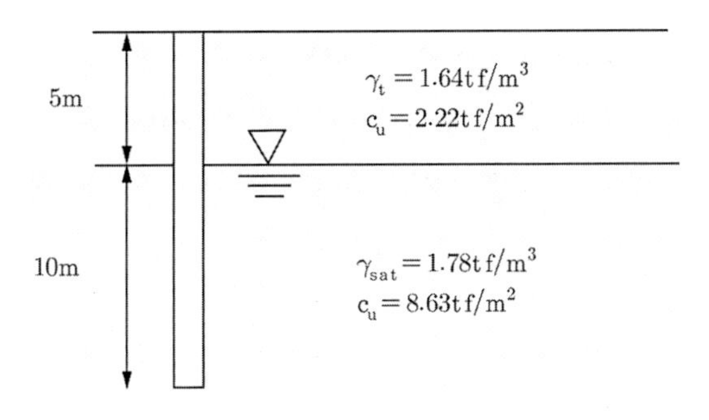

[풀이] 선단극한지지력은 식 (11.30)에서

$$Q_p = 9c_u A_p = \left(\frac{\pi \times 0.5^2}{4}\right)8.63 \times 9 = 15.24\text{tf}$$

주면마찰력은 그림 11.16에서

$0 \sim 5\text{m}$ 깊이까지 $c_u = 2.22\text{tf/m}^2$이므로 $\alpha = 1$

$5 \sim 15\text{m}$ 깊이까지 $c_u = 8.63\text{tf/m}^2$이므로 $\alpha = 0.5$이다.

주면마찰력은 두 층으로 나누어 계산한다.

$$
\begin{aligned}
Q_s &= ULf_s \\
&= \pi D(L_1 f_{s1} + L_2 f_{s2}) \\
&= 3.14 \times 0.5 \times (5 \times 1 \times 2.2 + 10 \times 0. \times 58.63) \\
&= 85.02\text{tf}
\end{aligned}
$$

$$Q_u = Q_p + Q_s = 15.24 + 85.02 = 100.26\text{tf}$$

$$Q_a = \frac{Q_u}{F_s} = \frac{100.26}{3} = 33.42\text{tf}$$

11.2.3 말뚝의 동역학적 지지력 산정식

말뚝의 동역학적 지지력 산정은 말뚝에 가해지는 유효 타격 에너지와 말뚝이 지반에 관입되는 데 필요한 에너지는 같다는 가정으로 이루어진다. 말뚝을 해머로 타격할 때 가해지는 에너지와 이 에너지에 의해 발생하는 일양(에너지)을 그림 11.18에 나타내었다. 항타 에너지는 선단하부지반 변형, 말뚝주면의 마찰, 말뚝변형 등의 에너지로 소모되고 일부는 소리, 열 및 빛 등의 에너지로 소모된다. 즉, 다음과 같다.

항타 에너지(E_b) = 말뚝선단하부지반 변형 에너지(E_p)
+ 말뚝주면 마찰 에너지(E_s)
+ 탄성변형(말뚝, 지반, 캡 등) 에너지(E_e) + 손실 에너지(E_l)

$$
\begin{aligned}
E_b &= WH = Q_p s + Q_s s + E_e + E_l \\
&= (Q_s + Q_p)s + E_e + E_l
\end{aligned} \tag{11.44}
$$

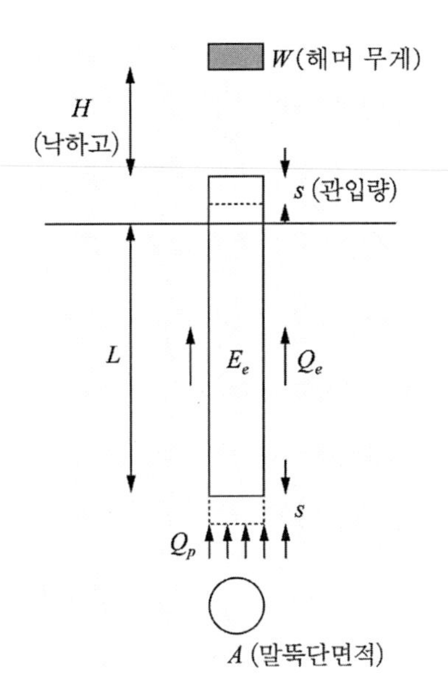

그림 11.18 항타 에너지

식 (11.44)는 다음과 같이 쓸 수 있다.

$$Q_u = Q_p + Q_s = \frac{E_b - (E_e + E_l)}{s} \tag{11.45}$$

식 (11.45)에서 보면 탄성변형(말뚝, 지반, 캡 등)에 사용된 에너지(E_e)와 손실 에너지(E_l)가 말뚝 관입에 사용된다면 관입량(s)이 더 늘어날 것이다. 이런 에너지에 의해 더 관입할 수 있는 관입량을 C로 나타내면 다음과 같다.

$$Q_u = \frac{E_b}{s + C} \tag{11.46}$$

동적지지력 공식 또는 항타 공식들은 식 (11.46)의 원리를 이용한 많은 공식들이 제안되었다.

Hiley 공식은 해머의 효율, 타격의 효율, 식 (11.46)의 C를 각각의 요소 C_1, C_2, C_3로 나누어 다음과 같이 표현하였다.

$$Q_u = \frac{WHe_f}{s + \frac{C_1 + C_2 + C_3}{2}} \frac{W + n^2 W_p}{W + W_p} \tag{11.47}$$

여기서 e_f : 해머 효율, n : 해머의 반발계수

W_p : 말뚝의 무게

C_1, C_2, C_3 : 말뚝 캡, 말뚝, 흙의 탄성변위

해머의 효율(e_f)은 표 11.8과 같다.

표 11.8 해머의 효율(구조물 기초 설계기준)

해머	효율 e_f
낙추식, 윈치 작동	0.8
방아쇠 작동	1.0
단동식 해머	0.9
복동식 해머	1.0
디젤 해머	1.0

반발계수는 구조물 기초 설계기준에 표 11.9와 같이 추전하고 있다.

표 11.9 반발계수(BSP Pocket Book, 1969)

말뚝 종류	말뚝 타격 조건	단동식, 낙추식 디젤 해머	복동식 해머
콘크리트 말뚝	합성수지, 경목 cap block+helmet+packing	0.4	0.5
	보통나무 cap block+helmet+packing	0.25	0.4
	pad	–	0.5
강말뚝	합성수지 또는 경목 cap block+cap	0.5	0.5
	보통나무 cap block+cap	0.3	0.3
	장치물 없음	–	0.5
나무말뚝	장치물 없음	0.25	0.4

타격 효율은 그림 11.19와 같다. 타격 효율 η는 다음과 같다.

$$\eta = \frac{W + n^2 W_p}{W + W_p} \tag{11.48}$$

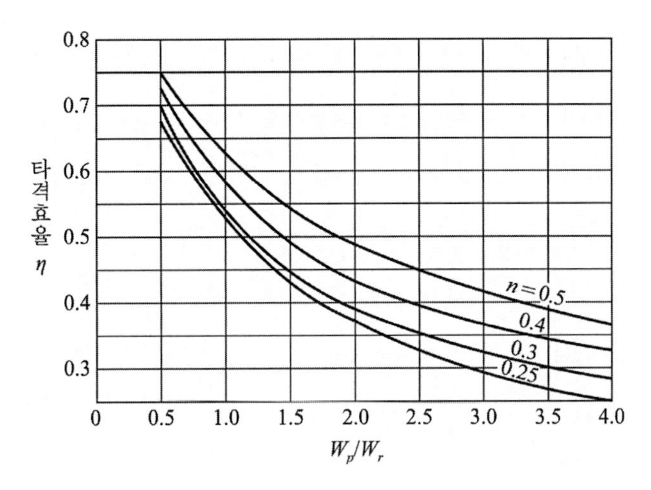

그림 11.19 Hiley 식의 타격 효율(BSP Pocket Book, 1969)

ENR(Engineering News Record) 공식은 손실 에너지 부분을 다음과 같이 보완하여 해머의 종류에 따라 나타내었다.

드롭해머인 경우 : $Q_u = \dfrac{WH}{s + 2.5}(\text{ton})$ (11.49)

단동 스팀해머인 경우 : $Q_u = \dfrac{WH}{s + 0.25}(\text{ton})$ (11.50)

복동 스팀해머인 경우 : $Q_u = \dfrac{(W + P\alpha)H}{s + 0.25}(\text{ton})$ (11.51)

여기서 P : 해머 실린더 속의 증기압(t/cm^2)

α : 실린더의 단면적(cm^2)

11.2.4 무리말뚝(군말뚝)

구조물의 하중을 하부지지 지반에 전달하기 위해 말뚝을 사용할 경우는 여러 개의 말뚝을 함께 사용한다. 이때 이 말뚝들은 서로 응력이 중복되어 하나의 말뚝 응력이 약해진다. 이렇게 시공된 말뚝을 무리말뚝이라 하며, 이 효과를 무리말뚝 효과라 한다. 따라서 무리말뚝은 지지력과 침하거동이 단말뚝과 다르다. 무리말뚝의 지지력이 단말뚝의 지지력의 합보다 적지 않게 설치하는 것이 이상적이나, 무리말뚝 효과를 최소화하기 위하여 말뚝의 간격은 최소 2.5D이지만 보통 3~3.5D로 한다.

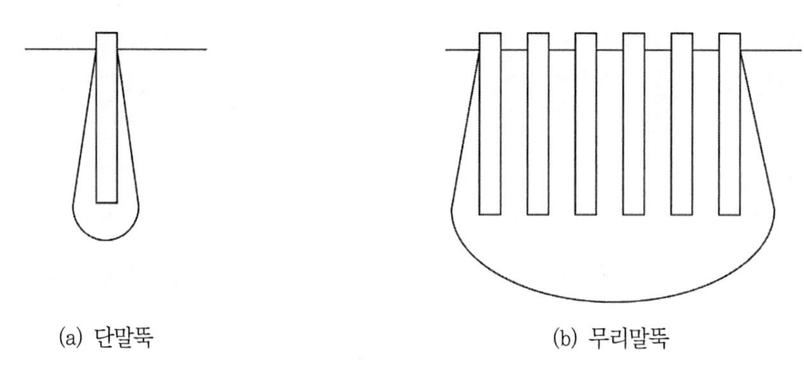

그림 11.20 무리말뚝 효과

무리말뚝의 지지력 효율은 다음과 같다.

$$\eta = \frac{Q_{gu}}{\sum Q_u} \tag{11.52}$$

여기서 η : 무리말뚝의 효율

Q_u : 단말뚝의 극한지지력

Q_{gu} : 무리말뚝의 극한지지력

모래, 자갈층의 선단지지 말뚝의 경우에는 지지층의 응력 집중이 크게 문제될 것이 없으므로 무리말뚝의 효과는 고려하지 않는다. 이는 무리말뚝 효과와 말뚝 관입 시 주변이 다져져 강도 증가에 의한 지지력 증가와 상쇄되는 것으로 본다. 점성토 지반에서 무리말뚝의 지지력은 단말뚝의 지지력 합(ΣQ_u)과 말뚝무리의 가장자리를 연결한 가상 케이슨의 극한지지력을 구하여 둘 중에 적은 것을 택한다.

11.2.5 말뚝의 수평지지력

구조물에 말뚝기초가 설치되어 있으면, 구조물에 작용하는 횡압, 즉 토압, 지진, 풍압, 파압 등에 의하여 말뚝머리에 수평하중 및 모멘트가 작용한다. 이렇게 말뚝머리에 수평하중을 직접 받는 말뚝을 주동말뚝이라 한다. 주동말뚝의 지지력을 구하는 방법에는 극한평형법(극한지반 반력법), 탄성지반 반력법, 복합지반 반력법, 재하 시험 등이 있다.

1) 극한평형법

지반반력을 말뚝의 변위와는 관계없이 깊이의 함수로 표현한다. 이는 지반의 극한상태에 대한 지반반력 분포를 가정하고, 말뚝에 작용하는 외력과 평형을 이룬다는 가정으로 해석한다.

2) 탄성지반 반력법

지반반력을 깊이와 말뚝의 변위의 함수로 표현한다. 지반을 불연속의 스프링 집합으로 가정한 Winkler 지반으로 가정한다. 지배 방정식은 다음과 같다.

$$\frac{EI}{B}\frac{d^4y}{dx^4}+p(x,\ y)=0 \tag{11.53}$$

여기서 B : 말뚝지름

$p(x,\ y)$: 지반반력

Chang(1937)은 식 (11.53)에서 지반반력이 깊이에 따라 일정하다고 가정하고 탄성지반에 지지된 보로 보고 해석하였다. 지반 속의 말뚝변위는 다음과 같이 해석하였다.

$$y=\exp(\beta x)(A\cos\beta x+B\sin\beta x)+\exp(-\beta x)(C\cos\beta x+D\sin\beta x) \tag{11.54}$$

여기서 $\beta=\sqrt[4]{\dfrac{k_h B}{4EI}}$

k_h : 지반반력계수

E : 말뚝의 탄성계수

I : 말뚝의 단면 2차 모멘트

식 (11.54)의 변위(y)를 구해 지반반력계수(k_h)를 곱하면 지반반력[$p(x,\ y)$]이 된다. 말뚝머리에 작용하는 외력과 지반반력으로 전단력, 모멘트를 계산할 수 있다.

3) 복합 지반반력

실제지반은 비선형 재료이다. 따라서 복합 지반반력법은 말뚝의 힘 전달에 의해 '지표 부근의 지반은 완전 소성화되어 소성영역이고, 아랫부분 지반은 탄성영역이다'라고 가정하는 것이다. 소성영역은 극한 지반반력법을, 탄성영역은 선형 탄성 지반반력법을 적용하여 해석한다.

11.2.6 무리말뚝의 침하

무리말뚝의 침하계산은 말뚝무리를 어떤 깊이에 등치의 기초판으로 가정하고 일반적인 침하 계산법으로 한다. 이 가정한 기초판 위에 등분포 하중이 작용하는 것으로 가정한다. 이 등분포 하중은 전하중을 등치기초판으로 나눈 것이다. 등치기초판의 깊이와 크기는 그림 11.21과 같다.

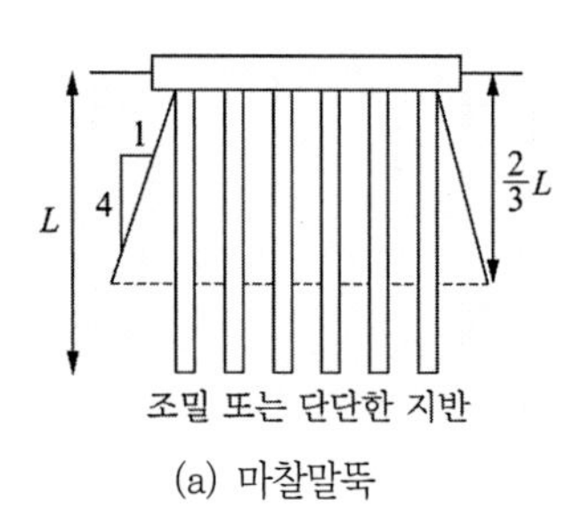

(a) 마찰말뚝 (b) 하부지반지지말뚝 (c) 선단지지말뚝

그림 11.21 등치기초판

연습문제

1. 단위 중량이 $1.78tf/m^3$, 내부 마찰각이 26°, 점착력이 $2.02tf/m^2$인 지반에 깊이 2m에 2×2m의 기초판이 놓여 있다. 이 기초판에 작용할 수 있는 총 하중을 구하시오(작용하중은 연직이고 도심에 작용하며, 안전율은 3임). Terzaghi, Meyerhof의 식에 의해 계산하여 비교하시오.

2. 단위 중량이 $1.64tf/m^3$, 내부 마찰각이 18°, 점착력이 $1.65tf/m^2$인 지반에 지표에서 깊이 1.5m에 1.5×1.5m의 정방형 기초가 놓여 있다. 이 지반이 국부 전단파괴를 일으킨다고 가정하면 도심에 연직으로 작용할 수 있는 하중은 얼마인가?

3. 다음 그림과 같은 줄기초의 폭을 결정하시오(안전율 : 3).

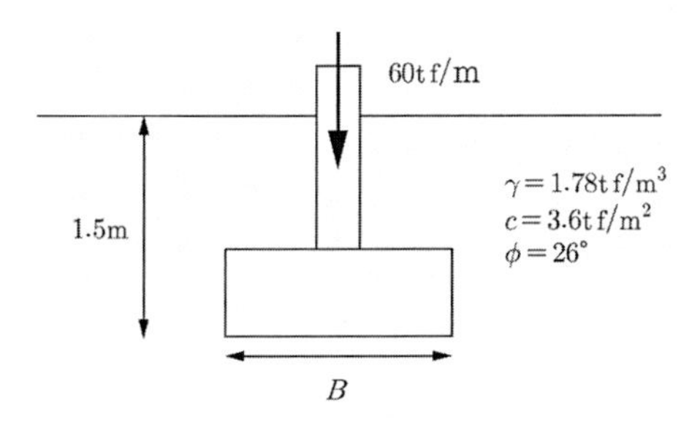

4. 다음 그림과 같은 경우의 극한지지력을 구하시오.

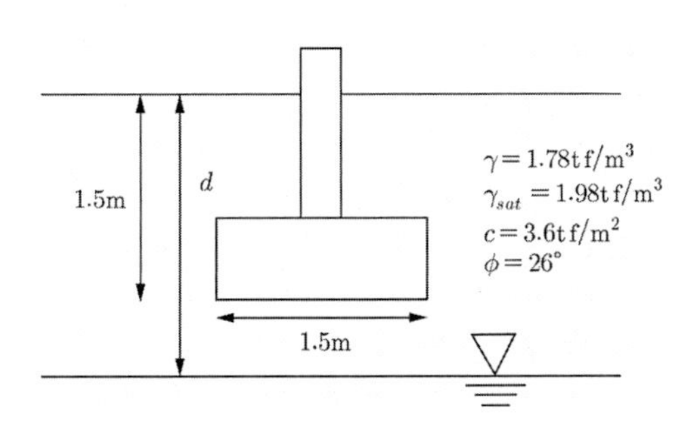

1) $d=1\text{m}$일 때

2) $d=1.5\text{m}$일 때

3) $d=3\text{m}$일 때

5. 다음과 같은 경우의 지지력을 구하시오(안전율은 1.5로 한다).

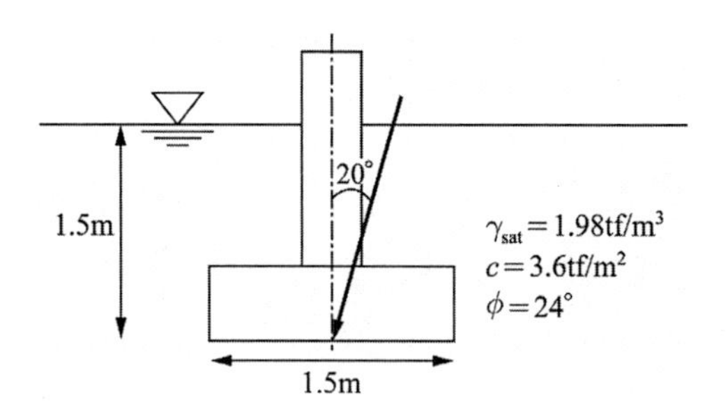

6. 점토지반 1m 깊이에 그림과 같이 정방형 기초가 놓여 있다. 이 기초에 A점에서 양방향 편심연직하중이 작용하고 있다. 하중의 크기는 300tf이다. 안전율은 3으로 하고, 허용지지력과 최대 접지압을 구하시오.

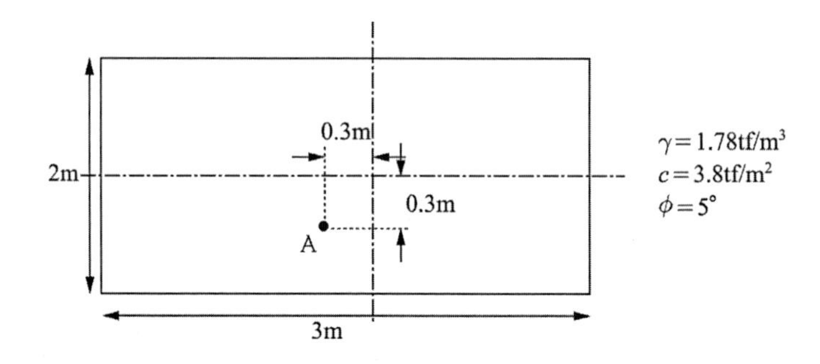

7. 직경이 30cm, 길이 12m인 철근콘크리트말뚝을 균일한 모래 지반에 박았다. 이 말뚝의 극한지지력을 구하시오. 모래의 단위 중량은 1.73tf/m^3, 내부 마찰각은 32°이다.

8. 직경 30cm, 길이 12m인 철근콘크리트말뚝을 증기 해머로 타입하였다. 말뚝의 허용지지력을 구하시오.

• 해머의 타격 에너지 : 4.2tf/m, 램의 무게 : 4.0tf
• 해머의 효율 : 0.85, 반발계수 : 0.4
• 마지막 25mm 관입 시 타격횟수 : 5회, 말뚝 중량 : 0.17tf/m

9. 단위 중량이 $1.70tf/m^3$이고, 일축압축강도가 $7.2tf/m^2$인 정규압밀 점토 지반에 직경 30cm, 길이 10m인 말뚝을 설치하였다. 말뚝의 지지력을 구하시오. 안전율은 3으로 한다.

10. 지름이 30cm인 원형 콘크리트 말뚝이 균일한 모래층에 타입되어 있다. 말뚝길이는 10m이다. 모래지반의 단위 중량은 $1.72tf/m^3$이고, 평균 내부 마찰각은 30°이다. 말뚝선단 부분의 평균 표준 관입 시험치는 15이다. 이 말뚝의 극한하중을 구하시오.

〈참고문헌〉

건설교통부(1997), 『구조물 기초 설계기준』, pp.147~209.

이종규(2007), 『토질역학, 기문당』, pp.432~458.

土質工學會(1978), 『土質調査法』, pp.343~372.

土質工學會(1985), 『抗基礎の設計法とその解說』, pp.393~444.

Bjerrum, L.(1963), *Allowable Settlement of Structures*, Proceeding, European Conferce on Soil Mechanics and Foundetion Engineering, Wiesbaden, Germany, Vol.Ⅲ, pp.135~137.

Bowles, J. E.(1977), *Foundation Analysis and design*, 2nd ed., McGraw-Hill, New York.

Braja, M. Das(2000), *Fundamentals of Geotechnical Engineering*, Brooks/Cole.

Braja, M. Das(2002), *Principles of Geotechnical Engineering*, 5/e, Brooks/Cole.

Braja, M. Das(2008), *Introduction to Geotechnical Engineering 1st Ed*, Cengage Learning.

Chang, Y. L.(1937), *Discussion on Lateral Pile-Loading Test by Feagin*, Trans, ASCE. (13장).

DeBeer, E. E. and Vesic, A. S.(1958), *Etude Experimentale de la Capacite Portante du Sable Sous des Foundation Directes Etablies en Surface*, Ann. Trav. Publics Belg., Vol.59, No.3.

Graham Barnes(200), *Soil Mechanics : Principles and Practice*, 2nd, Palgrave, pp.298~319.

Meyerhof, G. G.(1953), *The Bearing Capacity of Foundations Under Eccentric and Inclined Loads*, Proceedinds, 3rd International Conference on Soil Mechanics and Foundation Engineering, Vol.1, pp.440~445.

Meyerhof, G. G.(1963), *Some Recent Research on the Bearing Capacity of Foundation*, Canadian Geotechnical Jourrnal, Vol. 1, pp.16~26.

Meyerhof, G. G.(1976), *Bearing Capacity and Settlement of Pile Foundation*, Journal of the Geotechnical Engineering Division, American Society of Civil Engineers, Vol.102, No.GT3, pp.225~244.

Prandtl, L.(1921), *Über die Eindringungsfestigkeit(Harte) plasticher Baustoffe und die festigkeit von Schneiden*, Zeitschrift für Angewandte Mathematik und Mechanick, Basel, Switzerland, Vol.1, No.1, pp.15~20.

Reissner, H.(1924), *Zum Erddruckproblem, Proceeding*, 1st International Congress of Applied Mechanics, pp.295~311.

Sowers, G. F.(1962), *Shallow Foundation*, Chapter Six from Foundation Engineering, ed G.A. Leonards, McGraw-Hill, New York.

Terzagi, K.(1943), *Theoretical Soil Mechanics*, Wiley, New York.

Vesic, A. S.(1973), *Analysis of Ultimate Loads of Shallow Foundations*, Journal of the Soil Mechanics and Foundation Division, American of Civil Engineers, Vol.99, No. SM1, pp.45~73.

William, H. P. and William, B.(1976), *Soil Mechanics–Principles and Applications–*, Ronald, New York.

12 지반조사

12 지반조사

모든 구조물이 지반에 건설되므로 구조물과 지반은 일체로서, 모든 점에서 밀접한 관계가 있다. 구조물의 안전과 내구성에 많은 영향을 주는 것이 또한 기초 지반이다. 특히 요즈음은 도시의 과밀화, 광역화, 구조물의 대형화 및 재료와 기초 공법의 시공법 발달에 의하여, 더욱이 환경문제 등에서 점점 더 복잡해지고 있다. 또한 흙 자체를 건설재료로 사용하는 경우에도 흙의 성질을 충분히 파악하지 않으면 경제적이고 합리적인 설계를 하기 어렵다. 그러므로 지반조사의 중요성이 더욱 높아지고 있다. 구조물의 특성에 따라 지반조사는 여러 가지 문제들을 해석하기 위한 자료 취득 목적으로 이루어진다. 즉, 성토나 사면의 안정과 침하 문제, 연직 또는 수평 지지력과 침하 문제, 굴착 및 배수 문제, 지하수의 상태, 지반의 동적성질 파악, 성토의 다짐도 등이 있다.

지반조사는 현재의 구조물을 변경하거나 증축할 경우에도 필요하다. 현장에서 지반을 접하는 기술자는 언제나 토질이 불균질함을 생각해야 한다.

12.1 지반조사

일반적으로 지반조사는 건설계획의 진행도, 즉 계획 단계, 설계 단계, 시공 단계, 시공관리 단계, 유지관리 단계 등에 따라, 또 구조물의 규모, 종류, 지반조건 등에 따라 그림 12.1과 같은 흐름으로 진행된다.

예비조사는 계획단계의 조사로 주로 자료수집과 자료정리가 주된 조사이다. 기존의 인접지 공사 때의 지반조사 자료, 현장에 관한 여러 자료를 조사하여 지질, 지형, 토양, 기후, 재해,

교통 등의 자료 수집 등을 행한다. 이렇게 수집된 자료들은 현장조사에 대한 정확하고 바른 계획을 세울 수 있다.

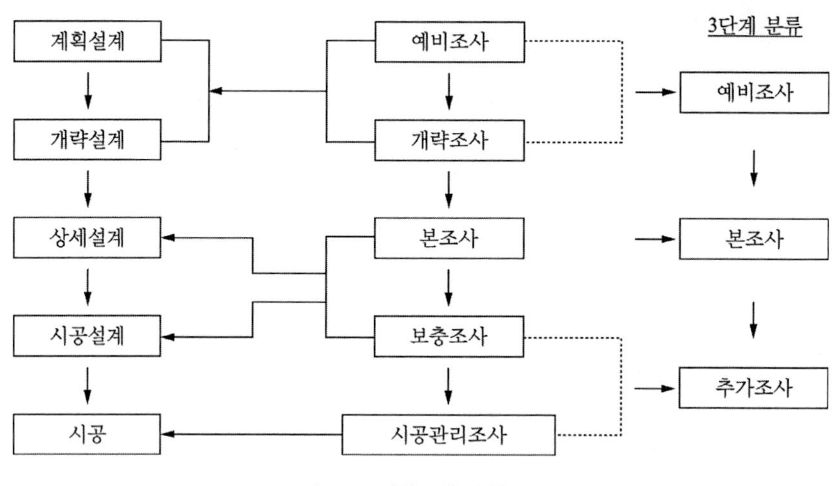

그림 12.1 지반조사 흐름도

개략조사는 예비조사에서 얻은 자료를 토대로 현장을 답사하여 현장의 지형, 지질 상태, 식물 종류와 분포 형태, 지하수의 용출, 지표의 노출된 암석 분포, 현장 작업조건 등을 조사 관찰한다.

본 조사는 상세설계에 필요한 거의 모든 것을 얻기 위한 현장조사이므로, 앞 단계의 조사에서 얻은 개략적인 자료를 기초로 하여 지표조사와 지하조사로 이루어지며, 보링, 시료 채취, 물리탐사, 원위치 시험 등을 실시하여 지층의 상태와 구성, 지하수위와 상태, 각 지층 흙의 물리적 성질, 역학적 특성 등에 대한 자료를 얻는다.

보충조사는 지반의 국부적인 변화, 설계변경, 시공성과 방법 결정 등 필요한 경우에 행하는 조사이다.

시공관리조사는 시공 중의 안정성, 시공성의 확인, 설계와의 상관성 등을 위하여 실시한다. 지반의 거동 관측, 구조물의 변위와 침하, 지하수의 변화, 성토 시의 다짐도 확인 등이 이에 속한다. 이 단계의 조사는 시공의 속도, 공법의 변경, 대책 공법의 계획, 공비의 변경 등 공사 중에 직접 영향을 주는 것이 많다.

12.2 보링조사

보링(boring, 시추)은 지반조사에서 빠질 수 없는 중요한 수단이다. 땅속에 조사 시험을 위한 구멍을 뚫는 것을 말한다. 보링의 목적은 땅속의 지층 상태와 구조를 파악하고, 교란 또는 불교란 시료를 채취하고, 또 보링 공에서 원위치 시험을 실시하거나, 지하수의 상태 파악과 현장 투수 시험 등을 하기 위한 것이다.

12.2.1 보링조사의 심도, 간격

조사는 그 목적을 충분히 달성할 수 있는 심도, 간격으로 행하지 않으면 안 된다. 기존의 자료로 지층의 구성을 충분히 파악할 수 있을 때에는 일부 생략할 수도 있다. 보링의 심도, 빈도는 공사의 종류와 규모, 중요성과 지층의 변화 등 지반의 상황에 따라 다르다. 일반적으로 각 기관의 규정에 따라 결정될 것이다. 보링의 횟수나 깊이 등을 결정하는 데 정해진 법칙은 없다. 시험 보링은 부적당한 지층을 통과해서 단단한 지층까지 하는 것이 일반적이다.

Sowers과 Sowers(1970)는 암반이 없는 지반에서 고층 건물 건설 계획에 대하여 보링의 깊이는 다음과 같은 근사값을 제안하였다.

- 가벼운 강구조나 폭이 좁은 콘크리트 건물의 경우 : $z_b(\mathrm{m}) = 3\mathrm{S}^{0.7}$
- 무거운 강구조나 폭이 넓은 콘크리트 건물의 경우 : $z_b(\mathrm{m}) = 6\mathrm{S}^{0.7}$

여기서 z_b는 보링 깊이, S는 건물의 층수를 나타낸다.

ASCE(American Society of Civil Engineers, 1972)는 건물의 보링 깊이를 구하는 데 다음과 같은 규정을 정하고 있다.

1. 건설 구조물에 의한 지중의 순수 응력 증가량이 작용하는 평균하중의 10% 이하가 되는 깊이
2. 지반 내의 깊이에 따른 순수 응력 증가량이 유효수직응력의 5% 이하가 되는 깊이
3. 1, 2의 깊이 중에 얕은 깊이가 보링의 최소 깊이가 됨. 댐이나 제방을 축조할 때의 지반조사 시 보링깊이는 제방 높이의 1/2~2배에 달할 수 있음. 보링의 간격과 깊이에 대해서는 「구조물 기초 설계기준(1997)」의 대략적인 기준은 표 12.1과 표 12.2와 같다.

표 12.1 보링 간격

조사 대상	보링 간격
단지조성 매립지 공항 기타 광역 부지	• 절토구간 : 100～200m • 성토구간 : 200～300m • 호안, 방파제 : 100m • 구조물 : 해당 구조물 간격 기준에 따름
지하철	• 개착구간 : 100m • 터널구간 : 50～100m • 고가 및 교량 : 교가 및 교각 위치마다
도로 고속전철	• 절토구간 : 150～200m • 성토구간 : 100～200m • 교량 : 교대 및 교각 위치마다 • 산악터널 : 갱구부 2개소씩(30～50m) 필요시 중간 부분도 실시(100～200m)
건축물 정차장 하수 처리장	• 사방 30～50m(최소 2～3개소)

주) 지층상태가 복잡한 경우에는 간격을 1/2로 축소함. 기준이 없는 경우에는 유사한 경우를 참조함

표 12.2 보링 깊이

조사 대상	보링 간격
단지조성 매립지 공항 기타 광역 부지	• 절토구간 : 계획고 아래 2m까지 • 성토구간 : 연약지반 확인 후 견고한 지반 3～5m까지 • 호안, 방파제 : 풍화암 아래 3～5m까지 • 구조물 : 해당 구조물 깊이 기준에 따름
지하철	• 개착구간 : 계획고 아래 2m까지 • 터널구간 : 계획고 아래 0.5～1D까지(D는 터널 지름) • 고가 및 교량 : 기반암 아래 2m까지
도로 고속전철	• 절토구간 : 계획고 아래 2m까지 • 성토구간 : 연약지반 확인 후 견고한 지반 3～5m까지 • 교량 : 기반암 아래 2m까지 • 산악터널 : 계획고 아래 0.5～1D까지(D는 터널 지름)
건축물 정차장 하수 처리장	• 지지층 및 터파기 깊이 아래 2m까지

주) 절토, 개착, 터널구간에서 기반암이 확인 되지 않은 경우에는 기반암. 표면으로부터 2m까지 확인
주) 기반암은 연암 또는 경암을 의미함

12.2.2 보링 방법

보링의 방법에는 사용하는 기계에 따라 오거 보링(auger boring), 로타리 보링(rotary boring), 퍼커션 보링(percussion boring) 등이 있다.

오거 보링(auger boring) 중 핸드오거 보링은 인력을 이용하는 것으로, 구조가 간단하고 운반하기 쉬운 것으로, 시료 채취가 가능하나 비교적 얕은 곳에서 조사할 수밖에 없다. 현지조사나 예비조사 단계에서 주로 사용한다.

퍼커션 보링(percussion boring)은 단단한 흙이나 암반 등에 사용되며, 무거운 굴착날을 들어 올렸다 떨어뜨리는 방식으로 하여 흙이나 암반을 파쇄시키는 것이다. 흙이 지하수와 섞여 만들어진 슬러리(Slurry)는 셀(Shell)이나 모래 펌프(Sand Pump)로 주기적으로 배제하며, 보링공이 붕괴 위험이 있으면 케이싱(Casing)을 삽입한다.

로타리 보링(rotary boring)은 보링축 하단 끝에 비트를 부착해 보링축을 회전시켜 흙 또는 암반에 아래로 굴진해나가는 방법이다. 굴착된 토사를 구멍 밖으로 배출하고 구멍 내벽의 붕괴를 방지하기 위해 구멍 내에 주로 벤토나이트 흙탕물을 공급, 순환, 배출한다. 이 방법은 토사에서 암반까지 널리 사용되며, 굴진성이 우수하다. 또한 보링공 저면 지반의 교란이 적고, 시료 채취 및 보링공 내 원위치 시험에 적합하다. 지반조사에 가장 많이 사용하는 방법이다.

12.3 시료 채취

시료 채취는 교란시료를 채취하는 방법과 불교란 시료를 채취하는 방법이 있다. 채취된 시료는 다음과 같이 이용된다.

- 교란 시료
  - 육안 관찰 : 표본시료, 토질분류
  - 물리적 특성 : 입도분석, 비중, 액·소성한계 시험 등
- 불교란 시료
  - 물리적 특성 : 단위 체적 중량, 함수비, 포화도, 간극비 등
  - 역학적 특성 : 일축압축, 삼축압축, 압밀 시험, 전단 시험 등

채취된 시료의 교란 원인은 다음과 같은 요소들이 있다.

1. 지반에서 받았던 구속압의 제거에 의한 팽창
2. 샘플러 삽입에 의한 흙의 변형
3. 시료와 샘플러 내벽의 마찰에 의한 변형
4. 보링 또는 시료 회수 중 함수비 변화
5. 큰 지하수압을 받았던 흙은 수압감소에 의한 시료 속의 기포발생
6. 시료의 취급, 운반 과정에서의 충격과 진동에 의한 변형
7. 온도 및 습도 등의 변화

시료 채취는 보링을 하는 동안에 여러 깊이에서 시료를 채취할 수 있다. 몇 가지 방법을 간략하게 소개한다.

12.3.1 스프릿 스푼 시료 채취기

그림 12.2는 스프릿 스푼 샘플러(Split spoon sampler)의 모식도이며, 표준 관입 시험 시 사용하는 샘플러이다. 암반이나 자갈을 제외한 모든 지반의 교란시료 채취에 널리 사용되고 있다.

원하는 위치까지 굴착되면 보링 로드를 들어 올려 스프릿 스푼 샘플러를 보링 로드에 연결하여 보링공 바닥까지 내린다. 시료 채취기는 로드에 가해지는 타격에 의해 보링공 바닥의 흙에 관입시킨다. 관입이 완료되면 보링 로드를 들어 올려 시료 채취기를 슈와 스프릿 배럴을 분리한다.

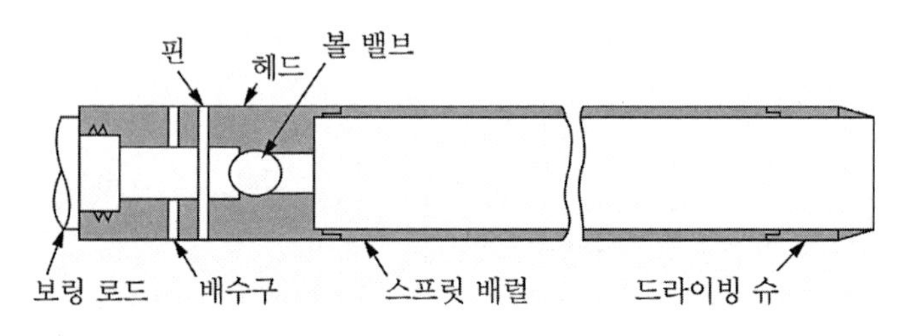

그림 12.2 스프리트 스푼 샘플러

12.3.2 신월 튜브에 의한 시료 채취

신월 튜브(thin wall tube)는 접합부가 없는 얇은 강철관으로 만들어져 있다. 흔히 셸비 튜브(shelby tube)라고 불리기도 한다. 보통 불교란 흙을 채취하는 데 사용된다. 보통 신월 튜브는 그림 12.3과 같으며, 외경이 2~3인치 정도이다. 이 튜브의 끝은 날카로우며, 보링 로드에 바로 부착된다. 튜브가 부착된 보링 로드를 보링공 바닥까지 내려 흙 속에 박는다. 이렇게 하여 관 내부에 흙이 채워진다. 이 관을 끄집어내어 관의 양 끝을 밀봉하여 실험실로 옮긴다.

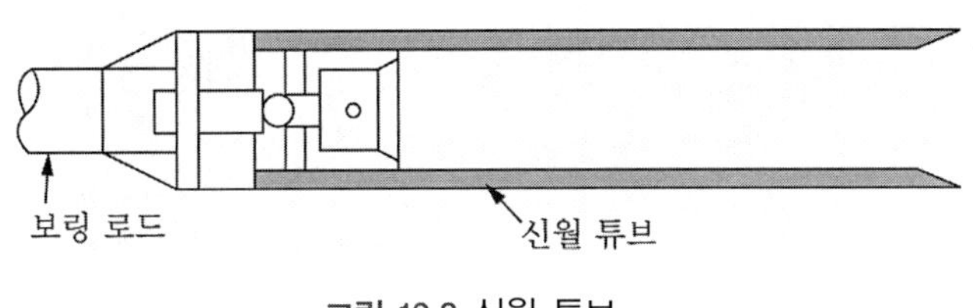

그림 12.3 신월 튜브

12.3.3 피스톤 시료 채취기

피스톤 샘플러(piston sampler)는 극히 예민한 흙이나 샘플러 제거 시 회수하기 어려운 흙, 즉 점토, 실트, 뻘, 슬러지 등과 같은 흙에 사용된다. 특히 거의 교란이 되지 않은 시료가 필요할 때 많이 사용된다. 피스톤의 목적은 샥숀(suction)으로 샘플러 제거 동안 샘플러 튜브 내의 흙을 유지시키는 것이다. 피스톤 샘플러는 그림 12.4와 같은 구조이며, 피스톤과 신월 튜브(thin wall tube)로 이루어져 있다. 처음에는 피스톤으로 신월 튜브의 끝을 막는다. 샘플러를 보링공 바닥까지 내린다. 다음으로 압력으로 신월 튜브를 지중에 관입시킨다. 이런 방법에 의해 관 속으로 시료를 넣기 때문에 빠르게 시료가 관 속에 삽입되지 않고, 또한 과다하게 밀려들어가지 않기 때문에 시료의 교란을 막을 수 있다.

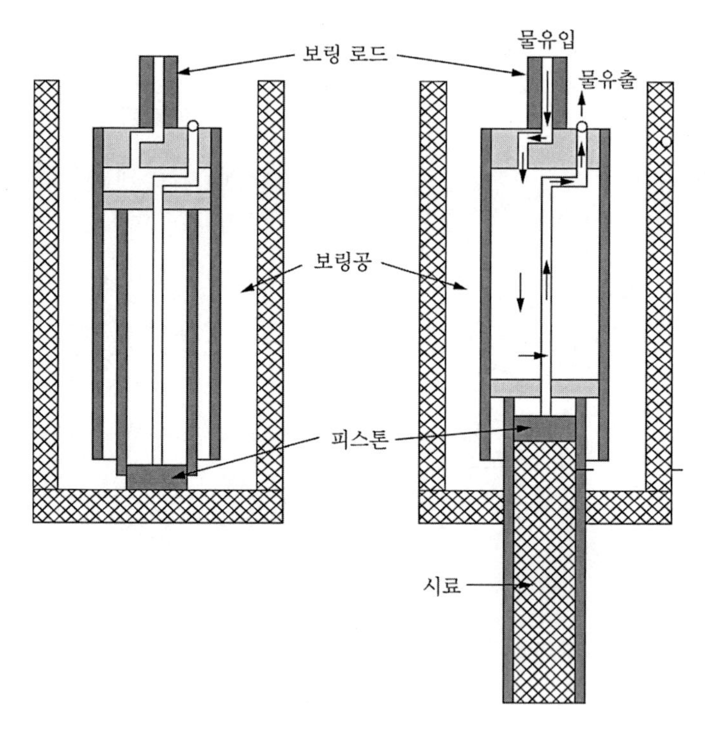

그림 12.4 피스톤 샘플러

12.4 원위치 시험

원위치 시험은 넓은 의미로 물리탐사, 사운딩(sounding) 및 보링 공 내에서 행하는 재하 시험, CBR 시험, 지하수 조사, 모델 현장 시험 등이 있다. 보통 원위치 시험이라 하면 조사 시에 그 위치, 깊이에서 흙의 역학적 성질을 구하는 것을 말한다.

물리탐사법의 종류와 방법은 표 12.3과 같다.

표 12.3 토목 관련 물리탐사

<table>
<tr><th>구분</th><th>방법</th><th>측정하는
물리현상</th><th>물리적 성질</th><th>이용</th></tr>
<tr><td rowspan="3">지표
탐사법</td><td>지진탐사</td><td>탄성파동</td><td>탄성파속도</td><td>지반구조, 역학적 성질</td></tr>
<tr><td>음파탐사</td><td>음파반사</td><td>음향임피던스(impedance)</td><td>바다 밑의 지반구조</td></tr>
<tr><td>전기탐사</td><td>전기파</td><td>자연전위, 비저항</td><td>지반구조, 지하수</td></tr>
<tr><td rowspan="5">공내
탐사법</td><td>속도검층</td><td>탄성파동</td><td>탄성파속도</td><td rowspan="5">지반구조, 역학적 성질
지반구조, 역학적 성질
공벽 지반의 경연, 균열
지반구조, 지하수 토질</td></tr>
<tr><td>PS검층</td><td>탄성파동</td><td>탄성파속도</td></tr>
<tr><td>반사검층</td><td>음파반사</td><td>음향임피던스</td></tr>
<tr><td>전기검층</td><td>지전류</td><td>자연전위, 비저항</td></tr>
<tr><td>방사능검층</td><td>방사선강도</td><td>밀도, 함수량</td></tr>
</table>

사운딩(sounding)은 로드(rod)에 부착된 저항체를 지중에 삽입하여 관입, 회전, 인발할 때의 저항으로 지층의 성상을 조사하는 것으로, 표준 관입 시험, 각종 콘 관입 시험, 베인 시험 등이 있다. 이들의 결과는 흙의 상대밀도, 전단강도 및 여러 토질정수를 추정하는 데 이용된다. 중요 사운딩의 종류와 특징은 표 12.4와 같다.

표 12.4 사운딩의 종류와 특징

<table>
<tr><th>명칭</th><th>측정값</th><th>적용 토질</th><th colspan="2">이용</th></tr>
<tr><td rowspan="2">표준 관입 시험</td><td rowspan="2">N치</td><td rowspan="2">대부분 지반</td><td>점토지반</td><td>연경도, 일축압축강도, 지지력 추정</td></tr>
<tr><td>사질지반</td><td>상대밀도, 내부 마찰각, 허용 지지력 등</td></tr>
<tr><td>동적 콘 관입 시험</td><td>N_d</td><td>대부분 지반</td><td colspan="2">N치의 추정</td></tr>
<tr><td>정적 콘 관입 시험</td><td>관입 저항치</td><td>연약지반</td><td colspan="2">일축압축강도, 점착력 추정</td></tr>
<tr><td>스웨덴 식 사운딩</td><td>하중-침하, 반회전수</td><td>보통 흙</td><td colspan="2">흙의 경연, 다짐 정도, 토층 구성</td></tr>
<tr><td>베인 시험</td><td>전단 저항치</td><td>연약 점토,
실트, peat</td><td colspan="2">전단강도</td></tr>
<tr><td>이스키메타 시험</td><td>인발저항</td><td>상동</td><td colspan="2">전단강도, 일축압축강도</td></tr>
</table>

12.5 표준 관입 시험

표준 관입 시험(Standard Penetration Test)은 KS F 2307의 규정에 의해 스프릿 스푼 샘플러를 보링 로드에 연결하고, 보링 공 바닥까지 넣어 타격을 가해 흙의 저항력과 시료를 채취하는 동적 관입 시험이다.

표준 관입 시험은 다음의 순서에 의해 이루어진다.

① 스프릿 스푼 샘플러를 로드에 연결하여 조용히 보링 공 바닥으로 내린다.
② 로드의 상부에 노킹블록 및 가이드용 보링 로드를 붙인다.
③ 가이드용 보링 로드의 연직성을 확보하고, 접속부를 단단히 결합한다.
④ 드라이브 해머 타격에 의해 150mm 예비박기, 본 박기는 300mm를 한다.
⑤ 본박기는 낙하 높이 760±10mm로 하고, 드라이브 해머는 자유낙하시킨다.
⑥ 타격 1회마다 누계 관입량을 측정한다.
⑦ 타격횟수는 50회를 한도로 한다.
⑧ 측정 종료 후 관입 시험용 샘플러를 올려 슈 및 스프릿 배럴을 분해하여 시료를 관찰한다.
⑨ 표본 시료, 시험용 시료를 채취한다.

표준 관입 시험에서 얻은 N치와 모래의 상대밀도, 내부 마찰각과의 관계는 표 12.5와 같다.

표 12.5 N 값과 모래의 상대밀도, 내부 마찰각

N 값	상대밀도 D_r		내부 마찰각 ϕ	
			by Peck	by Meyerhof
0~4	매우 느슨함	0.0~0.2	28.5 이하	30 이하
4~10	느슨함	0.2~0.4	28.5~30	30~35
10~30	보통	0.4~0.6	30~36	35~40
30~50	조밀	0.6~0.8	36~41	40~45
50 이상	매우 조밀	0.8~1.0	41 이상	45 이상

Dunham(1954)은 N 값과 모래의 내부 마찰각과의 관계를 다음과 같이 제안하였다.

- 입도가 균일하고 입자가 둥근 경우 : $\phi = \sqrt{12N} + 15$
- 입도가 좋고 입자가 모난 경우 : $\phi = \sqrt{12N} + 25$
- 입도가 좋고 입자가 둥근 경우 또는

  입도가 균일하고 입자가 모난 경우 : $\phi = \sqrt{12N} + 20$

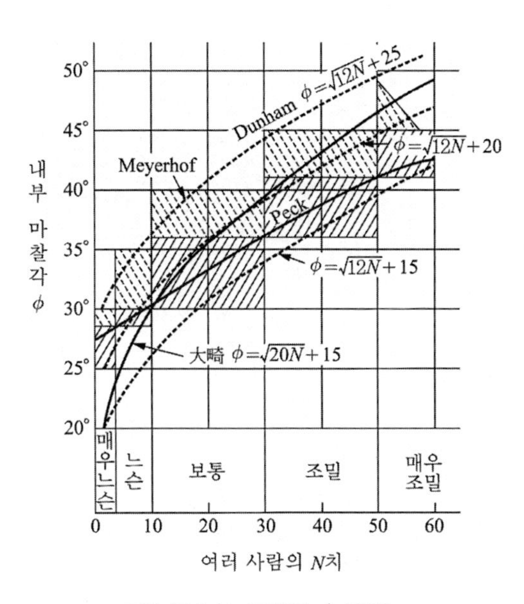

그림 12.5 N-모래의 ϕ 관계

Meyerhof(1956)는 표 12.5의 관계에서 입경이 균일한 모래에서는 적은 쪽을 선택하고, 실트질 모래일 경우에는 0~5° 적은 값을 취함이 좋고, 입도 배합이 좋은 모래는 큰 쪽을 선택하는 것을 제안하였다.

오자끼(大崎, 1959)는 다음과 같이 제안하였다.

$$\phi = \sqrt{20N} + 15$$

그림 12.5는 여러 사람의 N치와 모래의 내부 마찰각과의 관계 제안을 한 그림에 나타낸 것이다.

그림 12.6은 N치와 모래의 상대밀도를 나타낸 것이다.

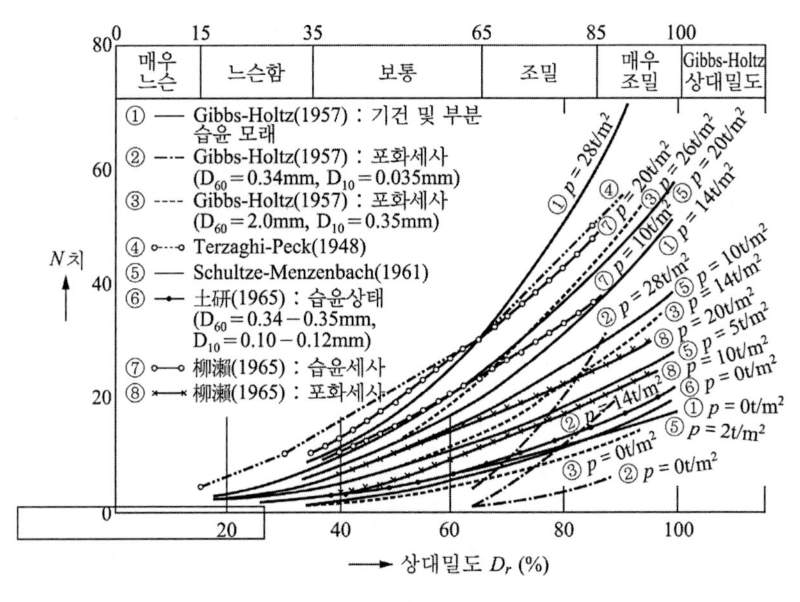

그림 12.6 N치와 상대밀도

12.6 콘 관입 시험

콘 관입 시험은 정적 콘 관입 시험(SCPT, Static Cone Penetration Test)과 동적 콘 관입 시험(DCPT, Dynamic Cone Penetration Test)이 있다.

정적 콘 관입 시험 중에 대표적인 더치콘(dutch cone)은 2중관식으로 유럽에서 많이 사용하는 시험기이다. 원위치에서 흙의 정적 관입저항을 측정하여, 흙의 경연, 다짐의 정도, 흙의 구성을 판정하는 데 이용한다. 콘 관입저항(q_c)은 단위 면적당 저항을 말하며 다음과 같이 구한다.

$$q_c(\text{kg/cm}^2) = \text{맨틀콘 관입력}(Q_c) \div \text{콘 저면적}(A)$$

맨틀콘은 콘 선단이 60°로, 저면적은 직경 36mm로 10cm²이며, 맨틀은 콘의 배면에 붙어 있는 바깥 덮개로 외관 접속부와 연결되며, 내관을 통하여 콘만 흙 속에 압입되도록 하여 실제 주변 흙이 외관 내면에 들어오는 것을 방지하도록 되어있다. 맨틀 콘의 관입력은 5cm 관입시킬 때의 관입 저항치이다.

동적 콘 관입 시험은 로드 선단에 콘을 부착하여 일정한 무게의 해머로 일정한 높이에서 자유낙하로 타격하여 일정한 깊이를 관입시키는 데 필요한 타격횟수를 구하여 지반의 관입 저항치와 지중응력을 구하는 시험이다.

콘 관입 저항력(q_c, kgf/cm^2)과 표준 관입 시험치 N 및 탄성계수 (E_s, kgf/cm^2)와의 관계를 나타낸 것이 표 12.6이다.

표 12.6 콘 관입 저항력(q_d), 표준 관입 시험치(N), 탄성계수(E_s)

흙 종류	q_c/N	E_s/q_c
실트, 가는 모래	1.5~3.0	1.5~2
약간 굵은 모래, 실트질 모래	3.0~4.5	2~4
굵은 모래	4.5~7.0	1.5~3
모래질 자갈, 자갈질 모래	7.0~20.0	
실트질 점토, 모래질 점토		5~7

연습문제

1. 현장에서 시료를 채취하여 실험실까지 시료를 옮겨 시험을 할 때까지의 시료의 변형을 일으키는 원인들을 살펴보고, 이 요인들을 줄일 수 있는 방법들을 살펴보시오.

2. 사운딩에 대하여 설명하시오.

3. 표준 관입 시험도 여러 요인에 의하여 영향을 받으므로 그 값을 수정하여야 한다. 그 요인들과 수정에 대하여 설명하시오.

4. 현장의 지질조사 방법 중에 물리탐사법에 대하여 설명하시오.

〈참고문헌〉

건설교통부(1997), 『구조물 기초 설계기준』, pp.40~41.

權鎬眞, 朴埈範, 宋永祐, 李永生(2003), 『土質力學』, 13장.

土質工學會(1978), 『土質調査の計劃と適用』, pp.1~5.

앞의 책, pp.131~165.

土質工學會(1972), 『土質調査法』, pp.81~109.

앞의 책, pp.171~256.

Barnes, G. E.(2000), *Soil mechanics-Principles and Practice-*, 2nd, Palgrave, pp.456~464.

Das, Braja M.(1994), *Principles of Geotechnical Engineering*, 3rd, PWS publishing Company, Boston, pp.609~613.

Dunham, J. W.(1954), *Pile Foundation for Buildings*, Proc, ASCE, Soli Mech, and Found, Div, Vol.80, No.385.

Meyerhof, G. G.(1956), *Penetration Test and Bearing Capacity of Cohesionless Soils*, Proc, of the ASCE, Journal of the Soil Mech, and Found, Div, Vol.82, No.SM1, Paper, 866.

찾아보기

ㅇ

ㅎ

기타

저자 소개

배 종 순(裵 鍾 淳, Bae Jong Soon)

경남 김해 출생

부산대학교 공과대학 토목공학과(공학사)

부산대학교 대학원 토목공학과(공학석사)

부산대학교 대학원 토목공학과(공학박사)

미국 Oregon 주립대학교 visiting Scholar

해양수산부 설계자문위원

경상남도, 부산시, 진주시 지방건설기술심의위원

현 국립 경상대학교 공학연구원 책임연구원

현 국립 경상대학교 공과대학 토목공학과 교수

토질역학

SOIL MECHANICS

초판발행 2014년 7월 21일
초판 2쇄 2021년 3월 5일

저　　자 배종순
펴 낸 이 김성배
펴 낸 곳 도서출판 씨아이알

편 집 장 박영지
책임편집 최장미
디 자 인 김진희, 윤미경
제작책임 김문갑

등록번호 제2-3285호
등 록 일 2001년 3월 19일
주　　소 (04626) 서울특별시 중구 필동로8길 43(예장동 1-151)
전화번호 02-2275-8603(대표)
팩스번호 02-2265-9394
홈페이지 www.circom.co.kr

I S B N 979-11-5610-058-4 93530
정　　가 25,000원